国家科技重大专项
大型油气田及煤层气开发成果丛书
(2008—2020)
卷 18

成像测井仪关键技术及 CPLog 成套装备

李剑浩　胡启月　汤天知　陈文辉　陈　宝　李安宗　等编著

石油工业出版社

内 容 提 要

本书介绍了"十三五"我国石油测井技术研发方面取得的重大进展和科技成果,主要内容包括多维高精度成像测井技术与装备、随钻地层评价成像测井技术与装备、深水深层高温高压测井技术与装备、超低渗地层测试技术与装备、"互联网+测井"软件系统、测井新方法及探测器等。

本书适合石油测井技术人员及大专院校相关专业的师生参考使用。

图书在版编目（CIP）数据

成像测井仪关键技术及 CPLog 成套装备 / 李剑浩等编著 . —北京：石油工业出版社，2023.9

（国家科技重大专项·大型油气田及煤层气开发成果丛书：2008—2020）

ISBN 978-7-5183-6389-6

Ⅰ . ① 成… Ⅱ . ① 李… Ⅲ . ① 成像测井 – 研究 Ⅳ . ① P631.8

中国国家版本馆 CIP 数据核字（2023）第 185326 号

责任编辑：葛智军　王长会　高　超
责任校对：郭京平
装帧设计：李　欣　周　彦

出版发行：石油工业出版社
　　　　　（北京安定门外安华里 2 区 1 号　100011）
　　　　　网　　址：www.petropub.com
　　　　　编辑部：（010）64523757　图书营销中心：（010）64523633
经　　销：全国新华书店
印　　刷：北京中石油彩色印刷有限责任公司

2023 年 9 月第 1 版　2023 年 9 月第 1 次印刷
787×1092 毫米　开本：1/16　印张：21.5
字数：530 千字

定价：215.00 元

（如出现印装质量问题，我社图书营销中心负责调换）
版权所有，翻印必究

《国家科技重大专项·大型油气田及煤层气开发成果丛书（2008—2020）》编委会

主　任：贾承造

副主任：（按姓氏拼音排序）

常　旭　陈　伟　胡广杰　焦方正　匡立春　李　阳
马永生　孙龙德　王铁冠　吴建光　谢在库　袁士义
周建良

委　员：（按姓氏拼音排序）

蔡希源　邓运华　高德利　龚再升　郭旭升　郝　芳
何治亮　胡素云　胡文瑞　胡永乐　金之钧　康玉柱
雷　群　黎茂稳　李　宁　李根生　刘　合　刘可禹
刘书杰　路保平　罗平亚　马新华　米立军　彭平安
秦　勇　宋　岩　宋新民　苏义脑　孙焕泉　孙金声
汤天知　王香增　王志刚　谢玉洪　袁　亮　张　玮
张君峰　张卫国　赵文智　郑和荣　钟太贤　周守为
朱日祥　朱伟林　邹才能

《成像测井仪关键技术及 CPLog 成套装备》

编写组

组　长： 李剑浩

副组长： 胡启月　汤天知　陈文辉　陈　宝　李安宗　卢　涛
　　　　　　王国平

成　员：（按姓氏拼音排序）

鲍忠利　陈　刚　陈　辉　陈　鹏　陈　强　陈　涛
陈国栋　陈江浩　陈小磊　褚晓冬　党　峰　段先斐
樊　琦　冯琳伟　冯永仁　宫　璇　郭庆明　郭尚静
郭英才　和丽真　贺　飞　贺秋利　胡恒山　姜黎明
鞠晓东　雷晓阳　李　兵　李　楠　李　谦　李爱勇
李传伟　李国军　李仙枝　李玉霞　林茂山　刘付火
刘铁民　卢俊强　骆庆锋　马修刚　门百永　秦小飞
沈　阳　史　超　宋青山　田志宾　万　磊　王　珺
王　炜　王　祥　王树声　王芝环　吴兴方　伍　莹
肖　宏　熊焱春　薛志波　于增辉　余　强　余长江
余春昊　余卫东　岳爱忠　张　娟　张全文　张若曦
支宏旭　周　军　周明高　周艳敏　朱　军　邹　骁

丛书·序

能源安全关系国计民生和国家安全。面对世界百年未有之大变局和全球科技革命的新形势，我国石油工业肩负着坚持初心、为国找油、科技创新、再创辉煌的历史使命。国家科技重大专项是立足国家战略需求，通过核心技术突破和资源集成，在一定时限内完成的重大战略产品、关键共性技术或重大工程，是国家科技发展的重中之重。大型油气田及煤层气开发专项，是贯彻落实习近平总书记关于大力提升油气勘探开发力度、能源的饭碗必须端在自己手里等重要指示批示精神的重大实践，是实施我国"深化东部、发展西部、加快海上、拓展海外"油气战略的重大举措，引领了我国油气勘探开发事业跨入向深层、深水和非常规油气进军的新时代，推动了我国油气科技发展从以"跟随"为主向"并跑、领跑"的重大转变。在"十二五"和"十三五"国家科技创新成就展上，习近平总书记两次视察专项展台，充分肯定了油气科技发展取得的重大成就。

大型油气田及煤层气开发专项作为《国家中长期科学和技术发展规划纲要（2006—2020年）》确定的10个民口科技重大专项中唯一由企业牵头组织实施的项目，以国家重大需求为导向，积极探索和实践依托行业骨干企业组织实施的科技创新新型举国体制，集中优势力量，调动中国石油、中国石化、中国海油等百余家油气能源企业和70多所高等院校、20多家科研院所及30多家民营企业协同攻关，参与研究的科技人员和推广试验人员超过3万人。围绕专项实施，形成了国家主导、企业主体、市场调节、产学研用一体化的协同创新机制，聚智协力突破关键核心技术，实现了重大关键技术与装备的快速跨越；弘扬伟大建党精神、传承石油精神和大庆精神铁人精神，以及石油会战等优良传统，充分体现了新型举国体制在科技创新领域的巨大优势。

经过十三年的持续攻关，全面完成了油气重大专项既定战略目标，攻克了一批制约油气勘探开发的瓶颈技术，解决了一批"卡脖子"问题。在陆上油气勘探、陆上油气开发、工程技术、海洋油气勘探开发、海外油气勘探开发、非常规油气勘探开发领域，形成了6大技术系列、26项重大技术；自主研发20项重大工程技术装备；建成35项示范工程、26个国家级重点实验室和研究中心。我国油气科技自主创新能力大幅提升，油气能源企业被卓越赋能，形成产量、储量增长高峰期发展新态势，为落实习近平总书记"四个革命、一个合作"能源安全新战略奠定了坚实的资源基础和技术保障。

《国家科技重大专项·大型油气田及煤层气开发成果丛书（2008—2020）》（62卷）是专项攻关以来在科学理论和技术创新方面取得的重大进展和标志性成果的系统总结，凝结了数万科研工作者的智慧和心血。他们以"功成不必在我，功成必定有我"的担当，高质量完成了这些重大科技成果的凝练提升与编写工作，为推动科技创新成果转化为现实生产力贡献了力量，给广大石油干部员工奉献了一场科技成果的饕餮盛宴。这套丛书的正式出版，对于加快推进专项理论技术成果的全面推广，提升石油工业上游整体自主创新能力和科技水平，支撑油气勘探开发快速发展，在更大范围内提升国家能源保障能力将发挥重要作用，同时也一定会在中国石油工业科技出版史上留下一座书香四溢的里程碑。

在世界能源行业加快绿色低碳转型的关键时期，广大石油科技工作者要进一步认清面临形势，保持战略定力、志存高远、志创一流，毫不放松加强油气等传统能源科技攻关，大力提升油气勘探开发力度，增强保障国家能源安全能力，努力建设国家战略科技力量和世界能源创新高地；面对资源短缺、环境保护的双重约束，充分发挥自身优势，以技术创新为突破口，加快布局发展新能源新事业，大力推进油气与新能源协调融合发展，加大节能减排降碳力度，努力增加清洁能源供应，在绿色低碳科技革命和能源科技创新上出更多更好的成果，为把我国建设成为世界能源强国、科技强国，实现中华民族伟大复兴的中国梦续写新的华章。

中国石油董事长、党组书记
中国工程院院士　戴厚良

丛书·前言

石油天然气是当今人类社会发展最重要的能源。2020年全球一次能源消费量为 134.0×10^8 t 油当量，其中石油和天然气占比分别为 30.6% 和 24.2%。展望未来，油气在相当长时间内仍是一次能源消费的主体，全球油气生产将呈长期稳定趋势，天然气产量将保持较高的增长率。

习近平总书记高度重视能源工作，明确指示"要加大油气勘探开发力度，保障我国能源安全"。石油工业的发展是由资源、技术、市场和社会政治经济环境四方面要素决定的，其中油气资源是基础，技术进步是最活跃、最关键的因素，石油工业发展高度依赖科学技术进步。近年来，全球石油工业上游在资源领域和理论技术研发均发生重大变化，非常规油气、海洋深水油气和深层—超深层油气勘探开发获得重大突破，推动石油地质理论与勘探开发技术装备取得革命性进步，引领石油工业上游业务进入新阶段。

中国共有500余个沉积盆地，已发现松辽盆地、渤海湾盆地、准噶尔盆地、塔里木盆地、鄂尔多斯盆地、四川盆地、柴达木盆地和南海盆地等大型含油气大盆地，油气资源十分丰富。中国含油气盆地类型多样、油气地质条件复杂，已发现的油气资源以陆相为主，构成独具特色的大油气分布区。历经半个多世纪的艰苦创业，到20世纪末，中国已建立完整独立的石油工业体系，基本满足了国家发展对能源的需求，保障了油气供给安全。2000年以来，随着国内经济高速发展，油气需求快速增长，油气对外依存度逐年攀升。我国石油工业担负着保障国家油气供应安全，壮大国际竞争力的历史使命，然而我国石油工业面临着油气勘探开发对象日趋复杂、难度日益增大、勘探开发理论技术不相适应及先进装备依赖进口的巨大压力，因此急需发展自主科技创新能力，发展新一代油气勘探开发理论技术与先进装备，以大幅提升油气产量，保障国家油气能源安全。一直以来，国家高度重视油气科技进步，支持石油工业建设专业齐全、先进开放和国际化的上游科技研发体系，在中国石油、中国石化和中国海油建立了比较先进和完备的科技队伍和研发平台，在此基础上于 2008 年启动实施国家科技重大专项技术攻关。

国家科技重大专项"大型油气田及煤层气开发"（简称"国家油气重大专项"）是《国家中长期科学和技术发展规划纲要（2006—2020 年）》确定的 16 个重大专项之一，目标是大幅提升石油工业上游整体科技创新能力和科技水平，支撑油气勘探开发快速发展。国家油气重大专项实施周期为 2008—2020 年，按照"十一五""十二五""十三五"3 个阶段实施，是民口科技重大专项中唯一由企业牵头组织实施的专项，由中国石油牵头组织实施。专项立足保障国家能源安全重大战略需求，围绕"6212"科技攻关目标，共部署实施 201 个项目和示范工程。在党中央、国务院的坚强领导下，专项攻关团队积极探索和实践依托行业骨干企业组织实施的科技攻关新型举国体制，加快推进专项实施，攻克一批制约油气勘探开发的瓶颈技术，形成了陆上油气勘探、陆上油气开发、工程技术、海洋油气勘探开发、海外油气勘探开发、非常规油气勘探开发 6 大领域技术系列及 26 项重大技术，自主研发 20 项重大工程技术装备，完成 35 项示范工程建设。近 10 年我国石油年产量稳定在 2×10^8 t 左右，天然气产量取得快速增长，2020 年天然气产量达 $1925 \times 10^8 m^3$，专项全面完成既定战略目标。

通过专项科技攻关，中国油气勘探开发技术整体已经达到国际先进水平，其中陆上油气勘探开发水平位居国际前列，海洋石油勘探开发与装备研发取得巨大进步，非常规油气开发获得重大突破，石油工程服务业的技术装备实现自主化，常规技术装备已全面国产化，并具备部分高端技术装备的研发和生产能力。总体来看，我国石油工业上游科技取得以下七个方面的重大进展：

（1）我国天然气勘探开发理论技术取得重大进展，发现和建成一批大气田，支撑天然气工业实现跨越式发展。围绕我国海相与深层天然气勘探开发技术难题，形成了海相碳酸盐岩、前陆冲断带和低渗—致密等领域天然气成藏理论和勘探开发重大技术，保障了我国天然气产量快速增长。自 2007 年至 2020 年，我国天然气年产量从 $677 \times 10^8 m^3$ 增长到 $1925 \times 10^8 m^3$，探明储量从 $6.1 \times 10^{12} m^3$ 增长到 $14.41 \times 10^{12} m^3$，天然气在一次能源消费结构中的比例从 2.75% 提升到 8.18% 以上，实现了三个翻番，我国已成为全球第四大天然气生产国。

（2）创新发展了石油地质理论与先进勘探技术，陆相油气勘探理论与技术继续保持国际领先水平。创新发展形成了包括岩性地层油气成藏理论与勘探配套技术等新一代石油地质理论与勘探技术，发现了鄂尔多斯湖盆中心岩性地层大油区，支撑了国内长期年新增探明 $10×10^8$ t 以上的石油地质储量。

（3）形成国际领先的高含水油田提高采收率技术，聚合物驱油技术已发展到三元复合驱，并研发先进的低渗透和稠油油田开采技术，支撑我国原油产量长期稳定。

（4）我国石油工业上游工程技术装备（物探、测井、钻井和压裂）基本实现自主化，具备一批高端装备技术研发制造能力。石油企业技术服务保障能力和国际竞争力大幅提升，促进了石油装备产业和工程技术服务产业发展。

（5）我国海洋深水工程技术装备取得重大突破，初步实现自主发展，支持了海洋深水油气勘探开发进展，近海油气勘探与开发能力整体达到国际先进水平，海上稠油开发处于国际领先水平。

（6）形成海外大型油气田勘探开发特色技术，助力"一带一路"国家油气资源开发和利用。形成全球油气资源评价能力，实现了国内成熟勘探开发技术到全球的集成与应用，我国海外权益油气产量大幅度提升。

（7）页岩气、致密气、煤层气与致密油、页岩油勘探开发技术取得重大突破，引领非常规油气开发新兴产业发展。形成页岩气水平井钻完井与储层改造作业技术系列，推动页岩气产业快速发展；页岩油勘探开发理论技术取得重大突破；煤层气开发新兴产业初见成效，形成煤层气与煤炭协调开发技术体系，全国煤炭安全生产形势实现根本性好转。

这些科技成果的取得，是国家实施建设创新型国家战略的成果，是百万石油员工和科技人员发扬艰苦奋斗、为国找油的大庆精神铁人精神的实践结果，是我国科技界以举国之力团结奋斗联合攻关的硕果。国家油气重大专项在实施中立足传统石油工业，探索实践新型举国体制，创建"产学研用"创新团队，创新人才队伍建设，创新科技研发平台基地建设，使我国石油工业科技创新能力得到大幅度提升。

为了系统总结和反映国家油气重大专项在科学理论和技术创新方面取得的重大进展和成果，加快推进专项理论技术成果的推广和提升，专项实施管理办公室与技术总体组规划组织编写了《国家科技重大专项·大型油气田及煤层气开发成果丛书（2008—2020）》。丛书共62卷，第1卷为专项理论技术成果总论，第2~9卷为陆上油气勘探理论技术成果，第10~14卷为陆上油气开发理论技术成果，第15~22卷为工程技术装备成果，第23~26卷为海洋油气理论技术装备成果，第27~30卷为海外油气理论技术成果，第31~43卷为非常规油气理论技术成果，第44～62卷为油气开发示范工程技术集成与实施成果（包括常规油气开发7卷，煤层气开发5卷，页岩气开发4卷，致密油、页岩油开发3卷）。

各卷均以专项攻关组织实施的项目与示范工程为单元，作者是项目与示范工程的项目长和技术骨干，内容是项目与示范工程在2008—2020年期间的重大科学理论研究、先进勘探开发技术和装备研发成果，代表了当今我国石油工业上游的最新成就和最高水平。丛书内容翔实，资料丰富，是科学研究与现场试验的真实记录，也是科研成果的总结和提升，具有重大的科学意义和资料价值，必将成为石油工业上游科技发展的珍贵记录和未来科技研发的基石和参考资料。衷心希望丛书的出版为中国石油工业的发展发挥重要作用。

国家科技重大专项"大型油气田及煤层气开发"是一项巨大的历史性科技工程，前后历时十三年，跨越三个五年规划，共有数万名科技人员参加，是我国石油工业史上一项壮举。专项的顺利实施和圆满完成是参与专项的全体科技人员奋力攻关、辛勤工作的结果，是我国石油工业界和石油科技教育界通力合作的典范。我有幸作为国家油气重大专项技术总师，全程参加了专项的科研和组织，倍感荣幸和自豪。同时，特别感谢国家科技部、财政部和发改委的规划、组织和支持，感谢中国石油、中国石化、中国海油及中联公司长期对石油科技和油气重大专项的直接领导和经费投入。此次专项成果丛书的编辑出版，还得到了石油工业出版社大力支持，在此一并表示感谢！

中国科学院院士 贾承造

《国家科技重大专项·大型油气田及煤层气开发成果丛书（2008—2020）》

分卷目录

序号	分卷名称
卷1	总论：中国石油天然气工业勘探开发重大理论与技术进展
卷2	岩性地层大油气区地质理论与评价技术
卷3	中国中西部盆地致密油气藏"甜点"分布规律与勘探实践
卷4	前陆盆地及复杂构造区油气地质理论、关键技术与勘探实践
卷5	中国陆上古老海相碳酸盐岩油气地质理论与勘探
卷6	海相深层油气成藏理论与勘探技术
卷7	渤海湾盆地（陆上）油气精细勘探关键技术
卷8	中国陆上沉积盆地大气田地质理论与勘探实践
卷9	深层—超深层油气形成与富集：理论、技术与实践
卷10	胜利油田特高含水期提高采收率技术
卷11	低渗—超低渗油藏有效开发关键技术
卷12	缝洞型碳酸盐岩油藏提高采收率理论与关键技术
卷13	二氧化碳驱油与埋存技术及实践
卷14	高含硫天然气净化技术与应用
卷15	陆上宽方位宽频高密度地震勘探理论与实践
卷16	陆上复杂区近地表建模与静校正技术
卷17	复杂储层测井解释理论方法及CIFLog处理软件
卷18	成像测井仪关键技术及CPLog成套装备
卷19	深井超深井钻完井关键技术与装备
卷20	低渗透油气藏高效开发钻完井技术
卷21	沁水盆地南部高煤阶煤层气L型水平井开发技术创新与实践
卷22	储层改造关键技术及装备
卷23	中国近海大中型油气田勘探理论与特色技术
卷24	海上稠油高效开发新技术
卷25	南海深水区油气地质理论与勘探关键技术
卷26	我国深海油气开发工程技术及装备的起步与发展
卷27	全球油气资源分布与战略选区
卷28	丝绸之路经济带大型碳酸盐岩油气藏开发关键技术

序号	分卷名称
卷 29	超重油与油砂有效开发理论与技术
卷 30	伊拉克典型复杂碳酸盐岩油藏储层描述
卷 31	中国主要页岩气富集成藏特点与资源潜力
卷 32	四川盆地及周缘页岩气形成富集条件、选区评价技术与应用
卷 33	南方海相页岩气区带目标评价与勘探技术
卷 34	页岩气气藏工程及采气工艺技术进展
卷 35	超高压大功率成套压裂装备技术与应用
卷 36	非常规油气开发环境检测与保护关键技术
卷 37	煤层气勘探地质理论及关键技术
卷 38	煤层气高效增产及排采关键技术
卷 39	新疆准噶尔盆地南缘煤层气资源与勘查开发技术
卷 40	煤矿区煤层气抽采利用关键技术与装备
卷 41	中国陆相致密油勘探开发理论与技术
卷 42	鄂尔多斯盆缘过渡带复杂类型气藏精细描述与开发
卷 43	中国典型盆地陆相页岩油勘探开发选区与目标评价
卷 44	鄂尔多斯盆地大型低渗透岩性地层油气藏勘探开发技术与实践
卷 45	塔里木盆地克拉苏气田超深超高压气藏开发实践
卷 46	安岳特大型深层碳酸盐岩气田高效开发关键技术
卷 47	缝洞型油藏提高采收率工程技术创新与实践
卷 48	大庆长垣油田特高含水期提高采收率技术与示范应用
卷 49	辽河及新疆稠油超稠油高效开发关键技术研究与实践
卷 50	长庆油田低渗透砂岩油藏 CO_2 驱油技术与实践
卷 51	沁水盆地南部高煤阶煤层气开发关键技术
卷 52	涪陵海相页岩气高效开发关键技术
卷 53	渝东南常压页岩气勘探开发关键技术
卷 54	长宁—威远页岩气高效开发理论与技术
卷 55	昭通山地页岩气勘探开发关键技术与实践
卷 56	沁水盆地煤层气水平井开采技术及实践
卷 57	鄂尔多斯盆地东缘煤系非常规气勘探开发技术与实践
卷 58	煤矿区煤层气地面超前预抽理论与技术
卷 59	两淮矿区煤层气开发新技术
卷 60	鄂尔多斯盆地致密油与页岩油规模开发技术
卷 61	准噶尔盆地砂砾岩致密油藏开发理论技术与实践
卷 62	渤海湾盆地济阳坳陷致密油藏开发技术与实践

本卷·前言

近年来，随着油气勘探开发领域的不断深入，勘探开发对象复杂化的趋势日益明显。为适应我国陆上深层、海洋深水和非常规油气勘探需要，国家科学技术部设立"十三五"国家科技重大专项"高精度油气测井技术与装备研发及应用"项目，由中国石油集团测井有限公司牵头，联合中海油田服务股份有限公司、中国石油集团科学技术研究院、中国石油大学（北京）等15家单位开展测井技术与装备研发，研制形成了多维高精度成像测井、随钻地层评价成像测井、深水深层高温高压测井、超低渗地层测试等4种测井系列装备，以中国石油成套测井装备 CPLog 多维高精度成像测井系统为代表，满足了我国陆上深层、海洋深水、非常规油气勘探开发对高端测井装备的迫切需求，实现了进口替代，有效降低了引进和服务成本，提高了油气勘探开发效益。

为了全面总结"高精度油气测井技术与装备研发及应用"项目成果，编写了本书。本书作为《国家科技重大专项·大型油气田及煤层气开发成果丛书（2008—2020）》之一，由中国石油集团测井有限公司联合中海油田服务股份有限公司、中国石油集团科学技术研究院、中国石油大学（北京）等项目承担单位的科研工作者编写，主要包括多维高精度成像测井技术与装备、随钻地层评价成像测井技术与装备、深水深层高温高压测井技术与装备、超低渗地层测试技术与装备、"互联网＋测井"软件系统、测井新方法及探测器等内容。

全书共分为七章。第一章介绍了主要研究成果和下步发展展望；第二章至第七章介绍了研发的测井技术与装备，测井装备主要从测井原理及主要功能、仪器结构及工作模式、关键技术及创新点、现场应用效果等四方面进行了阐述。本书可帮助石油测井工作者了解测井技术与装备新的技术进展。

本书由李剑浩、胡启月、汤天知、陈文辉等组织编写；第一章由陈文辉、熊焱春、林茂山、万磊等编写，第二章由陈涛、姜黎明、岳爱忠、王树声等编写，第三章由陈鹏、朱军、李传伟、王珺等编写，第四章由吴兴方、陈国栋、于增辉、薛志波等编写，第五章由冯永仁、周明高、余强、田志宾等编写，第六章由周军、余卫东、李国军、段先斐等编写，第七章由鞠晓东、余春昊、王炜、党峰等编写。王敬农、鞠晓东等专家对全书进行了审核和修订，并提出了宝贵的修改意见；熊焱春、宫璇对书稿进行了格式编排和校对；相关研究人员提供了丰富素材，在此一并表示诚挚谢意！同时，对为本书编写提供帮助的人员表示衷心感谢！

由于笔者水平有限，书中不足之处在所难免，敬请广大读者批评指正。

目 录

第一章 概 述 1
第一节 主要成果及应用情况 1
第二节 下步发展展望 3

第二章 多维高精度成像测井技术与装备 6
第一节 可控源地层元素与孔隙度测井仪 6
第二节 感应成像测井仪 18
第三节 电场成像测井仪 31
第四节 全景式声波成像测井仪 41
第五节 水平井流动成像测井仪 55

第三章 随钻地层评价成像测井技术与装备 73
第一节 随钻深探测电磁波电阻率成像测井仪 73
第二节 随钻高分辨率伽马与侧向扫描综合成像测井仪 89
第三节 随钻方位密度与可控中子源综合成像测井仪 102
第四节 随钻多极子声波成像测井仪 113
第五节 随钻核磁共振测井关键技术 125

第四章 深水深层高温高压测井技术与装备 133
第一节 高温高压满贯测井技术系列 133
第二节 高温高压核磁共振成像测井技术系列 158
第三节 高温高压多频电成像测井技术系列 166

第五章 超低渗地层测试技术与装备 179

第一节 超低渗高温模块式电缆地层测试仪 179
第二节 模块化随钻地层测试仪 205
第三节 取心测压一体化测井仪 218

第六章 "互联网＋测井"软件系统 231

第一节 测井大数据基础平台 231
第二节 "互联网＋测井"应用平台 246
第三节 智能测井软件系统 255
第四节 多维高精度成像测井应用软件 269

第七章 测井新方法及探测器 279

第一节 井间电磁波成像测井技术 279
第二节 测井高性能可控中子源 285
第三节 动电测井仪 292
第四节 光纤测井探测器 299
第五节 井下原位测量测井机器人 308

参考文献 320

第一章 概 述

测井是石油勘探开发的一个重要环节，发挥着认识和评价油藏的关键作用，被誉为地质家的"眼睛"。测井主要利用地球物理方法和装备，根据声、电、核、核磁共振、光等学科原理，利用各种传感器在高温、高压的井筒环境下探测地层，采集地层岩性、物性、含油性等参数，再通过系统处理和综合解释，从而精准确定油气层位、准确计算油气含量、有效预测油气产能。

随着我国油气资源品质日益劣质化、油气层非均质各向异性突出，以及非常规油气快速发展，井下作业环境更加恶劣，要求测井技术更精准、探测更远、更能适应复杂井况、更加安全高效。面对日益复杂的地质对象和井下作业环境，以及国内非常规、深层、低渗透等复杂油气藏勘探开发的需要，对测井装备的精度和可靠性提出了更高要求。

第一节 主要成果及应用情况

通过"十一五""十二五"国家科技重大专项持续攻关，中国石油测井技术与装备水平得到了质的飞越，以 EILog 快速与成像成套装备和 CIFLog 一体化测井软件为代表的一批具有自主知识产权的测井技术与装备规模应用，我国石油测井工业跨入国产成像测井时代，推动了测井产业转型升级，从根本上改变了我国石油测井先进装备长期依赖进口的局面，大大缩短了与国外先进技术的差距并形成特色，在长庆、塔里木、大庆、西南等油气田的增储和稳产上产中发挥了重要作用，年测井约 10 万井次，有效支撑了油气勘探开发，同时走向海外，增强了国际竞争力。

但随着我国油气勘探的不断深入、勘探目标的不断拓展，对测井技术领域提出了更高的要求。"十三五"期间，为适应我国陆上深层、海洋深水和非常规油气勘探对高端测井技术与装备的需求，提升我国油气工业科技水平，保障国家油气战略实施，中国石油联合中国海油和相关高校等单位，举我国测井行业之力，以企业为创新主体，开展高精度油气测井技术与装备科研攻关，形成 3 项理论认识、4 套系列装备、1 套大型应用软件平台、5 种新方法及探测器，具体如下：

（1）取得地层电磁场论新认识、声波测井频散分析新方法和频率域激发新函数、可控源放射性一体化测井新方法 3 项原创性理论认识，指导了高精度油气测井重大装备的自主研发。首次提出点坐标系中的电磁场按视传播函数传播的物象场论，形成了感应测井测量地层真电阻率的快速反演新方法。基于横向各向同性（TI）声波测井波动理论，引入多因素约束条件，形成自主原创的声波频散特性和频率域激发强度软件模块，模拟计算与实际测井完全对应。应用蒙特卡罗方法模拟 14MeV 中子进入地层后的粒子输运过程，分析了中子和自然伽马的时空分布规律，确定了次生伽马能谱和中子计数率与密度、中子孔隙度和元素含量之间的响应关系，自主创新设计出可控源一体化测井探测器。

（2）围绕高精度油气测井技术与装备研发中的瓶颈问题，突破了复杂阵列化探测器设计与实现技术、随钻10mm分辨率井周扫描电阻率成像技术、耐高温高压机电结构、地层流体光谱扫描组分分析技术、水平井测井响应快速正反演技术等33项关键核心技术，支撑了测井装备研制和测井大型软件平台开发。

（3）研制了新一代高精度成像测井装备CPLog测井系统。其中元素测量种类由原来的10种增加到18种，感应成像测井实现全三维测量，全景声波定向测井探测深度达到40m，电成像测井分辨率由5mm提升到2.5mm，高温系列耐温耐压指标最高为232℃/175MPa，实现C_1—C_6组分及CO_2测量。

①多维高精度成像测井系列方面，成功研制可控源地层元素与孔隙度测井、感应成像测井、电场成像测井、全景声波成像测井等7种仪器，有效解决了复杂储层的岩性识别、储集空间评价、油气含量计算等难题，实现了从井筒到井旁、从粗疏到精细的发展。

②随钻地层评价成像测井系列方面，成功研制了随钻深探测电磁波电阻率成像测井、自然伽马与侧向电阻率成像测井、方位密度与可控中子源综合成像测井、多极子声波成像测井4种仪器和随钻核磁共振测井模型机，实现随钻测井成像化、集成化、系列化。

③深水深层高温高压测井系列方面，成功研制了高温高压满贯裸眼测井、高温高压核磁共振测井、高温高压电阻率成像测井等18种仪器，实现耐温耐压指标重大提升，满足了深层、深水高温高压井测井资料采集需求，实现了探测能力从中深层到深层—超深层的跨越。

④超低渗透地层测试系列方面，成功研制了超低渗模块式地层测试仪、模块化随钻测压取样仪和取心测压一体化测井仪3种仪器，解决1mD以上油层、0.5mD以上气层测压及高纯度PVT取样，以及定量流体识别、大斜度及水平井测压取样难题，实现了超低渗透取样、流体识别从定性到定量的质变。

（4）研发了一套覆盖测井全流程的测井交互精细融合处理平台——CIFLog3.0，软件功能覆盖单井处理解释、多井评价、水平井处理解释等测井处理解释全流程，实现了全套高端成像处理解释方法，全面支持裸眼井、生产测井到水淹层评价的测井解释评价业务，构建了"互联网+测井"应用环境，全面提升测井业务互联、数据实时共享、快速高效的服务能力。

（5）储备形成井间电磁波成像测井、高性能可控中子源、动电测井、光纤测井、测井机器人等5种新方法或探测器样机，为下一步井间测量、光纤测井、绿色测井和智能井下实验室装备研发奠定了基础。

CPLog多维高精度成像测井系统是在集成EILog快速与成像测井系统优势技术的基础上，以网络化、模块化、智能化及标准化设计为核心，依托高性能测井芯片、高精度传感器、高速通信与无线传输等技术突破，能够更精确探测油气含量、油气分布、渗流特性和地层压力，更准确预测油气产能，作业更智能、绿色、高效。CPLog测井系统的成功研发标志着我国测井技术由跟随模仿、集成创新向自主创新转变，国际竞争力得到大幅提升,推动我国测井技术进入国际前列,促进了我国测井行业专业化重组和高质量发展。

CPLog多维高精度成像测井系统迅速在中国石油、中国海油旗下的油田现场投入试验应用。目前,测井装备自主化率达到90%以上,成果在8个国家18个油田170个油气区块应用。国产高端成像装备市场占有率达45%,国内年度测井作业量占比增加到80%以上,满足了我国深层深水、非常规油气勘探开发对高端测井装备的迫切需求,实现进口替代,有效降低引进和服务成本,提高油气勘探开发效益,有力支撑我国原油2×10^8t稳产和天然气倍增工程。

第二节 下步发展展望

当前,测井技术服务对象已经发生了深刻变化,我国油气勘探正在由国内向海外、由陆上向海域、由常规向非常规、由构造向岩性地层、由中浅层向深层—超深层发展;油气开发面临着资源品质变差、低孔低渗、特高含水、超稠油提高采收率、高含硫、超高温超高压等挑战。面对油气勘探开发资源品质劣质化、油气层非均质各向异性突出和非常规油气的快速发展,要求测井技术发展能够满足非常规油气、深层油气勘探开发及老油田稳产增产的需求,要求测井技术更精准、更深远、更能适应复杂井况、更加安全高效、更加绿色环保。

近年来,国际油田技术服务公司加强技术创新的步伐,测井技术取得了快速进步。在电缆测井方面,推出了三维扫描成像仪器并商业化应用,品种系列更加丰富,技术性能进一步提升,主要特点是测量信息多维化、测量精度与动态范围明显提升、高温高压等复杂井况和油基钻井液等特殊条件的适应能力得到增强、存储式测井仪器种类更加齐全。在随钻测井方面,几乎所有的电缆测井技术都实现了随钻化,特别是推出了地层测压和流体取样一体化的随钻模块式地层测试器,发展了独具特色的具有30~60m远探测能力的随钻远探测与前探技术并商业化应用,实现了随钻测井与旋转导向钻井一体化。测井技术的应用逐渐向地质与工程一体化方向发展,与钻井、压裂、油藏工程结合得更加紧密,更好地服务于水平井和体积压裂工程技术需求,从而更好地解决页岩气致密油气等非常规油气高效勘探开发技术难题。信号高速传输技术在突破大数据量实时传输瓶颈方面取得较好进展,电缆传输速率高达4Mb/s,具有自诊断和自适应特点,能够根据电缆长度和信号衰减情况自动调节传输速率。同时,国际上大力发展绿色环保的可控源放射性测井新技术,无论是电缆测井还是随钻测井,都推出了基于脉冲中子发生器的可控源放射性测井技术与装备,主要有:可控源地层元素测井仪,测量元素种类更多,直接测量有机碳含量,更有效地解决复杂岩性精准识别难题;新型脉冲中子全谱测井仪,提高了低孔隙度和低矿化度条件下地层剩余油饱和度测量精度;能够测量中子、密度孔隙度、中子寿命和地层元素等多参数一体化的可控源随钻放射性测井仪器,较以前化学源的随钻放射性测井仪器而言,其安全性大大增强,作业效率也大大提高。在测井处理解释软件方面，新的测井软件提供了"井筒一体化"的解决方案，注重多学科综合服务油藏描述，以先进的岩石物理技术为核心，覆盖钻完井、测井、地质、油藏工程、采油工程和地球物理勘探六大专业领域。另外，国际油田技术服务公司结合人工智能、大数据分析等多个技术领域的优势，正在开发智能软件平台，从不同维度覆盖了油田计划、开发与生产各个环节，借助于数据库资源、科学知识和专业技术，从根本上改变了勘探开发中各个环节的工作模式。

我国测井技术虽然取得了显著的进步，但在随钻地层评价、套后剩余油精准评价、远距离探测、超高温高压环境高性能测量技术与装备方面与国际先进水平整体上仍有较大差距。我国未来测井技术发展面临着新的问题和重大挑战，既要努力缩小与国际先进水平的差距，又要着力解决我国油气勘探开发所面临的生产难题，主要体现在：（1）在生产需求方面，包括致密油气在内的非常规油气，由于孔隙结构、流体性质、物性、岩性更加复杂多变，测井信息准确采集、识别和评价具有更大难度，存在更大不确定性；深层—超深层油气由于特定的地质条件，地层性质和测量环境与中浅层相比均有很大不同，特别是万米科学探索井的开钻，对测井技术装备提出更高要求；特殊井型、特殊井液、复杂井况等，给测井装备和解释评价带来了新的挑战；此外，特高含水、薄层、低孔低渗透、多样注入水条件下剩余油精细描述难度极大。（2）在测井装备和处理解释方面，国内的基础工业如新型材料、高温芯片和高性能传感器等不能满足技术装备开发要求，一定程度上制约了国产测井装备研发的总体水平；装备的测量精度、探测范围、配套技术等方面仍然需要进一步提升，如国内探测距离最远30～50m，井间探测国外早已达到1000m距离，但国内还刚开始起步；国外电缆测井技术均实现了随钻化，但国内还仅有少量几种仪器；系统集成化、智能化程度仍有待提高，制约作业质量和效率的提高；数据处理仍然是短板，与地震处理技术相比差距明显。（3）专业融合方面也有明显差距，测—录—导一体化、测井—地震—地质一体化还有很长的路要走。在面临这些问题与挑战的同时，我国测井技术的发展也迎来了新的历史机遇：（1）新技术与新材料广泛应用，量子通信、光纤等新技术发展迅猛，在诸多领域取得突破，纳米、新型电池、石墨烯等新材料已在石油工业开始应用，展现了良好的前景；（2）智能时代已经到来，物联网、云计算、大数据和人工智能等技术方兴未艾，正深刻地改变人类生活与生产方式，在未来智能革命的浪潮中，传统测井行业与人工智能技术相结合将会催生测井技术的智能化；（3）国家进入高质量发展时期，实行创新驱动战略，特别是"中国制造2025"和"互联网+"战略的实施和科技投入的不断加大，将为原创性测井方法研究和高端测井装备的研发提供更加雄厚的基础。

展望未来，测井技术发展总体上正向着地层探测透明化、测井装备智能化、井下高速传输、作业更加安全高效、更加绿色环保的方向发展。从国际测井技术发展和专家们的预测中我们可以比较清晰地看到测井技术的发展趋势：采集数据量急剧增加，一批新技术应用将极大提升井下信息测量的精度，扩展径向和纵向的探测范围；基于大数据和人工智能（AI）的地层扫描成像测井技术将实现作业过程智能化和地层透明化；测井、钻井、物探、测试等多专业融合与一体化步伐进一步加快；安全环保、过程高效等特征也将得到进一步体现。

未来测井技术重点攻关的方向是：在装备研制方面，致力于高性能传感器技术的研究开发，发展纳米、光纤、量子等新型传感器，实现多样化、小型化、组合化；进一步提高装备的整体性能，微观上探测得更精细、更精准，宏观上探测得更深更远，耐温耐压性能更好，能在更长时间内稳定可靠作业，实现全过程智能化和一趟测等；更加注重装备绿色安全环保，如核测井用可控源取代化学源，用激光等取代火药射孔等；在数据处理解释技术与软件方面，利用大数据＋互联网＋AI技术，深化井下采集信息处理技术研究，如复杂环境校正、数据融合与图像生成、提高信噪比等技术，开发测井智能化处理解释应用软件平台，实现全方位、多尺度、多属性、高清晰地展示地层。

第二章　多维高精度成像测井技术与装备

　　油气勘探开发面临资源品质劣质化和非常规油气的快速发展，要求测井评价更准确、探测更远、更适应复杂井况、更加安全高效环保，成像测井向多维、多域、高精度方向发展。国外以 Quanta Geo 为代表的高精度、多功能成像测井技术实现了阵列化、集成化、高分辨率、深探测、耐高温，常规成像和多维成像系列配套齐全。

　　国内经过"十二五"科研攻关，开发出 EILog 成像测井系列，整体达到国际先进水平，已推广应用成套装备 350 余套，成为中国石油的主力测井装备，结束了先进测井技术主要依赖进口的历史，实现了常规测井向成像测井的重大跨越，但多维成像等高端装备与国外差距较大。致密油气、页岩气等非常规油气藏具有成藏机理复杂、油气赋存及产出方式特殊、储集空间复杂、岩性及矿物组分多样等特点。目前在复杂岩性与有机质识别、微观孔隙结构与流体分析以及井旁缝洞刻画等方面，还缺乏非常有效的探测分析手段，需要发展可控源地层元素、高精度电阻率成像、井旁远探测等多维成像测井技术。

　　在"十三五"国家油气重大专项的支持下，中国石油经过四年的持续攻关，提出了基于视电导率函数的电场测井理论新认识，突破了复杂探测器设计、多道高集成并行采集、高精度正演与反演成像等 10 项关键核心技术，成功研制了可控源地层元素、感应成像、电场成像、全景式声波成像、水平井流动成像及三相流等 6 种测井仪器，形成一套多维高精度成像测井技术与装备，实现了从二维到三维测量、由一孔之见到一孔远见、从均质到非均质各向异性地层评价的跨越，标志着国内测井技术由集成创新向自主创新的重大转变，对于我国复杂、非常规油藏勘探开发具有重要的支撑作用。

第一节　可控源地层元素与孔隙度测井仪

　　随着世界油气需求量的持续增长和常规油气产量的下降，页岩油、页岩气、煤层气、致密油气等非常规油气逐渐成为勘探开发的热点。非常规油气测井评价的困难主要有：储层的元素组分多样，矿物成分复杂；孔隙结构和流体赋存状态复杂；储层非均质性强，各向异性明显；孔隙度、渗透率低，自然产能低或无自然产能，需压裂改造。非常规油气测井评价的重点是岩性、物性、脆性、含油性、电性、烃源岩特性与应力各向异性等"七性"关系。

　　"十二五"期间，中国石油成功研制了使用同位素镅铍源的地层元素测井仪，但测井用的镅铍源为 15~20Ci，活性较高，在使用、储存、运输过程中难免存在放射性风险。随着 HSE（健康、安全、环境）理念越来得到人们的重视，在全球许多地区放射性物质的使用受到了限制，甚至被禁止。为了降低健康、安全、环境方面的风险，将更广泛地使用中子发生器替代同位素中子源。通过"十三五"持续攻关，依托国家重大专项和中国石油天然气集团有限公司科技课题，成功研制了使用脉冲中子发生器作为中子源的可控源地层元素与孔隙度测井仪。可控源地层元素与孔隙度测井仪通过一体化的探测器阵列，实现一支仪器测量同时测量元素含量、孔隙度和密度等多种地质参数，首次实现全系列绿色核测井。可控源地层元素与孔隙度测井仪可以测量地层18种元素，特别是可以测量地层中的碳元素，获得地层中的矿物含量和总有机碳含量（TOC），同时还可以获得中子孔隙度和体积密度，实现了多种测量功能的一体化，对于复杂岩性和非常规油气层的解释评价具有重要意义。

一、测量原理及主要功能

可控源地层元素与孔隙度测井仪（Sourceless Formation Elemental Spectroscopy-Porosity Logging）使用可控中子源和一体化探测器阵列，一体化探测器阵列分别使用两支溴化镧探测器作为近源距伽马探头和远源距伽马探头，2支^{3}He管分别作为近超热中子探测器、近热中子探测器，3支^{3}He管并联作为远热中子探测器。通过测量中子在地层中产生的非弹性散射和俘获伽马能谱分析获得地层18种元素含量，评价地层矿物组分与岩性；同时，组合热中子探测器和伽马探测器，通过测量次生伽马能谱和热中子计数实现地层孔隙度和密度"绿色"环保测量。

1. 测量原理

可控源地层元素与孔隙度测井仪使用中子发生器作为中子源。中子发生器以特定的脉冲方式向地层发射能量为14MeV的快中子，快中子进入地层后，在极短的时间内与井眼周围环境中核素发生不同的核反应。能量较高的快中子与原子核发生非弹性碰撞，原子核吸收快中子后变为激发态，之后再放出一个低能中子，此时处于激发态的原子核会通过发射特定能量伽马射线的方式回到基态，这种伽马射线称为非弹性散射伽马射线，如图2-1-1（a）所示。

快中子经过非弹性散射后损失了大部分的能量，其能量逐渐低于发生非弹性散射的阈能，于是中子进入了以弹性散射为主的作用阶段，弹性散射的过程并不释放伽马射线，只是中子减速过程。经过多次的弹性碰撞，中子能量逐渐减弱，直到中子能量与周围物

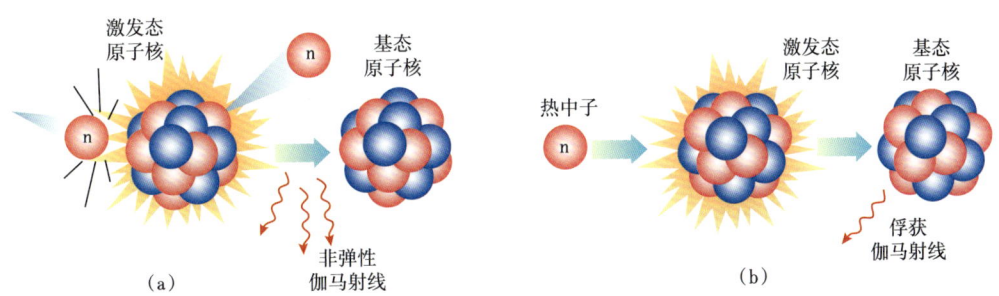

图2-1-1 可控源地层元素测井核物理原理

质达到热平衡状态变为热中子。热中子在地层中扩散时被靶核所俘获变成不稳定的复核并随后释放伽马射线回到稳定态，这种射线称为俘获伽马射线，如图 2-1-1（b）所示。

在中子与地层核素的非弹性散射和俘获反应中，不同元素产生的伽马特征能量不同，因此可以用伽马特征能量来识别元素。可控源地层元素测井的基本原理是：利用向地层发射的快中子与地层中元素原子核相互作用释放出非弹和俘获伽马射线能谱来测定地层所含元素类别和含量，进而确定地层矿物类型与含量，以达到评价地层性质的目的（郑华等，2015）。

当快中子处于以弹性散射为主的阶段时，中子计数率随中子在地层中的穿透能力（减速长度）而变化，而穿透能力主要受地层孔隙中氢原子含量的影响。对于某种确定的地层而言，它对快中子的慢化能力取决于它的含氢量，而含氢量又取决于地层的孔隙度。这主要是因为：（1）对快中子最有效的减速原子是氢原子，其原子质量与中子的质量相近；（2）地层中的大多数氢原子以液体状态（水或者碳氢化合物）存在于地层的孔隙中。因此，可控源中子孔隙度的测量原理是利用测中子减速长度来确定地层中子孔隙度。

可控源密度测量的伽马射线是由中子发生器发射的快中子与地层原子核发生非弹性散射产生的。非弹性散射使原子核处于激发态，并发射一束或多束伽马射线而返回到基态，而发射的非弹性伽马射线相当于一个次生伽马射线源。与常规密度测井中放射性同位素源发射的伽马射线类似，由快中子产生的非弹性伽马射线在地层中与原子核外电子经过一系列相互作用（主要为康普顿散射作用）后，小部分伽马射线会到达伽马探测器被记录。探测器所记录的伽马射线将用于计算地层电子密度，而电子密度又将进一步用于计算地层体积密度。这就是可控中子源密度测量的基本原理。

2. 主要功能

可控源地层元素与孔隙度测井仪创新地使用可控中子源和一体化的阵列探测器技术，绿色安全环保，实现了一种仪器同时测量元素含量、密度、孔隙度等地层参数，解决了原来需要地层元素、岩性密度、补偿中子三种仪器同时作业带来的放射性风险高、作业效率低等问题。该技术可以进行精细的矿物分析和岩性识别，改善孔、渗、饱、密度等参数的评价，获得总有机碳和脆性指数等参数，对于复杂储层和页岩油气等非常规储层的资源评价、优化压裂方案设计和完井增产具有重要意义。

可控源地层元素与孔隙度测井仪的主要功能有：
（1）直接获取地层 18 种元素含量；
（2）计算地层的体积密度和中子孔隙度；
（3）计算地层总有机碳含量 TOC；
（4）提供矿物类型和含量，识别岩性，获得岩性剖面；
（5）进行岩石脆性分析，指导压裂；
（6）判断沉积环境。

二、仪器结构及工作模式

1. 结构组成

可控源地层元素与孔隙度测井仪由探头短节和发生器短节组成,如图 2-1-2 所示。探头短节是测井仪核心部件,从机械结构上看,探头短节由密封接头、外壳、芯子总成三部分组成,前两部分构成外壳总成;发生器短节由外壳和芯子总成构成。

图 2-1-2 可控源地层元素与孔隙度测井仪组成示意图

探头短节需要在硼套位置的外壳上进行缩径设计,外壳是承压外壳也是硼套结构零件;芯子总成在装配时由外壳上端向下端安装在仪器外壳中,外壳的上端由密封接头进行密封连接,构成探头短节。探头短节上端结构采用 CPLog 通用结构形式,和遥传短节可直接连接配合,方便快捷。探头短节增加了保温瓶设计,同时,瓶内三角形骨架结构设计充分利用保温瓶内空间,可缩短保温瓶长度,有效减少仪器长度。发生器短节由外壳和芯子总成两大零部件构成。外壳满足耐温 175℃ 耐压 140MPa 的技术要求。中子发生器短节上端采用连接结构,下端采用通用密封堵头设计结构。仪器的主要技术指标如表 2-1-1 所示。

表 2-1-1 可控源地层元素与孔隙度测井仪主要技术指标

性能指标	指标要求
耐温耐压	175℃/145MPa
能谱测量范围	600keV～10MeV
测量元素	Si、Ca、Fe、S、Ti、Gd、Al、Mg、K、Na、Mn、Ni、Cu、Ba、C、Cl、H、O 等
密度误差	0.04g/cm^3
孔隙度误差	0.5p.u.（＜7p.u.）,±7%（≥7p.u.）

2. 工作模式

可控源地层元素与孔隙度测井仪由发生器短节和探头短节两部分组成,其中探头短节包括探测器阵列和采集处理两部分。仪器主电源由交流 220V 供给,通过开关电源模块转换为低压电源;辅电源为直流电压,由地面供给中子发生器控制靶压值。

发生器短节包括中子管及其外围控制电路,通过氘氚反应产生 14MeV 脉冲中子;探头短节发送阳极脉冲信号给中子发生器,保证仪器工作在脉冲方式下,并且发射和测量同步。

探测器阵列包括中子测量和伽马测量两部分,共有近源距超热中子、近源距热中子、远源距热中子、近源距伽马、远源距伽马五路信号,其中远源距热中子采用三路 ^{3}He 管并联方式增加计数率。五路探测器工作在高压下，脉冲信号通过前置放大器；两路伽马信号由采集电路直接进行谱数据采集；三路中子信号通过比较、整形电路，获得方波脉冲信号有采集电路进行计数。仪器测量五路信号反映地层信息，通过采谱和计数两种方式获取地层骨架元素含量和地层孔隙度参数；测量电路采用高速采集获取谱数据的方式，减少脉冲模式工作下计数的堆积，具体如图 2-1-3 所示。

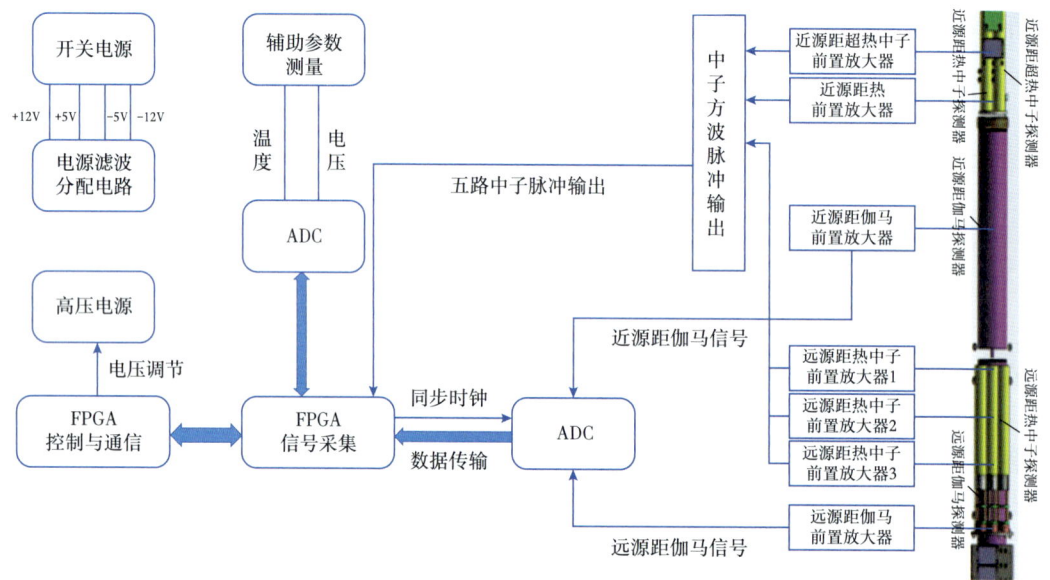

图 2-1-3　可控源地层元素与孔隙度测井探测器阵列测量框图

在脉冲工作模式下，测量电路获取仪器近/远源距伽马总谱、俘获谱、时间谱，同时通过辅助测量电路，完成低压电源、温度，以及电路基线等参数的监测；发送电压完成对高压模块的控制。

脉冲工作时序：中子发生器的单个小周期为 T_1，脉冲时宽为 T_2。图 2-1-4 为中子发生器的工作时序。一次完整的中子发射和数据采集周期为 T，它可以分为两个阶段，第

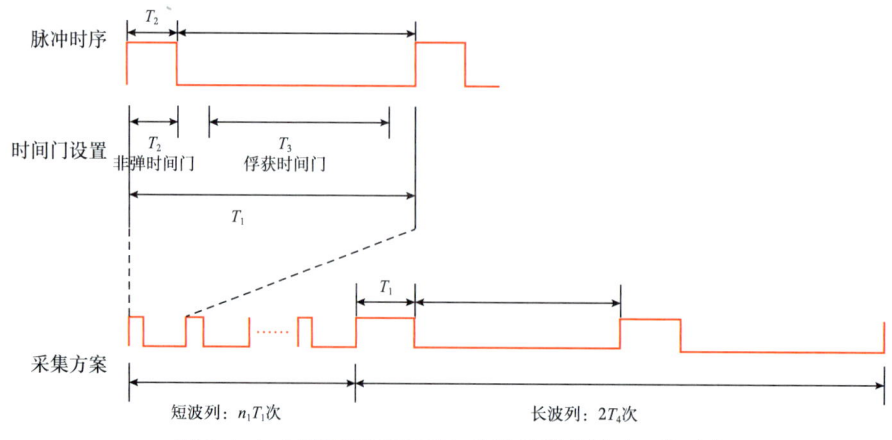

图 2-1-4　可控源地层元素与孔隙度测井脉冲工作时序

一阶段包括 n_1 个重复工作的周期为 T_1 的小周期。在每个小周期内，在时间门内 T_2 内中子发生器发射脉冲中子，然后关闭中子发生器，设置两个时间门：非弹时间门设置在 T_2，主要获取非弹伽马；俘获时间门设置在 T_3，主要获取俘获伽马，但其中包括本底伽马。第二阶段为两个时长为 T_4 的长周期，这个时间段内脉冲中子发生器关闭，不发射中子，主要采集伽马本底。伽马本底主要来自仪器、井眼、地层的活化伽马和自然伽马。

三、关键技术及创新点

可控源地层元素与孔隙度测井仪的关键技术及创新点包括基于可控中子源的一体化探测器阵列和多参数测量方法、高计数率下的高精度多参数信号测量技术、基于加权直接解调法的可控源地层元素解谱方法、基于多组耦合场理论的可控源密度高精度计算方法等四项关键技术。

1. 基于可控中子源的一体化探测器阵列和多参数测量方法

提出基于可控中子源的一体化探测器阵列和多参数测量方法，通过测量分析次生伽马能谱计算地层元素含量，通过测量热中子通量计算中子孔隙度，利用非弹伽马计数与地层密度的相关性计算地层密度，并利用热中子与超热中子比值校正密度测量的环境影响。

使用同位素源的地层元素测井仪只有一个 BGO 晶体。BGO 晶体能量分辨率在 12%～15%，而且温度稳定性比较差，在进行探测的时候需要使用保温瓶。可控源地层元素与孔隙度测井仪使用一体化的探测器阵列，使用两支溴化镧探测器分别作为近源距伽马探头和远源距伽马探头，使用 5 支 ^{3}He 管分别作为近源距超热中子探测器（1 支）、近源距热中子探测器（1 支）、远源距热中子探测器（3 支并联），可控源一体化探测器阵列设计方案如图 2-1-5 所示。与 BGO 晶体探测器相比，溴化镧晶体探测器的能量分辨率达到了 6% 或者更高，同时它的温度性能更好，不需要在测井仪内部安装保温瓶。在进行可控源一体化探测器阵列设计之前，应用大规模蒙特卡罗数值模拟优化设计探测器排列方式、尺寸和源距、屏蔽材料和尺寸等设计参数。

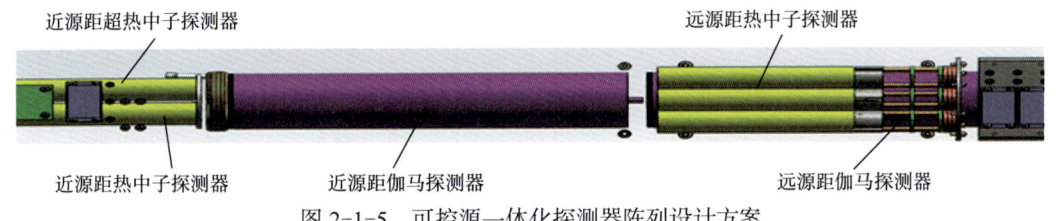

图 2-1-5　可控源一体化探测器阵列设计方案

基于可控中子源的多参数测量方法包括元素含量、密度、中子孔隙度计算方法和环境影响校正方法，应用大规模蒙特卡罗数值模拟数据，研究了测量参数与地层参数之间的响应规律，形成了计算方法并予以检验。可控源地层元素与孔隙度测井仪测量中子在地层中产生的非弹性散射和俘获伽马能谱，分析获得地层 18 种元素含量，评价地层矿物组分与岩性；同时，通过超热中子探测器、热中子探测器和伽马探测器的组合测量次生伽马能谱和热中子计数,实现地层孔隙度和密度"绿色"环保测量。探测器类型和测量参数见表 2-1-2。

表 2-1-2　可控源地层元素与孔隙度测井仪测量参数

测量参数	探测器（种类）	原始数据类型
元素含量	近源距伽马（溴化镧）	非弹 / 俘获伽马能谱
孔隙度	近源距热中子 + 远源距热中子（^{3}He）	近 / 远源距热中子
密度	近源距伽马 + 远源距伽马（溴化镧）+ 近源距热中子 + 远源距热中子	非弹伽马能谱 + 近 / 远源距热中子

2. 高计数率下的高精度多参数信号测量技术

基于可控中子源的信号测量技术相对于同位素源的地层元素仪器,具有测量参数多、瞬时测量计数率高、测量模式复杂等特点。为保证高计数率下仪器的测量精度,测量电路采样速度达到 60Mb/s,采样时间从 50ns 降至 16.7ns,在保证采样精度不变的情况下,采样率提升了 300%。

测量电路通过多通路同步采集方式,解决了中子信号和伽马信号多参数测量问题。电路首次采用差分输入方式进行信号采集,提高了仪器的采集精度。通过采集模式控制,电路采集远 / 近源距伽马能谱信号和近源距热中子、近源距超热中子、远源距热中子计数信号。相对于同位素源的地层元素测井仪主要测量地层俘获谱,可控源地层元素与孔隙度测井仪测量电路完成伽马信号俘获谱、非弹谱、时间谱和本底谱的同时测量。

首次在仪器测量电路中采用了梯形滤波成形技术,通过算法编程,在 FPGA 中实现数字梯形滤波。相比于高斯滤波成形,在相同达峰时间条件下,梯形滤波具备更好的信号分辨能力,解决了探测器高计数脉冲堆积问题,同时减小了仪器的死时间。高斯滤波成形和梯形滤波成形效果如图 2-1-6 所示,τ 和 k 是归一化的时间常数,K 是增益,I 是抗堆积程度的系数,这 4 个变量均没有单位。

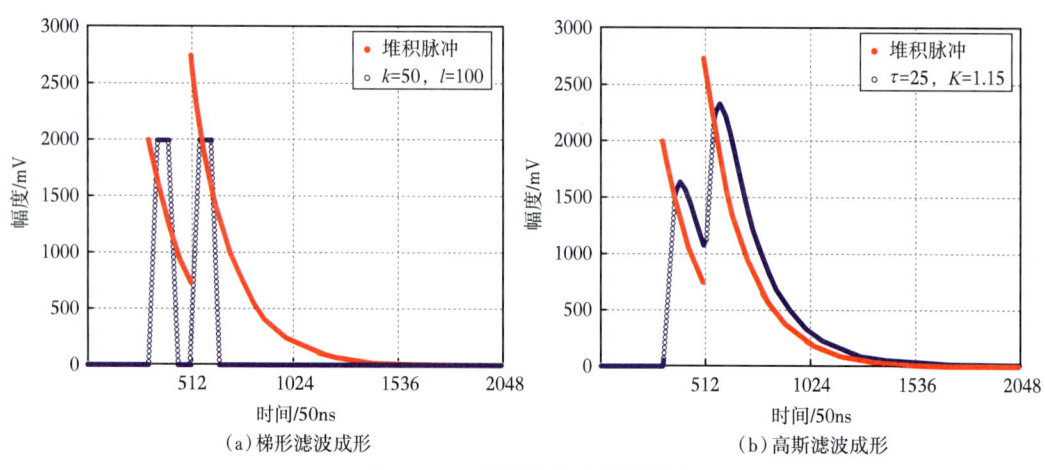

图 2-1-6　滤波成形算法效果图

相比同位素源地层元素仪器采集电路的 AD+FPGA+MCU 架构，可控源地层元素与孔隙度测井仪测量电路首次采用 AD+FPGA 高速采集模块结构，完成信号采集、信号滤波、系统控制、数据传输和通信等多种功能，数据处理量提升 264%（2148×2 字 /1624 字）。可控源地层元素与孔隙度测井仪测量电路采用自主研发 CAN 总控制器 IP 核完成数据传输和通信，使得结构更简单，测量系统更稳定。

可控源地层元素与孔隙度测井仪测量电路采用低功耗原则进行设计，电路芯片均选取工作电压在 2.5V 内的低功耗芯片，通过保温瓶设计，保证仪器可以长时间工作在 175℃ 高温下。可控源地层元素与孔隙度测井仪电路具备测谱和计数两种功能，通过算法完成元素、密度、中子孔隙度多种参数测量；同时通过基线采集和电源电压等辅助参数测量判断电路工作状态，通过同步脉冲控制中子发生器发射方式。

3. 基于加权直接解调法的可控源地层元素解谱方法

采用同位素源的地层元素测井仪主要测量的是地层的俘获能谱，获得的信息量小，只有俘获谱中的 10 余种元素含量，无法测到清楚准确的非弹能谱，从而无法获得总有机碳含量 TOC。可控源地层元素与孔隙度测井使用脉冲中子发生器，获得的信息量大，同时测量俘获谱和非弹谱，可以获得 18 种元素的含量，并可得到总有机碳含量 TOC。

可控源地层元素与孔隙度测井元素含量计算是指从仪器实际测量的伽马能谱出发，通过一系列数据处理算法获得地层中主要元素质量分数的过程。首先要对测井数据进行预处理，主要包括数据滤波、能谱归一化、能量刻度、漂移校正和能量分辨率校正。数据预处理的目的是消除放射性统计涨落以及外界环境因素造成的地层谱信息的失真，使测量谱尽可能地完全反映地层的真实信息。其次，使用加权直接解调法对测量的非弹谱和俘获谱进行解谱，得到元素的产额。最后，对于俘获能谱，通过氧化物闭合模型将元素的相对产额转化为元素含量；而对于非弹谱，利用"架桥法"获得元素的含量（Radtke 等，2012）。

通过蒙特卡罗方法数值模拟可以获得元素非弹标准谱和俘获标准谱，如图 2-1-7 和图 2-1-8 所示。

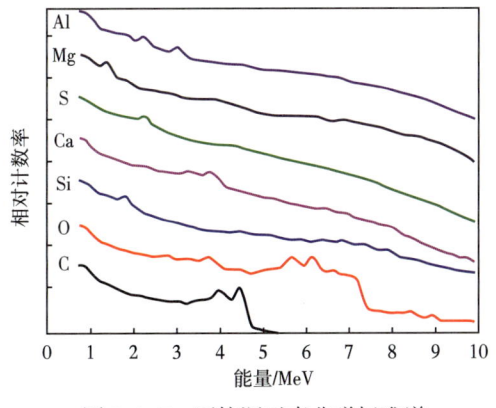

图 2-1-7 可控源元素非弹标准谱

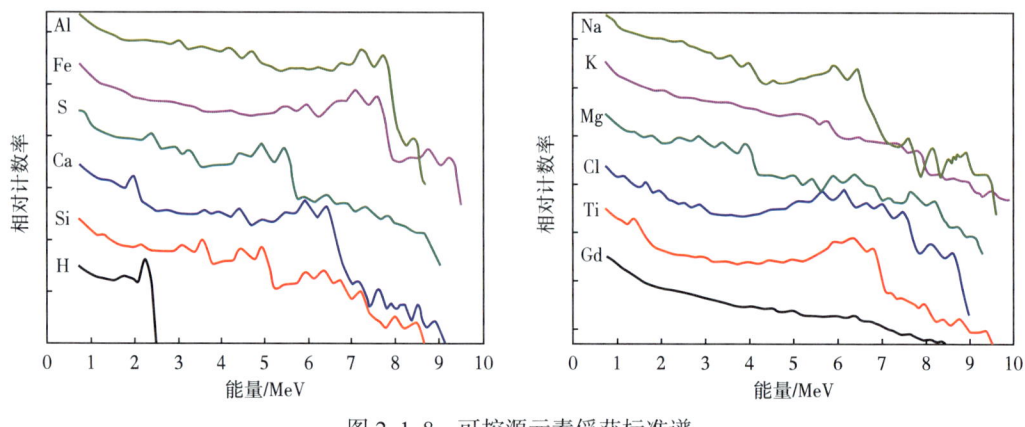

图 2-1-8　可控源元素俘获标准谱

可控源地层元素的解谱使用了加权直接解调法（李惕碚等，1993），同时加入一系列优化算法，提高元素含量的解谱精度。加权直接解调法适用于解决实际中大维数线性代数方程组的求解问题，其解谱精度较高。加权直接解调法是多种算法结合的产物，包括超松弛迭代法（SOR）、多重拟合法及加权系数的引入（沈宗俊，2007）。通过使用加权直接法获得元素的产额，然后通过氧化物闭合模型和"架桥法"将元素的相对产额转化为元素含量。

使用加权直接解调法的可控源地层元素解谱方法提高了元素的解谱精度，比如 Si、Ca 两种元素在同位素地层元素测井仪中测量精度约为 2.5%，但在使用本方法后的可控源地层元素与孔隙度测井仪中，这两种元素的解谱精度达到了 1.5%，解谱精度提升了 40%。其他元素的测量精度也都有较大的提升。

4. 基于多组耦合场理论的可控源密度高精度计算方法

非弹性散射伽马射线在从产生到被探测器所记录的整个过程中，很大程度上受三个方面的影响：（1）脉冲中子的输出和中子输运过程，其中地层快中子的通量分布取决于中子源的强度和快中子的减速长度；（2）非弹性伽马射线的产生过程——非弹性伽马射线的强度和能量分布主要取决于地层快中子分布、原子核密度和微观非弹性散射截面；（3）非弹性伽马射线的输运过程——伽马射线的衰减与地层电子密度相关。因此，探测器记录的非弹性伽马通量首先受中子从脉冲中子源产生到非弹性伽马射线产生前中子输运的影响，随后受非弹性伽马射线的产生截面的影响，最后受非弹性伽马射线从产生到被探测器记录过程中伽马输运的影响。

探测器的非弹性伽马计数响应与中子输运和伽马输运都相关。在中子输运过程中，非弹性伽马计数随着密度的增加而增加。在伽马输运过程中，和传统伽马—伽马测井一样，非弹性伽马计数随着密度的增加而降低。当源距一定时，低密度地层伽马探测器计数率随密度的增加而降低，说明在此地层中伽马输运的影响占主导地位；高密度地层伽马探测器计数率随密度的增加而增加，说明在此地层中中子输运的影响占主导地位。因此，可控源密度测井的复杂程度要高于常规密度测井。它不仅仅是一个康普顿原理测量问题，实际上是与中子输运相耦合，包含许多中子孔隙度测量相关的问题。在正确得到地层体积密度之前，必须对测量得到的伽马射线进行相应的中子输运补偿校正。

利用多组耦合场理论和电子对效应补偿原理，通过理论推导的方法，得到非弹伽马计数率比值与地层体积密度的响应关系，从而提出与地层岩性、孔隙流体等无关的地层密度计算方法，解决了可控源密度高精度计算问题，见图 2-1-9。

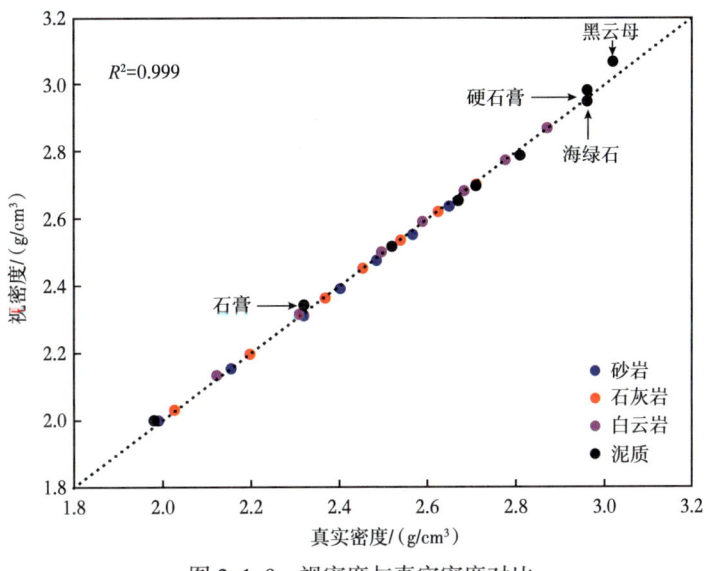

图 2-1-9 视密度与真实密度对比

与以往脉冲中子地层密度理论和公开的计算方法不同，认为非弹伽马射线响应与地层含氢指数和体积密度相关，中子输运和伽马输运两个过程是相互独立的。新的地层密度计算方法表明，非弹伽马射线响应与中子输运和体积密度相关，中子输运和伽马输运的是相互联系的。该新方法校正了中子输运和电子对效应的影响，使得到的地层密度与常规化学源密度仪器一样，与地层岩性和流体属性无关，地层密度准确度可以达到 0.025g/cm^3。

四、现场应用效果

可控源地层元素与孔隙度测井仪在西安石油测井计量站的模型井群里完成了 200 多井次的模型井试验，在吉林、西南完成 3 口井的现场试验。试验结果表明，元素含量、密度、中子孔隙度以及矿物组分含量与区域地质特征相吻合，准确反映地层岩性变化规律。仪器在解决复杂和非常规油气评价中矿物含量计算、岩性识别和总有机碳含量 TOC 烃源岩评价方面具有独特的优势和广阔的使用前景。

1. 功能测试

可控源地层元素与孔隙度测井仪进行了高温高压测试，耐温/耐压达到 175℃/140MPa。在测井仪器计量站的地层元素刻度模型井群进行了测量精度分析，表 2-1-3 是在花岗岩井的测量精度分析，元素含量精度达到了设计标准。

表 2-1-3　可控源地层元素与孔隙度测井仪花岗岩模型井实测元素精度

元素	Si/%	Al/%	Fe/%	Mg/%	Ca/%	Na/%	K/%	S/%	Ti/%	C/%	Gd/10^{-6}
标称值	32.92	6.71	1.10	0.29	0.86	2.02	2.07	0.01	0.18	0.23	0.02
测量值	33.66	7.96	0.75	0.00	2.36	1.12	3.15	0.21	0.10	0.12	0
测量偏差	−0.74	−1.25	0.35	0.29	−1.50	0.90	−1.08	−0.20	0.08	0.11	0.02
指标	1.50	2.00	0.40	2.00	1.50	1.50	1.50	1.00	0.10	1.2	2

仪器在中子井群进行了测量精度分析，密度和中子孔隙度精度达到了设计标准，见表 2-1-4 和表 2-1-5。

表 2-1-4　刻度井群实测密度精度（g/cm³）

井号	岩性	密度标称值	密度测量值	密度测量偏差	统计涨落	指标
22	石灰岩	2.620	2.608	0.012	0.014	
25	石灰岩	2.467	2.458	0.009	0.015	
26	石灰岩	2.285	2.281	0.004	0.026	
23	石灰岩	2.194	2.189	0.005	0.026	0.04
04	石灰岩	2.069	2.070	−0.001	0.025	
16	白云岩	2.858	2.850	0.008	0.016	
11	白云岩	2.578	2.580	−0.002	0.020	
17	砂岩	2.639	2.613	0.026	0.009	

表 2-1-5　中子刻度井群实测孔隙度精度（p.u.）

井号	孔隙度标称值	孔隙度测量值	测量偏差	统计涨落	指标
20	0.1	−0.10	0.20	0.02	0.5
22	5	5.41	−0.41	0.06	0.5（＜7）
25	13.2	13.03	0.17	0.18	0.9
26	23.5	23.69	−0.19	0.29	1.6
23	30.0	29.45	−0.55	0.46	2.1 ±7%（≥7）
04	37.2	37.52	−0.32	0.66	2.6

2. 现场应用

可控源地层元素与孔隙度测井仪于 2020 年 7 月在吉林油田松原某井进行了现场试验。图 2-1-10 是仪器的重复性对比，图中第 1 道是深度道；第 3 道是中子孔隙度 CNL；第 4 道是密度 DEN；第 5~18 道是地层中主要元素的含量曲线，依次为 Si、Ca、Fe、Al、S、Ti、K、Mg、Gd、Mn、Na、N、Cu、C，红色是主测曲线，蓝色是重复曲线。初步分析表明，密度、中子孔隙度和元素含量曲线重复性较好，基本达到设计指标，与常规密度、中子及 FEM 元素曲线对比形态基本一致，层位特征准确，符合地层响应规律。

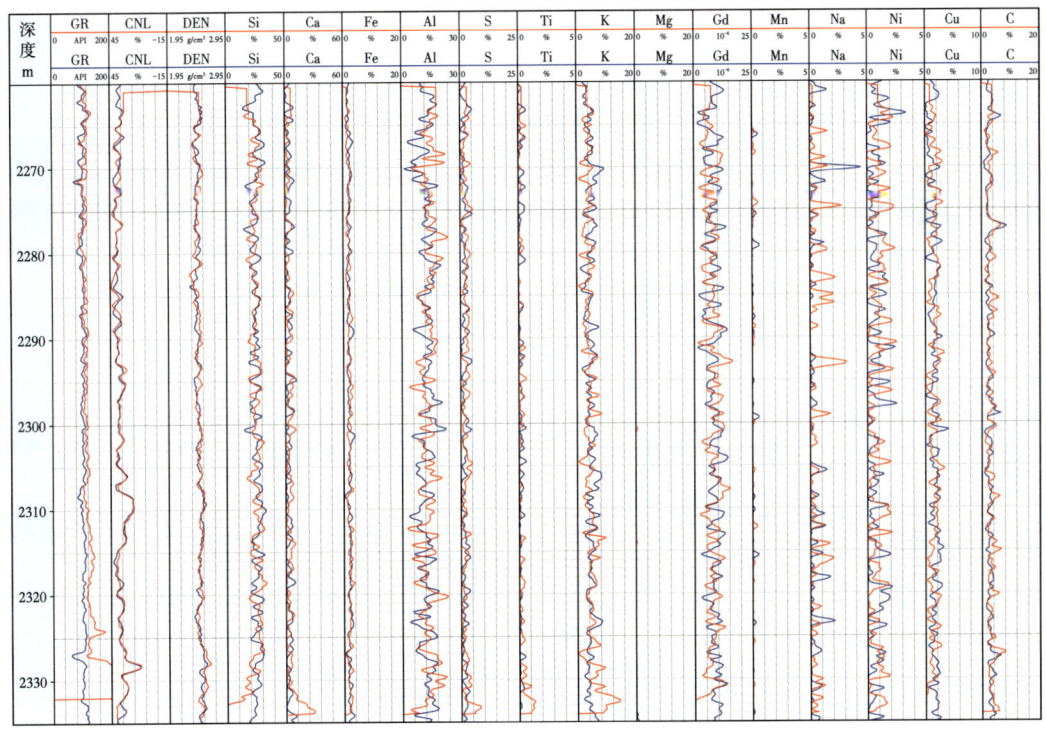

图 2-1-10　吉林松原某井测井曲线重复性对比分析

基于元素含量特征，进行了目的层段地层岩性精细解释，通过最优化算法完成矿物组分精细解释及总有机碳含量（TOC）定量解释，解释结果如图 2-1-11 所示。地层特征以砂泥岩为主，矿物组分主要包括伊利石、石英、钾长石、钠长石、方解石、铁白云石、黄铁矿。岩性以泥岩夹泥质粉砂岩为主，泥质含量平均 41%，石英含量平均 26%；长石类型以钾长石为主，含少量斜长石，方解石含量 5%~10%，个别层段含铁白云石和黄铁矿，TOC 平均为 1.2%~3.2%；元素含量处理得到的矿物组分含量与区域地质特征相吻合，准确反映地层岩性变化规律，TOC 有助于进行有机质甜点识别，对于提高综合储层评价效果有重要意义。

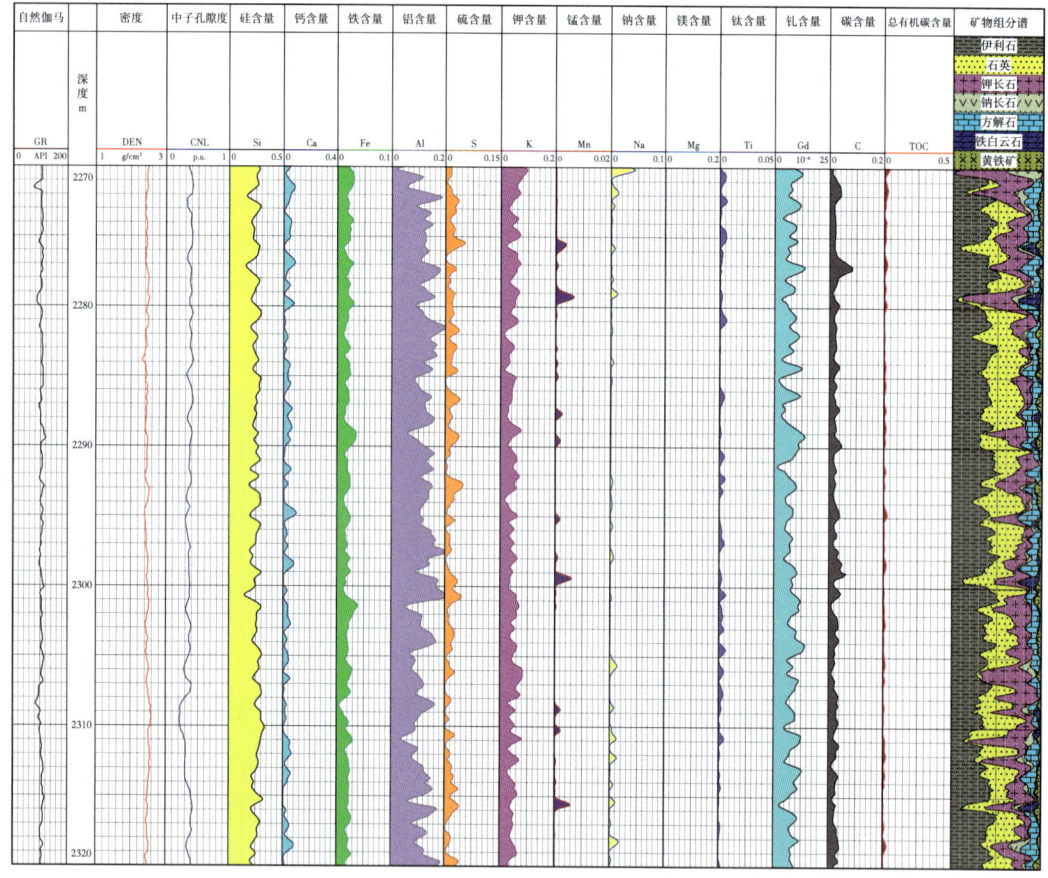

图 2-1-11 吉林松原某井元素含量与矿物剖面成果图

第二节 感应成像测井仪

随着油气勘探开发的不断深入，大斜度井及水平井不断增加，需要提供具有流体识别、储层边界探测和油藏描述功能的三维远探测测井装备。电法测井作为油气识别的重要手段，现有电磁感应测井技术主要实现了井周 3m 内地层电性特征的精准描述，径向探测深度较浅，且不具备周向方位分辨能力，无法满足井周数十米地层的有效探测。

近十年来，电磁感应探测技术取得长足进步，具有自主知识产权的阵列感应、三维感应测井技术规模应用，为研发兼具井周高精度成像、远探测油藏成像及径向探测距离可达到 30m 等功能的感应成像测井装备提供了技术基础。通过技术攻关，首创短源距方位线圈阵列、长源距三维线圈阵列组成的新型复合线圈系测量方式，方位线圈阵列实现井周各向异性精细识别，三维线圈阵列实现空间大尺度及储层边界探测；同时，突破循环发射与近远同步采集、多分量刻度与校正、多尺度联合反演成像等技术难题，形成了感应成像远探测测井技术，对非均质复杂储层各向异性体探测、大斜度井及水平井的油藏描述具有重要意义。

一、测量原理及主要功能

利用电磁感应测井的远探测能力和三维探测器的空间方位敏感性，提出集方位线圈阵列、三维线圈阵列组成的感应成像复合线圈系。其中，方位线圈阵列由八组周向排布的具有方向敏感性的方位线圈组成，实现井周各向异性探测；三维线圈阵列由两组三维线圈接收阵列组成，实现大尺度地层各向异性电阻率测量及储层边界探测。同时，结合阵列感应井周高分辨率信息，经过联合反演处理，实现近井眼高精度成像和远探测油藏描述功能。

1. 方位线圈阵列测量原理及主要功能

传统电磁感应测井技术一般采用磁偶极子线圈，通过增加源距和降低工作频率来提高径向探测能力，但无周向方位分辨能力。研究提出了一种具有方位探测能力的马鞍形接收线圈结构，具体见图 2-2-1，由轴向发射线圈和周向分布的径向接收线圈阵列组成，该线圈系具有很强的方位探测敏感性。

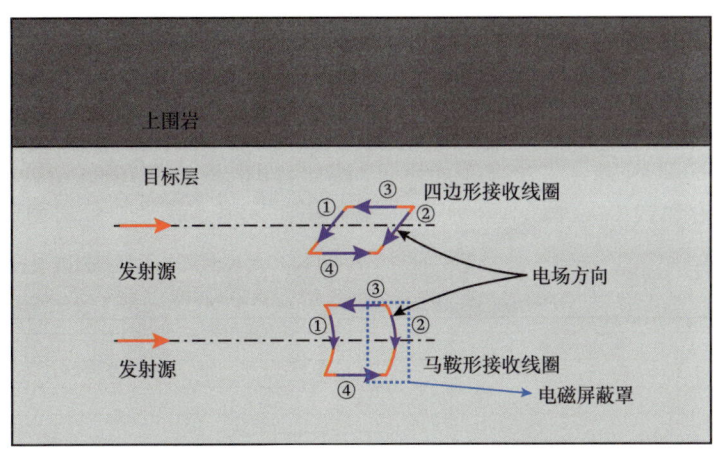

图 2-2-1　基于电磁屏蔽原理的马鞍形接收线圈系结构示意图

考虑工程化实现，提出了一种由轴向发射线圈、马鞍形接收线圈（N_R）与轴向屏蔽线圈（N_B）一体化的接收线圈结构，如图 2-2-2 所示，其中轴向屏蔽线圈通过匝数调节来消除发射线圈到接收线圈的直接耦合信号。

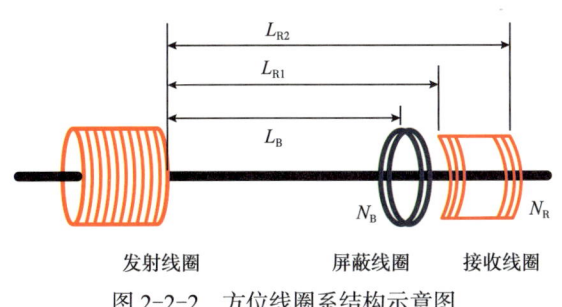

图 2-2-2　方位线圈系结构示意图

结合仪器几何空间，采用 8 组轴向布置、周向均匀分布的方位线圈阵列，实现周向 45° 探测分辨能力，方位线圈阵列排布见图 2-2-3。

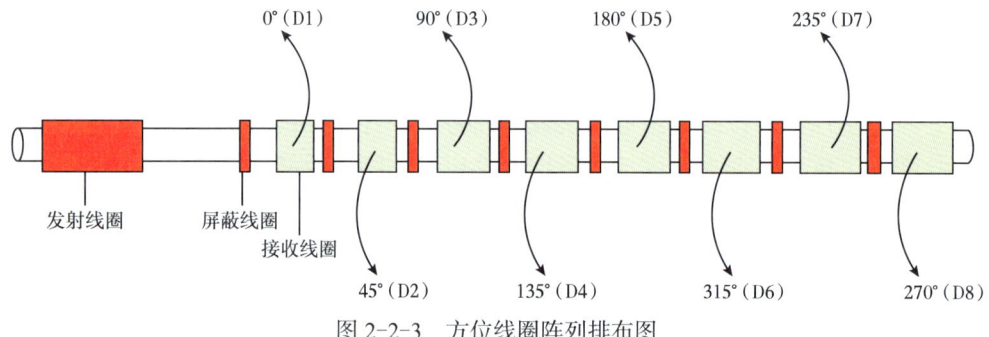

图 2-2-3　方位线圈阵列排布图

在空旷环境下进行了方位线圈物模实验验证，如图 2-2-4 所示。在仪器正下方放置金属板，通过仪器旋转和改变金属板距离验证方位探测和径向探测能力，记录 8 方位线圈的实部和虚部响应，虚部响应如图 2-2-5 所示。方位线圈随仪器旋转探测响应为正弦曲线，周向相差 180° 线圈对（D1/D5、D2/D6、D3/D7、D4/D8）具有反向对称性，符合方位线圈理论响应规律，验证了方位线圈的周向方位探测能力。

图 2-2-4　方位线圈阵列金属板探测实验

2. 三维线圈阵列测量原理及主要功能

基于电磁感应测井原理，发射线圈发射交变电磁场，在地层中产生感应电流，感应电流形成二次交变电磁场，在接收线圈阵列中产生感应电动势。三维线圈系由一组三轴发射线圈、两组不同源距的三轴接收线圈子阵列组成，如图 2-2-6（a）所示；三轴发射线圈与接收线圈均采用共点设计，如图 2-2-6（b）所示，图中 L_1、L_2 分别为远、近探测线圈的

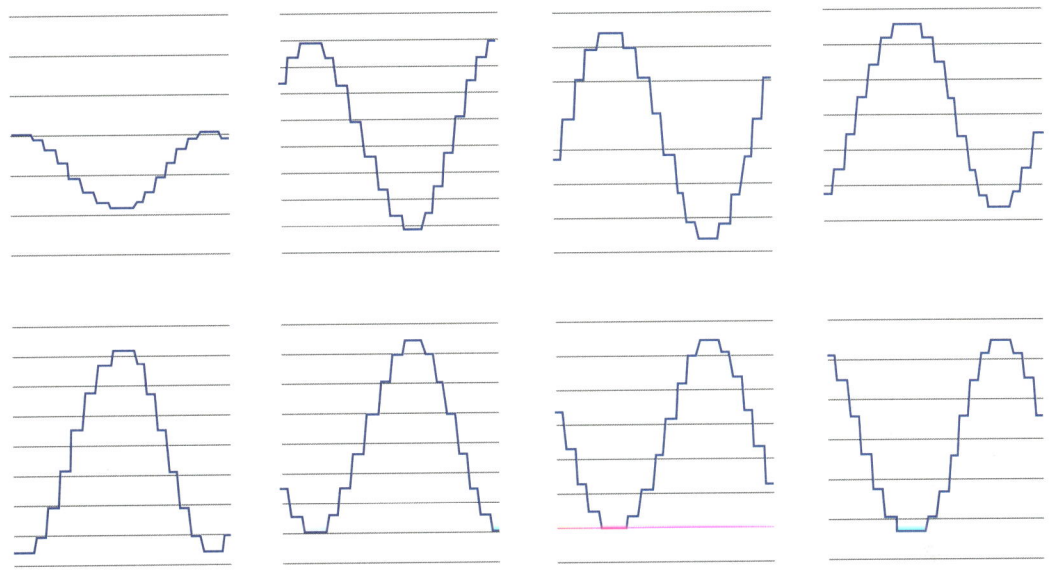

图 2-2-5 方位线圈阵列金属板探测旋转响应

收发间距；每组三轴接收线圈子阵列由一个屏蔽线圈与接收线圈组成，如图 2-2-6（c）所示，图中 T_z 代表 z 轴发射线圈，$T_{x,1}$、$T_{x,2}$ 分别代表对称的 x 轴发射线圈，$T_{y,1}$、$T_{y,2}$ 分别代表对称的 y 轴发射线圈。

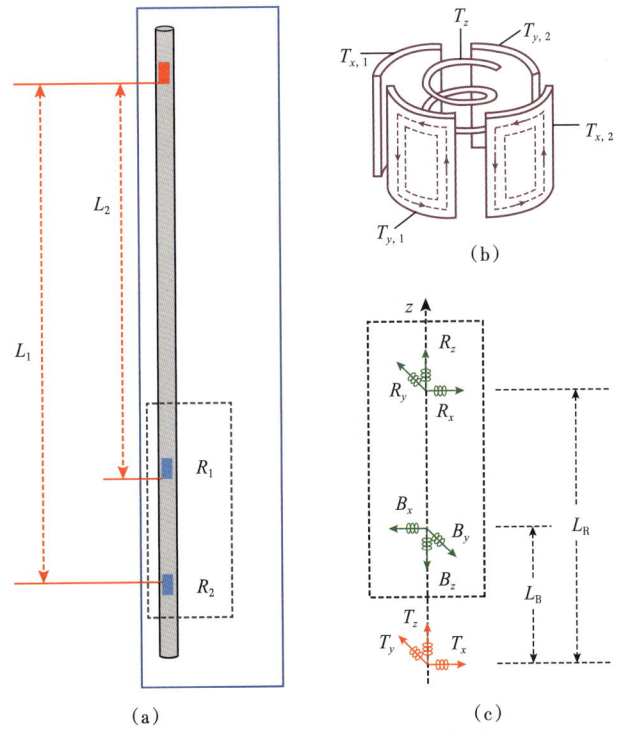

图 2-2-6 三维感应线圈系结构图

三维线圈测量方法原理及计算过程如下。

设三个正交发射线圈的磁矩分别为 $M_x=N_{T_x}A_{T_x}$, $M_y=N_{T_y}A_{T_y}$, $M_z=N_{T_z}A_{T_z}$，三个正交主接收线圈的磁矩分别为 $R_x=A_{R_x}N_{R_x}$, $R_y=A_{R_y}N_{R_y}$, $R_z=A_{R_z}N_{R_z}$，三个正交屏蔽接收线圈的磁矩分别为 $B_x=A_{B_x}N_{B_x}$, $B_y=A_{B_y}N_{B_y}$, $B_z=A_{B_z}N_{B_z}$，则三维接收线圈阵列主磁通量组成的张量为

$$\Phi_M = \begin{pmatrix} \Phi_{xx} & \Phi_{xy} & \Phi_{xz} \\ \Phi_{yx} & \Phi_{yy} & \Phi_{yz} \\ \Phi_{zx} & \Phi_{zy} & \Phi_{zz} \end{pmatrix}_M = \begin{pmatrix} R_x & & \\ & R_x & \\ & & R_x \end{pmatrix} \mu \begin{pmatrix} H_{M,x''x''} & H_{M,x''y''} & H_{M,x''z''} \\ H_{M,y''x''} & H_{M,y''y''} & H_{M,y''z''} \\ H_{M,z''x''} & H_{M,z''y''} & H_{M,z''z''} \end{pmatrix} \begin{pmatrix} M_x & & \\ & M_x & \\ & & M_x \end{pmatrix}$$

$$= i\omega\mu^2 I_0 \begin{pmatrix} N_{R_x}A_{R_x}N_{T_x}A_{T_x}H_{M,x''x''} & N_{R_x}A_{R_x}N_{T_y}A_{T_y}H_{M,x''y''} & N_{R_x}A_{R_x}N_{T_z}A_{T_z}H_{M,x''z''} \\ N_{R_y}A_{R_y}N_{T_x}A_{T_x}H_{M,y''x''} & N_{R_y}A_{R_y}N_{T_y}A_{T_y}H_{M,y''y''} & N_{R_y}A_{R_y}N_{T_z}A_{T_z}H_{M,y''z''} \\ N_{R_z}A_{R_z}N_{T_x}A_{T_x}H_{M,z''x''} & N_{R_z}A_{R_z}N_{T_y}A_{T_y}H_{M,z''y''} & N_{R_z}A_{R_z}N_{T_z}A_{T_z}H_{M,z''z''} \end{pmatrix} \quad (2-2-1)$$

其中各磁场分量为

$$\left. \begin{aligned} H_{M,x''x''} &= \frac{1}{4\pi L^3}\left[\sin^2\gamma \left(\frac{L}{S}\right)^2 k_v S k_h L e^{ik_v S} + \frac{\sin^2\gamma - \cos^2\gamma\cos^2\theta}{\sin^2\theta} ik_h L\left(e^{ik_v S} - e^{ik_h L}\right) + (ik_h L - 1)e^{ik_h L} + \cos^2\gamma k_h^2 L^2 e^{ik_h L} \right] \\ H_{M,y''y''} &= \frac{1}{4\pi L^3}\left[\cos^2\gamma \left(\frac{L}{S}\right)^2 k_v S k_h L e^{ik_v S} + \frac{\cos^2\gamma - \sin^2\gamma\cos^2\theta}{\sin^2\theta} ik_h L\left(e^{ik_v S} - e^{ik_h L}\right) + (ik_h L - 1)e^{ik_h L} + \sin^2\gamma k_h^2 L^2 e^{ik_h L} \right] \\ H_{M,z''z''} &= \frac{1}{4\pi L^3}\left[-ik_h L\left(e^{ik_v S} - e^{ik_h L}\right) - 2(ik_h L - 1)e^{ik_h L} \right] \\ H_{M,x''y''} &= H_{M,y''x''} = \frac{\sin\gamma\cos\gamma}{4\pi L^3}\left[\left(\frac{L}{S}\right)^2 k_v S k_h L e^{ik_v S} + \frac{\cos^2\theta + 1}{\sin^2\theta} ik_h L\left(e^{ik_v S} - e^{ik_h L}\right) - k_h^2 L^2 e^{ik_h L} \right] \\ H_{M,x''z''} &= H_{M,z''x''} = \frac{1}{4\pi L^3}\left[\frac{\cos\gamma\cos\theta}{\sin\theta} ik_h L\left(e^{ik_v S} - e^{ik_h L}\right) \right] \\ H_{M,y''z''} &= H_{M,z''y''} = \frac{1}{4\pi L^3}\left[\frac{\sin\gamma\cos\theta}{\sin\theta} ik_h L\left(e^{ik_v S} - e^{ik_h L}\right) \right] \end{aligned} \right\}$$

$$(2-2-2)$$

式中　L——发射线圈 T 到接收线圈 R 的距离；

θ——地层倾角；

γ——仪器方位角；

k_v、k_h——电磁传播系数。

低频近似为 $k_h L \rightarrow 0$，$k_v S \rightarrow 0$，$n \geq 1$，代入式（2-2-2）得到

$$\begin{bmatrix} h_x^x \\ h_y^y \\ h_x^y \\ h_z^z \\ h_x^z \\ h_y^z \end{bmatrix} = \mathrm{Im} \begin{bmatrix} H_{M,x''x''} \\ H_{M,y''y''} \\ H_{M,x''y''} \\ H_{M,z''z''} \\ H_{M,x''z''} \\ H_{M,y''z''} \end{bmatrix} = \frac{\omega\mu\sigma_h}{8\pi L} \begin{bmatrix} \sin^2\gamma & \sin^2\gamma - \cos^2\gamma\cos^2\theta & 1 & \cos^2\gamma \\ \cos^2\gamma & \cos^2\gamma - \sin^2\gamma\cos^2\theta & 1 & \sin^2\gamma \\ \sin\gamma\cos\gamma & \sin\gamma\cos\gamma(\cos^2\theta + 1) & 0 & -\sin\gamma\cos\gamma \\ 0 & -\sin^2\theta & -2 & 0 \\ 0 & -\cos\gamma\cos\theta\sin\theta & 0 & 0 \\ 0 & \sin\gamma\cos\theta\sin\theta & 0 & 0 \end{bmatrix} \begin{bmatrix} \dfrac{2}{\zeta\lambda^2} \\ \dfrac{2}{\sin^2\theta}(1-\zeta) \\ -1 \\ 2 \end{bmatrix}$$

$$(2-2-3)$$

其中 $k_v S = k_h L \zeta, \quad S = L\zeta\lambda, \quad \zeta = \sqrt{\cos^2\theta + \frac{1}{\lambda^2}\sin^2\theta}, \lambda = \frac{\sigma_h}{\sigma_v}$

由式（2-2-3），解得倾角 θ、方位角 γ、水平电导率 σ_h、垂直电导率 σ_v 四个参数：

$$\sigma_h = \frac{h_x^x + h_y^y + 3h_z^z + \dfrac{2h_z^z\left(h_x^y\right)^2}{\left(h_z^z\right)^2 + \left(h_y^z\right)^2} \pm \sqrt{\left[h_x^x + h_y^y + 3h_z^z + \dfrac{2h_z^z\left(h_x^y\right)^2}{\left(h_z^z\right)^2 + \left(h_y^z\right)^2}\right] - 8h_z^z\left(h_x^x + h_y^y + 3h_z^z\right)}}{4g}$$

$$-\frac{h_z^z}{2g}\begin{cases}+, \sigma_h > \sigma_v \\ -, \sigma_h < \sigma_v\end{cases} \quad (2\text{-}2\text{-}4)$$

$$\gamma = -\arctan\frac{h_y^z}{h_x^z} \quad (2\text{-}2\text{-}5)$$

$$\tan\theta = -\sin\gamma\,\frac{\zeta-1}{\zeta}\frac{h_x^z}{h_x^y} \quad (2\text{-}2\text{-}6)$$

$$\lambda^2 = \frac{\tan^2\theta}{\zeta^2\left(1+\tan^2\theta\right)-1} \quad (2\text{-}2\text{-}7)$$

$$\sigma_v = \frac{\sigma_h}{\lambda^2} \quad (2\text{-}2\text{-}8)$$

最后，利用式（2-2-2）至式（2-2-8）及三维接收线圈阵列测井数据，处理得到地层倾角 θ、方位角 γ、水平电导率 σ_h、垂直电导率 σ_v 四个参数。

二、仪器结构及工作模式

1. 结构组成

仪器主要由方位探测短节和三维探测短节组成，在两个短节之间根据需要可增加绝缘短节，用于调节三维线圈源距，获取更深的探测信息。仪器组成如图 2-2-7 所示。

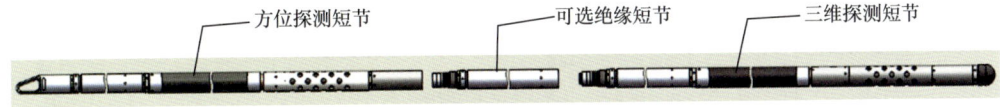

图 2-2-7 感应成像测井仪结构示意图

其中，方位探测短节和三维探测短节分别由电子仪、线圈系及压力平衡短节组成，分别如图 2-2-8、图 2-2-9 所示。仪器的主要技术指标如表 2-1-1 所示。

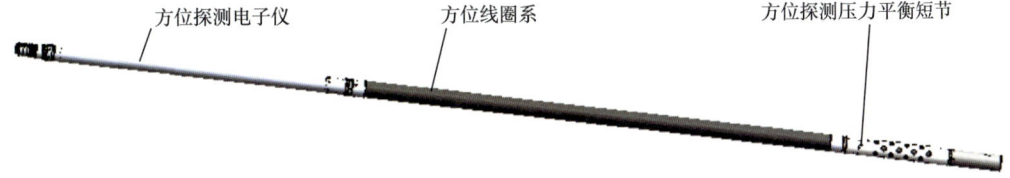

图 2-2-8 感应成像测井仪方位探测短节示意图

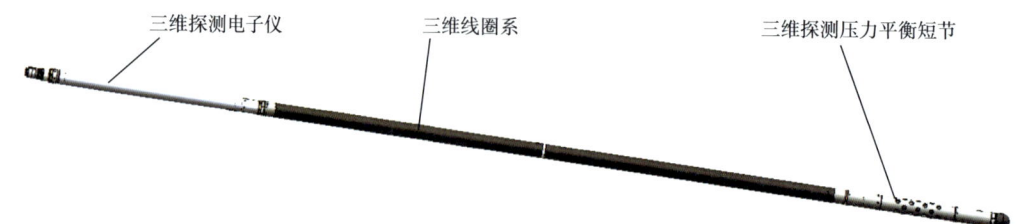

图 2-2-9 感应成像测井仪三维探测短节示意图

表 2-2-1 感应成像测井仪技术指标

耐温耐压指标	155℃/100MPa		
性能指标	电阻率探测范围	0.2～1000Ω·m	
	测量精度	近探测	±0.5mS/m 或 <2%
		中探测	±4mS/m 或 <6%
		远探测	±10mS/m 或 <15%
	最远探测距离	30m	

2. 工作模式

仪器具有方位测量、三维测量、联合测量 3 种工作模式，有 5 种工作频率（1～20kHz）。其中方位测量模式获取 8 组方位线圈信息；三维测量模式获取两组三维线圈 9 分量信息。联合测量模式由以上两种模式循环交替完成，仪器电路原理框图如图 2-2-10 所示。

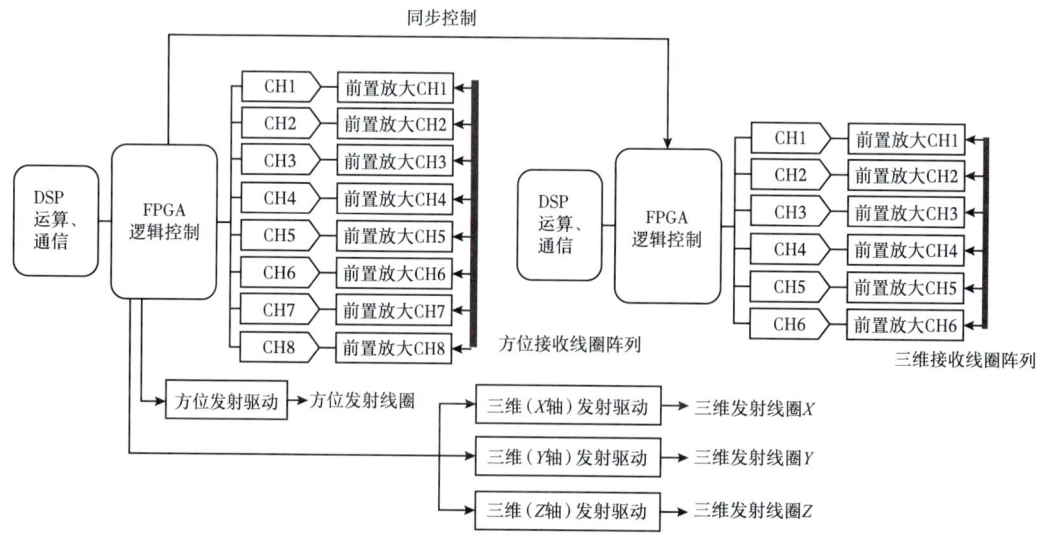

图 2-2-10 感应成像测井仪电路原理框图

仪器工作时，先由主控采集单元产生发射控制信号，经功率放大驱动发射线圈产生激励信号，接收线圈阵列拾取地层涡流二次场信号，再经低噪声放大、选频滤波、程控放大和同步采集处理，得到 124 条测量实虚部信号。

三、关键技术及创新点

感应成像测井仪的关键技术及创新点包括远探测三维线圈系参数优化与结构设计技术、相控发射与高精度同步采集技术、多尺度探测信息联合反演技术等三项关键技术。

1. 远探测三维线圈系参数优化与结构设计技术

远探测三维线圈系设计的核心是参数优化与结构设计，通过不同收发间距、多种频率、匝数及多种地层模型的数值模拟仿真及探边规律研究，形成了三维阵列线圈系的优化参数、响应及探边特性。图 2-2-11 为特定频率下不同收发间距 XX（YY）和 XZ（YZ）

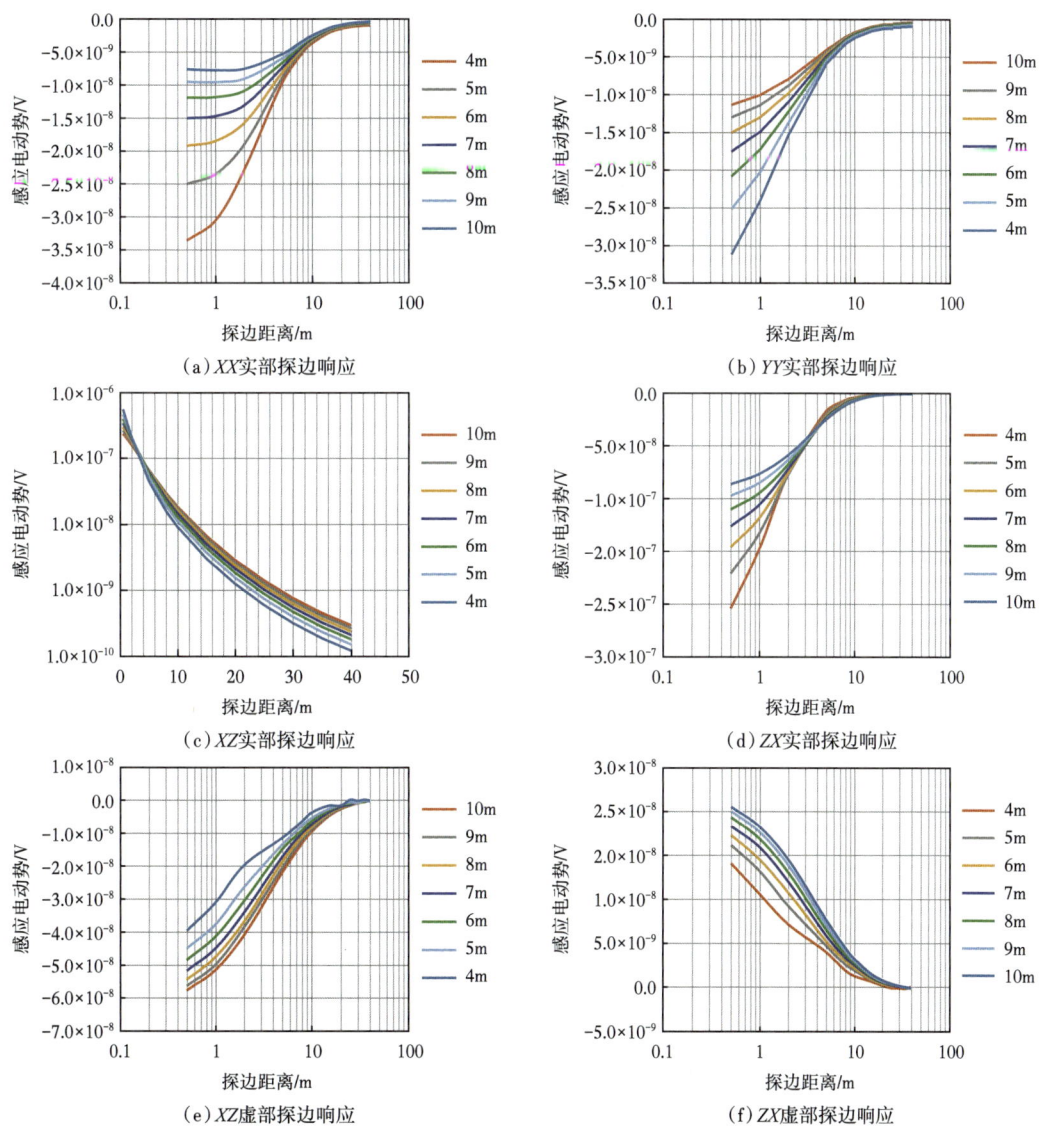

图 2-2-11　不同收发间距下 XX、YY、XZ 和 ZX 分量的探边响应图

的探边特性，模型中目的层电导率为 0.01S/m，围岩电导率为 1S/m，图中纵坐标为各线圈感应电动势。分别选择 4～10m 间多种间距，当发射为 X 或 Y 方向时，共面分量 XX/YY 和交叉分量 XZ/ZX 的实部和虚部在 0～30m 探边距离内均单调变化，具有探测边界的能力。

针对优化线圈系结构，通过不同地层电阻率对比度情况下远探测线圈系探边特性响应模拟，形成如图 2-2-12 所示的远探测线圈探边灰度图（图中 R_1 为目的层电阻率，R_2 为围岩电阻率）。由图可以看出，三维阵列线圈系在不同地层电阻率对比度情况下探边能力不同，在地层电阻率对比度为 100∶1 时，探边距离可以达到 30m。

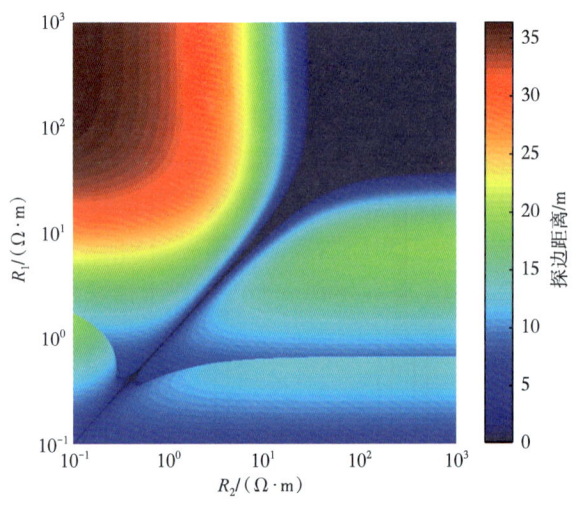

图 2-2-12 远探测线圈探边灰度图

2. 相控发射与高精度同步采集技术

感应成像测井仪共有 14 个接收线圈，其中方位探测有 8 个接收线圈，三维探测有 6 个接收线圈，系统最小有效信号为 10^{-7}V 级。采用并行低噪声前置放大及高 Q 值多阶多频点带通选频设计，有效抑制背景噪声；通过自动增益控制及创新实时二级刻度校准，消除电路通道差异及发射功率波动影响；在三维探测模式下，创新信号发射与采集同步方式，采用电流驱动抗干扰技术，实现远距离条件下发射与信号采集同步（图 2-2-13）；集成数字相敏检波、数字滤波等数字信号处理等技术，实现了多通道微弱信号高精度测量。

3. 多尺度探测信息联合反演技术

研究采用基于监督下降的像素级反演方法（SDM）。该方法通过预先设计的一组先验模型，离线学习确定梯度下降方向，并将其用于实时测井资料处理。该方法综合了梯度反演与机器学习反演的双重优点，实现了物理模型与数据模型的双重驱动，如图 2-2-14 所示。

对于三层地层模型，按照先验信息设计上千个训练模型用于离线训练，将其训练结果用于地层电阻率反演。图 2-2-15 给出了两个不同地层剖面的最光滑模型反演方法 OCCAM 与像素级反演 SDM 方法的反演结果，可以看出，像素级反演方法 SDM 的反演结果与地层模型相关性更好。

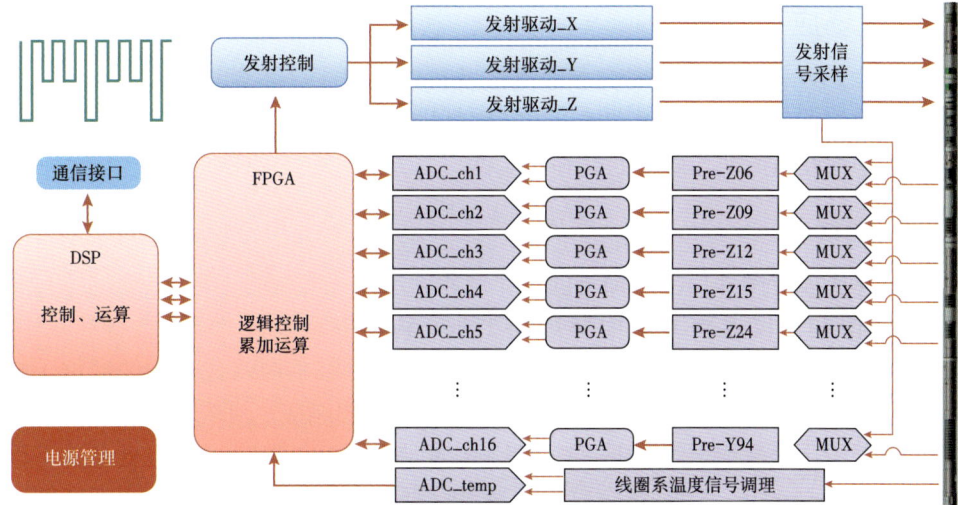

图 2-2-13 多通道同步发射采集原理框图

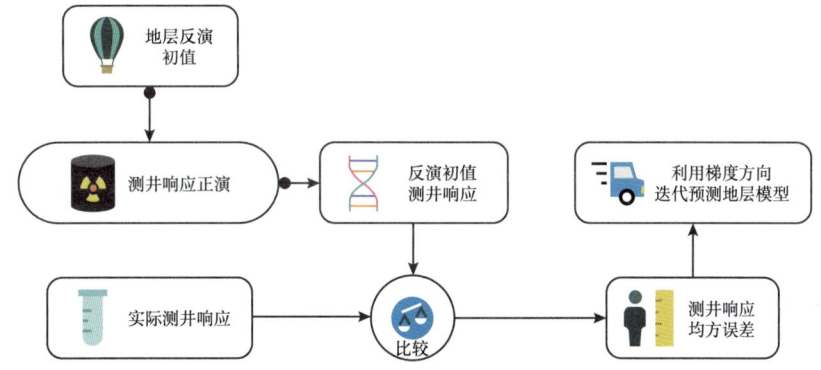

图 2-2-14 在线实时反演测井响应流程框图

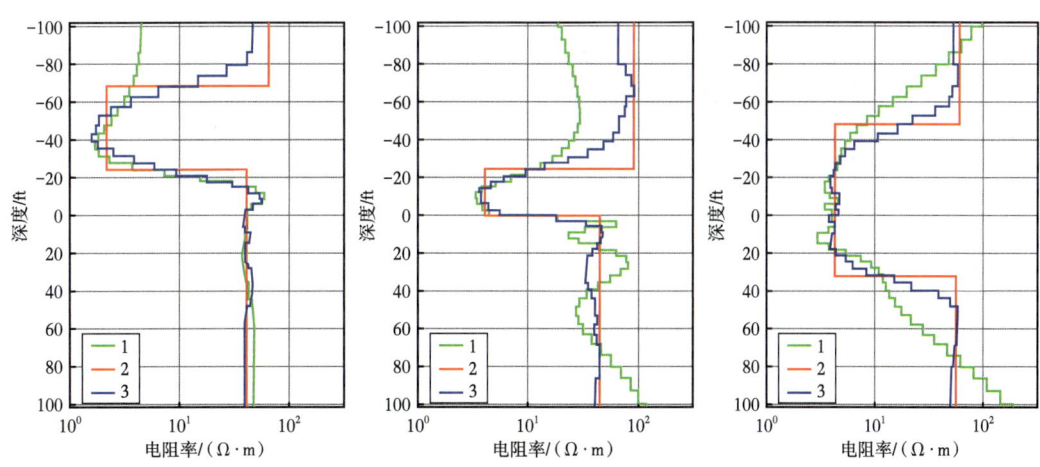

图 2-2-15 三层地层反演结果对比

1—最光滑模型反演方法；2—给定模型；3—基于监督下降的像素级反演方法

四、现场应用效果

感应成像测井仪完成了西安大水池测试及长庆油田 3 口井测井试验。大水池测试验证了感应成像仪器的远距离探边功能，3 口井测井试验验证了感应成像测井仪测量响应与地层岩性、物性及纵向非均质性的良好对应性。

1. 功能测试

为验证感应成像测井仪的远探测能力，选取大水池开展试验，试验环境见图 2-2-16。受试验环境限制，仪器距离水面最高为 22m。具体测量响应如图 2-2-17（a）所示，图中蓝色曲线代表水池环境下与水面不同距离的响应，红色曲线代表当仪器位于电阻率为 100Ω·m 的地层，随着距离 1Ω·m 的地层距离变化的响应。可看出，在仪器由水面逐点上提的过程中，远探测三维线圈 XX 分量响应单调变化可识别，表明在此条件下仪器远探测能力可以达到 22m。针对感应成像探边试验环境的局限性，开展了物理模拟试验环境数值模拟建模及仿真计算，同时结合探边距离定义模型开展类比计算分析，形成了探边响应类比计算结果图，具体见图 2-2-17（b）。可看出，感应成像测井仪器依据探边距离定义条件，探边距离可以达到 30m。

图 2-2-16　感应成像探边试验

2. 现场应用

感应成像测井仪在鄂尔多斯盆地天环凹陷某预探井进行测井试验。该井井深 2610m，综合段 1900～2610m，测量段主要为砂泥岩剖面。在该井中开展了仪器方位探测、三维测量及联合测量 3 种模式的测井试验。图 2-2-18 为感应成像方位线圈阵列测量响应与 GR/SP 及阵列感应的对比响应，由图可看出，感应成像方位线圈的成对线圈表现出较好的对称性，其实部测量信号与阵列感应电阻率曲线具有较好的相关性。

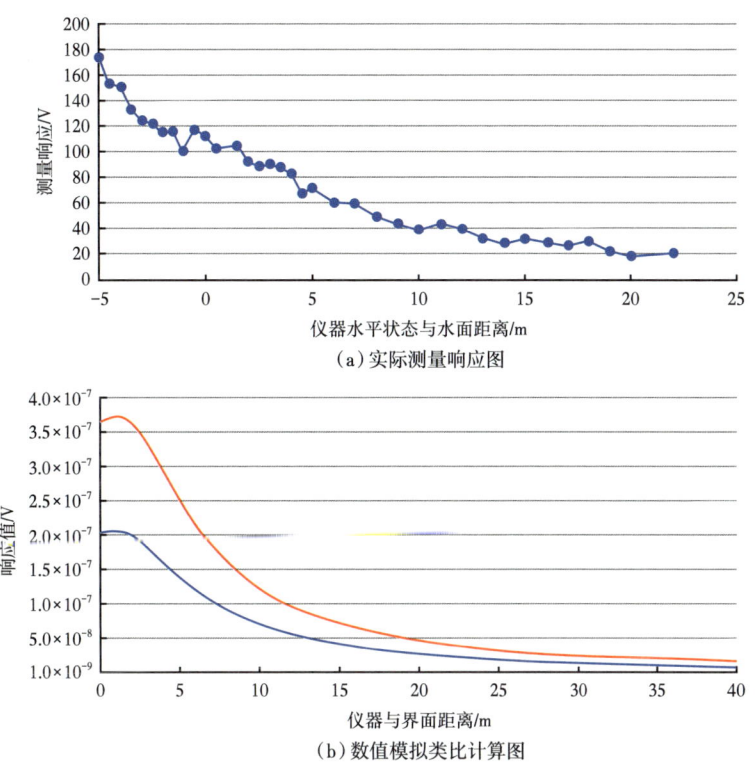

(a)实际测量响应图

(b)数值模拟类比计算图

图 2-2-17 感应成像探边响应及类比计算图

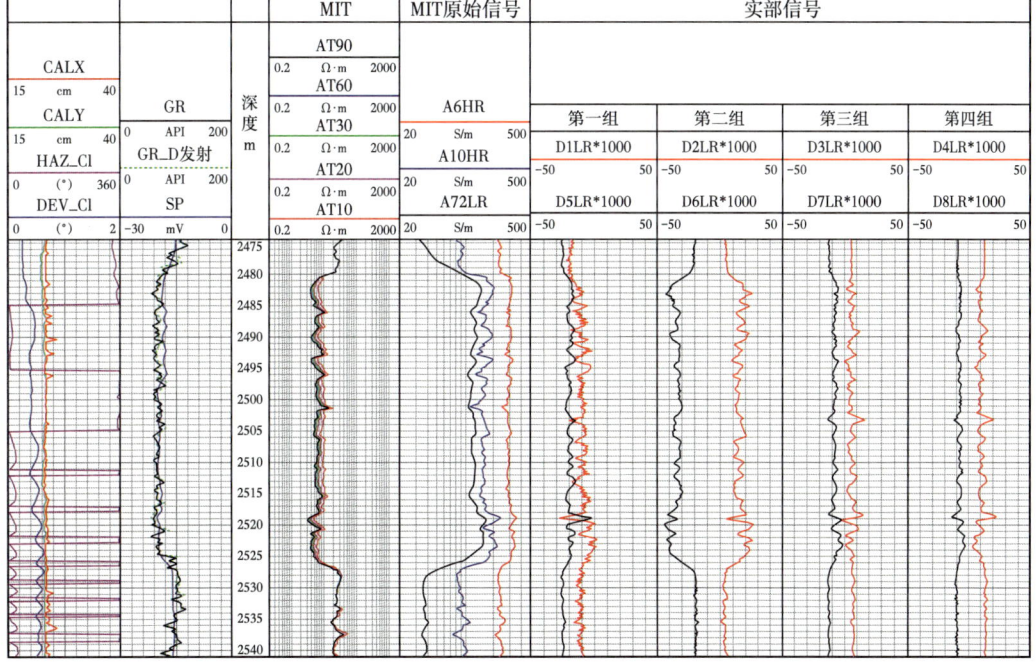

图 2-2-18 感应成像方位线圈测量响应

该井同时进行了声波、放射性、核磁共振和阵列声波测量。通过感应成像响应综合对比（图2-2-19）可看出，感应成像测井仪三维线圈阵列中的 ZZ 分量响应与地层的岩性、物性及阵列感应电阻率对比特征一致，能够反映沿储层的物性及电性变化；XX 及 YY 分量在储层的上部（2490～2500m）及下部（2535～2540m）表现为测量响应明显增大，能够反映储层纵向电阻率的非均质性。

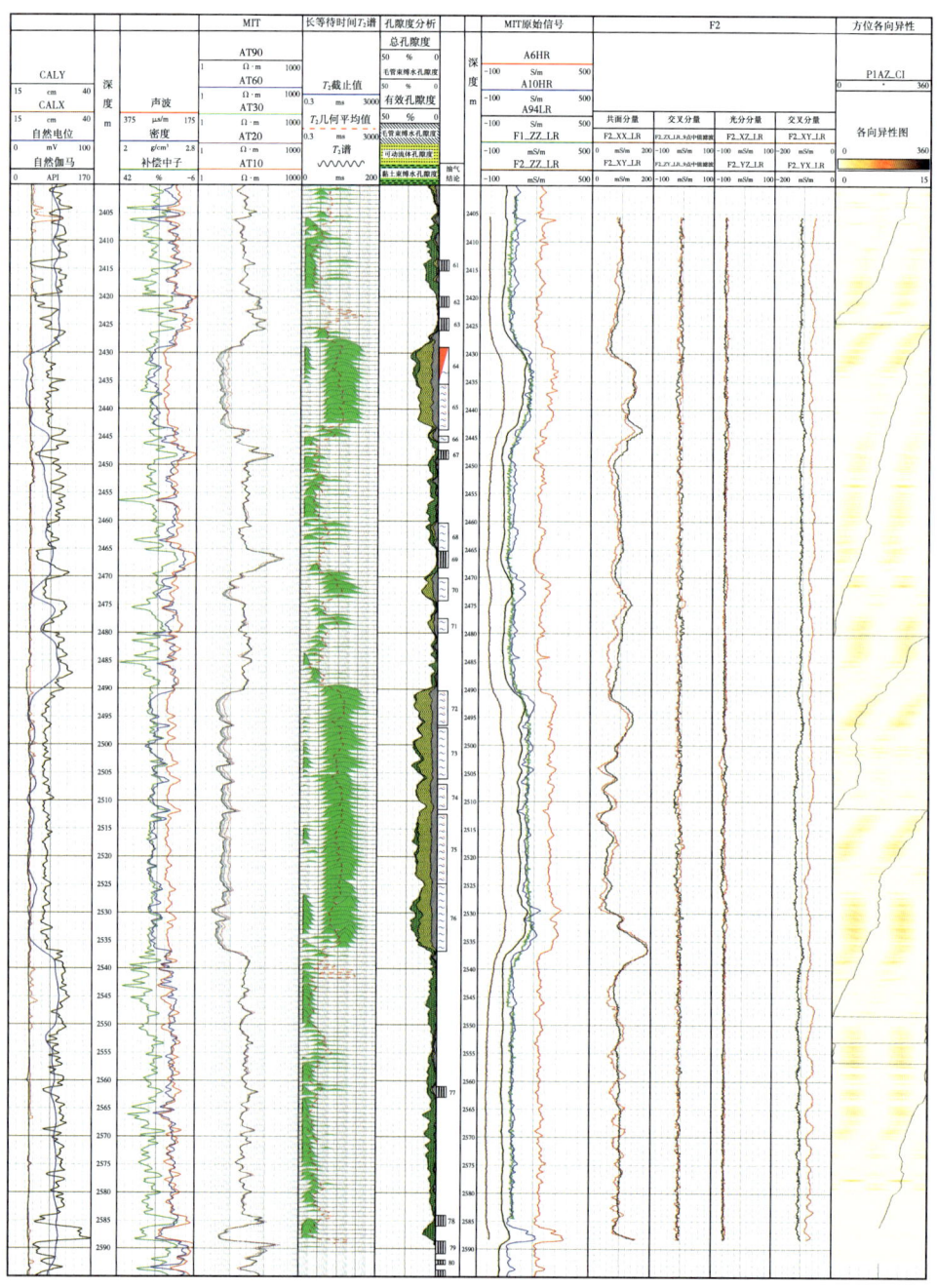

图 2-2-19 感应成像综合对比图

第三节 电场成像测井仪

储层电阻率是其含油性评价的重要参数,对于复杂储层和碳酸盐岩储层,已经发展并提出了相应的均质化地层场论(李剑浩,2015)。该理论提出了计算储层含水饱和度的两个电阻率测井系列,以分别得到泥质砂岩和碳酸盐岩储层的油气饱和度剖面。电场成像测井就是其中的一个系列,它采用多探测深度电极系和贴井壁极板微电极阵列设计,提供2种探测深度井周地层电阻率精细成像和5种探测深度12个方位电阻率,实现对距离井筒1.5m范围内电阻率的三维测量。

将电场成像测井仪得到的地层真电阻率与其他方法得到的孔隙度谱相结合,形成了快速计算含油饱和度的测井技术。该技术可实现碳酸盐岩储层油气含量快速测算与评价,解决非均质碳酸盐岩储层井旁孔、洞、缝三维定量表征和描述,以及致密油气储层的沉积构造分析与微裂隙识别等难题。

一、测量原理及主要功能

仪器采用周向多方位发射电极和多探测深度接收电极阵列,以及2.5mm高分辨率高覆盖率纽扣电极阵列,测量12个方位、5个探测深度的地层电阻率及井周高分辨率图像,实现近井眼电阻率体成像和孔隙度方位成像。利用地层真电阻率和孔隙度谱快速计算油气含量,用于裂缝识别、薄层评价、流体识别、地层各向异性评价、沉积相和构造分析,尤其在碳酸盐岩剖面精细评价有着广泛的应用前景。

1. 方位阵列侧向短节

方位阵列侧向是在阵列侧向基础上对阵列电极结构参数进行优化,并将A_0主电极剖分为12个方位电极,通过改变屏蔽电极和回路电极的位置,实现5个不同探测深度、12个方位的测量,一次可得到60条方位电阻率曲线。由于12个方位电极在均匀介质或轴向均匀介质中具有相同的响应,下面仅以其中一个电极为例进行计算,命名为方位电极1。方位电极测井模式工作原理如图2-3-1所示。

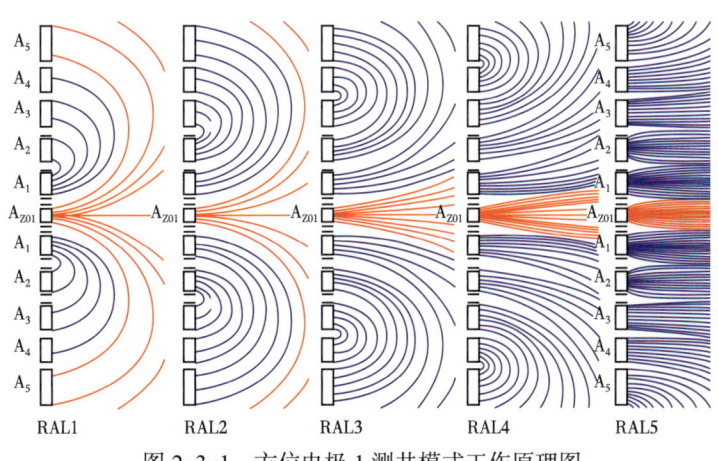

图2-3-1 方位电极1测井模式工作原理图

仪器工作时，通过逐渐增加主电极 A_{z01} 两侧的屏蔽电极个数，使得从 A_{z01} 发射的电流进入地层的深度不断增加，可以得到探测深度逐渐增加的电阻率曲线。

方位 1 的几种模式测量状态详细说明如下：

表 2-3-1 电极系工作模式

探测模式	主电流电极	屏蔽电极	回流电极	备注
浅探测 Ⅰ Raz1	A_{z01}	A_1	$A_2+A_3+A_4+A_5+B$	测量参考电极 N 位于马笼头鱼雷处
中浅探测 Ⅱ Raz2	A_{z02}	A_1+A_2	$A_3+A_4+A_5+B$	
中探测 Ⅲ Raz3	A_{z03}	$A_1+A_2+A_3$	A_4+A_5+B	
中深探测 Ⅳ Raz4	A_{z04}	$A_1+A_2+A_3+A_4$	A_5+B	
深探测 Ⅴ Raz5	A_{z05}	$A_1+A_2+A_3+A_4+A_5$	B	

仪器共有 12 个方位电极，每种模式有 12 条曲线，对每一种模式分别合成可以得到 5 条不同探测深度的常规阵列侧向测井曲线：

$$R_{\mathrm{AL}i} = K_{\mathrm{AL}i} \frac{V_{\mathrm{M}_0(\mathrm{AL}i)}}{I_{0(\mathrm{AL}i)}} \quad (i=1,2,3,4,5) \tag{2-3-1}$$

式中 i ——代表 5 种工作模式中的某一种；

$R_{\mathrm{AL}i}$ ——第 i 种模式视电阻率；

$K_{\mathrm{AL}i}$ ——第 i 种模式仪器常数；

$V_{\mathrm{M}_0(\mathrm{AL}i)}$ ——第 i 种模式监督电极 M_0 上电位；

$I_{0(\mathrm{AL}i)}$ ——第 i 种模式主电极 A_0 上的电流。

阵列电极排列如图 2-3-2 所示，方位电极选择在主电极 A_0 上分 12 个扇区，每个方位电极宽度相同，之间用绝缘隔开。

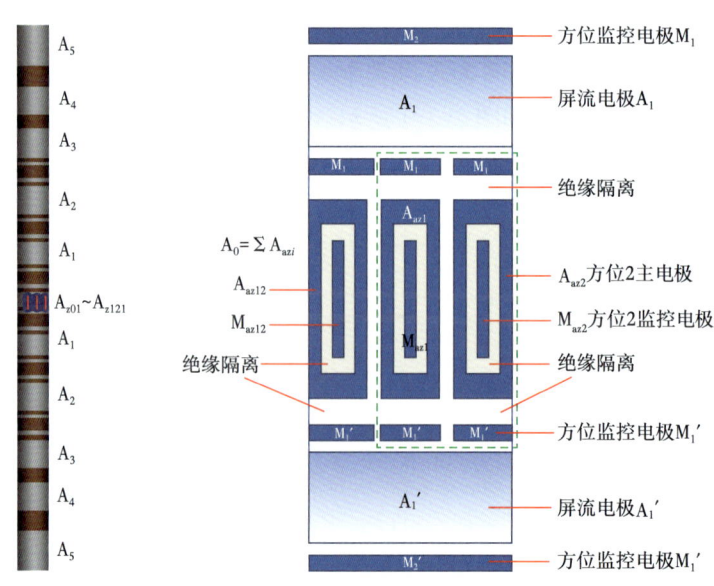

图 2-3-2 方位侧向电极结构示意图

2. 高分辨率微电阻率成像短节

仪器测井时，极板处于张开状态，并且紧贴井壁，地面施加 EMEX 电源，推靠器杆系及极板体发射 10kHz 的交变电流，经井内液柱及周围地层回到仪器上部的接收电极（阵列方位侧向下电极）。由于极板中部的阵列纽扣电极与极板体等电位，在聚焦的作用下，迫使阵列电极发射的电流垂直于井壁进入地层。从而使阵列电极的电流正比于流经地层的电导率。微电阻率成像测井原理示意图如图 2-3-3 所示。

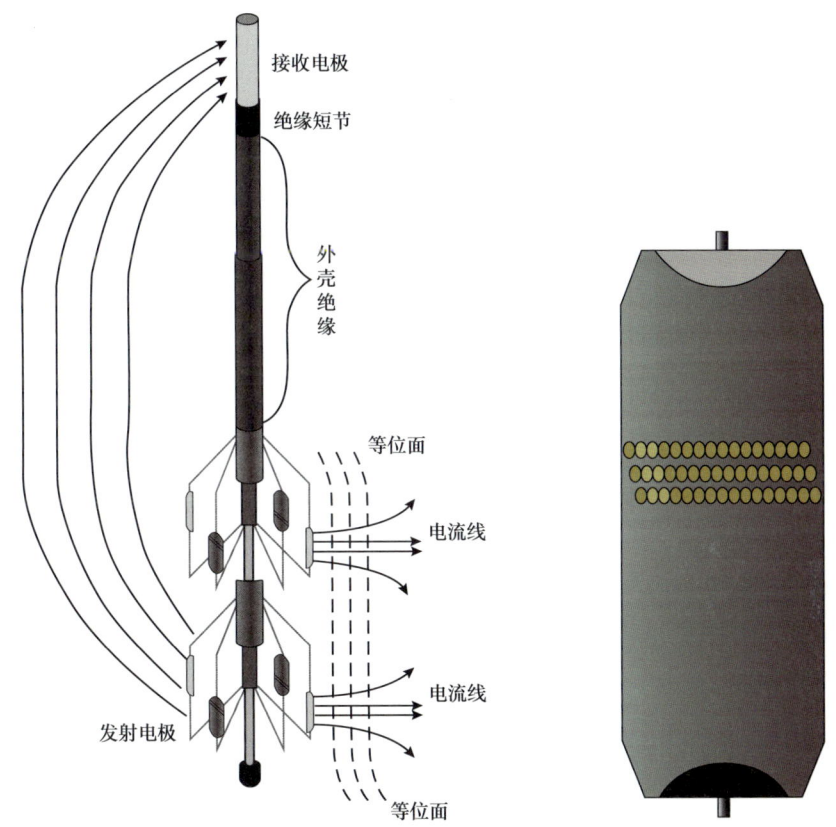

图 2-3-3 高分辨率微电阻率成像测量原理及极板示意图

在测井过程中，依次采集 8 个极板上每个纽扣电极流出电流的大小，然后利用不同颜色进行刻度，可以得到电阻率的彩色图像。微电阻率测井图像在识别裂缝、分析薄层、进行储层评价及沉积相和沉积构造研究方面都具有重要的应用价值。任何地质特征只要与相邻地层电阻率有一定差异，图像上就会有所反映，并且电阻率差异越大，图像反映也越大，高电阻率地层对应浅色图像，低电阻率地层或充满钻井液的裂缝对应深色图像。

通过测斜探头可得到井斜、井斜方位及 1 号极板方位等信息，根据 1 号极板方位进行方位校正，最终可得到确定方位的电阻率图像。

仪器采用双层杆系八臂分动推靠器设计，上下排布 8 极板方式，设计 3 排纽扣电极，横向中心间距 1.25mm，每排 16 个，成像分辨率设计为 2.5mm，覆盖率由 60% 提高到

88%，使井周成像更"完整"，井周图像分辨率由 5mm 提升到 2.5mm，纵向上地层层理信息更清晰。图 2-3-3 给出了极板结构示意图。

二、仪器结构及工作模式

1. 结构组成

电场成像测井仪由方位侧向和高分辨率微电阻率成像两部分构成，如图 2-3-4 所示。左侧为方位侧向，共有 12 个方位主电极和 5 对屏流电极以及 6 对监控电极。右侧为高分辨率微电阻率成像部分，由推靠器、极板和电子仪组成。电场成像测井仪技术指标见表 2-3-2。

图 2-3-4　电场成像测井仪结构示意图

表 2-3-2　电场成像测井仪技术指标

技术指标	指标数值
耐温耐压	175℃/140 MPa
外径	90mm
探测深度	0.37m、0.49m、0.58m、0.68m、1.4m
适应井眼	150～530mm
测量范围	0.2～20000Ω·m（$0 < R_t/R_m < 20000$）
测量精度	5%（1～2000Ω·m），10%（2000～5000Ω·m），20%（其他）
井眼覆盖率	88%
成像分辨率	2.5 mm
纵向分辨率	≤25cm
方位分辨率	30°

方位侧向电极系主要包括上电子线路短节、上隔离体、发射/阵列聚焦电路短节、前隔离体、方位电极系、后隔离体、连斜短节、下隔离体和下回路电极短节共 9 个短节，如图 2-3-5 所示。

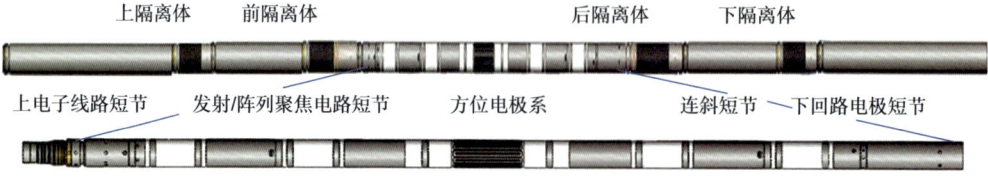

图 2-3-5　方位侧向结构

方位电极系由上/下接头、芯棒组件、方位电极组、平衡组件、电极环、绝缘垫套、泄油阀等部分组成，电极通过充油实现电极腔内外压力平衡。

高分辨率微电阻率成像短节主要包括：上电路短节、上绝缘短节、八臂分动推靠器总成、成像极板总成、下绝缘短节和电成像下电路短节共6个短节，如图2-3-6所示。

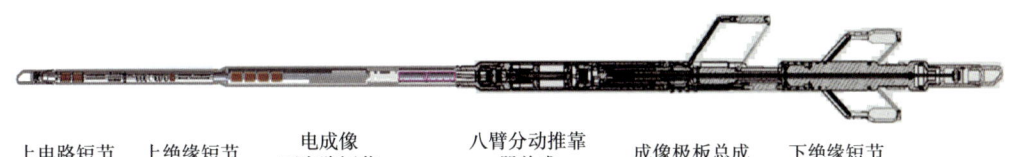

上电路短节　上绝缘短节　电成像下电路短节　八臂分动推靠器总成　成像极板总成　下绝缘短节

图2-3-6　高分辨率微电阻率成像仪总体结构

推靠器采用双层八臂推靠器，为液压动力结构。极板部分分为上下两层，每层为4块极板。传动结构采用高压液压油带动活塞推动推盘轴向运动，同时带动8根力推立杆独立运动，使八个臂独立从最小半径到最大张开半径运动，不影响到其他臂张开，如图2-3-7所示。

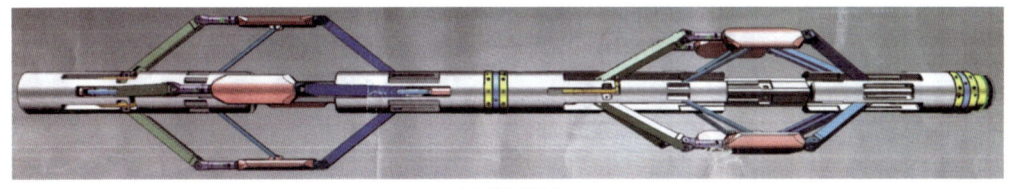

（a）张开模式

（b）关闭模式

图2-3-7　推靠器结构

成像极板（图2-3-8）是该仪器的关键组件，阵列电极布局于极板体表面的最中间位置；极板内有空腔，用于安装48个电极信号采样及放大电路，极板电路系统可以承受140MPa油压；极板与极板电路系统组成成像极板，总体采用平衡承压方式实现。用平衡

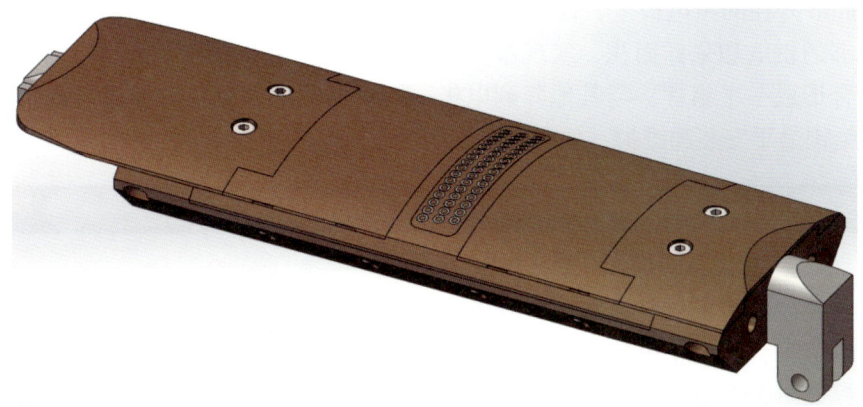

图2-3-8　成像极板结构

膜进行腔体密封，内部注油实现压力平衡；极板采用不易极化的铍青铜材料，井壁贴靠面部件模块化易拆装设计，极板主体承拉伸、弯矩和扭矩载荷；铰接挂耳连接、旋转和限位。极板引线采用承压密封金属软管过线方式，与极板主油腔连通，共享充油压力平衡。该仪器在 8in 井眼的井周覆盖率为 88%。

2. 工作模式

电场成像测井仪方位阵列侧向和高分辨率微电阻率成像两部分相对独立，工作各司其职。

方位阵列侧向测量方式包含方位电阻率测量、计算合成电阻率计算方式两种。

高分辨率微电阻率成像仪器工作模式分为标准成像、精细成像和倾角测量三种。

标准成像模式下，仪器测速为 540m/h，电极采样间隔为 1.25mm，通过井下采集处理系统进行滑动滤波数据综合处理，得到标准 1.25mm 采样间隔数据，用于传输到地面进行成像。该模式下地层电阻率图像是标准的 2.5mm 分辨率资料。

精细成像模式下，仪器测速为 270m/h，电极采样间隔为 0.625mm，通过井下采集处理系统进行数据综合处理，得到标准 1.25mm 采样间隔数据，用于传输到地面进行成像。该模式下每个电极采集数据是标准模式的两倍，处理后电极数据信噪比提高，能够得到精细地层电阻率图像资料。

倾角模式下，仪器测速为 900m/h，井下每个极板只采集一个电极信号。该电极板处于极板电极阵列最中间位置，电极采样间隔为 1.25mm，仪器采集数据量少，仪器测速快，主要进行地质构造分析、地应力分析等应用。

三、关键技术及创新点

电场成像测井仪的关键技术及创新点包括方位阵列电极系设计实现技术、方位阵列电极屏流主流聚焦与多频同步检测技术、双层八臂分动推靠与高分辨率自适应极板设计实现技术、极板内纳安（nA）级阵列纽扣电极信号放大处理技术等四项关键技术。

1. 方位阵列电极系设计实现技术

在 90mm 外径的主电极上，设计布置 12 组方位供电与监控电极，既要有效绝缘，又要保证足够的供电和采样面积，实现难度很大。将方位主电极和方位监控电极与绝缘隔离设计整合形成一个组件，与其他阵列电极一同轴向密封、轴向安装于芯棒上，形成电极系。本结构易于安装和维护，如图 2-3-9 所示。

图 2-3-9　方位阵列电极系

电极组件体以绝缘材料为主体形成支撑作用，12 对方位电极引线端子预埋并整体注塑一次铸压成型，方位主电极和方位监督电极预加工成型进行二次镶嵌熔接，电极连通接插外引，如图 2-3-10 所示。阵列侧向和方位侧向结合电极系设计，实现多方位多深度电阻率测量。

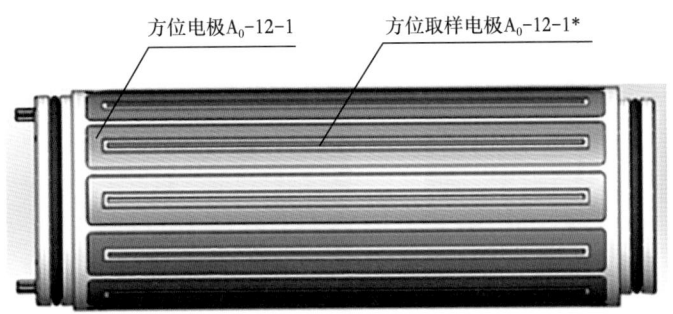

图 2-3-10　12 方位电极组件结构

2. 方位阵列电极屏流主流聚焦与多频同步检测技术

电极系的 12 个方位主电极，同时向地层不同的方位发射主电流；5 个不同深度的屏流分别按照不同的主屏比向地层发射相同频率的大的屏蔽电流，返回到相关回流电极位置，迫使主电流扁平垂直进入地层，而沿井筒方向没有主电流流动，从而达到纵向电流聚焦的目的。同时，12 个相邻方位电极发出相同频率、相同相位的主电流，左右两边相邻的电极同样起到方位屏蔽电流作用，在邻电极挤迫下使这个方位的主电流只能呈矩形扁平地流向本方位扇形空间的地层深处，返回到各个位置的远处回路，最终达到方位聚焦的目的。方位主监控电路采用硬件聚焦方式实现，即利用"超高增益、深负反馈"技术实现各个方位主电流自主聚焦（图 2-3-11）。

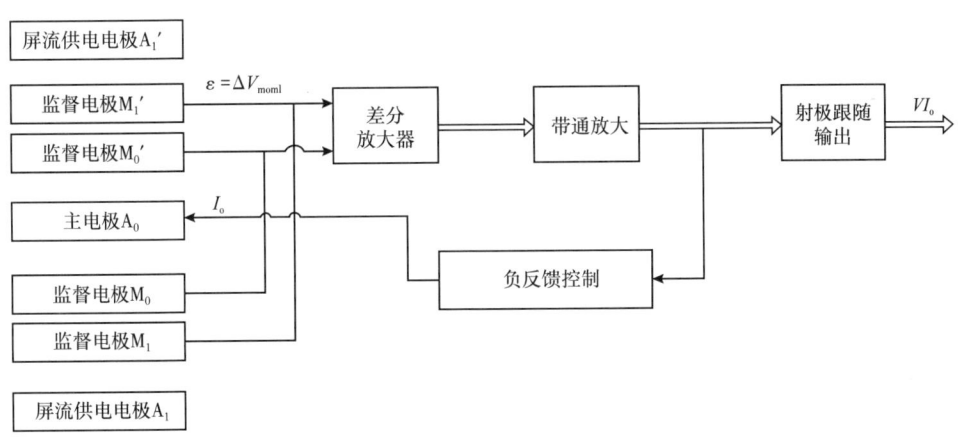

图 2-3-11　12 方位主电流硬件监控聚焦测量结构框图

由于 5 个探测深度的屏流采用不同的频率，在电路上采用高分辨率 A/D 转换采集后，采用实时快速傅里叶变换（FFT）的数字相敏检波技术，将 5 种不同频率的 12 方位电流和监督电位信号从多种频率的混合信号中提取出各单一频率信号的幅度与相位信息，同时计算得到 5 种深度的 12 个方位电阻率信号，共计 60 个电阻率信号。

由于 FFT 为一种保真变换，在频率域得到的信息可完全反应其时域的信息，从而实现了各种深度上各方位电阻率的同步测量（图 2-3-12）。

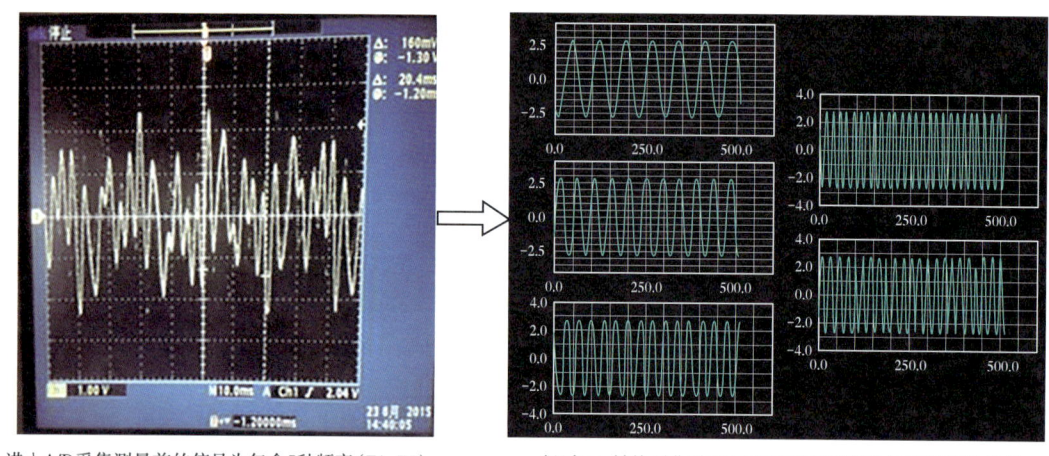

| 进入A/D采集测量前的信号为包含5种频率(F1~F5)的混频信号 | 经过A/D转换采集处理后在频域观测到的各种频率的信号 |

图 2-3-12　混合频率信号采用 FFT 技术实现频率域分离

3. 双层八臂分动推靠与高分辨率自适应极板设计实现技术

每层推靠 4 个臂采用独立分动，杆系分上下两部分（图 2-3-13），分别安装 4 个极板。主副臂采用板簧支撑，极板过线在推靠器内部通过，极板与推靠器之间过线采用柔性钢护套充油方式，提高仪器整体可靠性。在杆系的上端和下端各有一套井径测量和碟簧系统，极板左右、上下均可 15° 转动，与常规尺寸井壁能更好贴合，井眼覆盖率达到 88%。

图 2-3-13　八臂推靠器组成图

极板数量、极板宽度、极板长度、纽扣电极数量、纽扣电极直径、纽扣电极间距、纽扣电极排列结构，决定井壁成像的分辨率高低，参数通过数值模拟仿真精确计算确定。高分辨率极板（图 2-3-14）是电场成像的核心关键技术。为了达到精细成像，仪器运动匀速，采用双层共 8 臂分动推靠器支持下测方式。极板在轴向可以旋转 ±15°，保证极板电极可靠贴靠井壁。极板内置空腔充油平衡方式，极板油腔内安置信号处理电路。极板引线屏蔽充油，保护引线降低干扰。

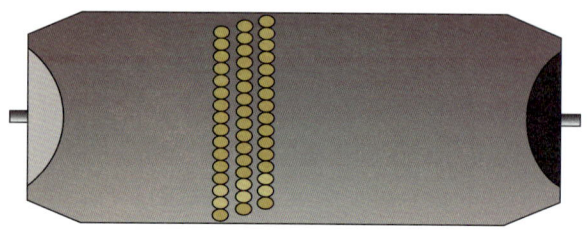 

图 2-3-14　极板示意图

4. 极板内纳安级阵列纽扣电极信号放大处理技术

在井液电阻率范围 0.01～50Ω·m、地层电阻率范围 0.1~20000Ω·m 条件下，2.5mm 纽扣电极应能测量的电流范围为 1nA～1mA。为实现 1nA 最小电流信号有效测量，必须实施超低噪声的前置处理。在第一级放大器，采用超低噪声三极管对并联，对第一级放大器实现电压噪声密度小于 $0.25\text{nV}/\sqrt{\text{Hz}}$。如图 2-3-15 所示，Q1～Q5 为 3 对三极管，后接低噪声运算放大器，整体实现超低噪声采样放大。前级放大器采用厚膜集成，一方面屏蔽外界干扰，减小噪声，另一方面增大散热面积，满足高温要求。同时，采用高效率 E 类功率放大器，实现发射信号输出电流 ≥8A（图 2-3-16）。

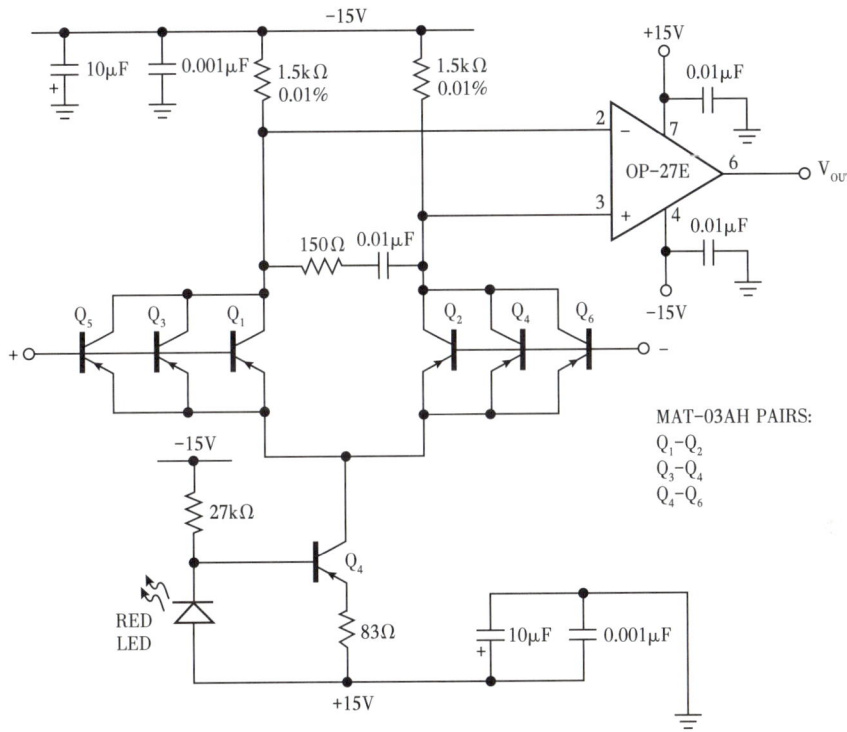

图 2-3-15 超低噪声极板电路示意图

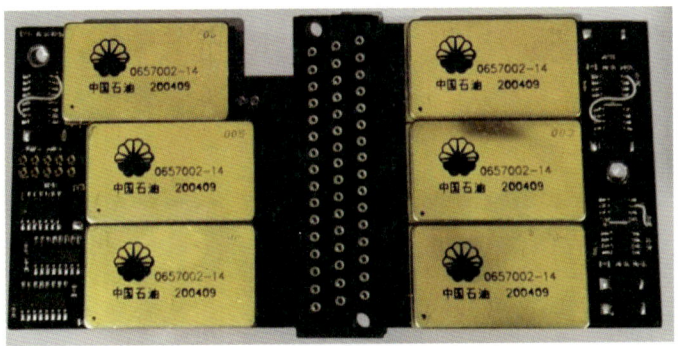

图 2-3-16 48 道纽扣电极采集极板电路

四、现场应用效果

电场成像测井仪在长庆油田陇东标准井的试验表明,仪器成像覆盖率、分辨率比传统双侧向大幅提升,并且实现了地层电阻率周向 12 方位探测,可为地层各向异性评价提供基础数据。由于纽扣电极分辨率的提升,纵向上层理信息更清晰,覆盖率提升,井壁周向地质体现象更完整,12 方位井周成像地质层界面信息清晰,与高分辨率微电阻率成像层理对应准确。

电场成像测井仪在非均质碳酸盐岩储层井旁孔、洞、缝三维定量表征和描述,以及致密油气储层的沉积构造分析方面有着很好的应用前景。

如图 2-3-17、图 2-3-18 所示,双层分动八臂 2.5mm 高分辨率微电阻率成像效果比早期六臂 MCI 仪器分辨率显著提升。

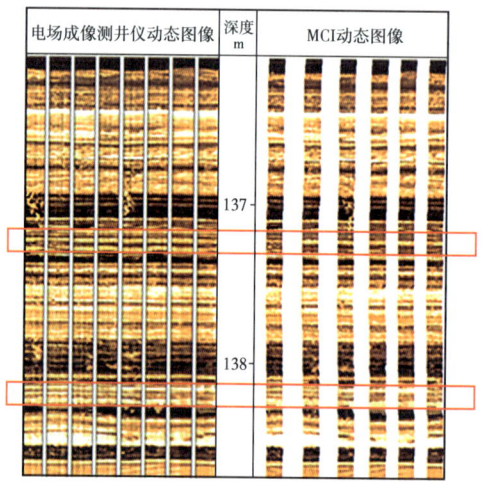

图 2-3-17 薄层显示对比

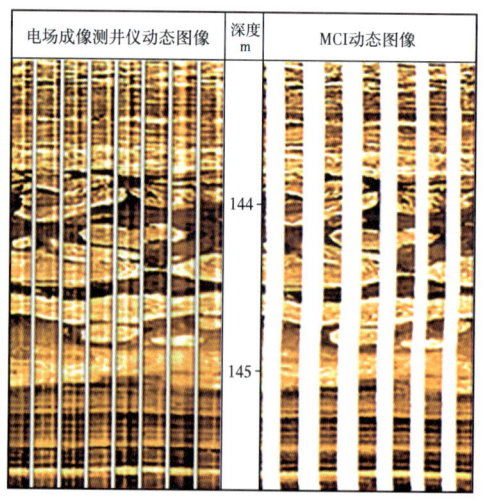

图 2-3-18 包卷地质特征显示对比

方位侧向测井效果如图 2-3-19 所示。图中从左至右依次指示为深度道、模式 1（最浅探测模式）12 条方位阵列电阻率曲线、方位 1 五种探测模式电阻率曲线、方位 7 五种探测模式电阻率曲线、12 个方位合成的五种探测模式电阻率曲线、对比的阵列侧向电阻率曲线、电阻率图像、电成像图像。图中表明，方位侧向测井纵向分辨率接近阵列侧向测井，方位图像和电成像层理指示都有良好的对应。

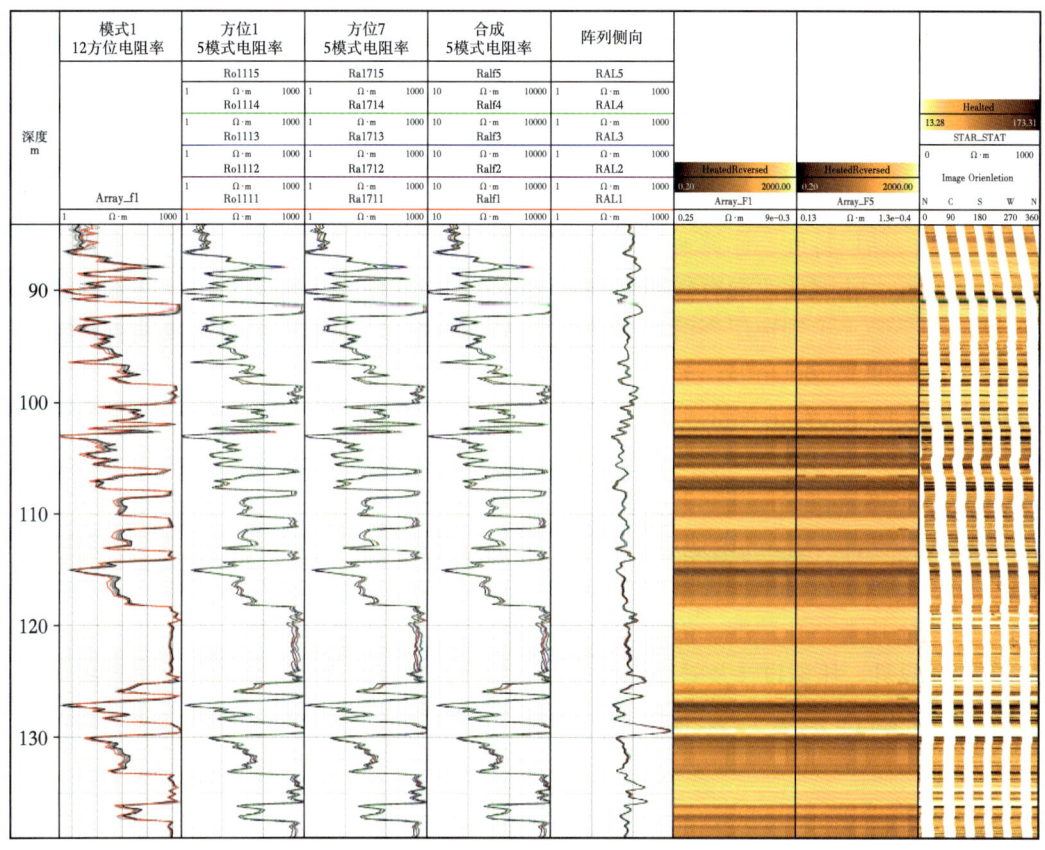

图 2-3-19　方位侧向测井成果图

第四节　全景式声波成像测井仪

进入 21 世纪，各大测井公司开始对三维声波测井技术进行研究，最具代表性的声波测井仪器当属斯伦贝谢公司的声波扫描测井仪（Sonic Scanner），该测井仪器最大的特点是增加了径向测量和远场探测功能，为发展更为先进的声波测井仪器提供了丰富的理论指导。该测井技术可在轴向、径向和周向三个方向提供丰富的测井数据信息，获取井下地层的三维声波特性，用于分析非均质地层各向异性及其形成的各种机理。

全景式声波成像测井仪是基于三维声波测井仪器基础上发展而来的，作为新一代的声波测井技术，突破了纵横波径向剖面处理、弯曲波频散分析等技术难题，实现单极、偶极、远探测等多种测井模式和多频带的声波测量，提供井眼轴向、周向及径向的变化情况，从而获得对地层全方位特性的描述，为解决石油勘探领域的裂缝、构造的精准识别难题提供技术支持。

一、测量原理及主要功能

随着声波在井中传播理论研究的不断发展，声波测井技术也得到了进一步的发展。声波测井是通过发射换能器在井孔中激发出的声脉冲经过井液、地层传播到接收换能器，记录下携带大量地层信息的声波信号，经过数字信号处理，可获得波形信息，能提供包括体积模量、泊松比、杨氏模量、屈服强度、剪切模量和抗压强度等的岩石力学属性参数，开展地层弹性特征、破裂压力、地层渗透性、裂缝及油气识别等方面研究。

单极声源可以激发纵波、横波、斯通利波。纵横波时差可用于确定地层岩性、判别含气性、评价储层特性、计算地层孔隙度和渗透率等岩石特性参数；斯通利波的波幅和频率会随岩性、孔隙度改变有较明显的变化，对斯通利波频谱进行分析，可通过计算其透射和反射系数来识别地层裂缝和评价裂缝带的渗透性。偶极声源可以激发挠曲波，采集低频下的挠曲波等效横波信息，实现对慢地层横波信息的采集，用于实现横波各向异性分析以及储层压裂改造评价。

全景式声波成像测井仪采用宽频多极子阵列声源和多源距多方位集成接收阵列，测量宽频域全波阵列数据及其频散特征，获得地层的纵横波速度、岩石机械力学参数、各向异性参数，具备井周 3m 内地层裂缝与地应力的定量测量、35m 范围内地层构造探测的功能，实现对地层近、中、远不同探测深度与不同方位的地层全空间成像。可以提供各向异性、地质构造、孔隙度、渗透率、气层识别等方面的地质信息，也可以为目前急需解决的射孔设计、压裂设计及效果评价、水平井钻井轨迹设计等工程难题提供解决方案。

二、仪器结构及工作模式

1. 结构组成

全景式声波成像测井仪器总体结构包括电子线路、隔声体、发射声系和接收声系四部分（图 2-4-1）。仪器的电子线路由主控电路、存储电路、接收电路和发射电路组成。发射声系采用宽频多极子阵列声源结构，具有一个单极发射器、两对正交偶极发射器，采用强制激励、宽频发射技术。接收声系采用多源距多方位一体化集成阵列，实现周向 8 个方位共计 96 个独立接收采集阵列。

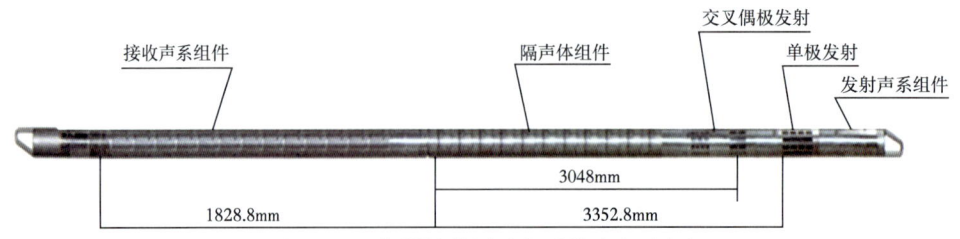

图 2-4-1　仪器结构图（电子线路未画出）

发射声系中单极换能器通过非金属零件对其进行了隔离，并采用弹簧进行了压紧。宽频偶极换能器采用4个三叠片周向正交分布，采用特殊焊接工艺，提升换能器的一致性和指向性。低频偶极发射换能器采用具有不同谐振频率的两个三叠片组合单元，周向正交分布4个这样的组合单元，具有较低的工作频率和较高的发射能量，可提升仪器远探测能力。发射声系见图2-4-2。

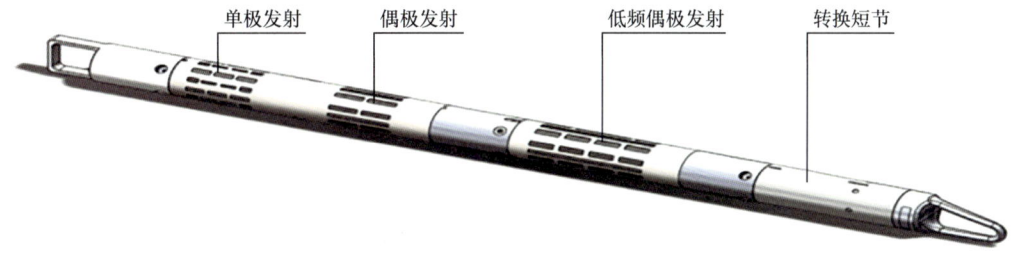

图 2-4-2　发射声系示意图

隔声体位于接收声系与发射声系之间，可以阻隔由发射声系到接收声系传输的声波信号。本仪器采用硬隔离的方式进行设计，如图2-4-3所示。

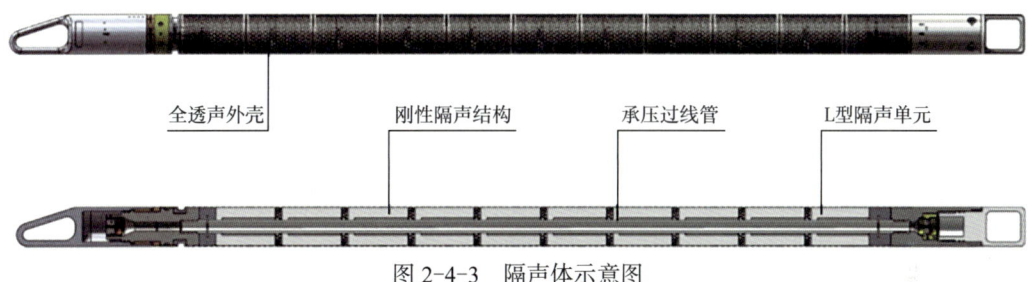

图 2-4-3　隔声体示意图

隔声体有一根芯轴作为贯穿线通道及整体受力，在芯轴上安装10组异形隔声单元，异形隔声单元与芯轴一起组成了直径交替变化的隔声结构。该结构可以有效地阻隔特定频段的声波信号，既能阻隔直达波，又保证了仪器足够强度。

接收声系（图2-4-4）在有限空间内周向分布8个一体化接收采集阵列，完成声波信号接收、处理，同时合理布局承压结构。接收声系设计采用与隔声体单元类似结构，在仪器周向开8个一体化接收采集阵列安装槽，一体化接收采集阵列采用波纹管封装，提高采集阵列安装精度，提升仪器信号一致性。

全景式声波成像测井仪技术指标见表2-4-1。

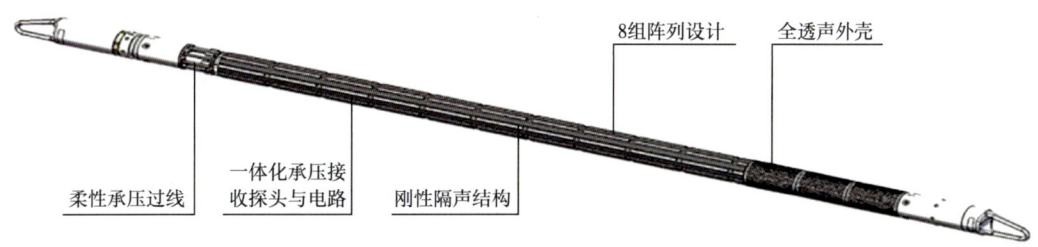

图 2-4-4　接收声系示意图

表 2-4-1　全景式声波成像测井仪技术指标表

最高温度	175℃
最大压力	140MPa
仪器外径	90mm
仪器长度	8931mm
仪器质量	320kg
纵波时差范围	±3%（125～650μs/m）
横波时差范围	±5%（≤1700μs/m）
测量精度	±3μs/m
纵向分辨率	152mm
数字化精度	16bits
最大测速	500 m/h
探测深度	≥35m
数据获取	8（周向8个方位）×12（每个方位12个独立全波列采集通道）

2. 工作模式

根据用户需求，仪器可选择自测试模式、多极子模式、远探测模式以及全景声波模式切换测量。其中自测试模式用于仪器主控、存储以及采集条带功能测试及检修等；多极子模式、远探测模式以及全景声波模式的交替切换可实现仪器获取不同的数据信息。

如图 2-4-5 所示，仪器工作时，主控电路经 CAN 总线接收地面测井命令，并解析相应的控制命令，然后分别下发给发射电路、采集电路与存储电路。发射电路接收命令后

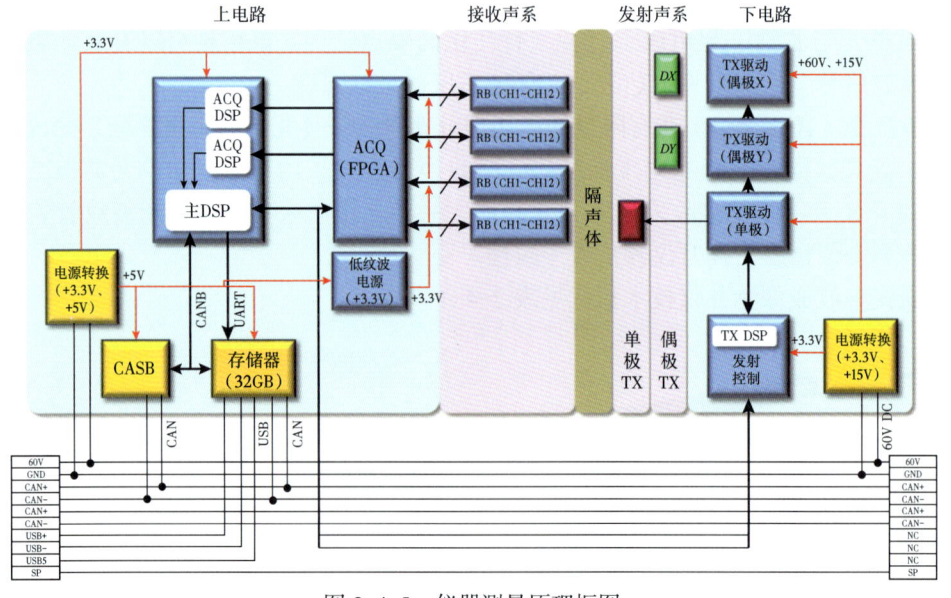

图 2-4-5　仪器测量原理框图

产生相应的可调幅宽频率域激发信号；一体化接收采集电路完成96个通道全波列数据采集，并将数据传输给存储电路；由存储电路实现高速井下存储，同时部分数据通过高速数据总线给主控电路，再通过遥传实时上传给地面系统。

仪器测井时序图如图2-4-6所示，每个模式占用一个小周期（150ms），在这个小周期内完成高压充电、高压发射、数据采集、数据存储及数据传输。一个小周期完成后进入下一个小周期，开始下一个工作模式。所有模式结束后就完成一个大周期，一个大周期对应一个测量记录点。这样的大周期循环进行，实现仪器测井功能。

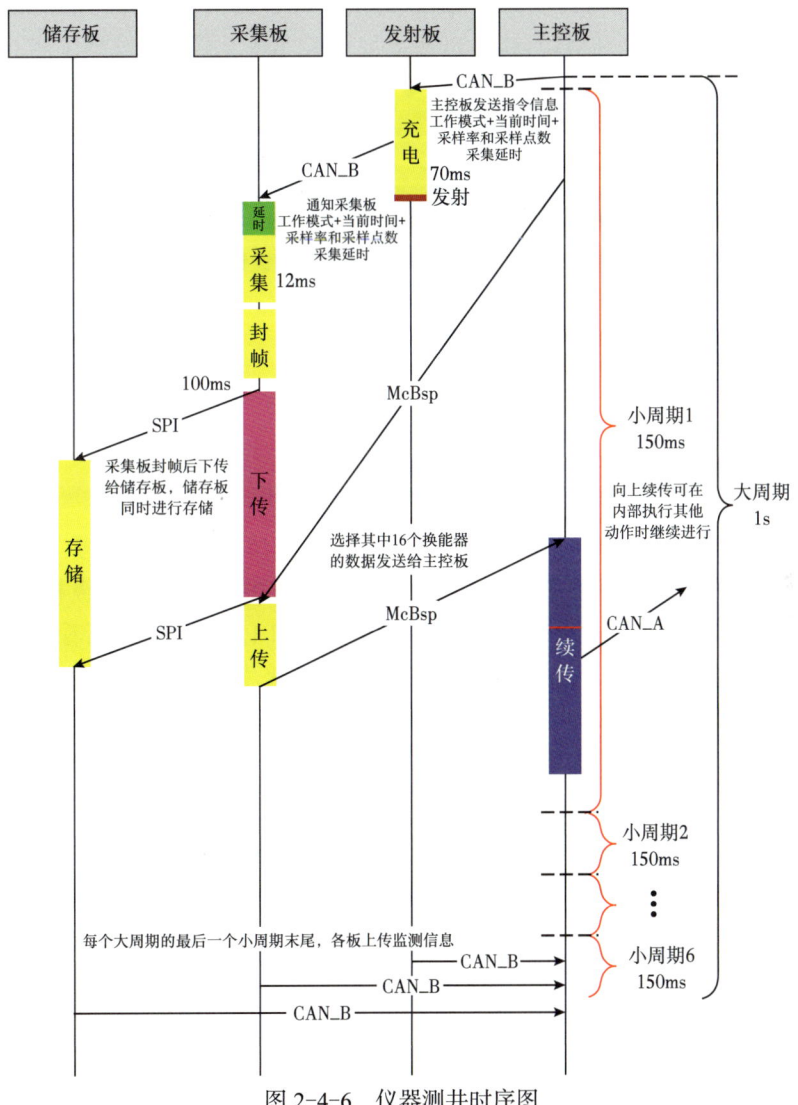

图 2-4-6 仪器测井时序图

三、关键技术及创新点

通过对隔声体结构设计、理论计算及数字模拟仿真分析，突破传统设计，研制出适合仪器隔声需求的新型高效隔声体。采用薄膜振动式振子与骨架一体力学振动结构设计，实现宽频偶极声场辐射,从而具有平坦的频率响应。采用高集成芯片及高灵敏度微型接收换能器,实现接收阵列与电路高度集成,提高接收阵列信噪比及抗干扰能力。

1. 新型变径隔声体设计与实现技术

声波测井仪器传统的隔声体都是通过柔性短节的方式进行软隔离。研究突破传统设计采用硬隔离方式,解决了软隔离强度不足的问题,利用变径多界面结构,强反射,强衰减,实现很好的隔声效果。仪器隔声体设计结构如图2-4-7所示,采用类似于弹簧减震器设计,是一种轴对称的结构。隔声体中心用一根金属圆管作为芯轴,芯轴周围有用于减震隔声的异形金属块,仪器直达波可以通过异形金属块有效衰减掉(图2-4-8)。

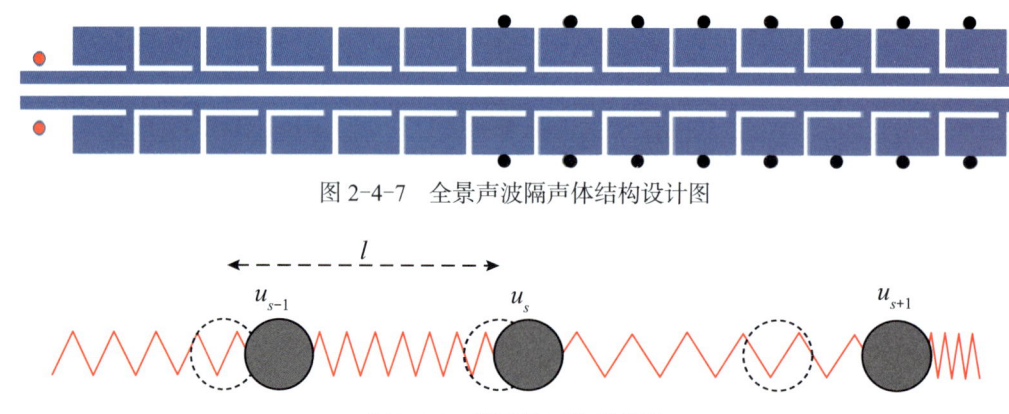

图 2-4-7　全景声波隔声体结构设计图

图 2-4-8　隔声体工作原理图

图2-4-9、图2-4-10、图2-4-11分别显示了隔声体在快、中、慢三种地层中单极发射与偶极发射的正演响应数值模拟结果,其中快、中、慢地层的纵横波声速分别为6000m/s 和 3500m/s、3200 m/s 和 1700m/s、2300 m/s 和 1200m/s。可以看出隔声体有效隔绝了直达波的传播,获得了可靠的地层声速信息。单极发射条件下,通过STC(时间—慢度—相关法)结果测量到了可靠的地层纵横波声速信息,与预设模型一致,频散处理结果也获得了清晰的地层斯通利波频散曲线。偶极发射条件下,获得了清晰完整的偶极弯曲波频散曲线。

通过以上在不同声速地层中的正演数值模拟结果分析可以看出,隔声体能够有效隔绝仪器直达波传播,获得了可靠的地层声学信息,证实了隔声体设计的合理和有效性。

2. 宽频换能器设计实现技术

压电换能器是一种将电能与声能进行相互转化的器件,是声波测井仪器发射声波进入地层和接收来自地层声波必不可少的关键部件。换能器性能的好坏直接关系到声波测井仪器的成败,因此需要通过数值模拟研究、结构设计、陶瓷材料筛选以及制作工艺研究等方法来提升换能器性能。自1967年以来,人们提出了各式各样的偶极声波换能器,有些已得到广泛的使用。其中最传统常见的偶极声波测井换能器如三叠片压电弯曲式换能器被广泛应用在声波测井仪器中。然而,这类换能器往往带宽有限,以往绝大多数都是使用谐振点工作,比较难扩展有效的低频工作频率范围。

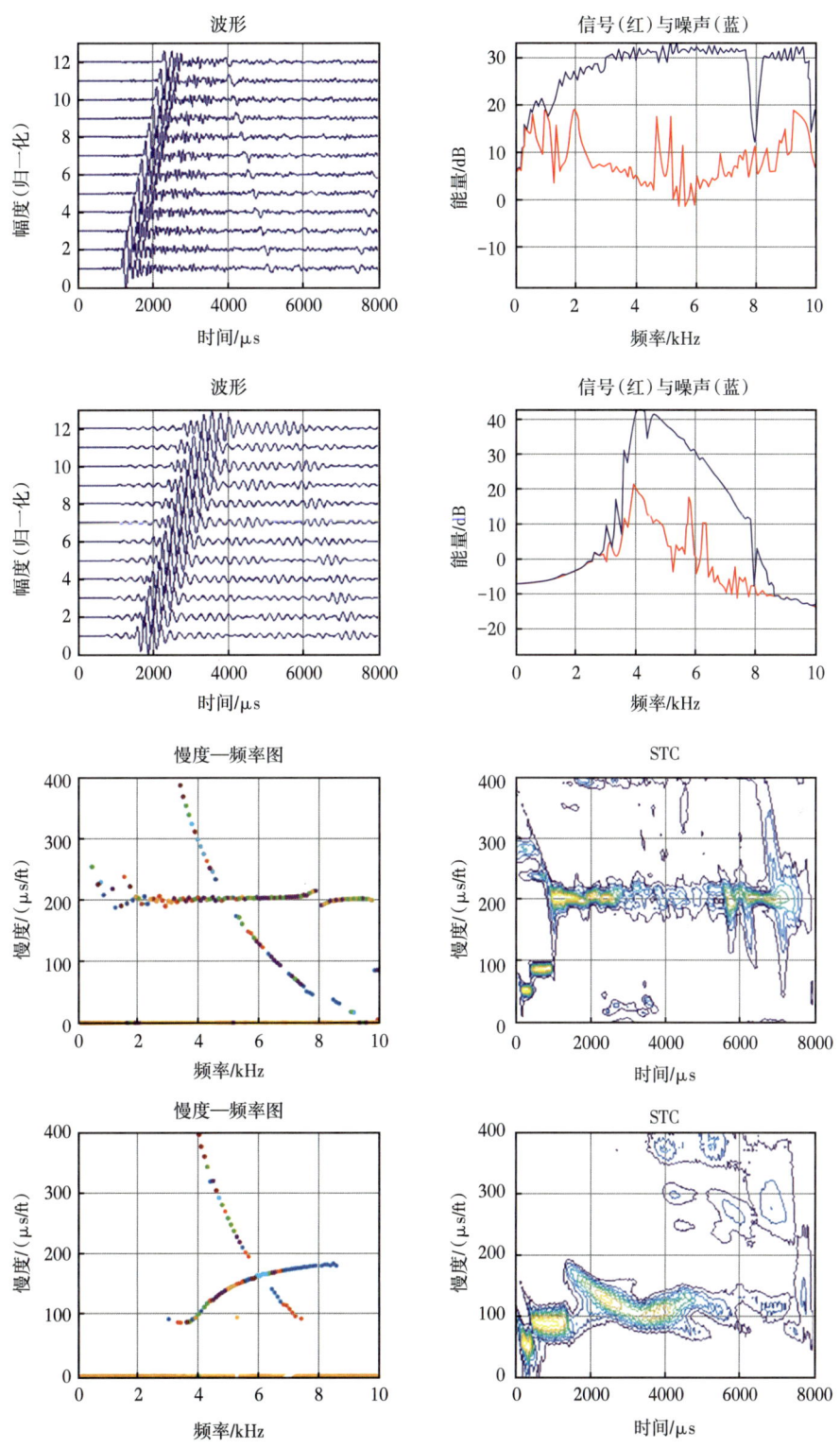

图 2-4-9 隔声体在快地层中的正演响应数值模拟结果

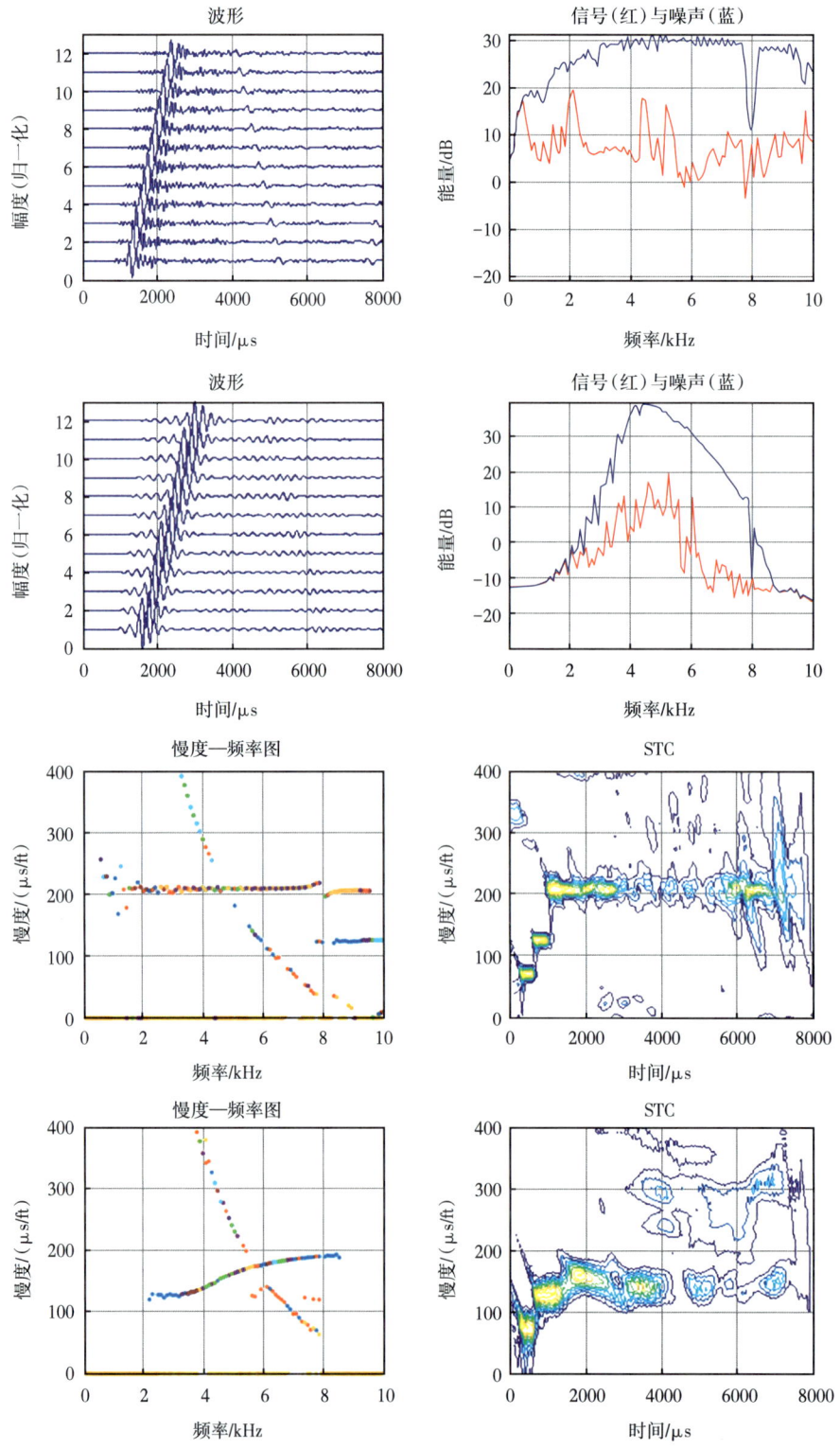

图 2-4-10 隔声体在中速地层中的正演响应数值模拟结果

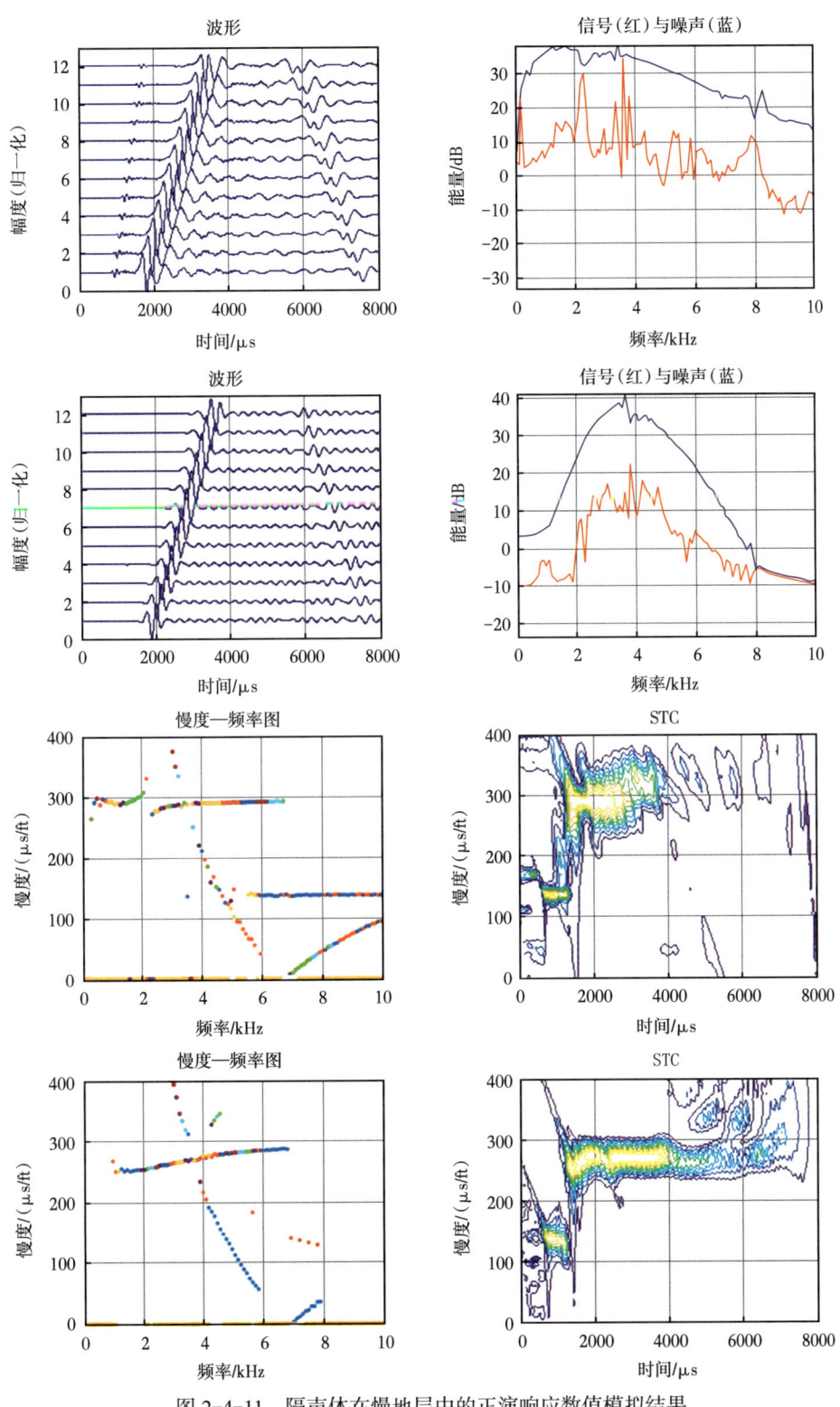

图 2-4-11 隔声体在慢地层中的正演响应数值模拟结果

全景式声波成像测井仪宽频偶极换能器，其工作频带为 2～6kHz（中心频率 4kHz），从拓宽换能器频带宽度的机理出发，采用薄膜振动式振子与骨架一体力学振动结构设计来实现宽频偶极声场辐射。这种新的换能器设计具有低频大能量输出、高发射响应、小尺寸、小空间等特点，可产生大辐射功率，较相同体积的三叠片压电弯曲式换能器具有更大的能量辐射；同时，使得高频工作频带偶极分量显著提高，从而具有平坦的频率响应；增加了辐射面积，从而提高了辐射声阻，在提高辐射声功率的同时，降低了机械品质因数以实现宽带。

宽频偶极换能器外形如图 2-4-12 所示。极化方向为片状压电陶瓷的厚度方向，电极分别位于压电陶瓷内外面。

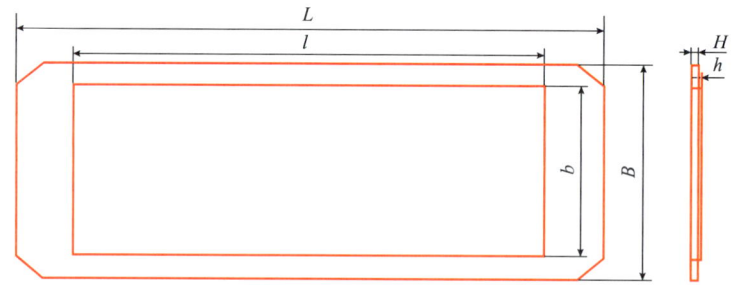

图 2-4-12　压电换能器示意图

由于换能器受到轴对称的载荷及边界条件，因此可创建对称模型，对换能器进行分析，有限元模型如图 2-4-13 所示。

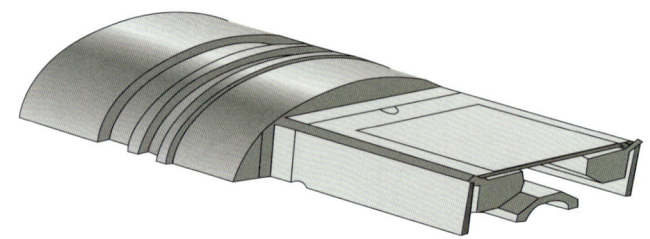

图 2-4-13　换能器有限元模型

施加电压后的状态为模态分析的基态，提取前 2 阶固有频率及振型，结果如图 2-4-14 所示。

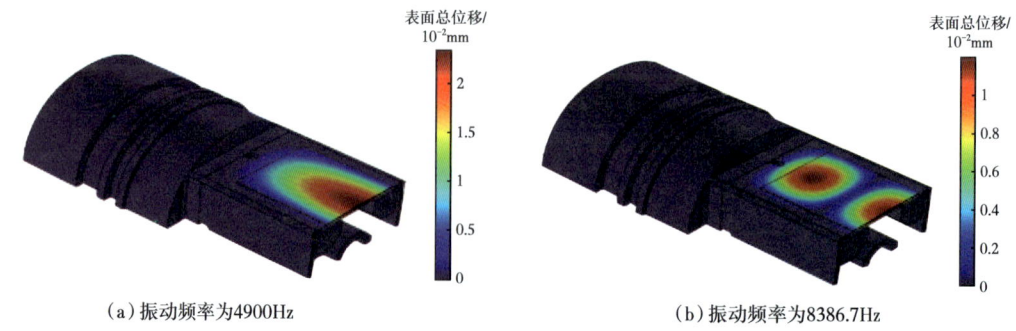

（a）振动频率为4900Hz　　　　　　　（b）振动频率为8386.7Hz

图 2-4-14　偶极发射换能器振型分析结果

换能器外建立 0.5m 近场水域、0.55m 远场水域，模型如图 2-4-15 所示。

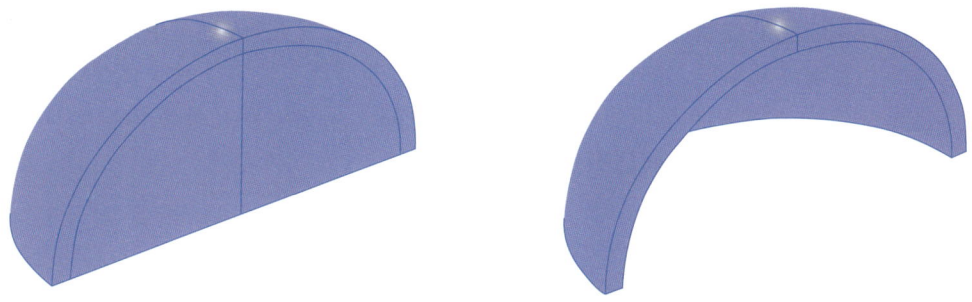

图 2-4-15　偶极换能器水中响应分析建模

计算得到声场分布，如图 2-4-16 所示。

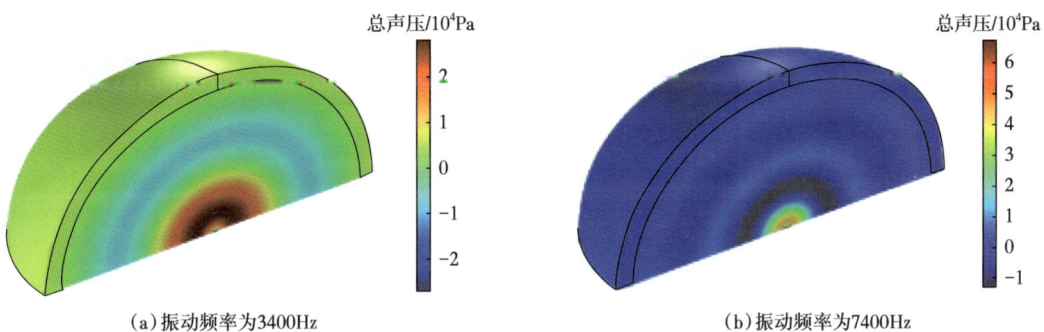

(a) 振动频率为3400Hz　　　　　　　　　(b) 振动频率为7400Hz

图 2-4-16　偶极换能器水中声场示意图

各频率点声压如图 2-4-17 所示。

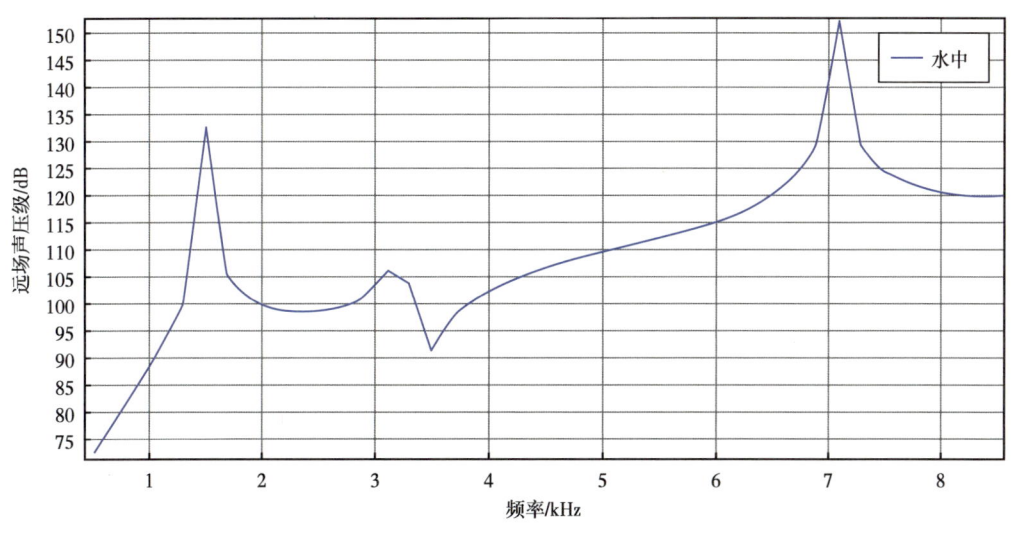

图 2-4-17　偶极换能器水中声压级响应

通过水声测试及测试数据分析，发射换能器工作频率、发射能量及指向性等性能参数与设计指标一致，能满足仪器使用要求。

3. 阵列接收换能器与条带电路一体化设计技术

在外径为 90mm 的仪器周向分布 8 个多通道接收阵列，接收阵列及电路必须在 19mm 宽的电路板上实现高度集成，并能在高温、高压及潜油环境下稳定工作（图 2-4-18）。采用一体化设计技术，将换能器与前放电路、调理电路、采集电路及数据传输实现一体化设计，提高了高灵敏度接收阵列信噪比及抗干扰能力。

图 2-4-18　接收声系示意图

接收采集阵列共 96 个独立通道，分为 8 个条带，每个条带由一个汇集处理器及 12 个一体化接收采集单元组成，接收采集阵列总体框图如图 2-4-19 所示。接收换能器在接收到声波激励时会产生微弱的电信号，通过低噪声的模拟信号调理电路，实现对传感器输出的微弱电信号的放大、滤波处理，并采用高精度 A/D 实现模拟信号转换为数字信号。汇集处理器实现对控制模块下发的采集、测试等命令的解析与执行，并将 A/D 数据通过高速串行总线发送给主控采集控制模块。

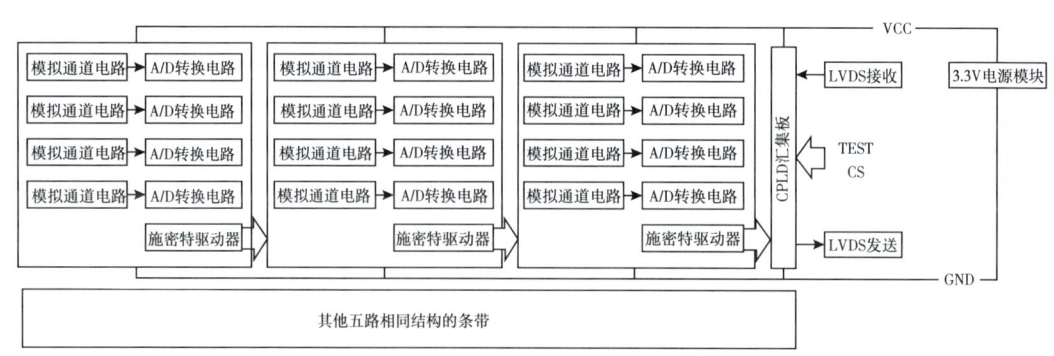

图 2-4-19　接收采集阵列总体框图

接收采集单元电路幅频特性分析如图 2-4-20 所示。电路的通带放大倍数为 20，-3dB 带宽约为 30kHz，符合指标要求。

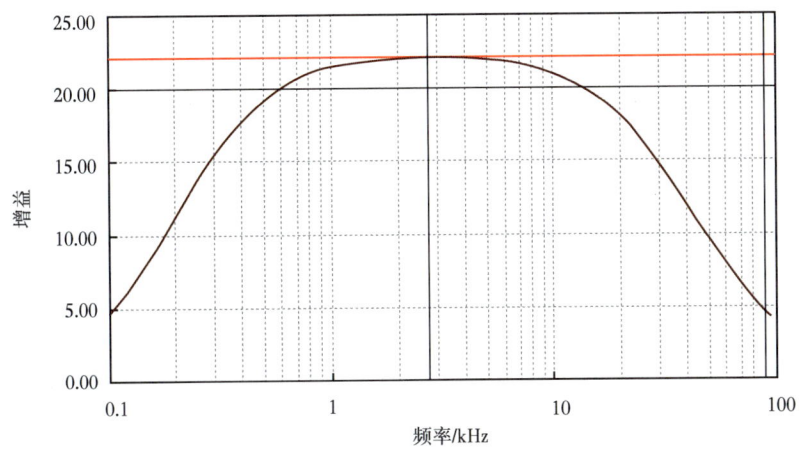

图 2-4-20　仿真电路幅频特性

电路总噪声仿真分析如图 2-4-21 所示。

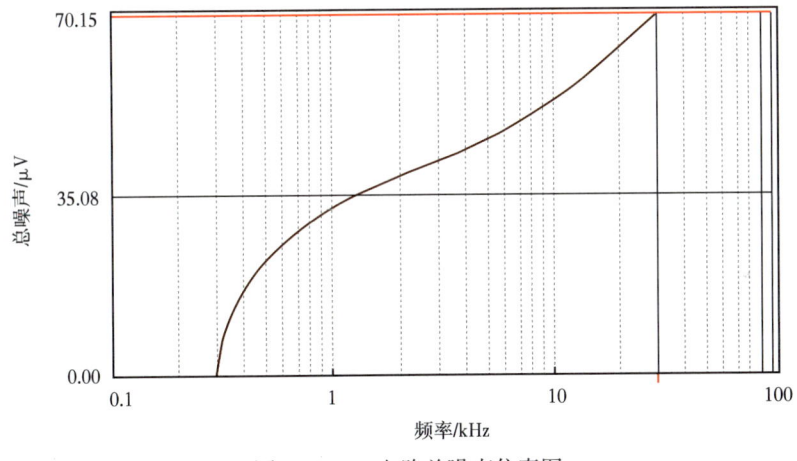

图 2-4-21　电路总噪声仿真图

四、现场应用效果

全景式声波成像测井仪进行了 5 口井的测井试验，包括后村标准井、庆阳标准井和长庆 3 口生产井。试验结果表明，仪器工作稳定，仪器全波列信号信噪比高，能有效提取纵横波时差，斯通利波、弯曲波及反射波信号质量能满足地层分析需求，测井数据与区域地质特征吻合，准确反映地层岩性变化规律。

1. 功能测试

仪器开展了系统测试、接收条带一致性测试、加压筒水声测试等，通过测试数据验证仪器技术指标及仪器稳定性和可靠性。图 2-4-22 为仪器接收条带在铜管中的测试波形数据及 STC 结果，从中可以看出，接收条带测到了空气的声速，约为 336m/s，即慢度接近 914μs/ft，完全满足技术指标要求的纵波测量慢度范围 38～198μs/ft，横波≤518μs/ft 这一要求。仪器在加压管（钢管）进行测试，有效提取钢管慢度为58μs/ft，符合测量精度要求（57μs/ft±2μs/ft）。

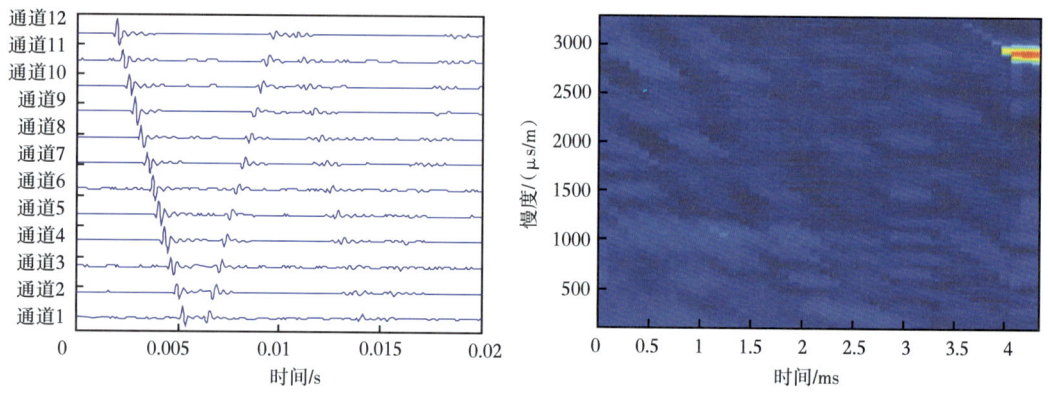

图 2-4-22　接收条带铜管测试数据及 STC 处理结果

2. 现场应用

山×井是长庆油田陇东地区评价井，井型为直井。该井位于鄂尔多斯盆地中部，属西倾平缓单斜构造，井深2302m，测量井段在1129～1434m之间，地层岩性以黑色泥岩、页岩、碳质泥岩、凝灰质泥岩为主，在电性上表现为高阻、高时差、高伽马、自然电位偏正等特点。

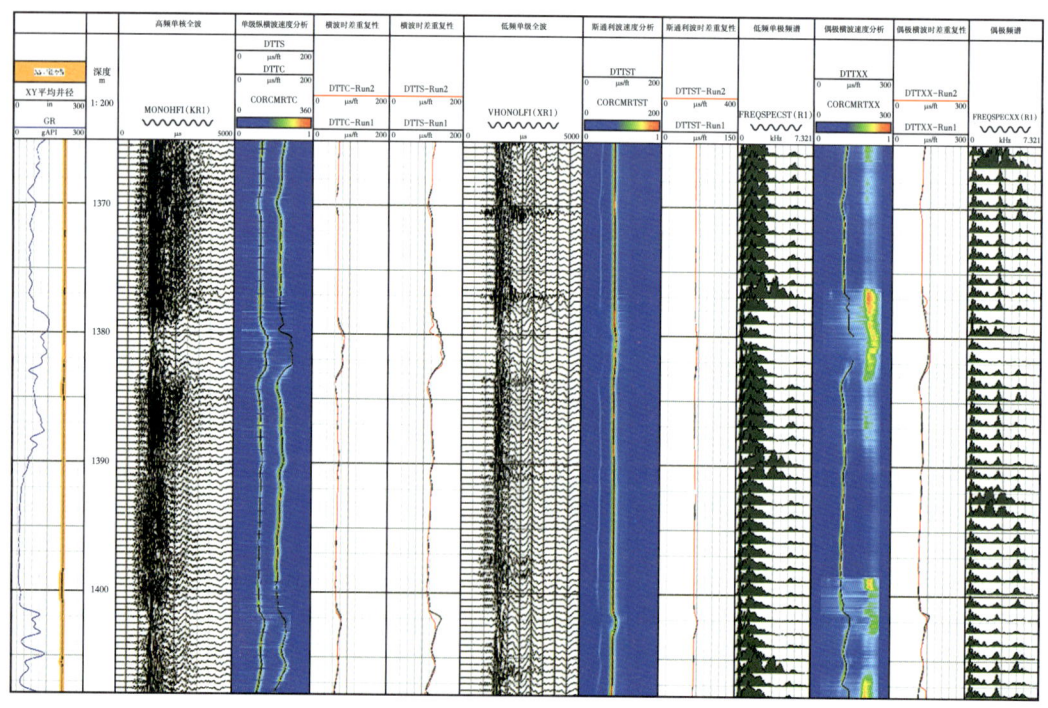

图 2-4-23　山×井测井图

目标井段采用全景模式测量，仪器工作稳定，获取了合格的测量曲线和重复测量曲线，全波列信号具有较高的信噪比，在单极高频模式全波列数据中有效提取到单极纵波时差、横波时差，在单极低频模式全波列数据中提取到斯通利波时差，在偶极高频模式全波列数据中提取到偶极横波时差，频散处理结果也获得了清晰的地层频散曲线，在偶极低频模式中提取到40m外有效反射波信号。从STC结果可以看出，纵波时差、斯通利波时差相对误差为1.11%，横波平均相对误差为3.2%。测试数据验证了仪器工作可靠性、稳定性等，测试分析与区域地质特征相吻合，准确反映地层信息。

第五节　水平井流动成像测井仪

目前国内大斜度井和水平井中两相或三相流体几乎是同时存在的，因此，其流动机理和相之间的关系是十分复杂的，而井斜角及其变化会进一步增强这种复杂性，导致油气井生产动态监测非常困难。油田为了提高原油的采收率，需要准确掌握大斜度井和水平井产出剖面信息，而常规的注产剖面测井仪器以单探头为主，所获取的测井数据不足以准确估算出沿一个水平剖面的相态分布变化，无法定量评价井下流体流动状态。进口流动成像仪器如MAPS、Flow Scanner Image启动排量太高，不适用于国内低渗透油田，且引进成本高昂。因此，对于大斜度井和水平井产液动态监测，流体成像测井技术就成为一个亟待解决的技术难题。

为了解决我国高产液水平井在油气开采中广泛存在的监测难题，在"十三五"国家油气重大专项的支持下，中国石油集团测井有限公司经过四年的持续攻关，运用基于电磁波相移的持水率检测方法、低含水电容振荡频率检测方法以及恒温差多点阵列流量分层检测方法，形成一套适用于低产液水平开发井的流动成像测井仪，为我国油田水平井二次开发提供有效的解决方案。

一、测量原理及主要功能

国内水平井及大斜度井大部分属于低渗透井，产量低，高含水，电阻率法测量范围与流体性质识别能力有限，微转子涡轮无法启动，放射性持气率检测不环保。为解决上述问题，项目组研制了水平井流动成像组合测井仪，核心仪器为阵列电磁波持水率测井仪、阵列电容持水率仪及阵列温差流量测井仪，基于电磁波相移法持水率检测方法实现持水率全程段测量；基于电容法实现油气水三相识别；基于热扩散形成的微温差原理，在小于$30m^3/d$的低产水平井具有良好的检测精度。

1. 阵列电磁波持水率仪

油水介电常数差异较大，不同的油水比例，等效介电常数不同。根据推导，当电磁波传播载体即波导处于油水混合介质中时，油水混合介质等效介电常数与通过波导传输线的电磁波信号相移ϕ的关系为

$$\phi = \arcsin\left[\frac{C_z \sin\left(C_\beta \omega l \sqrt{\varepsilon_{\text{eff}}}\right)}{\sqrt{C_z^2 \sin^2\left(C_\beta \omega l \sqrt{\varepsilon_{\text{eff}}}\right) + Z_L^2 \varepsilon_{\text{eff}} \cos^2\left(C_\beta \omega l \sqrt{\varepsilon_{\text{eff}}}\right)}}\right] \quad (2\text{-}5\text{-}1)$$

式中 C_z、C_β——常数，取决于传输线的结构；

l——传感器长度；

ω——角频率；

ε_{eff}——传感器的等效介电常数；

Z_L——负载阻抗。

对式（2-5-1）仿真，取不同传感器长度，得到传输线终端信号相移与介电常数的关系，如图2-5-1所示。从图中曲线可见，传输线终端信号的相移与介质的介电常数呈单调递增的关系。因此，从理论上说，通过检测传输线终端信号相对于始端信号发生的相移来估计传输线周围介质的介电常数是可行的。

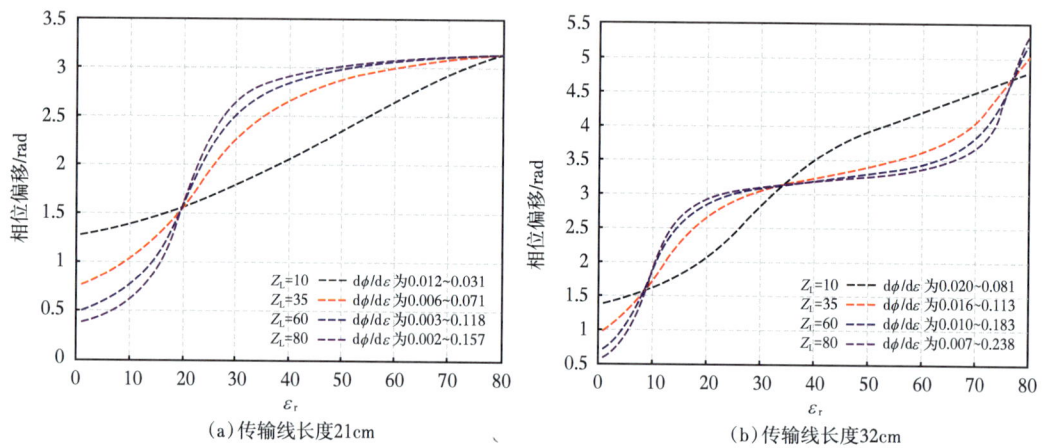

图2-5-1 在两种长度下不同负载阻抗时传输线终端信号相移与介电常数的关系

当油水相混合比例发生改变时，传感器周围的介质等效介电常数发生变化，导致检测信号的相移发生改变，通过测量检测信号相移的变化量，可以实现持水率0%~100%全程段测量。由螺旋锥状波导传感器组成的12臂阵列化探测器，使仪器具备大斜度井和水平井产出剖面持率成像测量的功能。仪器的主要功能有流体性质识别、持水率成像测量、油水界面划分。

2. 阵列电容持水率仪

电容法测量持水率是建立在油水两相介电常数差异较大的基础上，一般情况下油的相对介电常数为2.3，而水的相对介电常数达到80。不同持水率的混合流体，介电常数 ε_x 也不相同，它是油的介电常数 ε_o、水的介电常数 ε_w 和持水率 ϕ 的函数：

$$\varepsilon_x = g(\varepsilon_o, \varepsilon_w, \phi) \quad (2\text{-}5\text{-}2)$$

电容器的电容值与其填充介质的介电常数存在一个函数关系。图2-5-2（a）给出了平行极板电容器的示意图，设两极板的面积为 S，极板间距为 d，两极板所带电荷量均为

Q，极板间的电势差为 U，根据物理学和电子学的相关理论，可知该平行极板电容器的电容值与其填充介质的介电常数的关系式为

$$C = \frac{Q}{U} = \frac{\varepsilon S}{4\pi dK} \tag{2-5-3}$$

式（2-5-3）中，极板面积 S 和极板间距 d 均为常数，K 为正系数，电容值只与填充介质的介电常数有关，二者之间存在线性关系。因此，根据油水混合流体持水率与其介电常数的单调关系和介电常数与电容值之间的线性关系，若将油水混合流体作为电容传感器两极板间的填充介质，可将油水混合流体的介电常数作为中间变量，建立起电容值与油水混合流体持水率的函数关系，通过测量电容传感器的电容值，即可实现井下油水混合流体持水率的检测。

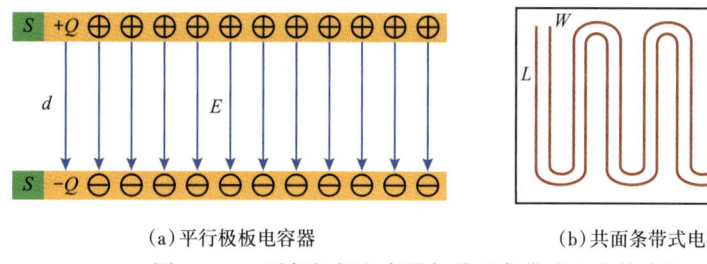

(a) 平行极板电容器　　　　　　(b) 共面条带式电容传感器

图 2-5-2　平行极板电容器与共面条带式电容传感器

为了验证上述测量原理，设计了一种共面条带式电容传感器，它是将长度为 L、宽为 W 的电极等间距平行放置在同一个平面上，见图 2-5-2（b）。在电极两端 A、B 处施加恒定的电压激励时，由于电极间的边缘效应，激励电极与接收电极之间会形成一个稳定的电场。当产液从电极间流过，共面电极表面的介电常数会发生变化，进而引起电容值变化，因此可通过测量电容值判断产液的特性。

先将共面条带电容传感器放入模拟实验装置，然后将柴油和纯净水按不同体积比例依次倒入模拟实验装置中混合均匀（持水率范围 0%～50%），再通过电容数字转换器检测传感器的电容值，试验结果绘制曲线如图 2-5-3 所示。

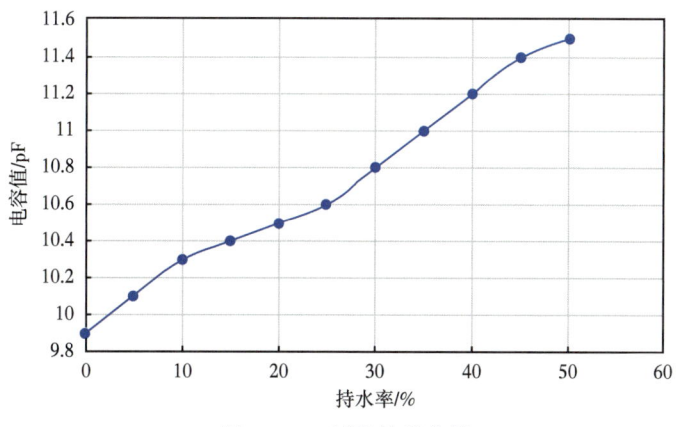

图 2-5-3　试验结果曲线

由试验结果可知，随着油水两相流体持水率的增加，电容传感器的电容值也在不断增大，表明可以通过检测流体的介电常数获取其持水率值。因此，通过测量电容传感器的电容值，再基于油水两相流体的介电常数与其持水率的函数关系，反演即可得到油水两相流体的持水率。

当油气水三相混合比例发生改变时，电容传感器内填充的介质等效介电常数发生变化，导致电容值改变。通关检测电容值的变化量，可以实现油气水持率测量。阵列电容持水率测井仪具备探针式陶瓷电容传感器组成的12臂阵列化探测器，适用于大斜度井和水平井中实现产出剖面持率成像测量，进行流体性质识别、油气水界面划分。

3. 阵列热式流量仪

阵列热式流量仪进行流量测量的物理基础是热传递。热式流量检测是根据热扩散原理（张世荣，2007），通过流体流量与热源热量的热交换关系来测量流体流速的。热式流量计由一个加热器、一个环境温度传感器和一个加热器温度传感器组成。环境温度传感器放置于流体的上游，称为测温传感器；加热器温度传感器与加热器组装在一起，放置在流体的下游，称为测速传感器，如图2-5-4所示。

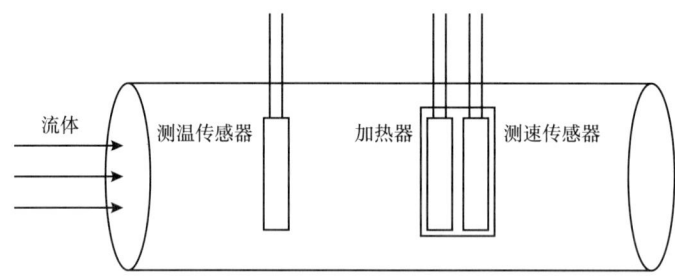

图2-5-4 热式流量传感器工作原理图

根据理论推导，得出加热器功率和流体的对流换热公式如下：

$$P = (k_1 + k_2 v^m)(T_h - T_e) \tag{2-5-4}$$

式中 P——加热器功率，W；

v——流速，m/s；

T_h——加热源温度，℃；

T_e——流体环境温度，℃；

k_1、k_2——加热器功率因数；

m——速度的指数。

当加热器的结构和被测流体物性一定时，k_1 和 k_2 均为常数。

由式（2-5-4）可知，当加热器结构和被测流体物性参数一定时，流体流速 v、加热器加热功率 P、加热器和流体环境的温差（T_h-T_e）之间的函数关系就确定下来。若保持加热器加热功率 P 不变，加热器和流体环境的温差（T_h-T_e）与流体流速 v 之间具有如下单调关系：

$$\Delta T = T_\mathrm{h} - T_\mathrm{e} = \frac{P}{k_1 + k_2 v^m} \quad (2\text{-}5\text{-}5)$$

同理，在加热器结构和被测流体的物性参数一定的条件下，若保持加热器与环境的温差 ΔT 为一恒定值，那么加热器的功率 P 与流体的流速 v 之间就有如下关系：

$$P = \left(k_1 + k_2 v^m\right) \Delta T \quad (2\text{-}5\text{-}6)$$

即在保持加热器与环境的温差 ΔT 一定的条件下，加热器的加热功率与流体流速的 m 次方成正比。因此，在加热器结构和被测流体的物性参数一定的条件下，若加热器与环境的温差 ΔT 保持恒定，就可以通过加热器功率测量流体的流速。这就是恒温差热式流量检测的原理。图 2-5-5 给出了 $m=0.5$ 时恒功率的数值模拟曲线。

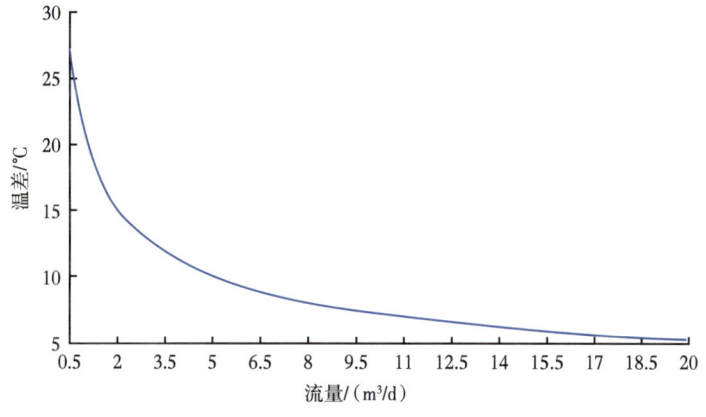

图 2-5-5　恒功率法理想关系曲线

综上，对恒功率热式流量检测而言，随着流量的增大，流体带走加热器的热量增多，加热器和流体环境的温差相应减小；对于恒温差热式流量检测而言，随着流量的增大，流体带走加热器的热量增多，要维持加热器与环境的温差恒定，加热器的功率就要相应地增加。

阵列热式流量仪利用热扩散原理，不受启动排量限制，可以有效检测低产液井产出量。微型探头实现 6 臂阵列化结构，运用于大斜度井和水平井定点测量，能够有效获取截面不同流体的速度场。它的主要功能有流体流速测量、获取截面不同流体速度场、辅助估算油水界面。

二、仪器结构及工作模式

1. 阵列电磁波持水率仪

阵列电磁波持水率仪如图 2-5-6 所示，主要包括电子仪和探测器两部分，探测器是核心部分。从机械结构上看，探测器由传感器头、承压过线管、尾部承压接插件、支撑臂四部分组成；电子仪由承压外壳和电路线路骨架及电路板组成。上下接头为十芯拉环结构，采用 CAN 总线。阵列电磁波持水率仪主要技术指标见表 2-5-1。

图 2-5-6 阵列电磁波持水率仪实物图

表 2-5-1 阵列电磁波持水率仪主要技术指标

仪器耐压	80MPa	持水率测量误差	±3.6%
仪器工作温度	155℃	阵列传感器个数	12 个
最高工作温度	170℃	扫描速率	10Hz
仪器直径	57mm	数传速率	800Kb/s
仪器功耗	≤2W	角度	X、Y、Z
持水率测量范围	0%～100%	角度测量精度	0.1°

基于高频信号差频检测相差的原理，仪器的总体结构如图 2-5-7 所示。它由八个模块组成，分别是高频信号源、多路分接与多路复用模块、模拟信号调理模块、数字延时线、相移检测逻辑模块、鉴相/计数器模块、方位检测模块、处理与传输模块。

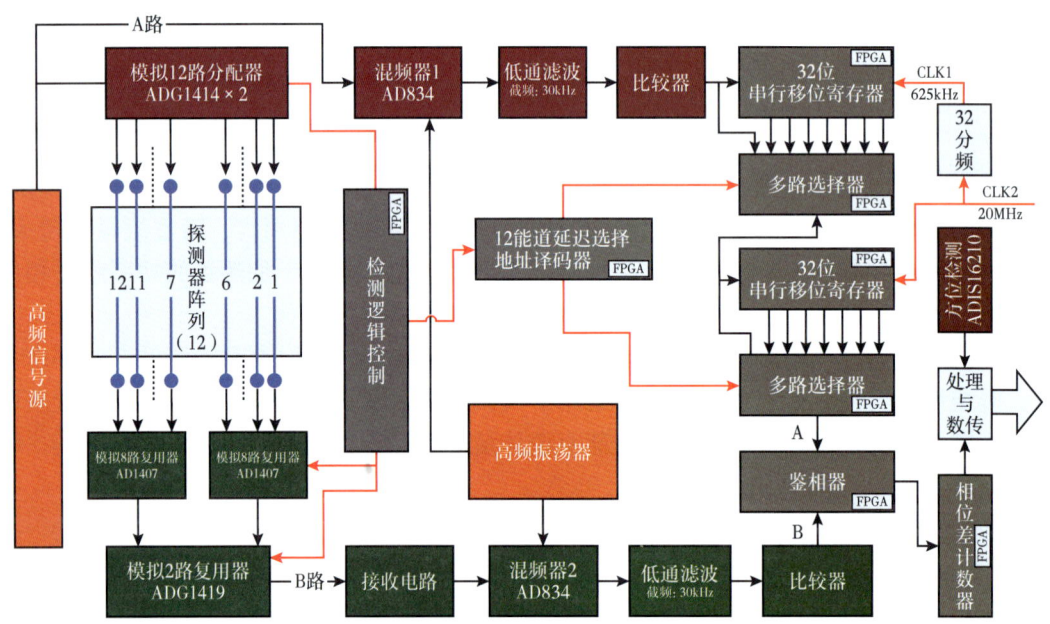

图 2-5-7 阵列电磁波仪电子线路总体结构

高频信号源产生 80MHz（或 100MHz）和 80.02MHz（或 100.02MHz）的两路高频信号。逻辑控制模块控制多路分配与多路复用模块实现信号时分复用。两个模拟信号调理模块用于对传输线输入和探测器输出的高频信号进行混频/滤波/整形，分别获取 20kHz

的单极性、占空比50%、相位不同的方波信号。低频方波信号经过鉴相/计数器模块，比较鉴别A、B两路信号的相差（相位延时），并对相移延时时间计数，实现相移检测。数字延时线是对各路传感器基值起到调节作用，可以确保初始值一致。方位检测模块提供阵列检测面相对于重力方向的三分量方位信息。处理与传输模块对相移延时数据进行校正和归一化处理，通过通信接口上传至地面。

2. 阵列电容持水率仪

阵列电容持水率仪如图2-5-8所示，主要包括电子仪、探测器和推靠电动机三部分，探测器是核心部分。从机械结构上看，探测器由传感器头、承压过线管、尾部承压接插件、支撑臂四部分组成；电子仪由承压外壳和电路线路骨架及电路板组成。上下接头为十芯拉环结构，采用CAN总线。阵列电容持水率仪主要技术指标见表2-5-2。

图2-5-8 阵列电容持水率仪实物图

表2-5-2 阵列电容持水率仪主要技术指标

仪器耐压	80MPa	持水率测量误差	±5%
仪器工作温度	155℃	阵列传感器个数	12个
最高工作温度	170℃	扫描速率	10Hz
仪器直径	43mm	数传速率	800Kb/s
仪器功耗	≤1.2W	角度	X、Y、Z
持水率测量范围	0%～50%	角度测量精度	0.1°

电路总体设计由八个部分组成，如图2-5-9所示，分别是电容传感器与电容—频率变换模块阵列、传感器阵列多路分配与复用模块、传感器电源电流—电压转换与去偏移整形模块、主控逻辑模块、姿态检测模块、数据处理与传输模块、电动机驱动模块和电源模块。

电源模块为仪器正常工作提供直流电源。传感器阵列多路分配与复用模块分时为传感振荡集成模块提供精确稳定的电源。电容传感器与电容—频率变换模块阵列将12个检测电容传感器的电容值转换成相应频率的交变信号，经电流—电压转换与去偏移整形模块将电容传感器与电容—频率变换模块将交变信号进行电流—电压转换。主控逻辑模块控制信号并对检测的信号进行数字测频。姿态检测模块测量检测截面相对于重力方向的倾角，从而判断井下仪器的姿态。数据处理与传输模块对数据进行处理、编排、组帧后，通过TBS/CAN通信总线上传至地面系统。

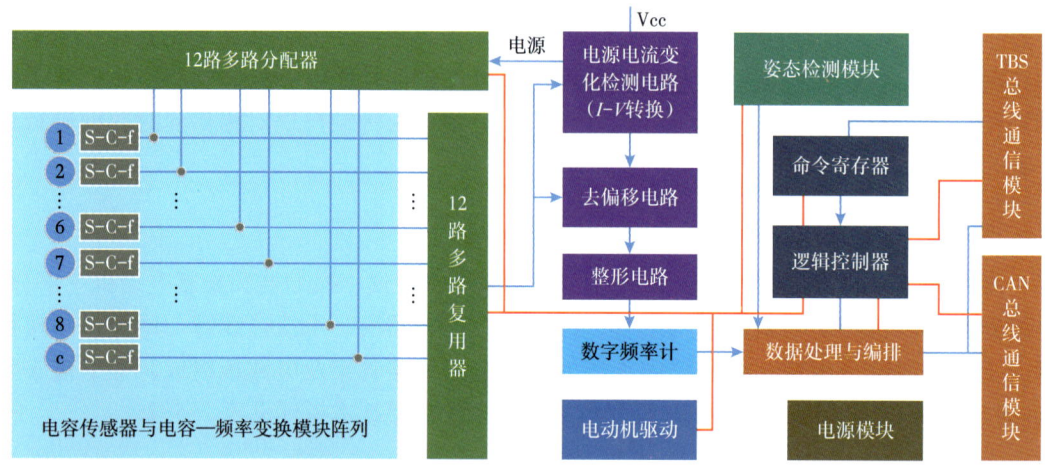

图 2-5-9　阵列电容测井仪电子线路总体结构

电动机驱动模块控制电动机的正反转,实现弓形探测壁阵列的张开与回拢。

3. 阵列热式流量测井仪

阵列热式流量测井仪如图 2-2-10 所示,机械结构主要包括上接头、电子仪、阵列流速探测器和下接头。上接头为十芯凸头,可接高速遥传或其他配套仪器;电子仪安装仪器采集传输电子线路模块;阵列流速探测器用来感知流体流速变化带走的热量;下接头为十芯凹头,与其他仪器的上接头对接。

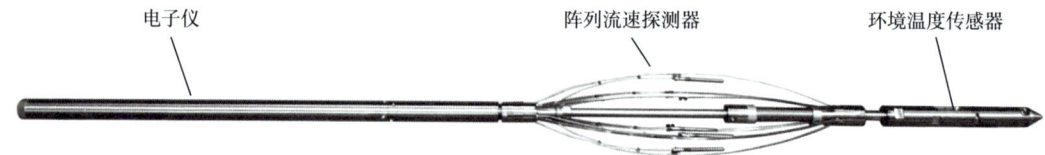

图 2-5-10　阵列热式流量测井仪实物图

阵列热式流量测井仪主要用于低产液水平井剖面多相流形流量精细检测,也可配套阵列持率仪器形成流动成像组合仪。阵列热式流量测井仪主要技术指标如表 2-5-3 所示。

表 2-5-3　阵列热式流量测井仪主要技术指标

仪器耐压	80MPa	流量分辨率	$1m^3/d$
仪器工作温度	155℃	持水率测量误差	±10%
最高工作温度	160℃	阵列传感器个数	6个
仪器直径	43mm	扫描速率	1Hz
仪器功耗	≤3.5W	数传速率	800Kb/s
流量测量范围	$1\sim20m^3/d$	角度	X、Y、Z
启动排量	$1 m^3/d$	角度测量精度	0.1°

系统工作时序与温度变化规律：测速传感器采用周期性间歇式恒功率加热的工作模式。当一个系统工作周期开始时，测速传感器内加热器开始加热。加热器停止加热时刻由测速传感器与流体环境之间的温差决定，当温差超过系统设定阈值时，加热器停止加热直至该周期结束。随着测速传感器内加热器周期性加热，测速传感器温度也会呈现周期性变化，其工作流程如图 2-5-11 所示。

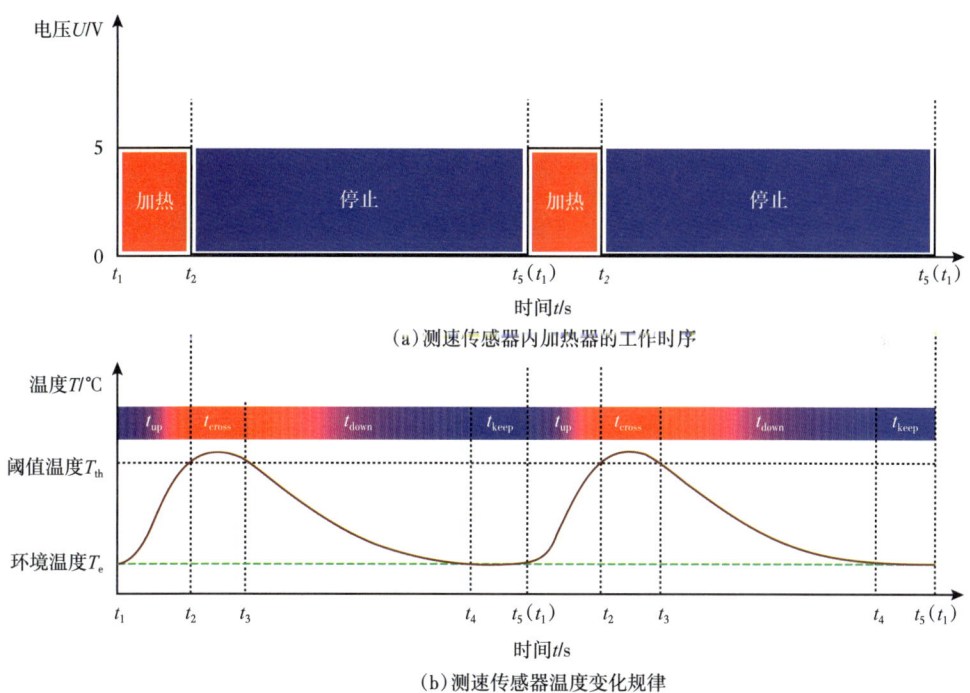

图 2-5-11　测速传感器内部加热器的工作时序和内部温度变化规律

具体工作流程分述如下：（1）t_1 时刻起，系统给加热器提供 5V 电压使其加热，加热器产生的热量会通过测速传感器外壁向周围流体扩散，同时引起测速传感器的温度升高；（2）当系统检测到测速传感器的温度达到设定阈值 T_{th} 后，系统停止为加热器供电，该时刻记为 t_2；（3）根据热惯性效应，测速传感器的温度达到阈值 T_{th} 后还会再升高一段时间，随后温度会缓慢降低至阈值 T_{th}，此时刻记为 t_3；（4）在没有热能补充的前提下，周围流体的冲刷会带走测速传感器内剩余的热量，测速传感器温度降低到与环境温度持平，此时刻记为 t_4；（5）若继续保持加热器断电状态，此阶段测速传感器内部与外部流体之间几乎没有温度差，直至该工作周期结束，此时刻记为 t_5。显然，如果测速传感器内部的加热器按照图 2-5-12（a）中的时序工作，则测速传感器的温度会按照图 2-5-12（b）中的曲线在 t_{up}、t_{cross}、t_{down} 和 t_{keep} 四个阶段轮流往复。

三、关键技术及创新点

在流动成测井仪器的攻关与研究过程中，形成了三个主要关键技术，包括高频信号相移高精度检测技术、微电容一体化检测技术及基于时域积分的流量检测方法。

1. 高频信号相移高精度检测技术

对于 80MHz 的高频电磁波信号，当相位延迟一个周期，即 $\Delta\phi=2\pi$，信号的延迟时间为 $\Delta t_{max}=1.25\times10^{-8}$s，所以 Δt 的范围为 $0\sim1.25\times10^{-8}$s。该延迟时间是纳秒级，对于普通的电子线路来说，很难精准确定延迟时间 Δt，因此也就难以实现高频电磁波的相移测量。然而，在高频电子线路中，通常利用积化和差原理将高频电磁波信号携带的相移信息不失真地搬移到低频区域，放大相移对应的时间，然后在低频区域实现高精度相移检测。

假设有相移信号 S_i 和本地振荡信号 S_1，其中：

$$S_i = A_1 \cos(2\pi f_i t + \Delta\phi) \quad (2\text{-}5\text{-}7)$$

$$S_1 = A_2 \cos 2\pi f_1 t \quad (2\text{-}5\text{-}8)$$

经非线性器件得乘积项为（相乘系数为 1）

$$\begin{aligned} S_m = S_i S_1 &= A_1 A_2 \cos(2\pi f_i t + \Delta\phi) \times \cos 2\pi f_1 t \\ &= \frac{1}{2} A_1 A_2 \{\cos[2\pi(f_i - f_1)t + \Delta\phi] + \cos[2\pi(f_i + f_1)t + \Delta\phi]\} \end{aligned} \quad (2\text{-}5\text{-}9)$$

取差频 $f_o = f_i - f_1$，经带通滤波器后，可得输出差频信号为

$$\begin{aligned} S_o &= \frac{1}{2} A_1 A_2 \cos[2\pi(f_i - f_1)t + \Delta\phi] \\ &= \frac{1}{2} A_1 A_2 \cos(2\pi f_o t + \Delta\phi) \end{aligned} \quad (2\text{-}5\text{-}10)$$

利用乘法器实现混频的电路框图如图 2-5-12 所示。

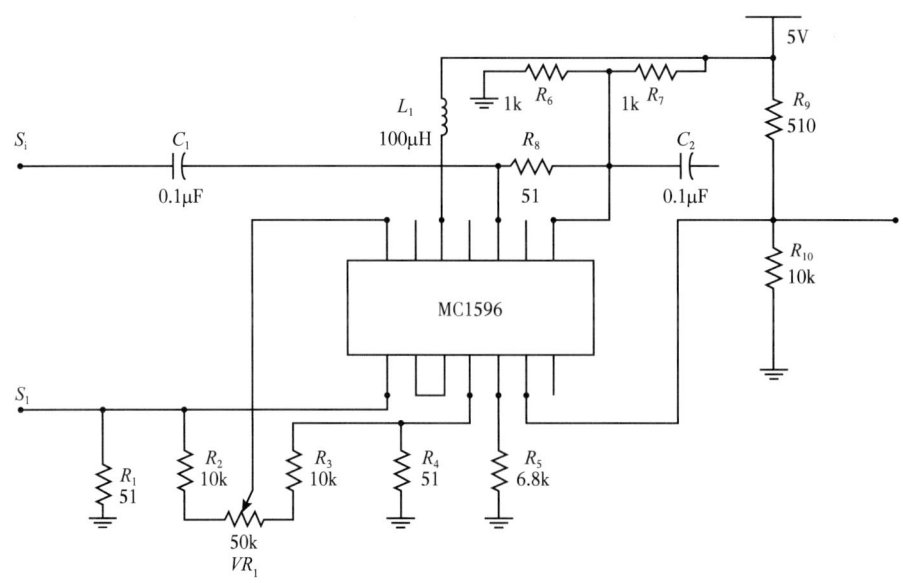

图 2-5-12　混频电路框图

若80MHz的相移信号S_i与80.02MHz的本地振荡信号S_l混频,那么差频信号S_o为20kHz。此时,相位延迟一个周期,对应延迟时间为50μs,在采样率不变的情况下,与降频前相比,20kHz的信号相移检测分辨率提高了4000倍。至此,成功地将带有相位延迟信息的高频信号搬移到低频段,降低了信号相位差检测的电路要求,为实现高精度相位差检测打下了良好的基础。

2. 微电容一体化检测技术

对于电容传感器的电容值测量,一般的思路是通过连接线将传感器连接到仪器仓电路板,再由检测电路测量得到电容值。这种方法的缺陷在于连接线上存在的分布电容和杂散电容可能会导致检测电路无法分辨出传感器电容值的微小变化。为了解决这一问题,最简单的方法就是将传感器与部分检测电路集成在一起形成振荡电路,使振荡电路在传感检测点连接传感器,避免两者之间长线连接引入的分布电容和杂散电容对测量的影响,从而将持水率变化导致的电容值变化转换为振荡器振荡频率的变化进行测量。这一方法减小了连接线上分布电容与杂散电容的影响,提高了电路的抗干扰能力。

根据电子学理论,多谐振荡电路的振荡频率为

$$f = \frac{1}{RC_{sen} \ln\left(\frac{V_{CC}-V_T}{V_{CC}-V_T} \cdot \frac{V_{T+}}{V_{T-}}\right)} \quad (2\text{-}5\text{-}11)$$

由式(2-5-11)可以看出,供电电源V_{CC},高/低阈值电压V_{T+}和V_{T-}、电阻R均为常量,振荡频率f仅与传感器电容值C_{sen}有关。因此,多谐振荡电路实现了将电容传感器的电容值变化转换为输出的交变信号频率的变化。通过测量多谐振荡器的振荡频率,即可实现传感器电容值的间接测量。

基于上述测量原理和方法,提出了一个集成电容传感器与施密特触发器为一体的持水率检测方案(图2-5-13):流过电容传感器两电极表面的流体持水率变化导致传感器电容值发生变化,进而导致多谐振荡器的振荡信号的频率发生变化,将振荡电路输出的振荡信号送到仪器仓的测频电路实时测频,即可实现持水率的间接测量。

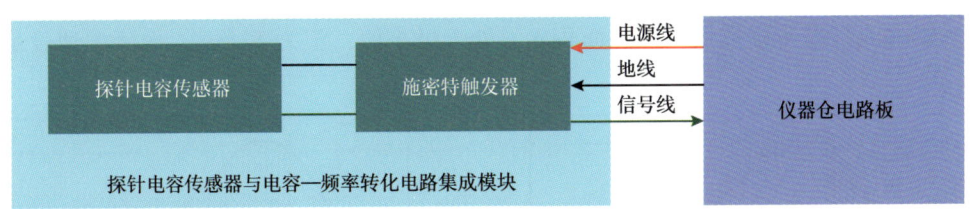

图2-5-13 微电容一体化检测方案

3. 基于时域积分的流量检测方法

该方法在基于PID控制的恒温差流量测井方法的基础上,针对井下流体大惯性和大滞后引起的测量误差问题,采用了以时间换取精度的新思路,提出了基于热传导时域积

分的新方法。通过积分法统计在升温和降温两个阶段探测器内部温度随外界流体流量的变化规律，其优势在于充分利用探测器在整个测量周期内外界流体冲刷引起的热传导效应，克服了现有方法难以实时追踪流量瞬时波动的不足。积分面积与流量呈现出极大的相关性，较好地解决了传统涡轮流量计在流量较低的情况下因涡轮无法启动导致失去检测能力的问题，为我国高含水低产液流动成像测井提供了新的技术手段。

如图 2-5-14 所示，根据间歇式恒温差加热原理，对于流量小的流体而言，温度上升时间短而下降时间长，因此温度曲线上升陡峭，而下降曲线缓慢，如图中蓝色曲线所示；与之相反的是流量较大的流体，因为热传导，当测速传感器周围流体的流量越大时，单位时间内带走的热量就越多，因此测速传感器温度上升时间长而下降时间短，温度曲线上升缓慢，而下降陡峭，如图中红色曲线所示。

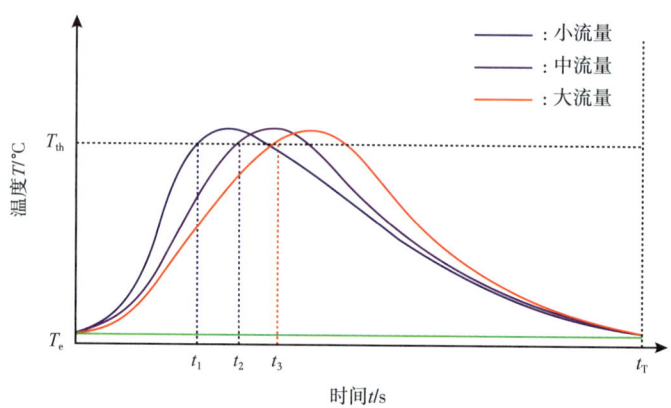

图 2-5-14　不同流量条件测速传感器温度变化曲线

进一步分析图 2-5-14 中测速传感器内温度曲线变化规律，假设环境温度为 T_e，阈值温度为 T_{th}。将升温曲线与直线 $x=t_2$ 和直线 $y=T_e$ 围成的封闭区域视为加热区域，其面积称作加热面积，记为 S_{heat}，如图 2-5-15（a）所示；跨越曲线及降温曲线与 $x=t_2$、$x=t_4$ 和 $y=T_e$ 围成的封闭区域视为冷却区域，其面积称作冷却面积，记为 S_{cool}，如图 2-5-15（b）所示。显然，加热面积和冷却面积随流量的变化而变化。当流体的流量为极小值时（例如 $0 m^3/d$），由于流体处于静止状态，根据传热学原理，测速传感器被带走的热量最慢，此时传感器内部升温速度最快，加热面积 S_{heat} 处于极小值，记为 S_{heat_min}，而降温速度最慢，

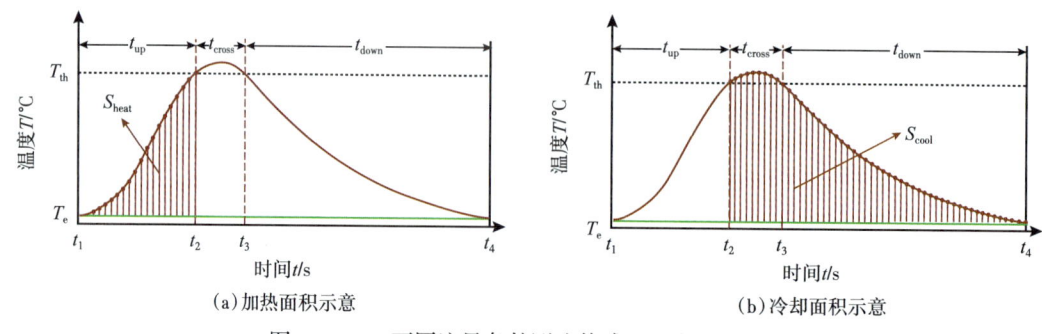

(a) 加热面积示意　　　　　　　　　　(b) 冷却面积示意

图 2-5-15　不同流量条件测速传感器温度变化曲线

冷却面积 S_{cool} 处于极大值，记为 S_{cool_max}。当流体处于流动状态时，流量越大，则带走的热量就越多，因此，加热面积会随着流量的增加单调递增，而冷却面积会随着流量的增加单调递减。

图 2-5-16（a）给出了流量在 $0m^3/d$ 时的加热面积 S_{heat_min} 示意图，图 2-5-16（b）给出了流量在 $0m^3/d$ 时的冷却面积 S_{cool_max} 示意图。若当前被测流体的加热面积和冷却面积已知，分别记为 $S_{heat\_current}$ 和 $S_{cool\_current}$，如图 2-5-17（c）和 2-5-17（d）所示，则流量相关量 F 与面积的关系式记为

$$F = \left(S_{heat\_current} - S_{heat\_min}\right) + \left(S_{cool\_max} - S_{cool\_current}\right) \quad (2\text{-}5\text{-}12)$$

式（2-5-12）表明，根据 F 值可标定出被测流体的流量大小，当被测流体流量为 $0m^3/d$ 时，$S_{heat\_current}=S_{heat\_min}$，$S_{cool\_current}=S_{cool\_max}$，此时 $F=0$。随着流量的增大，$S_{heat\_current}$ 将逐渐增大，$S_{cool\_current}$ 逐渐减小，因为二者此消彼长，所以 F 值也随之增大，与流量呈单调递增关系，符合一般测量规律。

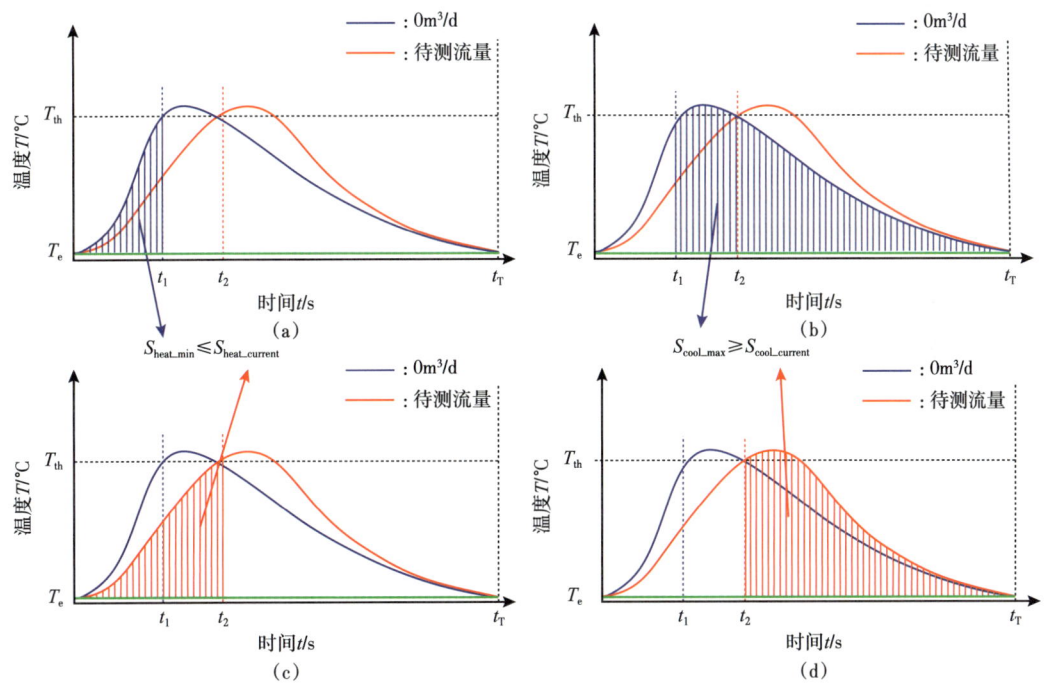

图 2-5-16　不同流量条件测速温度变化曲线

四、现场应用效果

流动成像测井仪样机在长江大学三相流标准井完成了标定试验，制作了图版；在长庆油田陇东区块开展了 3 口井现场试验。试验结果表明，流动成像仪器在低渗透高含水井中具有良好的剖面信息获取能力，不受启动排量限制，持水率测量范围覆盖率 100%，对油水识别能力强。

1. 功能测试

为了研究阵列电磁波持水率测井仪、阵列电容持水率仪和阵列温差流量仪在不同井况下的响应规律和仪器的性能，选择在油气水三相流实验装置上进行试验。试验过程中记录不同井斜角、含水率、流量条件下仪器的响应数据，并对上述数据进行分析整理，形成标定图版，为评价仪器各项指标提供依据。

为了获得仪器在水平井中的响应数据，设计如下测试方案：

（1）流体相态：油水两相，其中油为 10 号工业白油，密度 0.856g/cm^3，黏度为 9～11mPa·s；水为自来水，密度 1g/cm^3，黏度 1.2mPa·s。

（2）井斜：0°，20°，70°，90°。

（3）流量（m^3/d）：3，4，6，8，10，15，20，25，30。

（4）含水率（%）：0，10，20，30，40，50，60，70，80，90，100。

（5）实验用井筒规格：外径 140mm（5.5in），内径 120mm（4.7in）。

开展了仪器通道一致性分析，表 2-5-4 为三中仪器在井斜角为 0°、流量为 30m^3/d 所记录的纯油和纯水时的响应数据。为了评判检测通道的一致性，引入离散系数 CV（coefficient of variation）来对实验结果进行统计分析。离散系数又称变异系数，主要用于衡量各观测值的离散程度。考察 n 路检测通道的一致性，设各路通道在同一情况下的计数值分别为 x_1, x_2, x_3, …, x_n，其平均值记为 $\bar{x}$，标准差记为 σ，离散系数记为 CV，则有

$$\bar{x} = \frac{1}{n}\sum_{k=1}^{n} x_k \qquad (2-5-13)$$

$$\sigma = \sqrt{\sum_{k=1}^{n}(x_k - \bar{x})^2 / n} \qquad (2-5-14)$$

$$\mathrm{CV} = \frac{\sigma}{\bar{x}} \qquad (2-5-15)$$

CV 越大，数据的离散程度越大。

表 2-5-4　仪器各检测通道一致性测试值表

阵列电磁波持水率测井仪 /Hz			阵列电容持水率测井仪 /Hz			阵列温差流量测井仪 /V		
通道	油	水	通道	油	水	通道	油	水
1	6382	16509	1	4396	2198	1	2.1817	3.7932
2	6440	16709	2	4050	2290			
3	6466	16710	3	3479	1870	2	2.2613	3.8411
4	6211	16548	4	4049	2300			

续表

阵列电磁波持水率测井仪 /Hz			阵列电容持水率测井仪 /Hz			阵列温差流量测井仪 /V		
通道	油	水	通道	油	水	通道	油	水
5	6243	16958	5	3819	2230	3	2.1940	3.6174
6	6356	16690	6	4396	2250			
7	6187	16798	7	4846	1489	4	2.3327	4.1468
8	6350	16447	8	4109	1770			
9	6166	16819	9	4207	1777	5	2.3331	4.0209
10	6317	16188	10	5738	2314			
11	5962	13822	11	3789	2100	6	2.3075	4.0533
12	6530	16260	12	4225	2080			
离散系数	0.0396	0.1279	离散系数	0.1305	0.1246	离散系数	0.0272	0.0458

如表 2-5-4 所示，在油中阵列电磁波持水率测井仪、阵列电容持水率测井仪、阵列温差流量测井仪的离散系数较小，各通道一致性较好；而在水中，阵列电容持水率仪探测器一致性均不理想，需要通过归一化进行处理。

开展了灵敏度分析，图 2-5-17 为水、油、空气三种流体时阵列电磁波持水率测井仪的响应。在水中各探头相应数值比较大，均大于 12000Hz，在油和空气中比较小，小于 8000Hz，而且在油和空气介质中响应值近似相等，因此只能识别油水或者气水两相。

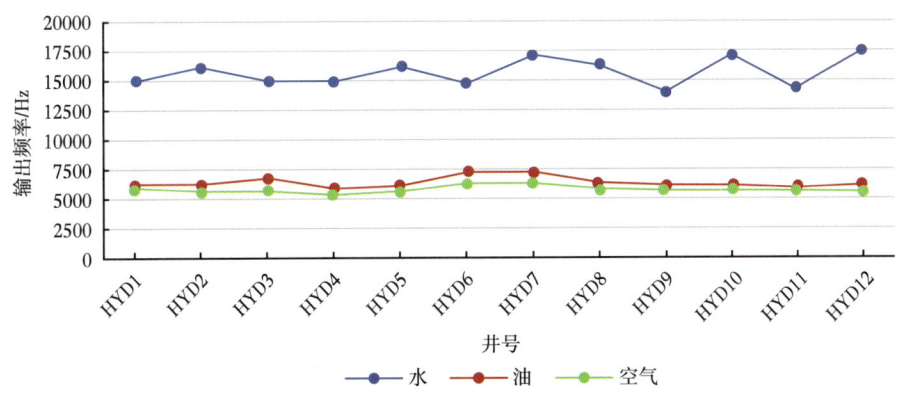

图 2-5-17 阵列电磁波持水率测井仪在水、油、空气中的刻度图版

如图 2-5-18 所示，与阵列电磁波持水率测井仪相反，阵列电容持水率仪在空气中的响应数值最大，在水中最小，可以比较清楚地区分三种流体。

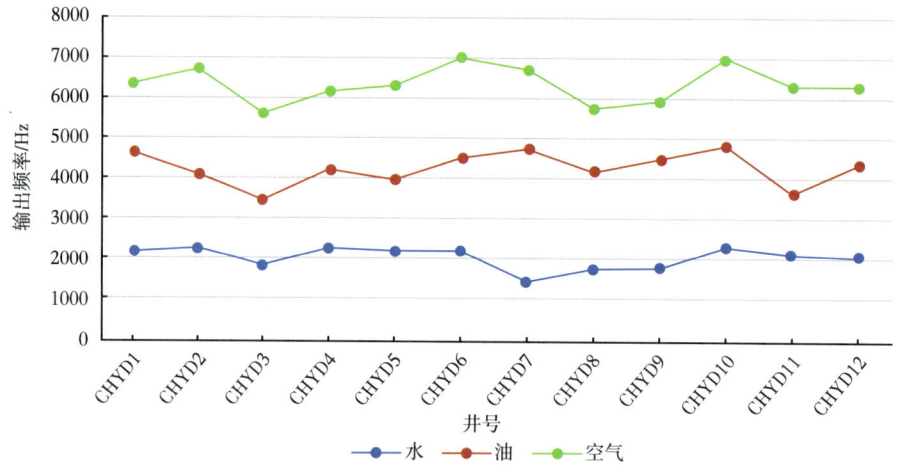

图 2-5-18　阵列电容持水率仪在水、油、气中的刻度图版

对于阵列热式流量井仪而言，灵敏度可以表示为在流量变化 $1m^3/d$ 时测量电压值的变化。图 2-5-19 和图 2-5-20 分别为纯油中和纯水中阵列热式流量测井仪各通道的响应曲线。

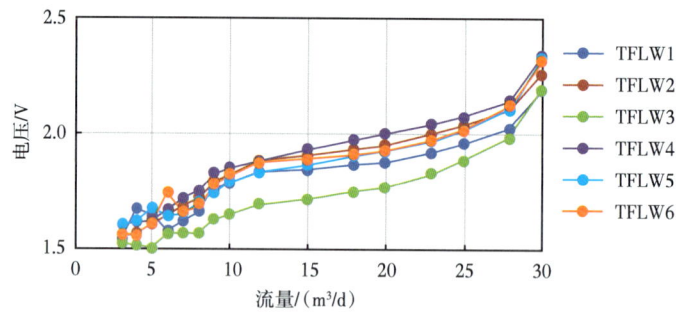

图 2-5-19　纯油中阵列热式流量测井仪各通道的响应曲线

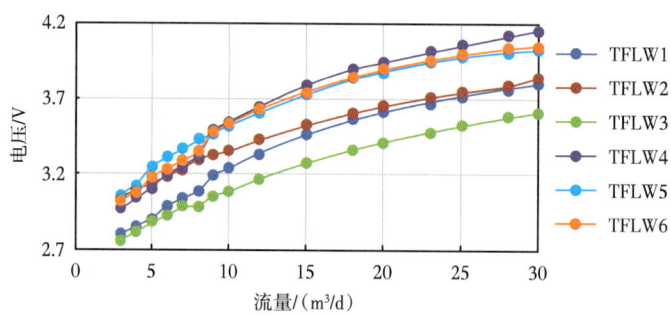

图 2-5-20　纯水中阵列热式流量测井仪各通道的响应曲线

图 2-5-19、图 2-5-20 中的曲线表明：（1）无论是在纯油中还是在纯水中，阵列热式流量测井仪各通道的测量值随流量单调递增。（2）纯油中，流量小于 $7m^3/d$ 时测量值不稳定，$10\sim30m^3/d$ 曲线斜率逐渐增加，说明仪器灵敏度逐渐增高；纯水中，$3\sim30m^3/d$ 随着流量的增大曲线斜率略有减小，仪器灵敏度稍有降低。（3）各通道虽测量值不同，但是灵敏度变化趋势一致。流量在 $30m^3/d$ 以内时，可以通过图 2-5-20 和图 2-5-21 来确定流体的实时流量。

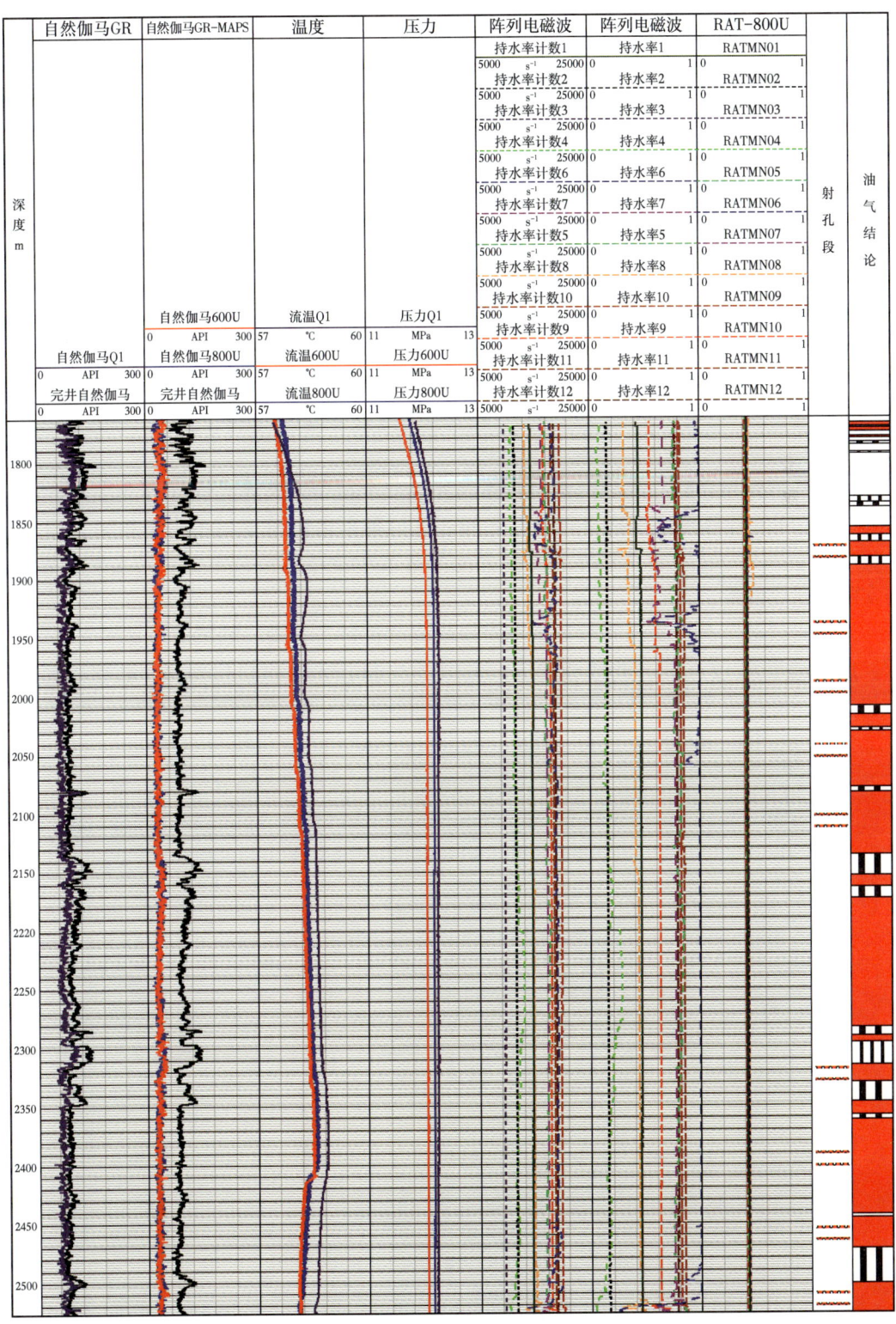

图 2-5-21　阵列电磁波组合仪器与进口仪器测井曲线对比（1762～2528m）

2. 现场应用

仪器在固平 8 井开展了对比测试。套管内径 124.26mm，日产液 7.96m³，日产油 1.89t，含水 72.1%，动液面 626m。造斜点 1424m，水平段油层 1869.6～2988.6m（24 段）。

在固平 8 井先后采用进口组合六参数（自然伽马、磁定位、温度、压力、持水率、流量）与流动成像组合测井仪测井，其中进口仪器测量井段为 1750～2967m（水平段），流动成像测井仪测量井段为 1586～1852m（倾斜段）、1766～2528m（水平段）。选取阵列电磁波组合仪器与进口仪器测量的重合井段 1762～2528m 进行测井曲线对比，结果如下：

（1）自然伽马曲线：阵列电磁波组合仪曲线深度校正后与完井自然电位曲线对应性更好，能准确反映井下地层自然伽马放射性。

（2）温度曲线、压力曲线：两种仪器所测曲线基本一致，温度曲线各异常位置和趋势一致，压力梯度变化趋势一致。数值上电磁波组合仪温度要高约 0.25℃，压力曲线高约 0.1MPa。

（3）阵列持率曲线：阵列电磁波持水率显示井下流型为层流，12 个探头值在 9600～19700s⁻¹ 之间，计算持水率在 0.1～1.0 之间；进口阵列电阻持率显示为单相流，12 个探头值均稳定在 0.45 左右，为纯水相。该井地面含水 94.29%，阵列电磁波持水率测井结果与实际情况更匹配。

对两只仪器阵列持率测井数据采用对应解释软件进行处理，结果对比如图 2-5-21 所示。成像结果与 12 条测井曲线相对应，如图 2-5-22 所示，进口仪器测井数据成像为纯水相显示，流动成像仪器测井数据成像为水平层流显示。

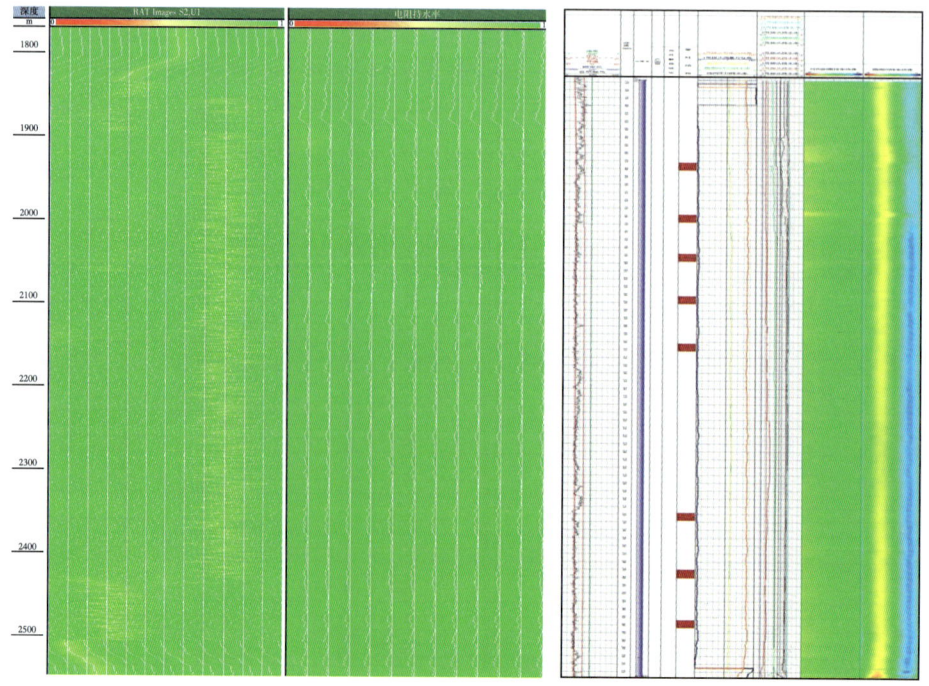

图 2-5-22　进口仪器和流动成像测井仪测井资料成像对比

第三章　随钻地层评价成像测井技术与装备

随钻测井可以在钻井过程中实时获取原始地层信息，参与钻进方向决策，及时指导井眼轨迹调整，提高储层钻遇率和油气识别能力，从而提升油气勘探开发经济效益。自20世纪80年代以来，国外斯伦贝谢、贝克休斯、哈里伯顿等油田技术服务公司均先后推出了各自的随钻成套装备，可以完成声、电、核、核磁共振等各参数的测量，其测量精度已达到或超过同类电缆测井技术水平。

国内随钻测井技术的研发起步较晚，"十一五"以来，多家油田工程技术企业一直致力于国产随钻测井技术研究和装备研制。中国石油、中国石化、中国海油先后推出了随钻伽马和随钻电阻率测井仪等常规随钻测井仪器。"十二五"期间，基于国家油气重大专项课题"地层评价随钻测井系统"，中国石油推出了国内首套地层评价随钻测井系统，包括网络化地面系统、高性能随钻测井平台、随钻常规电阻率测井装备、随钻孔隙度测井装备及配套工具，并突破随钻伽马与侧向电阻率等部分成像测井关键技术。

随着油气勘探开发向复杂、深层、非常规领域发展，油气资源品质劣质化、油气目标复杂化，对随钻测井提出了更高的要求。为满足油气勘探生产需求，随钻测井需要由常规向高端成像迈进。"十三五"期间，针对大斜度井、水平井中复杂储层精准地质导向和精细地层评价难题，开展了随钻地层评价成像测井技术攻关，成功研制出随钻深探测电磁波电阻率成像测井仪、随钻高分辨率伽马与侧向扫描综合成像测井仪、随钻方位密度与可控中子源综合成像测井仪、随钻多极子声波成像测井仪，突破随钻核磁共振测井关键技术，实现电法、声波、核测井随钻装备的成像化和系列化。

第一节　随钻深探测电磁波电阻率成像测井仪

随钻电磁波电阻率测井是钻井作业中获取地层电阻率资料的一种重要手段，通过发射天线向地层发射一定频率的电磁波，接收天线接收来自地层的电磁波衰减信号，得到地层电阻率。传统电磁波仪器只能测量地层电阻率，为弥补缺乏方位探测能力的不足，实现更为主动的地质导向与储层评价，近年来，国内外公司采用倾斜线圈或正交线圈的仪器结构，设计、推出了随钻方位电磁波测井仪器，如斯伦贝谢的 PeriScope、贝克休斯的 AziTrak、哈里伯顿的 ADR。

本节介绍的随钻深探测电磁波电阻率成像测井仪是在"十二五"随钻电磁波电阻率测井仪常规天线（轴向天线）基础上，通过增加若干方位天线，既能测量常规电阻率，又能测量井周方位电阻率，同时增加伽马与压力测量模块，可用于计算地层边界距离、提取地层倾角及各向异性等信息。因其具有方向敏感性及探测范围广等优点，被广泛应用于地质导向中，为钻井施工、储层评价提供更加丰富和精确的信息。

一、测量原理及主要功能

1. 测量原理

随钻深探测电磁波电阻率成像测井仪可同时提供电磁波的能量信息和到达方向信息。发射天线发射的电磁波能量分为两部分。一部分沿井孔方向传播，经测量处理后，得到常规的电磁波电阻率测井响应。这一部分能量没有方向信息，不能给出远地层边界相对井孔的方位。另一部分能量沿井周方向传播，当仪器逼近一地层边界时，一部分沿井周方向传播的电磁波能量经地层边界反射后，以一定夹角穿过仪器所在位置，这一部分能量中的径向分量垂直于仪器轴线方向，其传播方向取决于地层边界相对于仪器的方位。当地层边界位于仪器上方时，反射能量中的径向分量自上而下穿过仪器；当地层边界位于仪器下方时，反射能量中的径向分量自下而上传播穿过仪器；当地层边界位于其他方位时，反射能量中的径向分量也作相应变化。因此通过测量反射能量中的径向分量，并结合仪器工具面测量信息，可准确判断地层边界相对于仪器的方位。

仪器具有电阻率与地质信号两种测量方式。

（1）电阻率测量：基本的测量天线由一发双收的天线构成，发射天线发射单频时谐信号，接收天线接收信号相位与幅度，相位差与幅度比定义为

$$PD = \arg(V_{R_1}) - \arg(V_{R_2}) \quad (3\text{-}1\text{-}1)$$

$$ATT = -20\lg|V_{R_1}/V_{R_2}| \quad (3\text{-}1\text{-}2)$$

式中　PD——相位差，rad；

　　　ATT——幅度比，dB；

　　　V_{R_1}——接收天线 R_1 电动势，V；

　　　V_{R_2}——接收天线 R_2 电动势，V；

　　　$\arg$——取相位角度。

（2）地质信号测量：在常规天线基础之上，增加正交天线，可以同时测量接收天线处电磁场 zz 分量与 zx（xz）分量，如图 3-1-1 所示。

图 3-1-1　正交发射接收天线示意图

对于正交型天线结构，z 为仪器轴向方向，x 为正交接收天线法线方向，一般定义仪器测量得到的电压为地质信号：

$$V_{zx} = \mathrm{i}\omega\mu H_{zx} \quad (3\text{-}1\text{-}3)$$

式中 V_{zx}——电压，V；
ω——角频率，rad/s；
μ——磁导率，H/m；
H_{zx}——磁场强度，T。

仪器旋转过程中，通过测量不同井周方位的信号响应，获得地质信号。

探边距离是本仪器的重要评价指标，采用如下定义表征：

在单界面（两层）地层模型中，仪器沿与地层界面相对倾角为90°的井眼轨迹远离固定对比度地层界面时，测量信号受临层的影响逐渐减小。当测量信号等于仪器的最小测量信号时，其对应距离为仪器在该地层模型中的探边距离。

仪器天线系统图如图3-1-2所示，包含5组发射天线（T_1、T_2、T_3、T_4、T_5）、5组接收天线（R_1、R_2、R_3、R_4、R_5），方位天线采用正交组合模式，在50kHz～2MHz中优选出了4种工作频率。

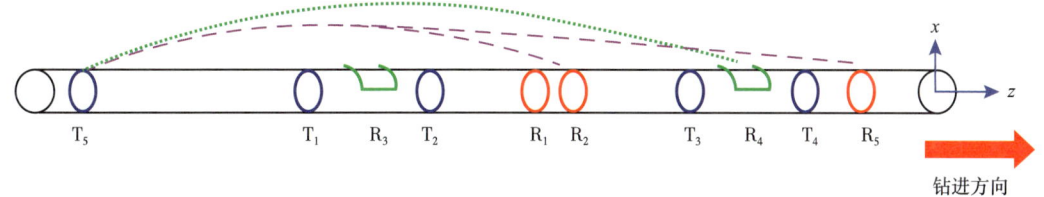

图3-1-2 天线系统示意图

通过数值模拟得到幅度比、相位差与地层电阻率转换图版。利用转换图版，可得到相位差电阻率、幅度比电阻率。相位差、幅度比与电阻率转换图版如图3-1-3所示。图中"T_1T_4AH"表示发射天线T_1和T_4补偿后的高频相位差信号；"T_2T_3PM"表示T_2和T_3补偿后的中频幅度比信号。其中T_1T_4代表长源距，T_2T_3代表短源距，P代表相位差，A代表幅度比，H代表高频，M代表中频。随着地层电阻率的增加，相位差和幅度比的信号均逐渐减小，幅度比降至一固定值后趋于平稳。

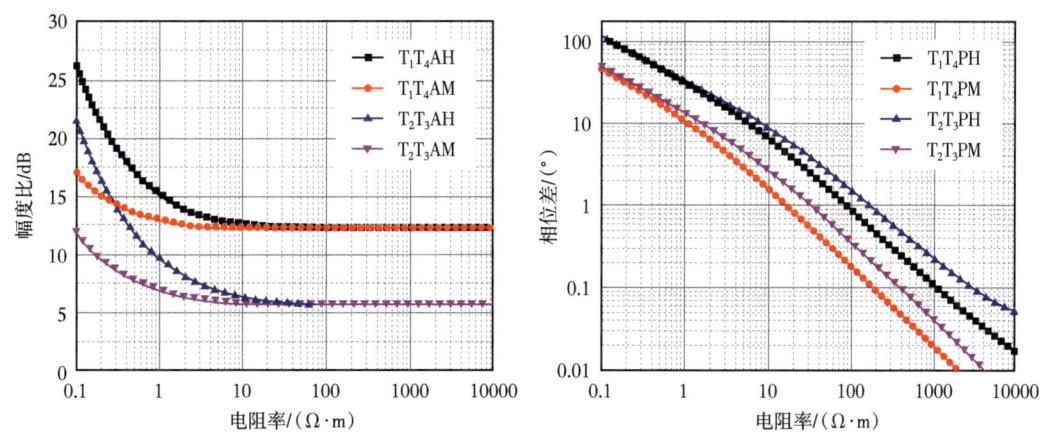

图3-1-3 相位差、幅度比与电阻率响应关系曲线

采用 0.1° 与 0.02dB 作为相位差、幅度比测量截止值,则相位差最大测量范围为 0.1~3000Ω·m,幅度比最大测量范围为 0.1~100Ω·m。

电阻率、地质信号与探边距离的响应特性如图 3-1-4、图 3-1-5 所示。图 3-1-4 中,"RALRFH"表示高频长源距幅度比电阻率信号;"RPLRFH"表示高频长源距相位差电阻率信号;"RALRFL"表示低频长源距幅度比电阻率信号;"RPLRFL"表示低频长源距相位差电阻率信号。其中 A 代表幅度比、P 代表相位差、H 代表高频、L 代表低频。图 3-1-5 中,"VRLGFH"表示高频长源距电压地质实部信号;"VILGFH"表示高频长源距电压地

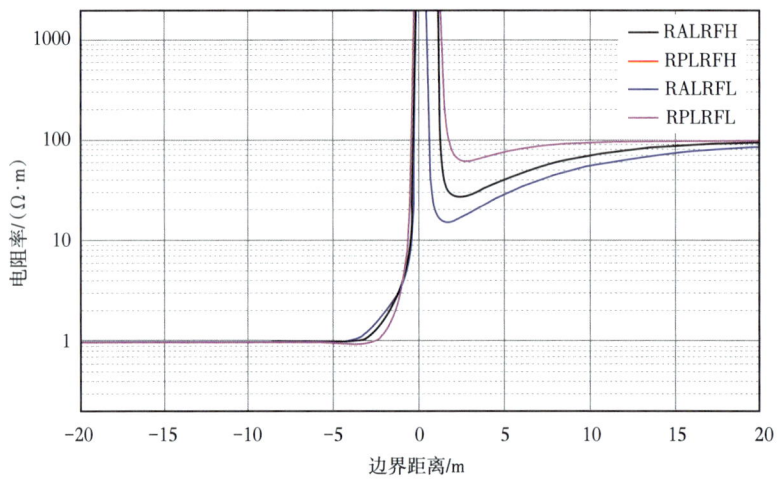

图 3-1-4 电阻率信号与 TVD 响应

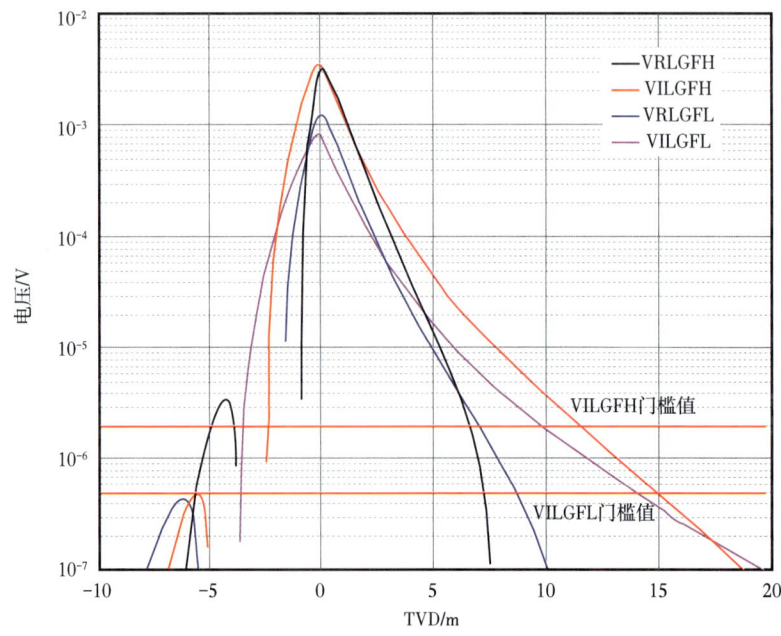

图 3-1-5 地质信号与 TVD 响应

质虚部信号;"VRLGFL"表示低频长源距电压地质实部信号;"VILGFL"表示低频长源距电压地质实部信号。其中 V 代表电压地质信号、L 代表长源距、R 代表实部、I 代表虚部、H 代表高频、L 代表低频。

在 100∶1 地层模型中,探测深度超过 10m,而不同探测深度电阻率曲线在 10m 处,仍有明显分异,即此时电阻率对地层界面仍敏感。

相位差、幅度比探边距离特性如图 3-1-6 所示。图中纵坐标为仪器所在地层电阻率,横坐标为邻层电阻率,颜色代表仪器探测范围。

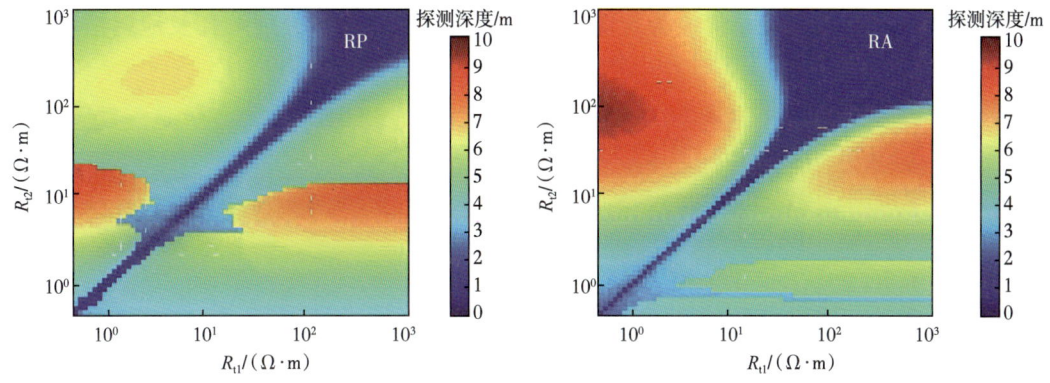

图 3-1-6 相位差、幅度比探边距离分布图

仪器位于电阻率为 R_{t2} 地层中,临层电阻率为 R_{t1},采用 0.1°与 0.02dB 作为相位差、幅度比测量截止值。从图中可以看出,在 100∶1 地层模型中,相位差探边距离在 6m 左右,幅度比探边距离在 9m 左右。

地质信号探边距离响应特性如图 3-1-7 所示。

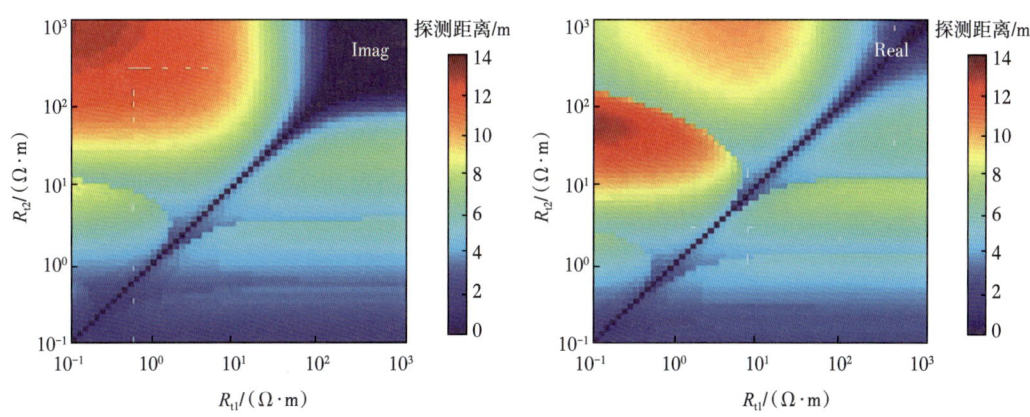

图 3-1-7 地质信号探边距离分布图

仪器位于电阻率为 R_{t2} 地层中,临层电阻率为 R_{t1},采用最大幅度的 6/10000 作为电压地质信号测量截止值。从图中可以看出,在 100∶1 地层模型中,仪器探边距离在 11m 左右。

由图 3-1-6 和图 3-1-7 可见，在 100∶1 的地层模型中，地质信号探边距离约为 11m，大于相位差、幅度比探边距离，达到仪器最大探边距离 10m 的设计指标。

2. 主要功能

仪器采用 5 发 5 收的非对称正交天线系统（其中 2 组为正交天线），具备储层边界探测、电阻率成像、伽马成像、随钻压力测量等功能，提供 12 条常规电阻率曲线、井周 16 扇区成像图像、探边地质信号井周成像图、探边窗帘图、雷达图等，能够"既远又清"地获得井周多频率、多深度电阻率，边界探测距离最大达到 10m，可实现大斜度井、水平井精准地质导向及地层评价，为智能导向服务，为测井资料处理解释及地层精细评价提供技术支持。

仪器主要技术指标如下：

耐温耐压：155℃/140MPa。

适应井眼范围：191～230mm。

最大探边距离：10m。

方位分辨率：2°。

伽马测量范围：0～500API。测量误差：±5%。

高频电阻率测量范围：0.2～3000Ω·m。误差：±2%（0.2～60Ω·m），±0.3mS/m（60～3000Ω·m）。

中频电阻率测量范围：0.1～100Ω·m。误差：±2%（0.1～10Ω·m），±2mS/m（10～100Ω·m）。

低频电阻率测量范围：0.1～20Ω·m。误差：±2%（0.1～2Ω·m），±10mS/m（2～20Ω·m）。

二、仪器结构及工作模式

1. 结构组成

仪器总体结构如图 3-1-8 所示。主要由钻铤本体、芯轴总成、天线系统、伽马成像及 PWD 总成模块（测量水眼与环空压力）、螺旋式防磨带等关键部件组成（陈鹏等，2018）。

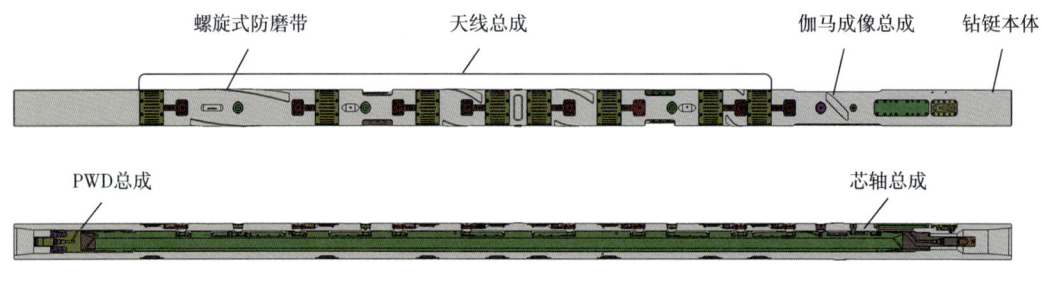

图 3-1-8　仪器结构图

钻铤外壁上设计了天线环槽、方位天线安装槽、螺旋式防磨带，同时为了保证与芯轴上电路板的连接，设计了多处密封孔，实现天线、电阻率测量电路、伽马成像模块、PWD总成模块等与芯轴的密封承压连接。钻铤内孔采用同轴台阶孔设计，主要用于安装芯轴总成。

天线系统采用灌封工艺，方位接收天线采用对称式分布，在增大测量信号的同时，也减少了测量的误差。在线圈附近设计耐磨带，减少线圈的磨损。

伽马成像模块主要由伽马探头、密封盖板、减振O形圈、伽马电路与信号处理板、电路接插件组成。伽马探测器安装在钻铤相应槽内。

PWD总成模块采用盖板式的结构，主要由压力传感器（水眼、环空）、传感器基座、承压密封塞、密封盖板、测压电路密封盖板等组成。测压功能模块将内、外压力传感器分别安装在两个仓内，电路板单独在一个仓内，通过电路仓实现与芯轴的电路连接。压力传感器具有多个密封环节，在与电路仓的过渡连接处设计了承压密封塞，形成二次保护。

2. 工作模式

根据仪器工作原理及功能需求，电路部分主要分为主控模块、发射模块、采集模块、方位模块、电源模块以及伽马模块等部分。发射模块按照控制时序产生并放大4种不同频率发射信号后，通过开关控制向5个发射天线独立发送发射信号。发射信号直接产生正弦波，产生的正弦信号经滤波后送至放大电路，最后再经功放后送至发射天线。通过调谐电路，最大限度地抵消天线的电抗特性，以降低总发射阻抗，获得最大发射电流。调谐电路对于接收信号同样是最大限度地抵消天线的电抗特性，从而获取最大强度的接收信号。

仪器工作模式分为高精度工作模式和快速工作模式。当选择高精度工作模式时，采样频率高，扇区划分更精细，常规电阻率和方位电阻率数据获取更多更全面，地层成像更清晰，但功耗大；快速工作模式功耗低，采样率低，可实现地层电阻率及伽马16扇区成像。

常规天线测量地层电阻率信息，由10组天线发射接收，有4种工作频率，分为补偿地质信号测量和非补偿地质信号测量两种模式。

方位天线测量地质信号主要用于探边，由5组天线发射接收，有4种工作频率，分为补偿地质信号测量和非补偿地质信号测量两种模式。

主控电路系统启动后，负责系统整体工作，包括测量方位角以及采集数据的运算、校正、存储以及通信的功能。两个伽马探测器计数，采用主从串行通信。方位伽马成像功能实现流程和主程序流程如图3-1-9所示。

三、关键技术及创新点

仪器主要关键技术及创新点包括基于正交方位天线的电磁波深探测探边技术、基于欠采样和叠加降噪的微弱信号采集处理技术、基于差分牛顿法的深探测电磁波电阻率快速收敛反演技术，形成发明专利 3 件和软件著作权 2 件。

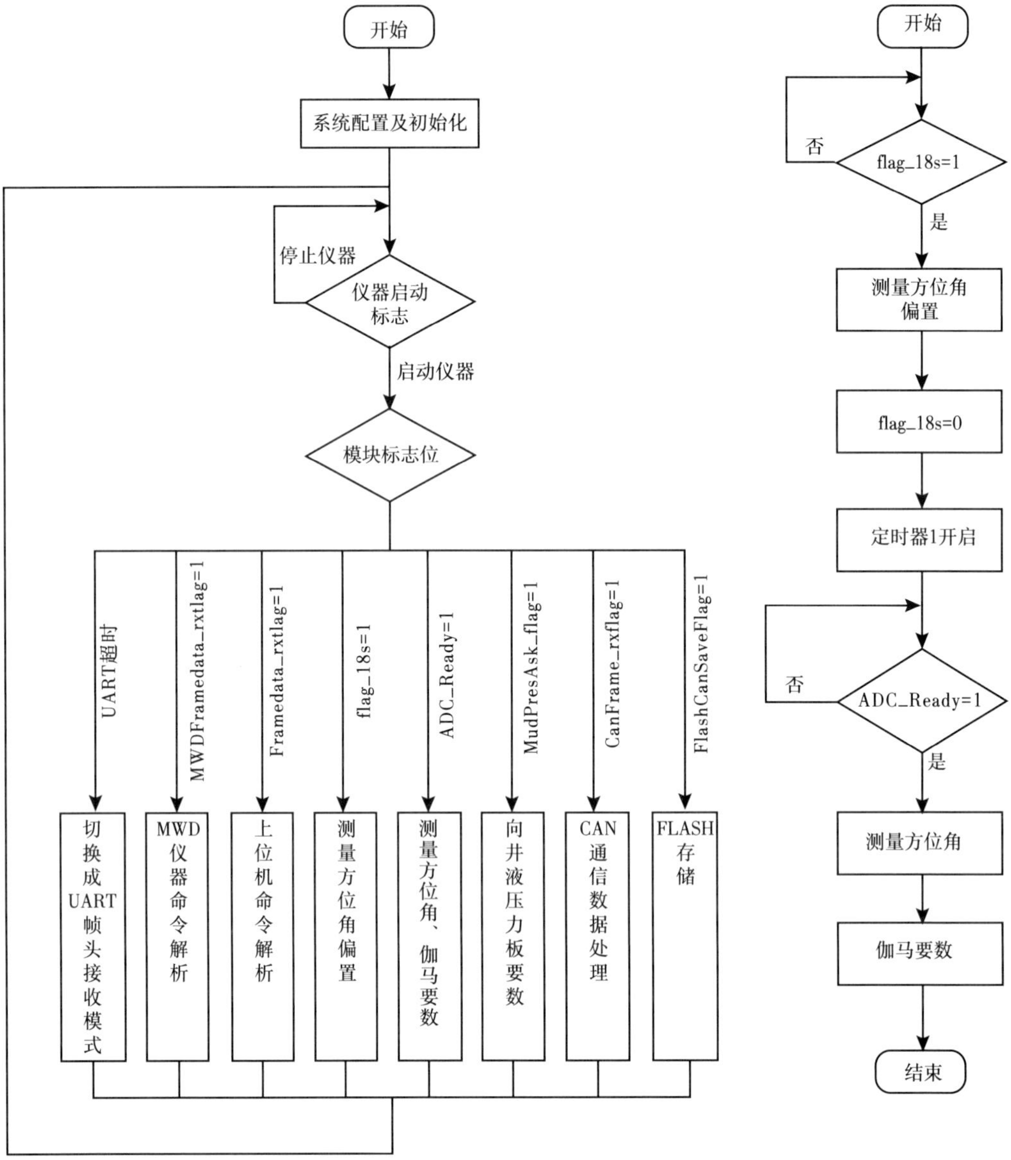

图 3-1-9　井下主控程序流程图

1. 基于正交方位天线的电磁波深探测探边技术

实现电磁波探边 10m 的核心技术在于天线系统工作频率、天线源距及磁芯的优化设计、探边信息等微弱信号的拾取。

本仪器天线系统采用正交方位天线结构设计技术，采用套筒结构布局，进行强弱信号隔离。天线结构采用完全正交天线、对称天线合成磁矩及分布式磁芯天线布局，加宽磁芯，增加发射接收天线匝数（一种深探测随钻测井仪，发明专利：ZL202010208555.0）。

通过数值模拟计算，结合实测数据评估，地层电阻率对比度为100:1时，最大探边地质信号可实现探边10m的目标，填补了传统测井与物探之间探测范围，形成了深探测电磁波探边10m天线系统核心技术，形成了方位电磁波仪器刻度校验海试规范（一种方位电磁波电阻率测井仪方位探测性能标定装置，发明专利：ZL202010663408.2），保障了仪器测量性能。仪器可获取多种深度的方位电磁波电阻率测井数据，据此得到地层边界距离和方位信息，同时集成的方位伽马测量电路，实现井周360°伽马、电磁波电阻率扫描成像。

与国外主流随钻方位电磁波仪器相比，随钻深探测电磁波电阻率成像测井仪探边10m的距离，优于斯伦贝谢的Periscope、贝克休斯的Azitrak与哈里波顿的ADR等同期随钻方位电磁波仪器，如表3-1-1所示，具体的天线系统设计可参照发明专利：一种随钻多分量多探测深度电磁波天线系统及测量方法（专利号：201810838114.1）。

仪器主要技术指标不低于与国外主流随钻方位电磁波仪器，见表3-1-1。

表3-1-1 随钻方位电磁波仪器技术参数统计表

指标	PeriScope	AziTrak	ADR	随钻深探测电磁波电阻率成像测井仪
最大探边距离	6.4m	5.2m	5.5m	10m
频率	100kHz, 400kHz, 2MHz	400kHz, 2MHz	125kHz, 500kHz, 2MHz	50kHz~2MHz 频率4种
天线数目	6发4收	4发4收	6发3收	5发5收
天线设置	倾斜+正交	正交	倾斜	正交
天线距	16in, 22in, 28in, 34in, 40in, 22in, 34in, 44in, 74in, 84in, 96in	22.375in, 36.625in	16in, 32in, 48in, 80in, 96in, 112in	11~132in, 11种天线距
电阻率成像	×	√（合成）	√（测量）	√

2. 基于欠采样和叠加降噪的微弱信号采集处理技术

经过天线系统接收的有用信号非常微弱，会淹没在环境噪声中，难以直接进行采样与处理。为了减少数据采集的测量误差，提高数据的稳定性，采用欠采样和叠加降噪的微弱信号采集处理技术。通过分析给定欠采样频率的选取范围，同时给出了用同一欠采样频率采集双高频信号的校正系数，确保不同频率的信号欠采样之后获得相同频率的恢复信号。

仪器信号采集调制部分采用接收谐振网络、前置多级差分放大、带通滤波、高倍可控增益放大，通过欠采样信号多次叠加降噪技术，从环境噪声中提取并恢复有用的微弱信号，得到信号幅值和相位信息。采用调谐滤波及多级差分放大进行信号调制，采用数字相敏检波检测方法和欠采样技术进行直接采样，减少了信号调制过程环节，避免了传统方法混频器等引入的附加噪声，有效地抑制了噪声、放大了有用信号、提高了信噪比，使得接收谐振网络背景场压制能力不小于 60dB。

通过验证，基于欠采样技术的数据采集、处理可有效地缩短处理时间，而且欠采样实现电路简单，有效减少了电路引起的噪声。仪器可探测到纳伏级的信号，如图 3-1-10 所示，最大探边距离可以达到 10m 以上。

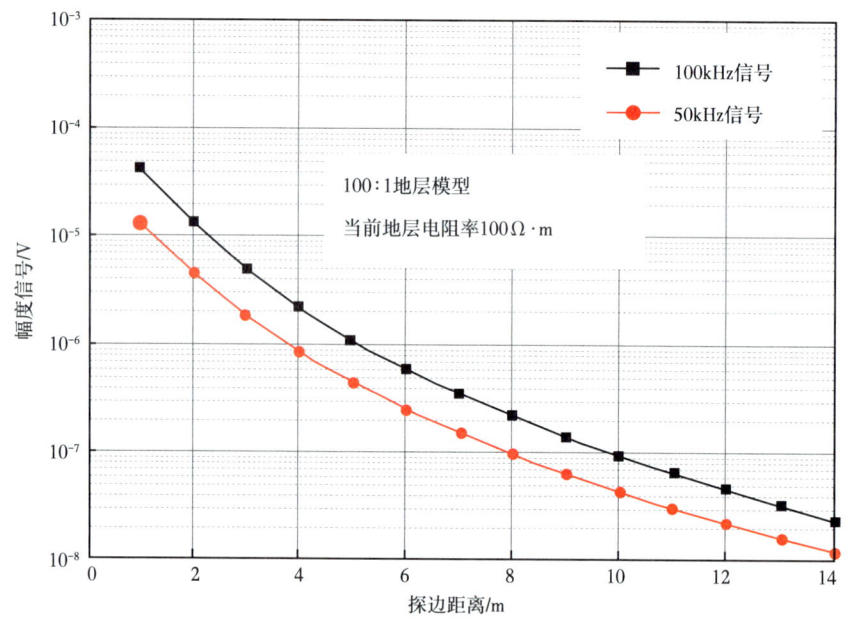

图 3-1-10　天线测量信号与探边距离关系图

3. 基于差分牛顿法的深探测电磁波电阻率快速收敛反演技术

基于电磁波电阻率数据，应用快速反演算法进行探边实时反演解释，是保证仪器主动地质导向的关键技术。

深探测电磁波电阻率快速收敛反演技术（软件著作权登记号：2021SR0758513，随钻电磁波成像测井数据处理与成像软件；软件著作权登记号：2021SR0758383，随钻电磁波成像测井响应三维数值模拟软件），采用牛顿迭代方法，添加正则化项，并结合多种优化算法和求解器，可实现随钻测井资料的一维快速实时反演。算法上引入随机种子，保证了全局最优，避免陷入局部解。在反演过程中花费时间最多的雅克比矩阵计算中，采用差分法和牛顿法结合的快速收敛反演算法。既降低了差分法计算雅可比矩阵所占用的计算资源，又提高牛顿法的计算精度，提升了反演效率。

除了计算速度提升数倍外，该算法还可实现仪器响应正演的平行计算，并引入层厚、地层电阻率各向异性等约束条件，实现单、双、五层四界面等地层模型下探边距离及方位的稳定快速求解，如图 3-1-11 所示，为实现地质导向提供窗帘图、雷达图等，对反演数据进行实时、直观展现。

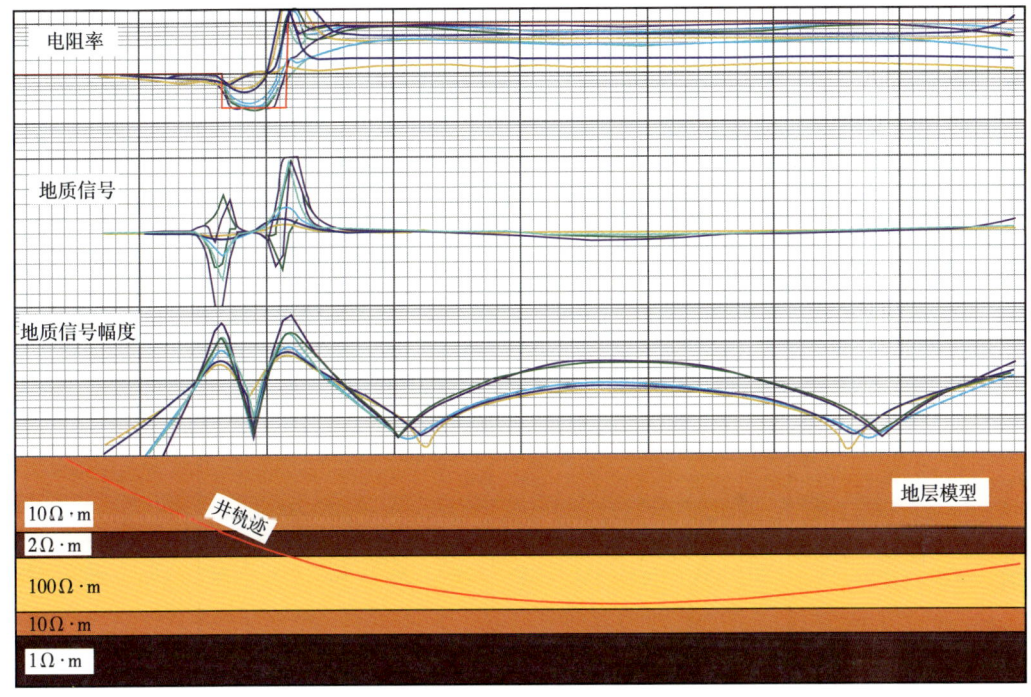

图 3-1-11 反演模型结果

四、现场应用效果

1. 功能测试

仪器的功能测试分淡水测试、海水测试和标准井测井，验证了仪器常规电阻率测量结果的准确性以及方位探边的响应关系。

淡水水体电阻率 20～30Ω·m，利用该环境下空气—水界面，测量水面上下不同高度处仪器常规天线幅度比、相位差数据，通过理论计算图版，转换为视电阻率，并与理论模型下仪器响应曲线进行对比，评估仪器常规天线电阻率测量范围及精度；测量水面上下不同高度处仪器方位天线实部、虚部 16 扇区数据，与边界距离建立联系，并与理论模型下仪器响应曲线进行对比，评估方位天线探测范围及测量精度。资料处理结果如图 3-1-12 所示。图 3-1-12 中，"PHD_LX_model"代表高频长源距相位差信号图版，"PHD_LX_test"代表高频长源距相位差信号实测值。"PHD_SH_model"代表高频短源距相位差信号图版，"PHD_SH_test"代表高频短源距相位差信号实测值。

海水水体电阻率 0.2～0.3Ω·m，利用该环境下空气—水界面，测量水面上下不同高度处仪器常规天线幅度比、相位差数据，通过理论计算图版，转换为视电阻率，并与理论模型下仪器响应曲线进行对比，进一步验证并标定仪器常规天线电阻率测量范围及精度；测量水面上下不同高度处仪器方位天线实部、虚部 16 扇区数据，与边界距离建立联系，并与理论模型下仪器响应曲线进行对比，进一步验证并标定方位天线探测范围及测量精度。资料处理结果如图 3-1-13 和图 3-1-14 所示。图 3-1-13 中，"400K Long"代表

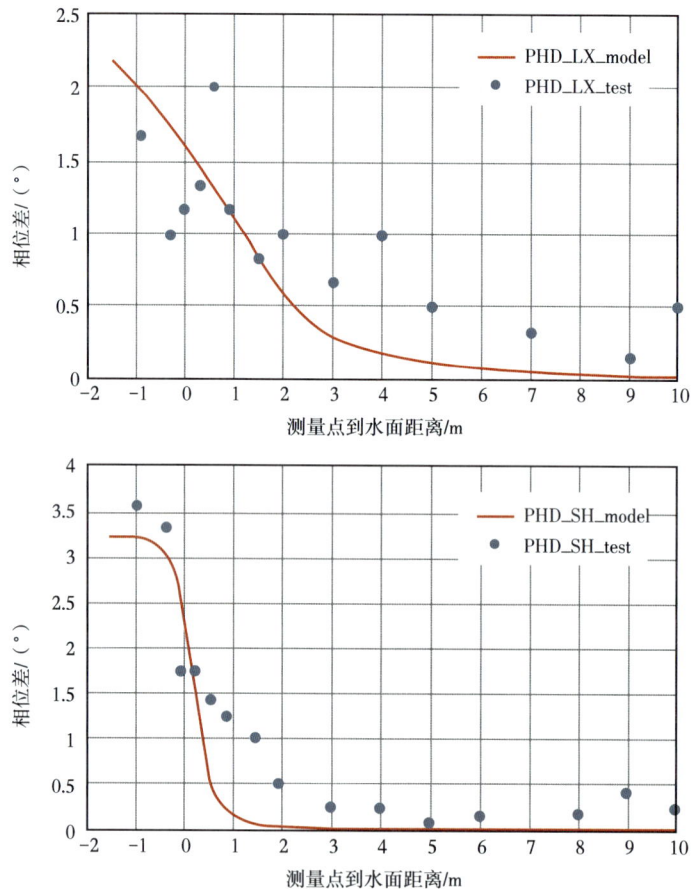

图 3-1-12　随钻电磁波电阻率成像测井仪常规天线响应曲线

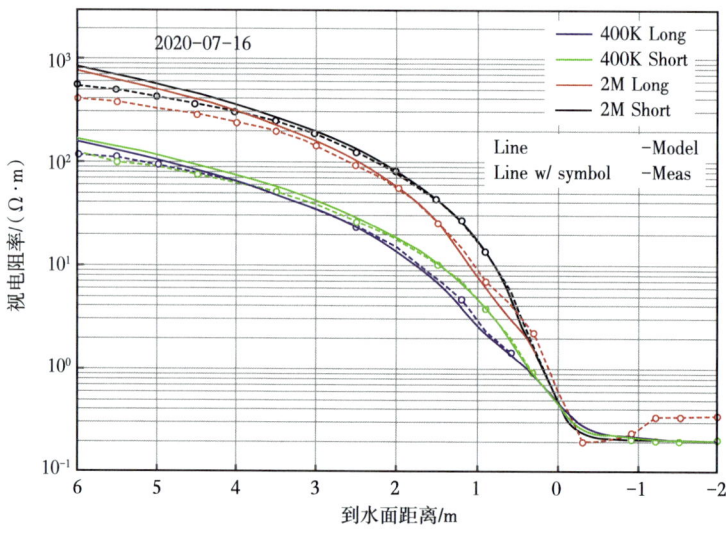

图 3-1-13　垂直测试幅度比电阻率

400kHz 长源距幅度电阻率信号,"400K Short"代表 400kHz 短源距幅度比电阻率信号,"2M Long"代表 2MHz 长源距幅度比电阻率信号,"2M Short"代表 2MHz 短源距幅度比电阻率信号。图 3-1-14 中,"400K Long"代表 400kHz 长源距 RX3 方位电阻率信号,"400K Short"代表 400kHz 短源距 RX3 方位电阻率信号,"2M Long"代表 2MHz 长源距 RX3 方位电阻率信号,"2M Short"代表 2MHz 短源距 RX3 方位电阻率信号。经测试,仪器方位天线系统响应关系与理论曲线一致性较好,仪器性能满足标定要求。

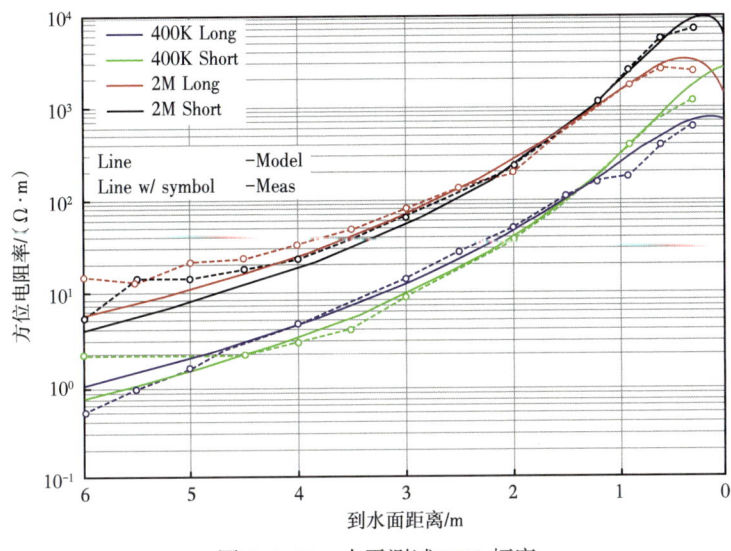

图 3-1-14 水平测试 RX3 幅度

连 1 井位于长庆油田庆阳市,是一口标准井,平均井径为 225 mm,最大深度约为 170 m,主要为泥岩—砂泥岩剖面。仪器一次入井获得 12 条常规电阻率曲线,如图 3-1-15 所示,仪器常规天线系统电阻率测量结果符合电缆测井曲线测量结果,验证仪器的重复性和一致性,可验证仪器常规电阻率性能,如图 3-1-16 所示。通过多次上提下放进行相关对比,相邻的曲线形态基本一致,相关系数均在 0.95 以上,重复性良好;同时可以看出两支仪器对重复井段的测量结果形态也基本一致,相关系数可达 0.99,总体一致性良好。

2. 现场应用

仪器在长庆、西南、华北等油气田及山西煤层气等地层进行了 10 余井次测井试验及推广应用,累计入井时间共计 260h,累计进尺 2499m,最高入井温度 163℃,取得了较好的试验效果。

长庆白×井位于长庆油田,地处甘肃省庆阳市华池县,属大斜度采油井。仪器测量段 1225~1375m,2250~2325m,总进尺 225m,造斜段、划眼测量 + 旋转测量,仪器入井工作 25h。该段属延长组长 6 地质特征,岩性为细粒—极细粒长石岩屑砂岩及长石砂岩,岩性致密。根据岩心分析统计,该区平均孔隙度 10.0%,渗透率为 0.41mD。试验获得 12

条常规视电阻率曲线及方位天线 16 扇区成像图像，验证了仪器综合技术指标，资料处理结果见图 3-1-17。将地质信号和电阻率信号与利用邻井、电测资料构建地层模型对比，发现仪器在该地层条件下可以提前 5m 左右探测到地层边界信息，同时可以看出方位天线成像图像响应与地层模型基本一致。

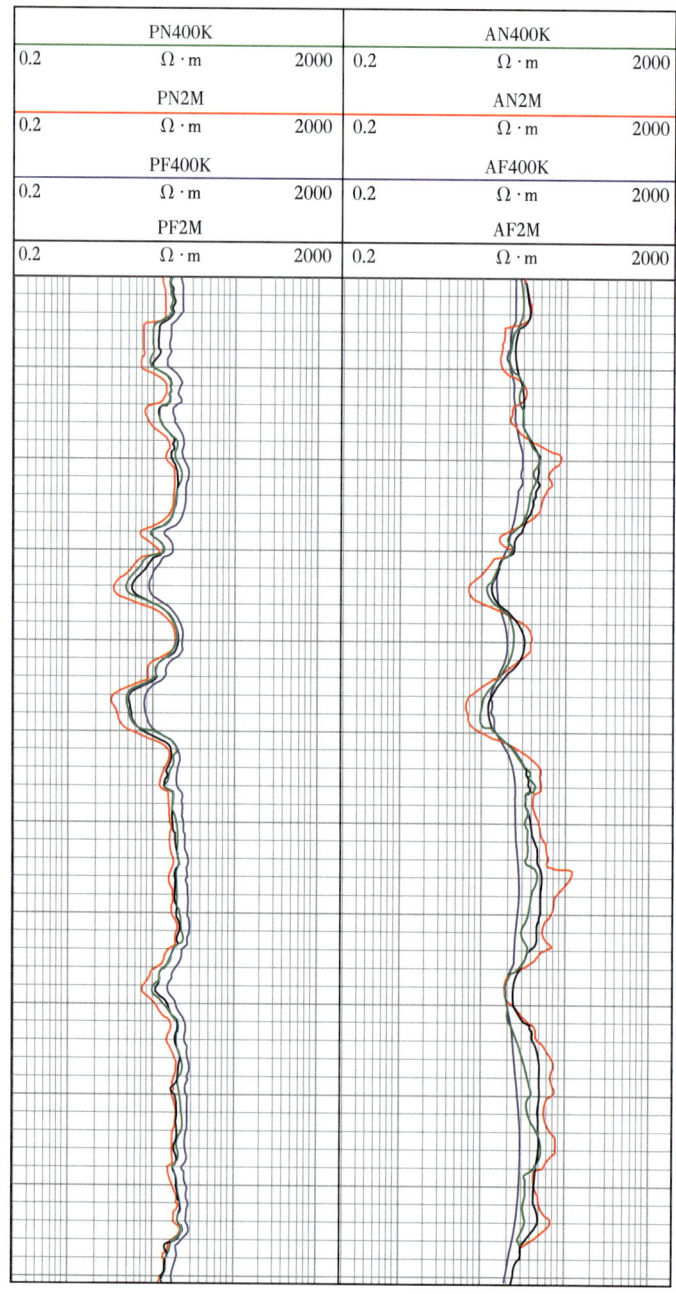

图 3-1-15　仪器测井曲线图

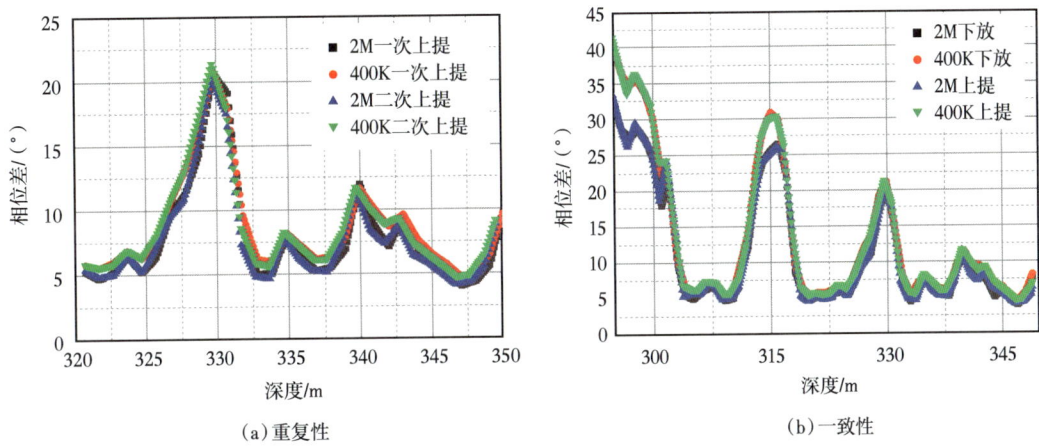

(a)重复性　　　　　　　　　　　　(b)一致性

图 3-1-16　仪器重复性、一致性对比图

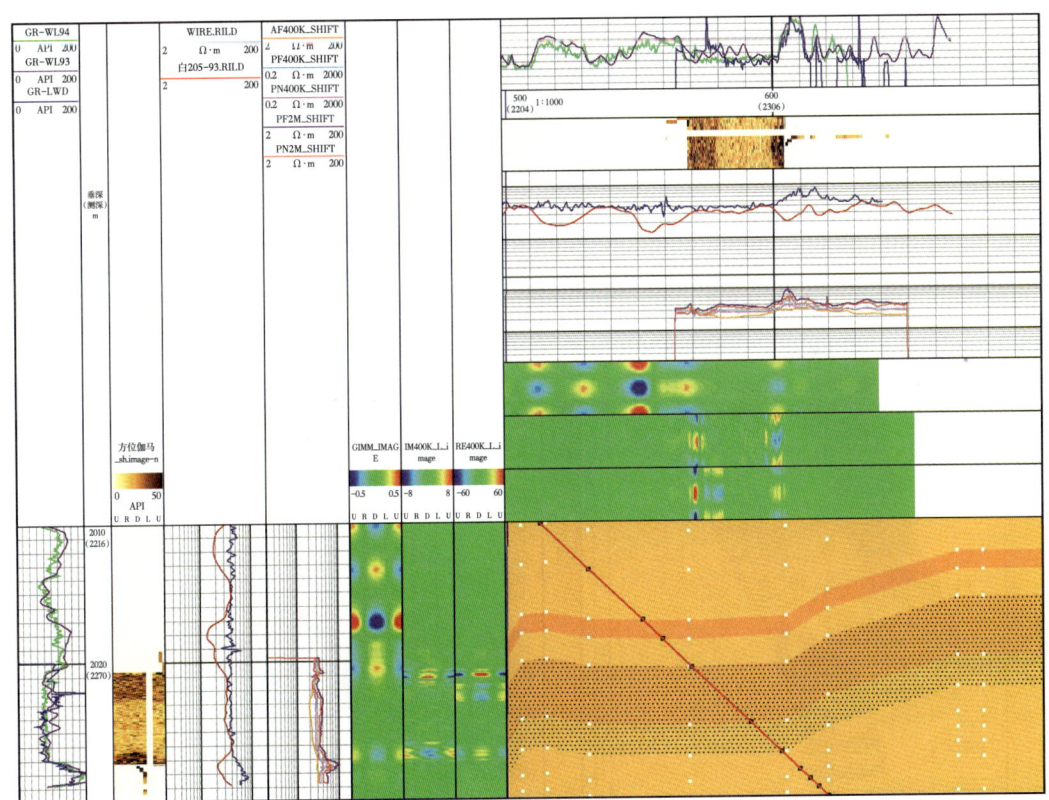

图 3-1-17　白×井测井图

郑试平×井位于山西煤层气油田沁水盆地。该井为水平井，目的层为煤层，表现为低伽马、高电阻的响应特征；顶底邻层为泥岩层，表现为高伽马、低电阻率的响应特征。通过旋转下放测量的方式，获得 8 条常规补偿视电阻率曲线及长源距实部和虚部 16 扇区方位天线成像图像，并利用相关参数反演计算得到了窗帘图，验证了仪器综合技术指标，资料处理结果见图 3-1-18。利用邻井、电测资料构建地层模型，利用本井获取的伽马、

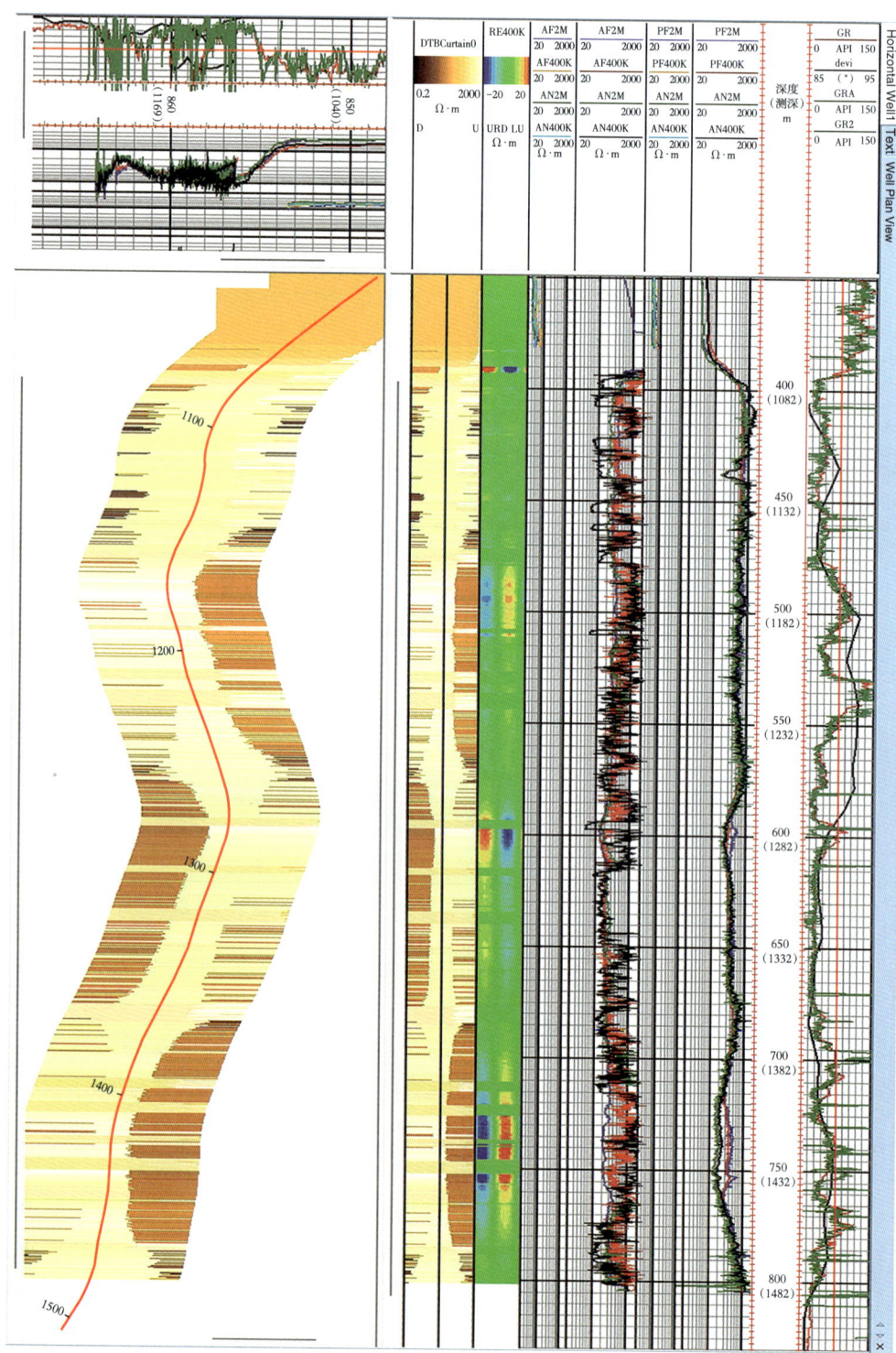

图 3-1-18 郑试平×井窗帘图

补偿电阻率和成像图进行综合解释分析，可以看到仪器具有较强的边界探测能力，可提前 6m 左右探测到地层边界信息，在实钻中可提前探到储层边界，及时进行调整，有效提升钻遇率。

第二节　随钻高分辨率伽马与侧向扫描综合成像测井仪

随钻侧向电阻率测井是钻井作业中获取地层电阻率资料的一种重要手段，适用于水基钻井液环境下地层电阻率测量。发射天线产生发射电流穿过钻井液进入地层后返回到接收电极，测量接收电极上经监控电路处理后的电流信号大小与地层电阻率有关，从而实现地层电阻率测量。随钻高分辨率伽马与侧向扫描综合成像测井仪在"十二五"研究成果基础上，缩小了仪器外径，提升了耐温、耐压性能，提高了高矿化度钻井液下高阻储层测量性能，提升了电阻率成像图分辨率及清晰度，同时集成了方位伽马测量模块。

仪器采用 4 发 6 收电极系结构，可实现常规电阻率、方位电阻率、方位伽马和井壁电阻率成像测量。常规电阻率和伽马可用于地层层理及岩性识别，方位电阻率和方位伽马可用于实时地质导向，高分辨率电阻率成像图可用于储层精细评价。仪器可替代进口，已在西南和塔里木等油气田实现商业化应用。

一、测量原理及主要功能

1. 测量原理

仪器发射天线通以恒定频率的交流电，在发射天线两侧的钻铤上产生恒定电压，在钻铤上形成以发射天线为中心的涡流，并从钻铤一侧流入井眼、地层，返回到钻铤另一侧。监控电路产生方位电极电流和纽扣电极电流，如图 3-2-1 所示。发射天线产生的涡流起聚

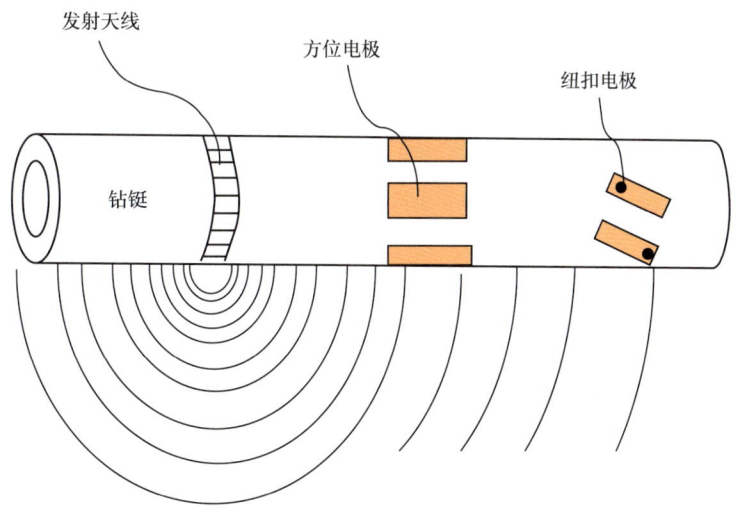

图 3-2-1　仪器测量接收方式示意图

焦作用，调节方位电极、纽扣电极与钻铤等电位，测量此时的电流和。发射电压恒定时，电流、与地层电阻率有关，测量关系满足欧姆定律，通过式（3-2-1）和式（3-2-2）求取地层视电阻率。

$$R_{aq} = K_j \frac{V_T}{I_{Razj}} \quad (3\text{-}2\text{-}1)$$

式中　R_{aq}——方位电极测量的地层视电阻率，$\Omega \cdot m$；
　　　K_j——方位电极仪器常数；
　　　V_T——发射电压，V；
　　　I_{Razj}——方位电极电流，A。

$$R_{ab} = K_k \frac{V_T}{I_{Bk}} \quad (3\text{-}2\text{-}2)$$

式中　R_{ab}——纽扣电极测量的地层视电阻率，$\Omega \cdot m$；
　　　K_k——纽扣电极仪器常数；
　　　V_T——发射电压，V；
　　　I_{Bk}——纽扣电极电流，A。

根据仪器测量原理，计算得到了仪器各项探测特性。

1）探测深度伪几何因子

在低侵模型下，侵入带电阻率R_{xo}与钻井液电阻率R_m为$1\Omega \cdot m$，地层电阻率R_t为$10\Omega \cdot m$，不同发射接收组合模式下，仪器探测深度为0.19～0.53m；在高侵模型下，侵入带电阻率与钻井液电阻率为$10\Omega \cdot m$，地层电阻率为$1\Omega \cdot m$，不同发射接收组合模式下，仪器探测深度为0.27～0.60m（李安宗等，2014）。因此，仪器探测深度为0.19m～0.60m，如图3-2-2所示。图中G_15″、G_30″、G_45″、G_60″、G_90″表示发射天线和接收电极之间的源距。

2）纵向分辨率

将仪器分别垂直放在1in（1in=2.54cm，下同）、2in、4in、10in和20in层厚地层中，地层模型中间层电阻率为$10\Omega \cdot m$，两端层电阻率为$1\Omega \cdot m$，如图3-2-3所示，可看出仪器能准确识别1in地层，可达到0.2m纵向分辨率。图3-2-3中，Ra_30″_SYM为发射天线与接收电极源距为30in时的地层响应视电阻率曲线，R_t为真实地层电阻率曲线。

3）连续地层模型响应

构造Oklahoma标准地层，并在地层中设置了厚度为0.2m的薄层（z=50～50.2m）、电阻率为$0.2\Omega \cdot m$的地层（z=44～47m）和电阻率为$20000\Omega \cdot m$的地层（z=40～44m、64～68m）。模拟得到方位接收电极连续地层响应曲线，如图3-2-4所示。从图中可以看出，仪器可准确识别0.2m薄层。对于低阻的识别情况，从图像中可以看出方位电极的视电阻率均能达到$0.2\Omega \cdot m$，说明其可以测量低阻地层；对于高阻地层，图像中可以看出在对比度较大时测量的数值大于$20000\Omega \cdot m$，对比度较小时，测量的视电阻率为$15000\Omega \cdot m$，说明其可以测量高阻地层，视电阻率受两侧地层电阻率的影响较大。

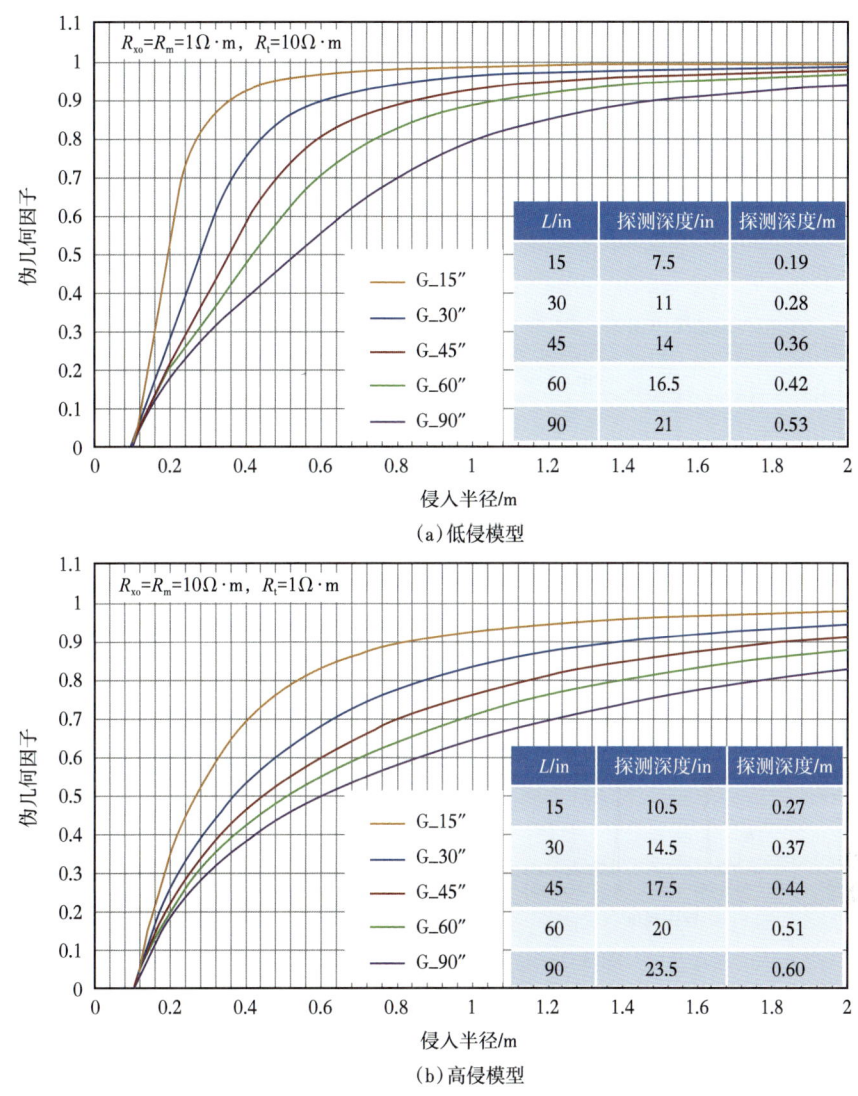

图 3-2-2 探测深度伪几何因子

2. 主要功能

仪器可提供 3 条不同探测深度地层平均电阻率曲线、12 条不同探测深度地层方位电阻率曲线、1 条平均伽马曲线、4 条方位伽马曲线、1 条温度曲线和 2 条振动曲线、最高 16 扇区伽马和 128 扇区高分辨率电阻率成像图,实现多种测量功能。不同探测深度常规和方位电阻率曲线以及常规和方位伽马曲线,可实现地层层理识别和实时地质导向;上下方位电阻率测量响应差异,可实现地层边界探测,用于实时地质导向;高分辨率电阻率成像可实现地层精细评价;井下温度、振动等井下环境参数测量,可为井下施工安全提供数据支撑。

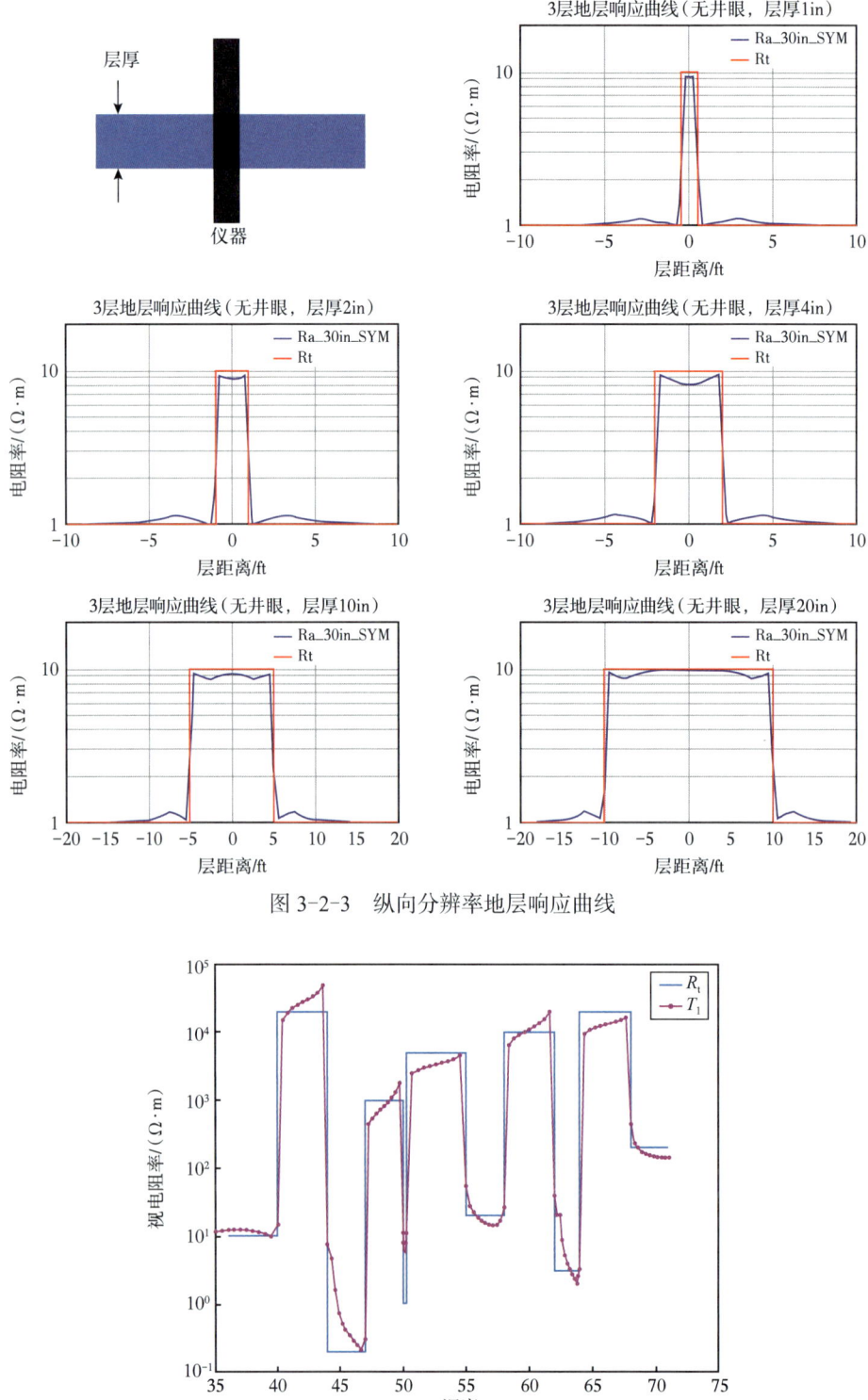

图 3-2-3　纵向分辨率地层响应曲线

图 3-2-4　方位电极连续响应曲线

仪器主要技术指标如下：

耐温/耐压：175℃/140MPa。

适用井眼范围条件：149.2～172mm，水基钻井液。

电阻率测量范围：0.2～20000Ω·m；测量精度：±20%（0.2～20000Ω·m）。

轴向分辨率：0.1～0.2m。

探测深度：0.19～0.6m。

电阻率成像分辨率：10mm。

成像扇区数量：8bin、16bin、32bin、64bin、128bin。

伽马测量范围及精度：0～500API，±5%。

二、仪器结构及工作模式

1. 结构组成

仪器机械结构如图3-2-5所示，主要由钻铤、4组发射天线总成、4个方位接收极板总成、2个纽扣电极总成及2个耐磨带等关键部件组成。仪器采用4发6收探测器结构方式，为了缩短仪器长度，创新设计伪对称发射天线结构，3个发射天线位于接收系统一侧，剩余的1个发射天线作为补偿天线，位于接收系统另一侧；4个方位接收电极互成90°安装；2个纽扣电极斜交安装在扶正器上。

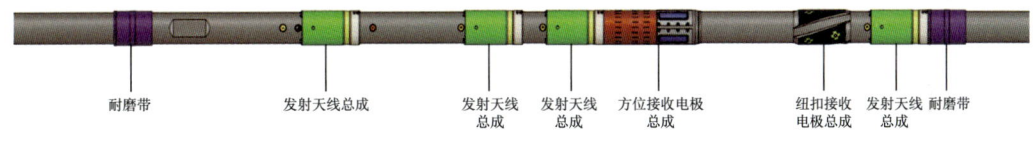

图3-2-5 仪器结构示意图

仪器电路系统结构框图如图3-2-6所示，分为主控模块、电源模块、发射及接收模块，包含4个发射板、2个接收板、6个前放板、1个主控板和1个电源板，以及1套方位测量系统和1个一体化伽马模块。

发射板的主要功能包括：驱动发射天线产生发射信号；采样发射电压、发射电流和温度信号；通过开关切换将发射天线变为一个接收线圈实现钻头电阻率测量，同时关断电源降低仪器功耗；与主控板进行通信，接收指令并作出响应，传输相应测量数据。

接收板的主要功能是：将接收的多通道电流信号转换为电压信号，经过带通滤波和信号差分转换后送入高分辨率模数转换器，经微处理器数据处理后送到主控板。

主控板主要功能包括：与MWD（随钻测量系统）进行通信；通过内部总线控制发射板及接收板工作状态；实时采样并计算方位信号，并进行扇区数据填充；测量仪器时钟、温度及井下轴向和径向振动状态；根据固定时间间隔存储测量数据。

电源板主要功能是将系统电源转换为各个电路板所需要的电源。

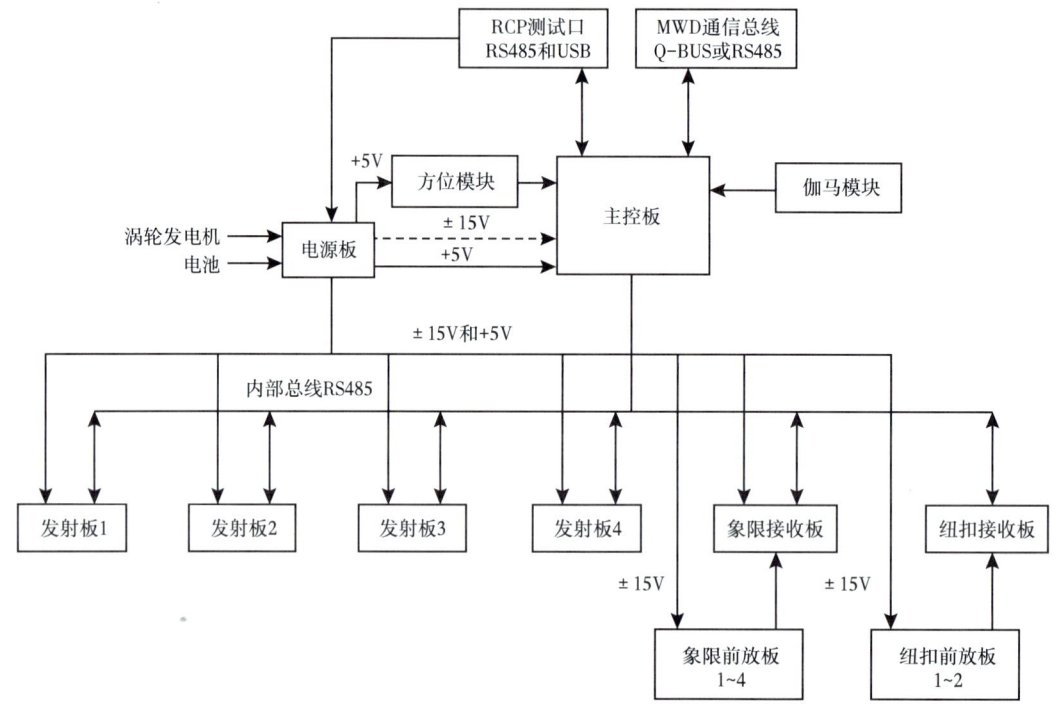

图 3-2-6　电路系统结构框图

2. 工作模式

仪器测量过程框图如图 3-2-7 所示。控制模块在控制某个发射天线产生发射信号的同时，启动方位电极接收电路和纽扣接收电路采集测量数据，其中方位电极 4 道、纽扣电极 2 道。每道测量信号经过监控电路放大固定倍数后送入具有自动增益控制功能的接收电路进行二次放大，经带通滤波后进入 24 位模数转换器进行数据采集，再经过计算处理后送入控制模块，控制模块根据当前测量到的仪器工具面信息对各道测量数据进行扇区填充。每个方位电极分配 32 个扇区信息，每个纽扣电极分配 128 个扇区信息。

控制模块将所有发射天线对应 2 种接收电极的测量数据进行存储，同时通过补偿计算得到平均电阻率、方位电阻率、平均伽马、方位伽马及高分辨率电阻率成像数据。

仪器工作时序如图 3-2-8 所示。当仪器启动工作时，主控模块控制 4 个发射天线分时产生发射信号，每个发射天线工作时间为 t_1，休眠时间为 t_2，每 $4\times(t_1+t_2)$ 时间作为 1 个存储周期。

三、关键技术及创新点

仪器主要关键技术及创新点包括小直径纽扣电极井壁扫描成像技术，成像数据扇区修复、均衡处理及增强显示技术，高矿化度钻井液条件下高阻地层电阻率测量技术，申报形成了 3 项发明专利和 2 项软件著作权。在"十二五"研究成果基础上提升了电阻率成像图清晰度、耐温及耐压性能、高阻地层测量能力。

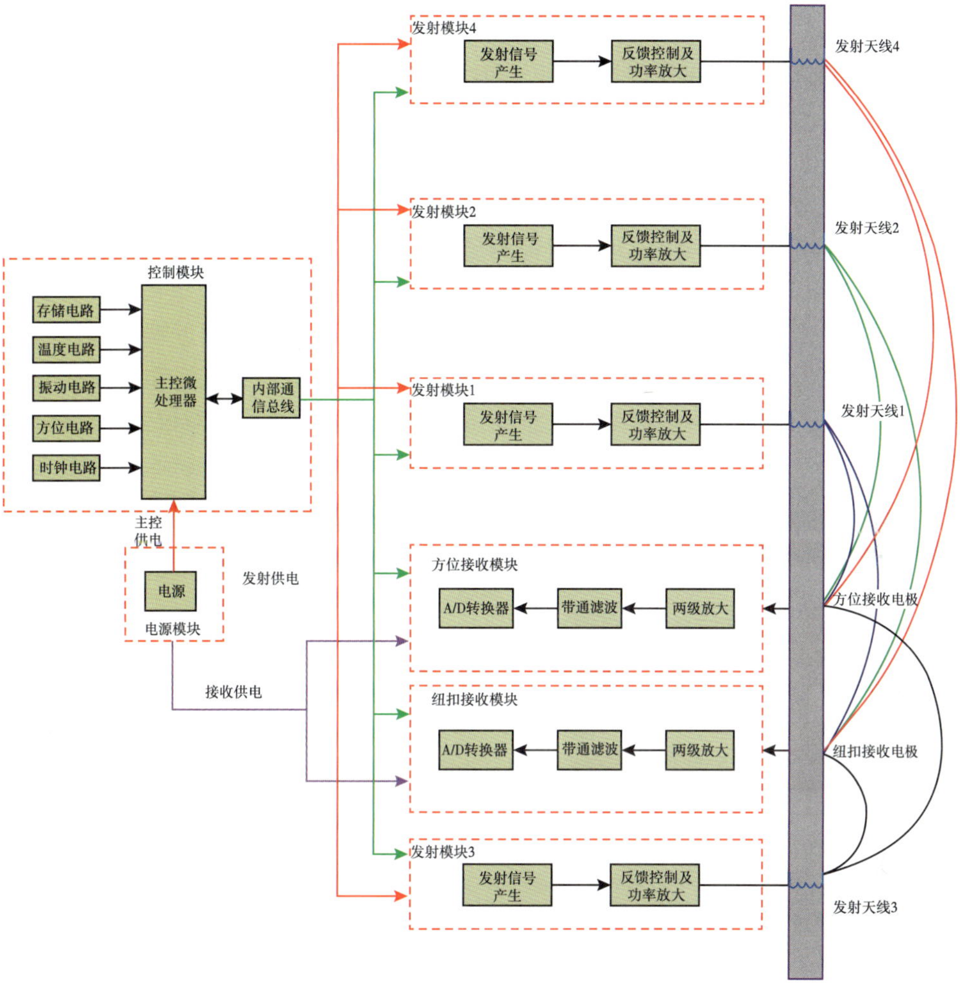

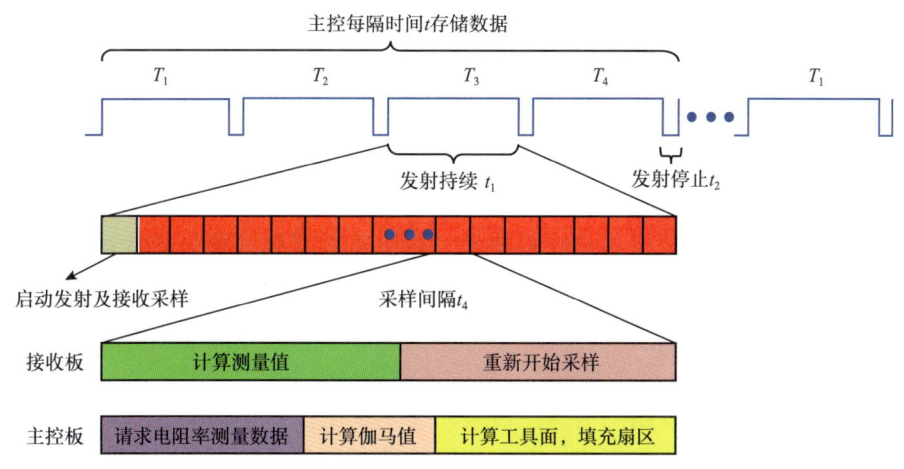

图 3-2-7　仪器测量过程框图

图 3-2-8　仪器工作时序图

1. 小直径纽扣电极井壁扫描成像技术

与电缆微电阻率扫描成像仪器不同，随钻电阻率成像技术需要解决非推靠式贴井壁纽扣电极旋转扫描机械结构设计，高分辨率仪器姿态信息采集，高速、高精度数据采集处理方法等关键技术问题。

针对这些技术难题，仪器创新采用2个斜交即插式小直径纽扣接收电极，用以实现旋转过程中高分辨率井壁扫描电阻率成像测量（张守谦等，1997）。纽扣接收电极设计直径10mm，达到高分辨率成像图物理测量要求；设计即插式纽扣接收电极安装方式，缩短走线距离，信噪比提高2倍，同时更加便于电极系维护保养；采用近端发射，纽扣电极接收设计保证仪器能够实时测量到井壁范围地质信息；采用斜交双纽扣电极，安装在直径最大的三翼扶正器上，实现近贴近井壁测量，降低了钻井液分流对仪器测量值的影响；采用高灵敏度仪器姿态传感器和高速冗余数据采集算法，保证128扇区高清晰度成像数据填充精度。小直径纽扣电极井壁扫描成像技术（发明专利：一种用于随钻电阻率成像测井仪器的纽扣电极结构，202010612854.0）如图3-2-9所示。

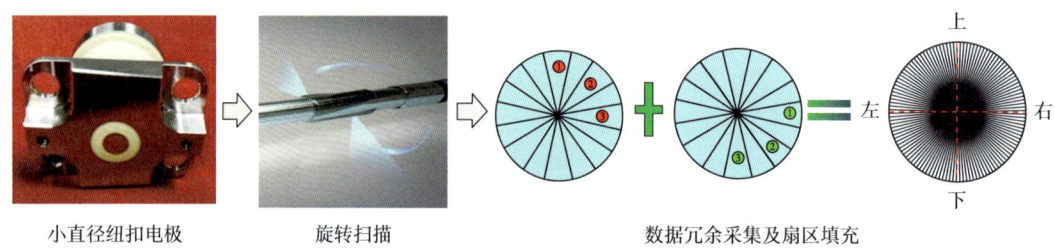

图3-2-9　小直径纽扣电极井壁扫描成像技术构成示意图

该技术可在钻具旋转过程中实现360°全井眼扫描电阻率成像测量，获取最高10mm分辨率高清晰度电阻率成像图，准确识别井下裂缝、溶蚀孔洞及地层倾角等地质信息，为储层精细评价提供数据支撑。与斯伦贝谢MicroScope仪器对比，该技术整体达到国际先进水平，已在塔里木和西南油气田成功应用并获得认可。

2. 成像数据扇区修复、均衡处理及增强显示技术

受随钻测井施工作业环境下转速或测速不均匀、纽扣电极数量少、井下振动强等因素影响，仪器会出现部分扇区电阻率成像数据缺失、成像图噪声高、质量差、清晰度不够等缺陷。

采用成像数据扇区自动检测及修复技术，对于离散型数据缺失异常情况，确定离散型数据缺失的常见形式并建立模型，然后针对模型设计相应的异常数据自动检测和修复算法，综合利用其邻近深度和方位的有效数据对缺失数据进行修复，恢复真实的地质信息，以此来消除成像图白色斑点及条纹，提升成像图质量。

采用基于全局的成像数据均衡算法以及图像均值滤波、中值滤波和高斯滤波等局部均衡算法，对成像数据进行均衡化处理，使图像达到更好的均衡显示效果。图像均衡化处理能够使同一地质特征在不同深度和方位上更加连续，使图像特征显示更加均衡。

采用相阵激励定位显微技术（Phase Activation Localization Microscopy，PALM），利用当前点一定区域内测量点的测量值对当前点值进行一定校正处理的相关算法，通过其独特的数据增强系数矩阵对不同钻井液电阻率以及钻井液间隙情况下的地质信号井下增强，能够有效提高随钻电成像图像的清晰度和分辨率。

成像数据预处理效果如图3-2-10所示，图左侧两道是原始静动态图像，第3和第4道为经过缺失扇区修复后的静动态图像，第5和第6道是经过均衡化处理后得到的静动态图像，第7和第8道是经过增强显示处理后得到的静动态图像。从图像对比中可以明显看出，经过缺失扇区修复后，图像的噪声水平仍然很高；经过图像均衡化处理后，图像的噪声水平明显降低，均衡性明显提高，而图像的有效特征几乎保持不变；经过增强显示处理后，图像的清晰度和分辨率得到了明显提升，地质特征的细节得到了更清晰的呈现。

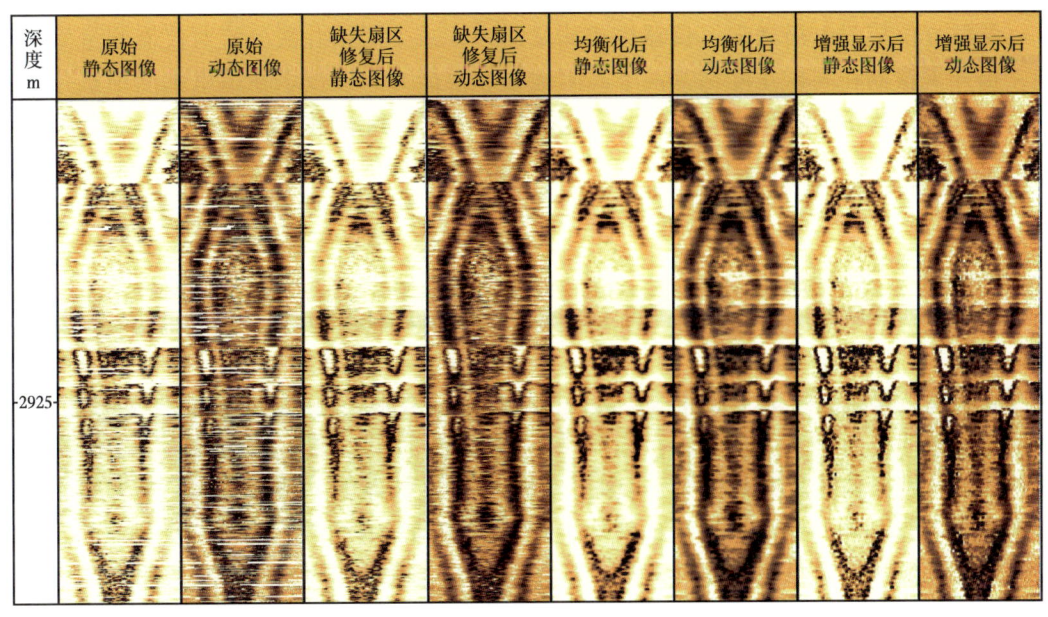

图3-2-10 成像数据预处理效果图

3. 高矿化度钻井液条件下高阻地层电阻率测量技术

钻井液矿化度大小对随钻侧向电阻率测井影响较大，地层背景电阻率和钻井液电阻率差异越大，影响越明显。高矿化度钻井液下，电极上的测量信号大多来自通过钻井液后未进入地层的回流信号，导致高阻地层电阻率测值响应差，无法反映地层真实电阻率大小，需要解决高矿化度钻井液条件下高阻地层微弱信号采集及提升仪器聚焦性能等难题。

针对高矿化度钻井液中高阻地层测量问题，设计了一种新型方位接收电极，结构如图3-2-11所示（发明专利：随钻电阻率测井视电阻率测量方法、设备及可读存储介质，专利号202010606208.3）。新型方位接收电极采用环状结构，通过绝缘部分镶嵌在钻铤表面，由内到外依次为测量电极监督电极、测量电极、钻铤电极、钻铤电极监督电极。将测量电极监督电极和钻铤电极监督电极分别置于最内环和最外环，采用监督电极等电位的方式实现测量电极和钻铤的等电位，使得控制更精准；通过采用增大测量电极的面积来增大接收的电流信号；通过增大测量电极和钻铤电极之间绝缘环的宽度来减小接触电阻的影响；通过测量电极监督电极及测量电极分别测量电压和电流，避免二者同时测量时的干扰。

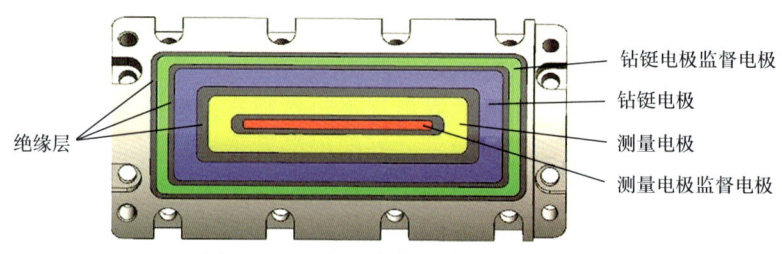

图 3-2-11　新型方位接收电极结构图

新型方位接收电极增强了仪器聚焦测量能力，减少了钻井液分流对仪器测量值的影响，提升了仪器在高矿化度钻井液下高阻地层测量能力。该技术在塔里木油田某井得到了验证，井下钻井液电阻率 $0.07\Omega \cdot m$，仪器最高测值达到 $15000\Omega \cdot m$。

四、现场应用效果

1. 功能测试

仪器在西安后村 4 号标准井进行了试验。该井井深 612.36m，井内为清水，测量段为 300～500m。测井曲线如图 3-2-12 所示，图中第 6 道红色曲线为单支仪器在标准井中上提测井曲线，黑色曲线为下放曲线，两条曲线形态趋势重合良好，验证了仪器的重复性。图中第 6 道蓝色曲线为单支仪器在标准井中下放测井曲线，黑色曲线为第二支仪器下放测井曲线，两条曲线形态趋势重合良好，验证了两支仪器的一致性。图中第 1 道红色曲线为本仪器伽马测井曲线，蓝色曲线为电缆仪器伽马测井曲线，两者相关性良好。第 3 道红色曲线为本仪器电阻率测井曲线，蓝色曲线为电缆阵列侧向仪器测井曲线，对比来看，仪器深、中、浅侧向曲线形态、分层能力和电缆阵列侧向的测量结果接近，仪器最小测值接近 $0.2\Omega \cdot m$，最大测值接近 $20000\Omega \cdot m$，仪器纵向分辨率优于电缆测井仪器。

2. 现场应用

仪器在塔里木、长庆和西南等油气田进行了 10 井次测井试验及推广应用，累计入井时间共计 2149.5h，累计进尺 4444m，最高入井温度 159℃，最大井底压力 100MPa，取得了较好的试验效果，电阻率成像资料获得塔里木油田甲方认可。

1）地质导向现场应用

高平×井位于长庆油田苏里格区块。该井为下古生界白云岩储层，仪器累计入井时间 350h，水平段累计进尺 921m，2 趟钻顺利完成水平段地质导向作业任务。通过随钻侧向电阻率和伽马双成像实时地质导向，实现优化调整井眼轨迹四次，精准控制井眼轨迹在 48、49、50 三个层位，储层（箱体）钻遇率 100%，地质导向效果如图 3-2-13 所示。出井后利用内存数据绘制高清晰度电阻率成像图,准确识别井下薄层裂缝及孔洞等地质特征,为后续储层精细评价提供数据支撑,如图 3-2-14 所示。

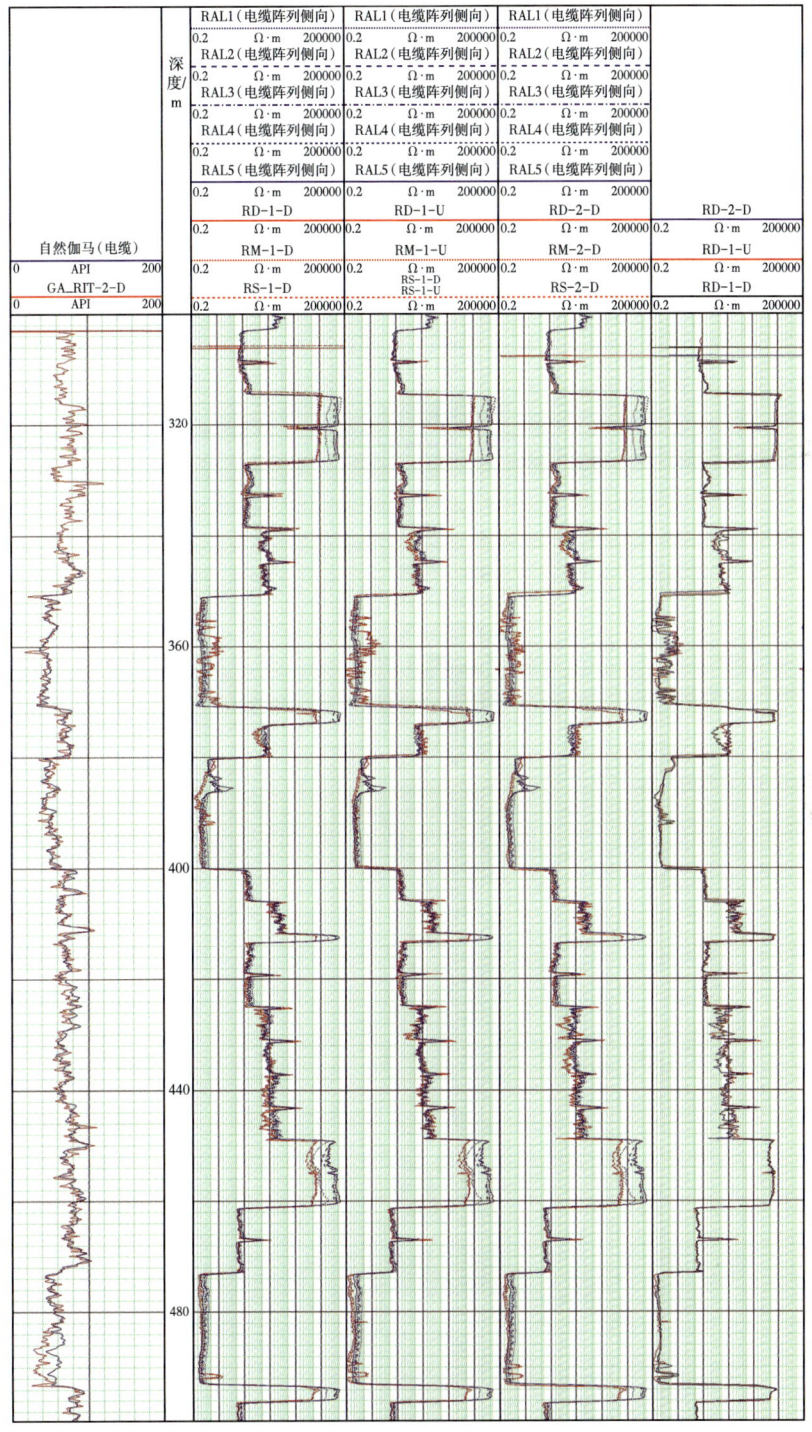

图 3-2-12　后村 4 号井测井曲线

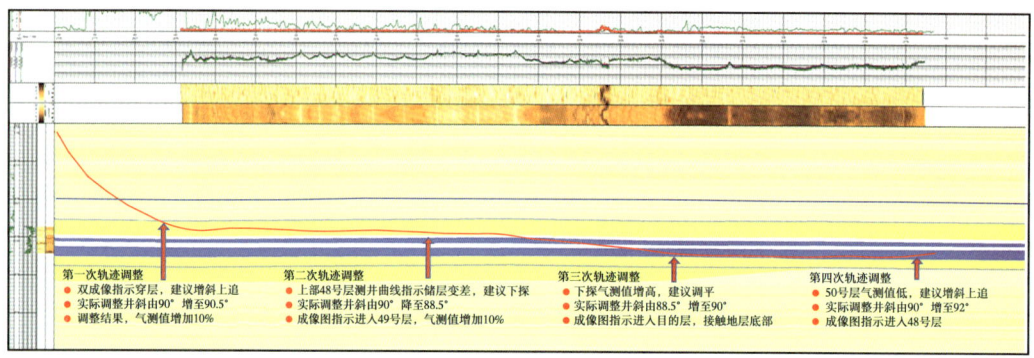

图 3-2-13　长庆油田高平×井地质导向效果

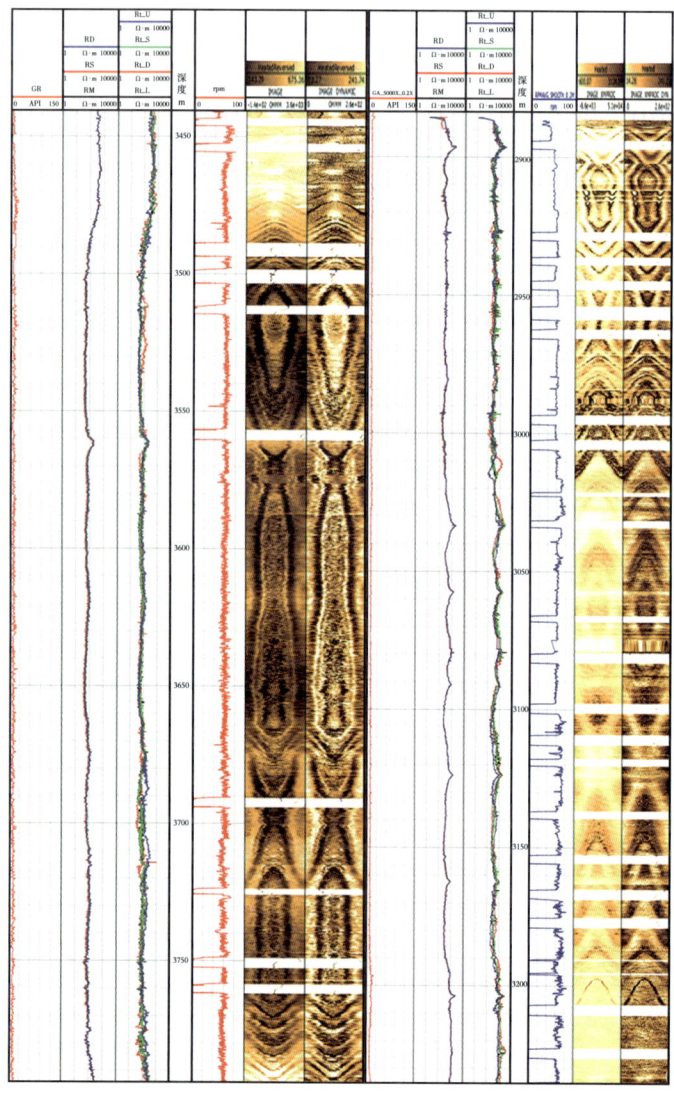

图 3-2-14　长庆油田高平×井电阻率成像图

2）复杂井测井资料获取

高石×井位于西南油气田磨溪区块。该井为西南油气田高产碳酸盐岩复杂气井，日漏失量150m³，硫化氢井口含量20μL/L，井控风险高，不具备电缆测井条件。仪器累计入井时间60h，进尺761m，完成测井资料采集。测井资料准确识别井下漏失位置，综合解释气层460m，为后期酸化压裂施工提供数据依据，测井曲线得到甲方认可。仪器能够有效替代电缆测井仪器一次入井采集测井资料，解决碳酸盐岩易漏、井控风险高的复杂井难以获取测井资料问题。作业效果如图3-2-15所示。

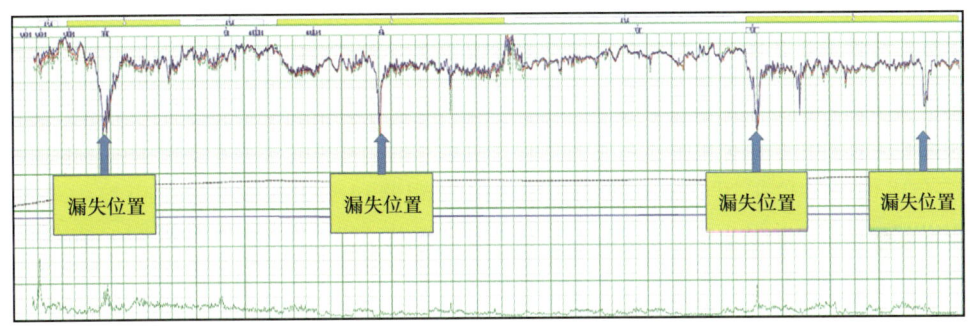

图3-2-15　西南油气田高石×井测井曲线

3）碳酸盐岩储层精细评价

英西×井位于塔里木油田英买采油气管理区。该井为塔里木油田典型高温超深井，井下温度160℃，井深7367m，井下漏失严重，施工风险大，电缆测井仪器无法完成成像测井采集。仪器入井95h，一次成功获取测井资料，替代电缆成像仪器，获取高温、超深、易塌易漏井高清晰度电阻率成像图，成功识别井下多期裂缝、高角缝、裂缝溶蚀、洞穴及溶蚀孔等地质特征，为后续存储精细评价提供数据支撑，获得甲方认可。电阻率成像效果图如图3-2-16所示。

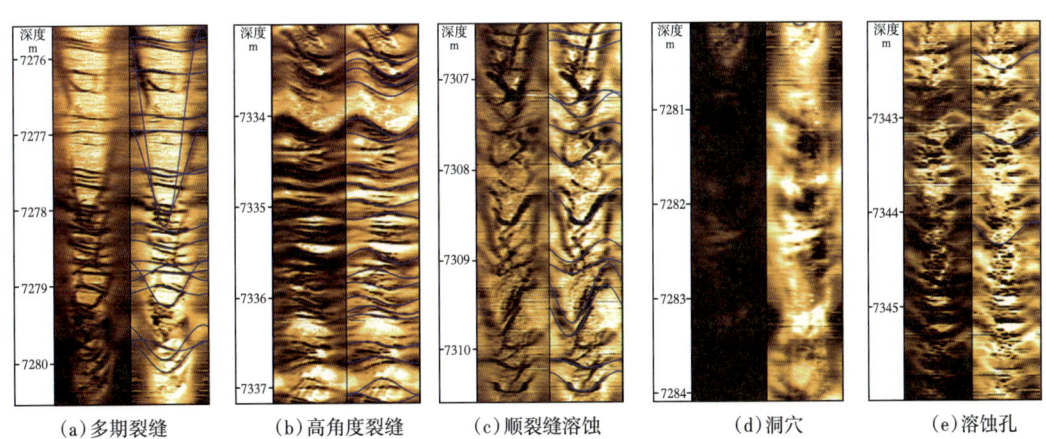

(a) 多期裂缝　　(b) 高角度裂缝　　(c) 顺裂缝溶蚀　　(d) 洞穴　　(e) 溶蚀孔

图3-2-16　塔里木油田英西×井电阻率成像效果图

第三节　随钻方位密度与可控中子源综合成像测井仪

在长水平井、深井及高风险井中，随钻密度、中子测井是获取地层孔隙度资料的一种重要手段。"十二五"期间，完成随钻可控源中子孔隙度测井仪样机研制，突破随钻密度测井关键技术，在此成果基础上，通过优化中子探测器结构，完善密度算法，集成超声井径和方位测量模块，"十三五"完成随钻方位密度中子测井仪和随钻可控中子源综合成像测井仪研制，提升了孔隙度测量精度。

随钻方位密度中子测井仪采用3组中子探测器和1组偏心密度探测器，消减井眼及钻井液带来的影响，密度中子化学源源仓采用一体化结构位于水眼之中，具备打捞条件。仪器可实时提供补偿密度和中子孔隙度测井曲线、8扇区密度和井径成像图。随钻可控中子源综合成像测井仪采用位于外链的2组中子探测器和溴化镧探测器，可控中子源（即中子发生器）位于水眼之中，可提供1条中子孔隙度测井曲线和多种地层元素信息，实现无源"绿色"测井。

一、测量原理及主要功能

1. 测量原理

本节主要涉及随钻方位密度、随钻中子和随钻地层元素三种测量原理。

1）随钻方位密度

仪器在旋转钻进过程中，可以利用重力加速度计和磁力传感器将360°井周划分若干扇区（sector），在某一扇区内利用 ^{137}Cs 密度源向地层发射伽马射线，与地层发生康普顿效应后被长短源距伽马探测器捕获。在当前扇区内，短、长源距探测器计数与地层密度的关系（黄隆基，2000）为

$$\rho_{S\_sector} = \frac{1}{A_S}\left(\ln N_{S\_sector} - B_S\right) \quad (3\text{-}3\text{-}1)$$

$$\rho_{L\_sector} = \frac{1}{A_L}\left(\ln N_{L\_sector} - B_L\right) \quad (3\text{-}3\text{-}2)$$

式中　ρ_{S_sector}、ρ_{L_sector}——短、长源距当前扇区地层视密度，g/cm^3；

A_S、A_L——短、长源距探测器灵敏特性；

N_{S_sector}、N_{L_sector}——短、长源距探测器在当前扇区计数率；

B_S、B_L——短、长源距探测器零源距计数率。

双源距补偿密度校正公式为

$$\rho_{b\_sector} = \rho_{L\_sector} + K\left(\rho_{L\_sector} - \rho_{S\_sector}\right) \quad (3\text{-}3\text{-}3)$$

式中　ρ_{b_sector}——当前扇区地层密度，g/cm^3；

K——仪器特性参数。

2）随钻中子

中子发生器或 Am-Be 中子源发射的快中子在地层中经过非弹性散射、弹性散射等过程，最终慢化成热中子。通过测量近、远两组探测器热中子计数率比值，确定地层孔隙度（黄隆基，2000）。

随钻可控中子源综合成像测井仪采用多组 ^{3}He 中子探测器，其中包括 4 支长源距探测器、2 支短源距探测器，其相应的中子通量比值为

$$R = \frac{\sum_{i=1}^{4} \Phi(r_{1\_i})}{\sum_{i=1}^{2} \Phi(r_{2\_i})} = \frac{r_2}{r_1} e^{-(r_1-r_2)/L_f} \qquad (3-3-4)$$

式中　R——长短源距 ^{3}He 管计数比值；

　　　r_1、r_2——中子探测器长、短源距，m；

　　　$\Phi(r_{1\_i})$——第 i 个长源距 ^{3}He 管计数率；

　　　$\Phi(r_{2\_i})$——第 i 个短源距 ^{3}He 管计数率；

　　　L_f——中子减速距离，m。

由式（3-3-4）可推知孔隙度计算公式为

$$\phi = a_2 R^2 + a_1 R + a_0 \qquad (3-3-5)$$

式中　ϕ——中子孔隙度；

　　　a_0、a_1、a_2——拟合因子。

3）随钻地层元素

快中子与周围井眼环境中不同元素的原子核发生非弹性散射和俘获反应，所产生的伽马射线的能量取决于靶核的能级特性，伽马射线能量的高低反映了发生反应的靶核性质，这种伽马射线被称为特征伽马射线。通过测量中子与井眼周围地层反应后发射的伽马能谱可对地层组成元素的含量进行分析（黄隆基，2000）。采用氧化物闭合模型计算地层元素含量公式为：

$$w_j = F * \frac{y_j}{S_j} \qquad (3-3-6)$$

式中　w_j——第 j 种元素含量；

　　　F——归一化因子；

　　　y_j——第 j 种元素解谱产额；

　　　s_j——第 j 种元素相对灵敏度。

2. 主要功能

1）随钻方位密度中子测井仪

仪器提供 8 扇区密度、井径成像和中子孔隙度等信息，可用于地层评价、井筒质量评价及地质导向，其放射源具备可打捞能力。

仪器主要技术指标如下：

耐温 / 耐压：175℃/140MPa。

适应井眼范围：121～150mm。

密度测量范围：1.6g/cm³～3.0g/cm³。测量误差：±0.015g/cm³（2.0～3.0g/cm³）。

中子孔隙度测量范围：0～60p.u.。测量误差：±0.5p.u.（≤10p.u.）；±5%（10～60p.u.）。

2）随钻可控中子源综合成像测井仪

仪器采用可控中子源替代 Am-Be 化学源，实现无源"绿色"测井，提供中子孔隙度和地层元素信息，可用于地层精细评价。

仪器主要技术指标如下：

耐温 / 耐压：155℃/140MPa。

适应井眼范围：191～230mm。

中子孔隙度测量范围：0～60p.u.。

中子孔隙度测量误差：±0.5p.u.（≤10 p.u.）；±5%（10～60p.u.）。

地层元素：Si，Ca，Fe，S，Ti，Gd，H，Cl，K，Mg 和 Ba。

二、仪器结构及工作模式

1. 结构组成

1）随钻方位密度中子测井仪

仪器采用内外铤结构，外铤布有 3 组径向均匀分布中子探测器、1 组偏心安装密度探测器、1 支超声井径探头和扶正及耐磨机械结构；内铤主要由电子仪和一体化可打捞源组成，其中电子仪部分包含电子仓、钻井液承压管、密度源安装仓、中子源安装仓和中子骨架，如图 3-3-1 所示。

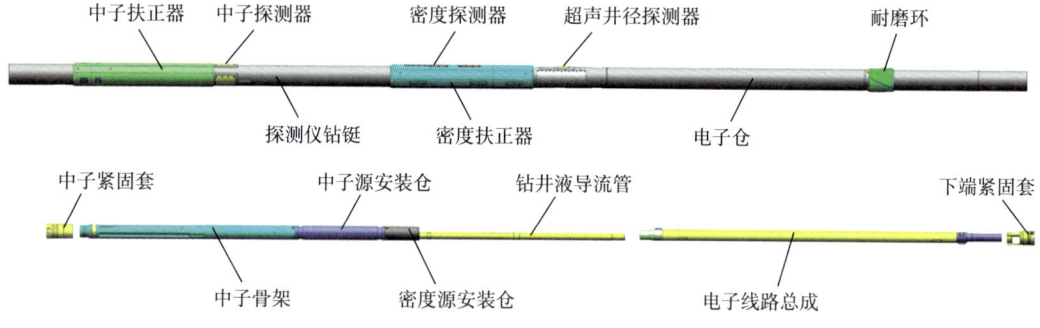

图 3-3-1　随钻方位密度中子测井仪机械图

2）随钻可控中子源综合成像测井仪

仪器由钻铤总成和中子发生器总成组成，如图 3-3-2 所示。钻铤总成包括钻铤本体、电源仓、2 组中子探测器仓、1 个地层元素探测器仓、主控板仓和调制解调仓。中子发生器总成包括控制电路、中子发生器以及承压外壳总成。

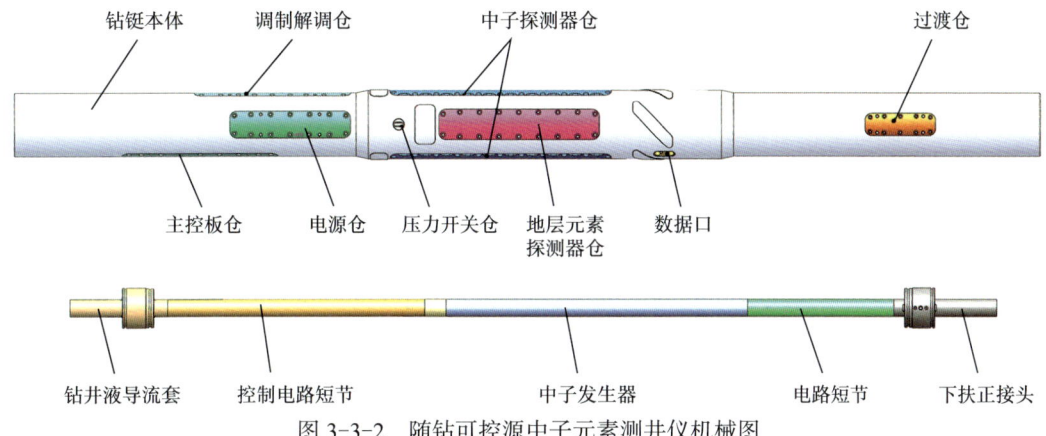

图 3-3-2 随钻可控源中子元素测井仪机械图

2. 工作模式

1）随钻方位密度中子测井仪

仪器工作框图如图 3-3-3 所示。仪器采用 ^{137}Cs 化学源向地层发射伽马射线,经地层散射后被密度采集处理单元中的长短源距探测器俘获,在高压模块作用下产生脉冲信号。电脉冲信号经高速 ADC 和 DSP 芯片组成的 256 道脉冲高度分析器,结合方位传感器送来的扇区信息,利用补偿密度计算方法,得出方位密度数据。同时,超声井径单元电路激发超声换能器,利用产生的超声波经地层反射后测量声波传播时间信息,实现井眼

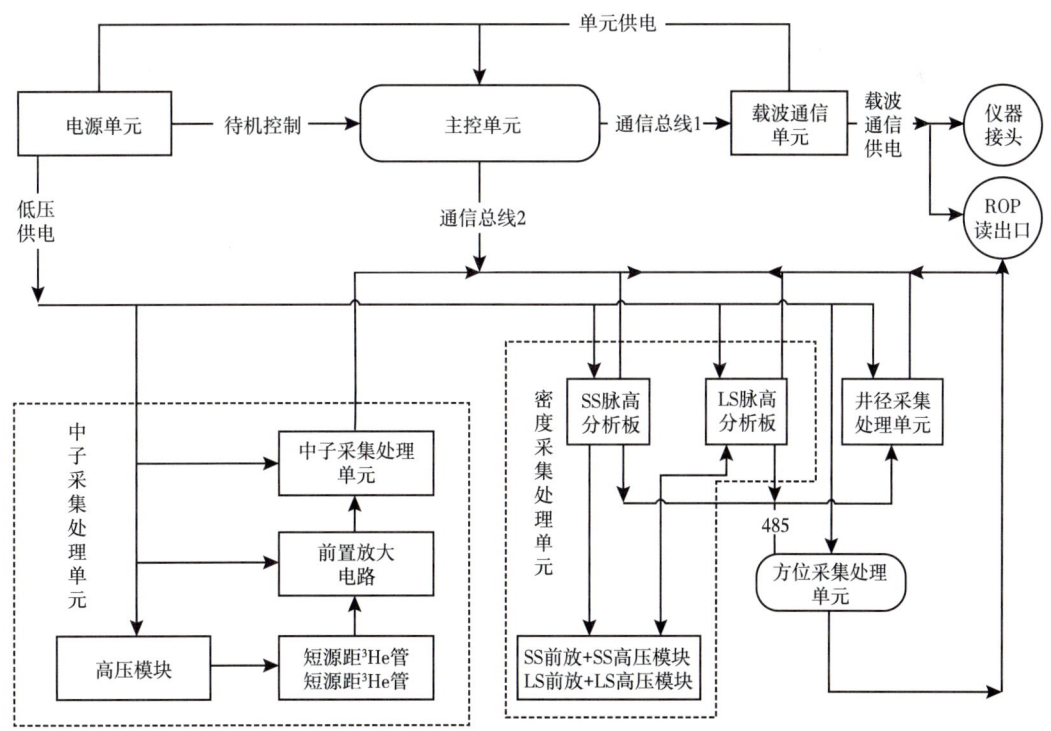

图 3-3-3 随钻方位密度中子测井仪测量过程框图

间隙和井径测量。方位采集处理单元电路由方位传感器和信号采集处理电路组成，实现数据扇区划分。另外，仪器采用 Am-Be 中子源向地层发射中子，经地层减速后变成热中子，被中子探测器 ³He 管测量获得计数率，补偿计算得出地层孔隙度。计算得出的方位密度、井径、中子孔隙度等信息通过仪器内部总线送入主控单元，通过 MWD 实现地层信息上传。

2）随钻可控中子源综合成像测井仪

仪器工作框图如图 3-3-4 所示。仪器主要由中子信号处理和中子发生器两大部分组成。仪器上电后，高压控制电路收到打靶命令后，按预设靶压步数，逐步提升 DA 输出，

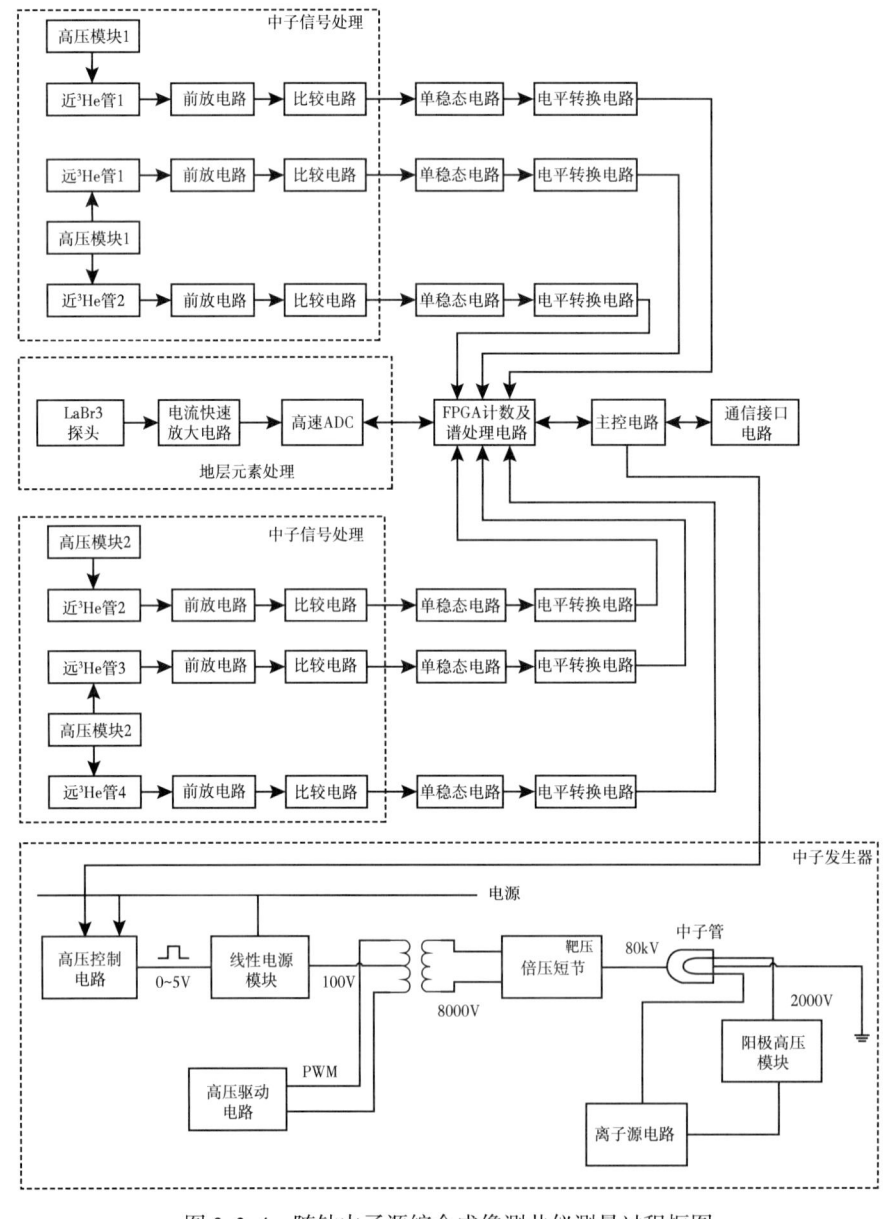

图 3-3-4　随钻中子源综合成像测井仪测量过程框图

激励线性电源模块输出电压在 100V 左右，在高压驱动电路 PWM 波作用下经变压器升至 8000V 送至倍压电路，最终产生 80kV 靶压。同时，在离子源电路和 2000V 阳极高压作用下，中子管经钛丝加热放出的氘气中存在个别氘离子和电子，发生氘氚反应，生成 14MeV 中子轰击地层（魏宝洁等，1997）。经地层慢化后成为热中子和辐射伽马射线，热中子被 ^{3}He 管接收后，在高压模块作用下转化电脉冲信号，送入 FPGA 脉冲计数处理电路，利用中子孔隙度补偿算法，得出地层孔隙度。辐射的伽马射线被溴化镧探测器俘获，经信号放大送入 FPGA 谱处理电路，由此得出地层元素信息。FPGA 计数谱处理电路通过仪器内部总线送给主控电路，通过 MWD 实现中子孔隙度和地层元素上传。

三、关键技术及创新点

仪器主要关键技术及创新点包括基于井径和时间的双加权校正密度成像测量技术、基于多探测器的随钻中子孔隙度测量技术，形成了 2 项发明专利，提升了随钻放射性仪器的测量精度。

1. 基于井径和时间的双加权校正密度成像测量技术

随钻密度测井不同于传统的电缆测井环境，电缆仪器的探头装在极板上并推靠至井壁以消除偏离间隙的影响，而随钻测井作业期间，由于钻井液对井壁的冲刷导致井孔形变甚至垮塌，以及在钻进中由于仪器旋转而产生钻井液间隙变化，都干扰获得数据的准确性。

在随钻密度测井作业中，利用超声井径信息对探测器采样数据进行分类，通过舍弃那些大于可接受间隙时获得的采样信号，得到经改进的探测器的计数率，并将改进的计数率反馈到校正算法中处理，实现随钻密度成像高精度测井（发明专利：一种随钻密度成像测井仪环境校正方法，专利号 201910349408.2）。其具体实现方法为：以间隙为基础的采集或面元显示（bin）如图 3-3-5 所示，泥浆间隙分为 bin1～bin5 五个区间，每个区间为 0.25in，不同 bin 区有不同加权因子。扇区划分如图 3-3-6 所示。仪器围绕井筒旋

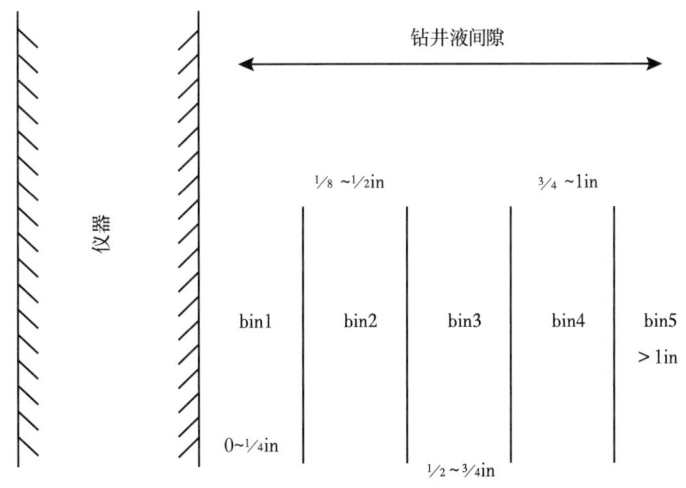

图 3-3-5　井径加权校正设计示意图

转，带有不同 bin 区的补偿视密度测量值分离并被存储于各 bin 区中；在不同采集周期中，仪器在不同 bin 区采集的时间 t_i 会不同，t_i 为第 i 个 bin 区的采集时间，采集时间 t_i 越大，其密度值的权重越大，密度值越可信。因此引入采集时间权重 t_i/T，采集周期结束，采集时间加权法和井径加权法被用于整个周期的密度校正，该"双加权"算法确保统计误差和间隙影响被降到最低程度。表 3-3-1 是采集一个周期 T 内的加权算法。

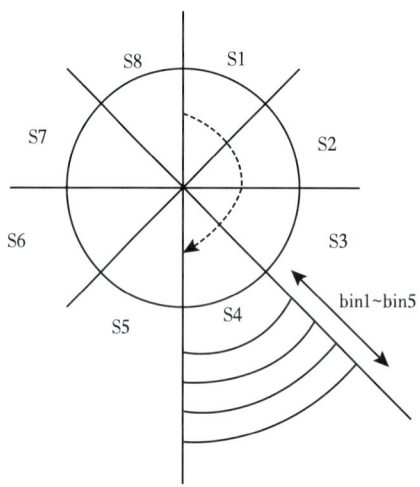

图 3-3-6　密度成像方位和井径划分设计图

表 3-3-1　采集周期 T 内的加权算系数

区域	钻井液间隙 / in	采集时间	加权值	bin 加权值
bin1	＜1/4	t_1	t_1/T	0.52
bin2	1/4～1/2	t_2	t_2/T	0.26
bin3	1/2～3/4	t_3	t_3/T	0.13
bin4	3/4～1	t_4	t_4/T	0.06
bin5	＞1	t_5	t_5/T	0.03
总计		T	1	1

基于该技术，随钻方位密度中子测井仪在塔里木油田吐木×井中进行测试，随钻密度测井精度达到电缆密度测井精度。

2. 基于多探测器的随钻中子孔隙度测量技术

"十二五"时期，可控源中子孔隙度仪器采用一组 ³He 管和中子发生器侧壁安置在钻铤同一侧的方式，仪器尺寸长度超过 4m，³He 管为气体探测器，易受井眼间隙、随钻冲击振动等施工条件影响，测量精度较低。

随钻可控中子源综合成像测井仪中子探测器采用一体化封装技术，将高压模块、前置放大电路和长/短源距探测器封装在一起，如图 3-3-7 所示，提高了抗振能力，满足了随钻环境使用需求；采用多组探测器以对称方式安装在钻铤侧壁，提高了有效中子计数，解决了仪器偏心带来的测量误差难题；将中子发生器居中放置于水眼，提升了空间利用效率，有效缩短了仪器整体长度（2.9m）；探测器面向水眼的一侧采用铅+含硼聚乙烯复合材料，增大了中子吸收截面，压制了来自中子发生器的热中子直射强度，提高了信号信噪比（发明专利：一种中子发生器中子产额控制系统及方法，专利号202010479183.5）。另外，考虑环境因素（井径、间隙、岩性、矿化度、滤饼厚度、钻井液密度、井温对中子孔隙度测量的影响，建立校正图版，提升中子孔隙度测量精度）。

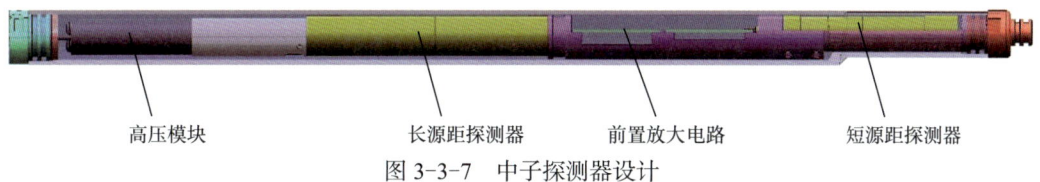

图 3-3-7　中子探测器设计

基于该技术，随钻可控中子源综合成像测井仪在莲 1 井和大庆杏 8-X 井中进行测试。测试结果证明，随钻中子孔隙度测量精度接近电缆孔隙度测量精度。

四、现场应用效果

1. 功能测试

随钻可控中子源综合成像测井仪在莲 1 井行了标准井测试工作，验证仪器测量功能。莲 1 井井眼尺寸基本在 220mm 左右，在 147m 处有一个明显垮塌层位，井径扩径至 280mm 左右。2 支仪器先后以下放和上提的方式完成测井，如图 3-3-8 所示。与电缆仪器曲线（红色曲线）相比，随钻孔隙度曲线（绿色曲线）能够准确反映地层孔隙度大小和变化趋势。

2. 现场试验应用

仪器在塔里木、大庆和华北等油田进行了 5 井次测井试验及推广应用，累计入井时间 280h，目的层测量长度合计 3000 余米，最高入井温度 143℃，最深地层 5500m，有效解决了高风险井孔隙度资料难以获取的问题。

1）大庆油田杏 8-X 井

杏 8-X 井位于大庆油田，随钻可控中子源综合成像测井仪测量井段选取为 1000～1275m。地质资料显示，该区纯油区储层为硬质石砂岩，泥质含量 10.6%，胶结类型为孔隙—接触式，孔隙的主要形式为粒间孔隙，平均孔隙半径 6.05μm，油层有效孔隙度分布在 23.1p.u.。仪器入井工作 12h，中子发生器按预定时间启动和结束打靶，工作正常，实现"绿色"测井。利用中子刻度响应图版，计算得出随钻中子孔隙度测值基本分布在 15～25p.u.，呈现的地层孔隙度变化规律与电缆声波时差、补偿密度相吻合，如图 3-3-9 所示。

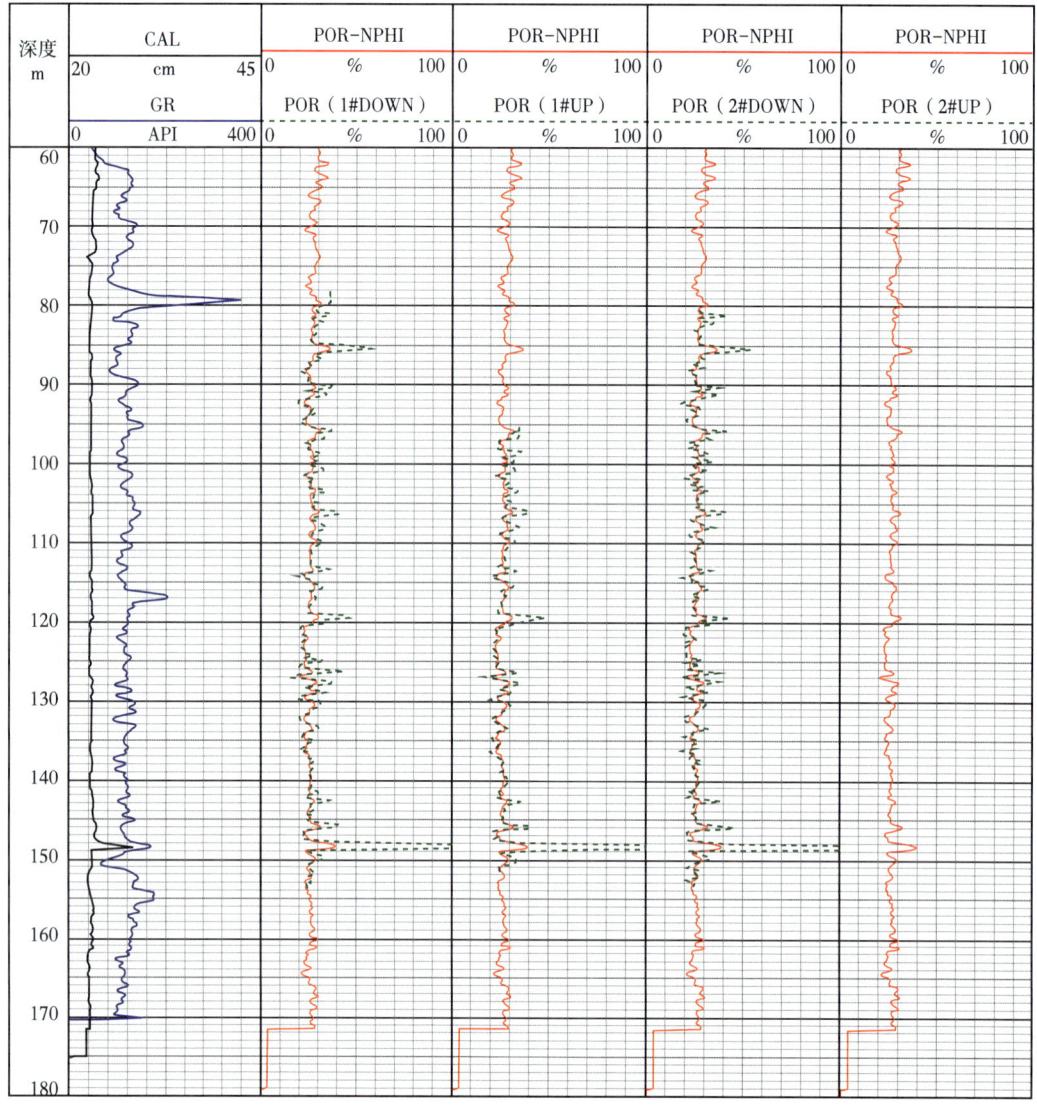

图 3-3-8 莲 1 井测试

2）塔里木吐木×井

吐木×井位于塔里木油田，随钻方位密度中子测井仪测量井段 5000~5330m。地质资料显示，目的层为 150m 厚的吾松格尔组，顶部发育一套辉绿岩/辉长岩，中下部为巨厚层状灰色泥质云岩、褐色云质泥岩；180m 厚的肖尔布拉克组，顶部为浅灰色藻云岩，中下部主要为灰色粉—细晶白云岩，底部见灰质云岩，该层是本井主要勘探目的层。仪器入井时长 49h，工作正常。电缆测井资料显示密度变化区间为 2.7~3.0g/cm^3。随钻密度资料表明，无论是高密度的辉绿岩地层还是白云岩地层，随钻补偿密度值与电缆测井密度相近，曲线形态基本一致，验证了仪器测量的准确性，如图 3-3-10 所示。密度成像充分反映该深度段内地层密度变化。

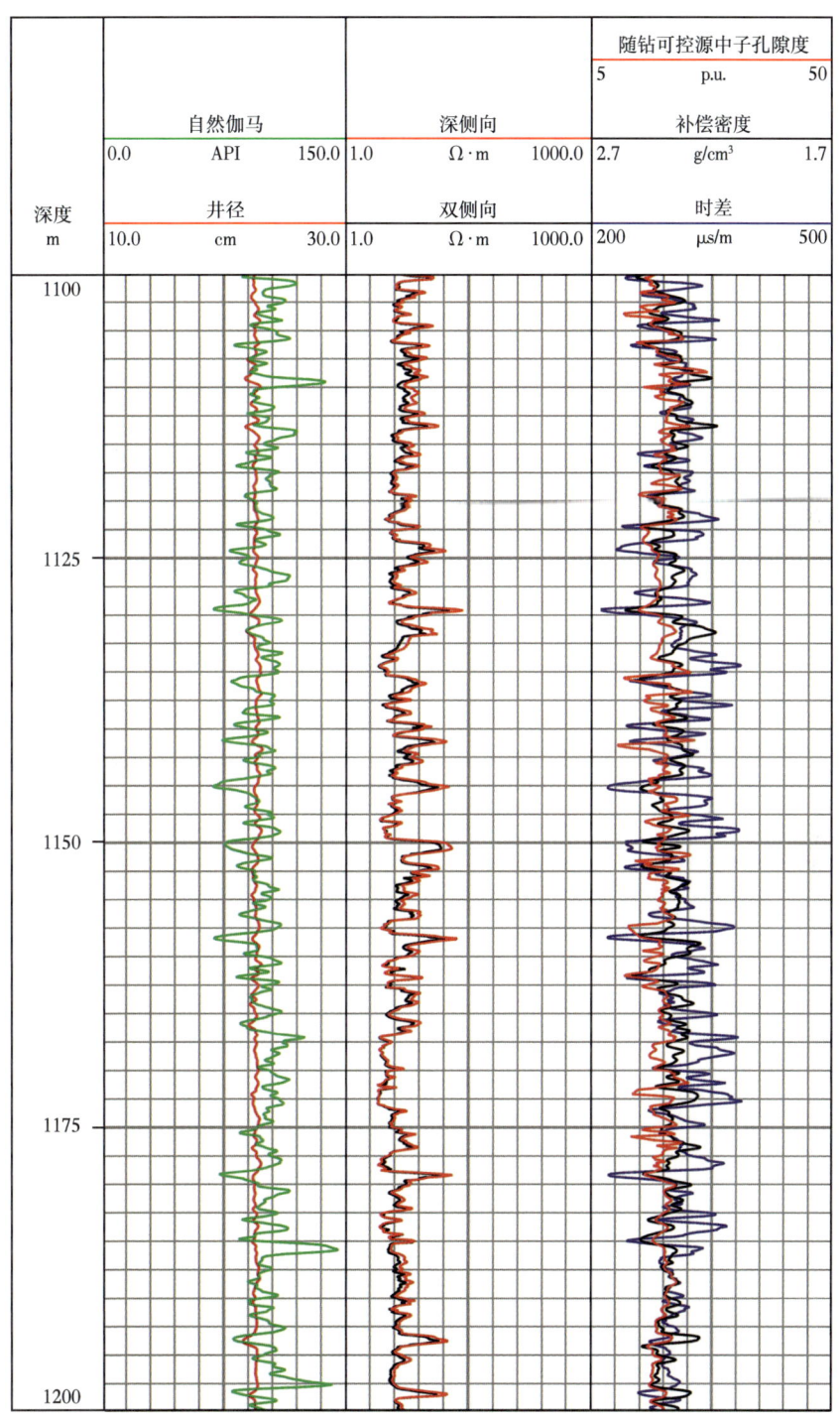

图 3-3-9　杏 8-X 井随钻与电缆测井曲线对比

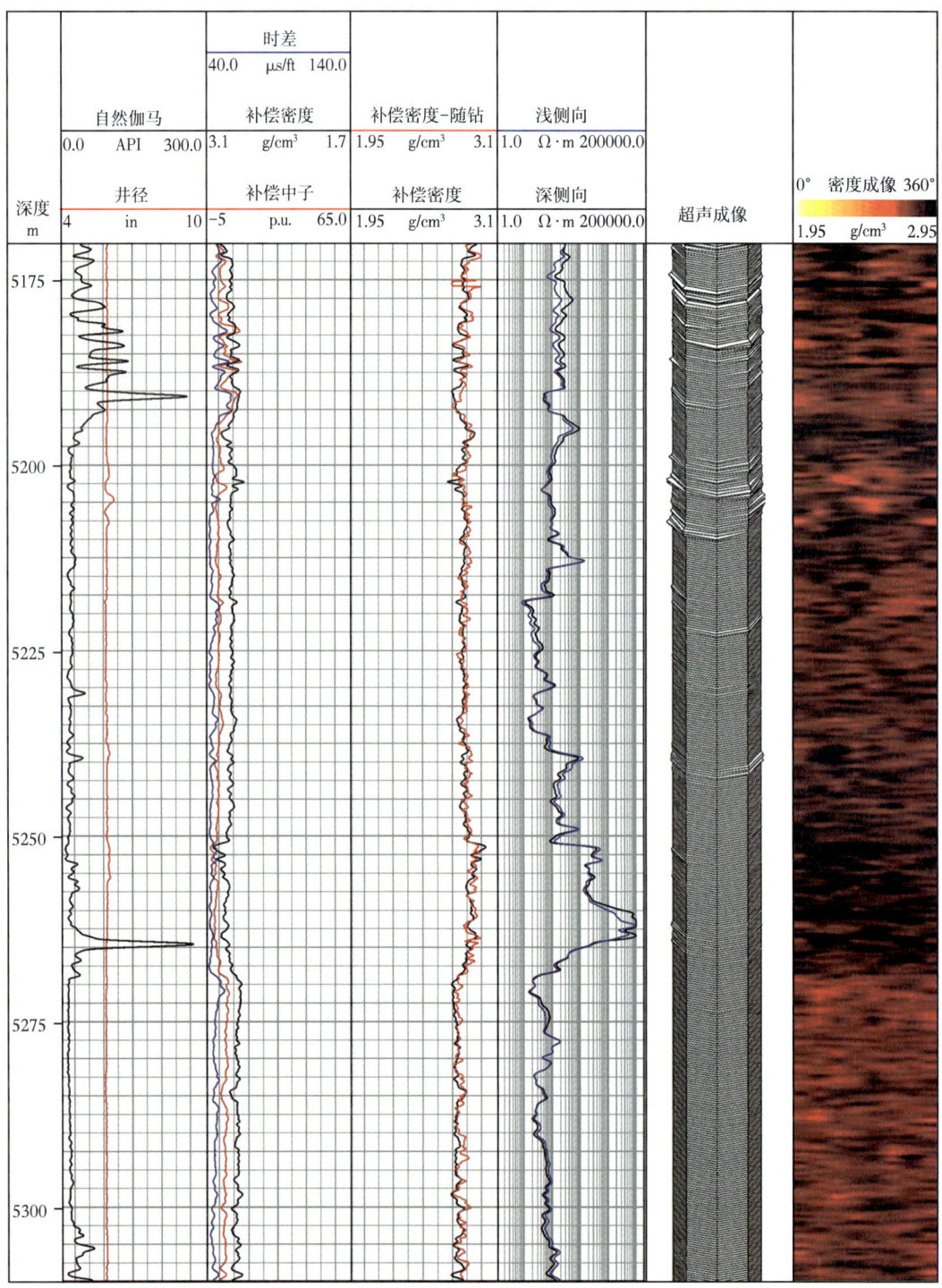

图 3-3-10　吐木×井随钻与电缆测井曲线对比

第四节　随钻多极子声波成像测井仪

随钻声波测井是钻井作业中实时获取地层孔隙度资料和岩石力学特性的一种重要手段。随钻多极子声波成像测井仪在"十二五"研究成果的基础上，增加了四极子声波测量功能，实现了软硬地层纵横波速度的精确测量，准确获得了原状地层的弹性参数和孔隙度参数。

仪器发射采用单极子和四极子 2 组发射换能器，接收采用 4 组口字形接收阵列，每组接收阵列有 12 个等间距的接收换能器，隔声体采用内刻槽变径隔声结构。通过处理测井全波列波形数据获得地层弹性参数，实现地层岩性分析、岩石力学参数计算、孔隙度和渗透率计算等储层评价功能，同时可以提前检测到超压地层，提高钻井安全系数，优化井眼轨迹，确定钻井方向，用于地质导向。

一、测量原理及主要功能

1. 测量原理

随钻多极子声波成像测井不同于电缆测井，其换能器直接安装在钻铤上。钻铤在保证机械强度的基础上，同时具备声波测井仪器的功能。鉴于随钻测井施工要求，钻铤保留了中空的钻井液通道。仪器结构直接影响仪器的声学测量，因此，综合随钻环境下声波测井响应的特点和规律，建立随钻声波测井的物理模型，得出钻铤上多极子声波源的数学描述，导出井内外多极子声场的计算公式，模拟多极子随钻声波测井频散和波形的响应特征，作为仪器设计的理论依据。

随钻多极子声波成像测井的物理模型见图 3-4-1。井眼内充满流体，且存在一尺寸较大的钻铤，发射声源 T 为贴钻铤壁的环状声源，接收 R 为阵列接收。井眼外为无限大均质地层。

当钻铤边沿上局部有一定高度的环状曳力源，轴向长度为周向分布为局部源时，这种由局部扇形源构成的偶极子源、四极子源中最低阶分别是偶极子、四极子成分，它们都是由无穷多高阶多极成分构成，即它们都不是理想的偶极子、四极子源。值得说明的是，点源构成的多极子源，比如偶极子源也是由无穷多高阶多极源成分构成，其中最低阶是偶极子，但当半径足够小时，远场处能够视为理想偶极子辐射场（崔志文，2004）。

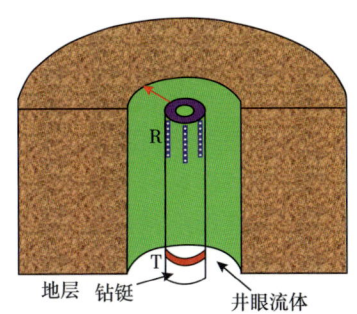

图 3-4-1　随钻多极子声波成像测井物理模型

钻进过程中，井内存在流体（钻井液）和弹性钻铤仪器。流体和钻铤可视为均质单相弹性体。井外地层可视为均质单相弹性固体。

井内流体位移场的运动方程为

$$K\nabla\nabla \cdot \boldsymbol{u} = \rho_{\mathrm{f}} \partial^2 \boldsymbol{u} / \partial t^2 \qquad (3-4-1)$$

式中　K——流体压缩模量；

　　　$\boldsymbol{u}$——流体位移，cm；

　　　ρ_{f}——流体密度，g/cm³；

地层分快速和慢速，不同地层随钻测井的声学特征不同，快速地层特性请参见 Tang 等人的测试结果（Tang 等，2003）。本节仅讨论表 3-4-1 中给出的慢速地层。

表 3-4-1　随钻测井的理论模拟参数

参数	P 波速度 /（m/s）	S 波速度 /（m/s）	密度 /（kg/m³）	外径 / m
钻杆内流体	1470	—	1000	0.027
钻杆	5860	3130	7850	0.090
钻杆外流体	1470	—	1000	0.117
慢地层	2300	1000	2000	∞

在慢速地层，用单极子声波测井很难直接测到地层横波速度，因此采用偶极子和四极子进行横波速度测量，分析频率范围在 0～5kHz 之间的偶极子和四极子波的频散特征，存在由钻铤中激发的偶极子和四极子振相以及由地层中激发的偶极子（或者挠曲波）和四极子振相。随钻测井地层挠曲波的波速在任何频率下都明显低于地层的横波波速。这表明，随钻测井时，偶极子声波并不直接给出地层横波速度的测量。而四极子源产生的波动具有明显的优势，虽然四极子钻铤波依然存在，但它只在某一频率以上才存在，该频率称为截止频率。在低于截止频率的频段，只存在一个波，那就是地层的四极子波。这个波在低频时以地层的横波速度传播，这一点与没有钻铤时相似，可以利用四极子波来测量地层的横波速度（Jennifer，2007）。

通过研究分析四极子随钻声波频散特性和理论波形特征（Wang 等，2003），声源中心频率选取在地层四极子波截止频率附近（4kHz 左右），波列中仅存在地层四极子波，而无钻铤模式四极子波干扰（Huang，2003）。

由于钻铤的存在，随钻多极子声波仪器测井时井壁附近声场发生变化，接收到的地层声波信号往往被钻铤直达波干扰。为消除干扰，准确获取地层信息，需要一套功能强大、能够有效处理随钻声波测井数据资料的方法，提供包括声波纵、横波时差和频散分析等结果。纵、横波时差和频散分析是声波数据处理与应用的基础，在此不予说明，本节只对随钻噪声对数据影响进行阐述。

声波测井数据的频谱分析主要是对时域的声波全波波形进行傅里叶变化，获得其在频率的响应。设声波测井时间域接收信号为 $f(t)$，则其傅里叶变换为

$$F(\omega) = \int_{-\infty}^{+\infty} f(t) \mathrm{e}^{-\mathrm{i}\omega t} \mathrm{d}t \qquad (3-4-2)$$

式中　i——虚数单位；

　　　ω——角频率，rad；

　　　t——时间，s。

$F(\omega)$ 一般为复数，包括幅度与相位两部分信息。波形的频谱分析主要提取其幅度 abs$(F(\omega))$。

此外，还可以评估声波测井数据的噪声响应特性。通过频散特性分析方法求得各振型的幅度后，通过式（3-4-2）反算得到声波测井数据的频率域响应，然后再通过傅里叶逆变换到时间域得到重构的声波测井时间域信号 $f'(t)$，即可得到声波测井信号的噪声 $N(t)$：

$$N(t)=f(t)-f'(t) \quad (3-4-3)$$

式中　$N(t)$——噪声信号；

　　　$f(t)$——声波测井时间域接收信号；

　　　$f'(t)$——重构的声波测井时间域接收信号；

将式（3-4-3）变换到频率域，即可得到声波测井噪声信号的频谱响应特性。

2. 主要功能

随钻多极子声波成像测井仪在钻井时可以准确获得地层的纵横波时差，进而进行声波测井应用，如岩性分析、岩石力学参数计算、气层和裂缝识别、地层孔隙度计算、斯通利波渗透率计算及井壁稳定性评价等，其工程应用等也在逐步推进，如提前检测到超压地层、指导钻井液的配制、提高钻井安全系数等，也可以根据测井信息优化钻井轨迹，分析出有利的含油气方向，确定钻井方向，定位甜点，增强地质导向功能等。

仪器主要技术指标如下：

耐温 / 耐压：155℃/140MPa。

适应井眼范围：216～270mm。

时差测量范围：纵波 130～550μs/m；横波 260～1500μs/m。

时差测量精度：纵波 ±7μs/m；横波 ±16μs/m。

二、仪器结构及工作模式

1. 结构组成

随钻多极子声波成像测井仪外观见图 3-4-2，主要由接收声系、隔声体、发射声系和对应的电路构成，上下声系两端安装有扶正器。上下端外径为 171mm，均为标准 NC50 螺纹。

图 3-4-2　仪器外观图

随钻多极子声波成像测井仪分外钻铤和内钻铤，见图 3-4-3。其中外钻铤安装发射换能器和接收条带总成，内钻铤包括发射电路、钻井液导流套、中心过线管和接收电路。

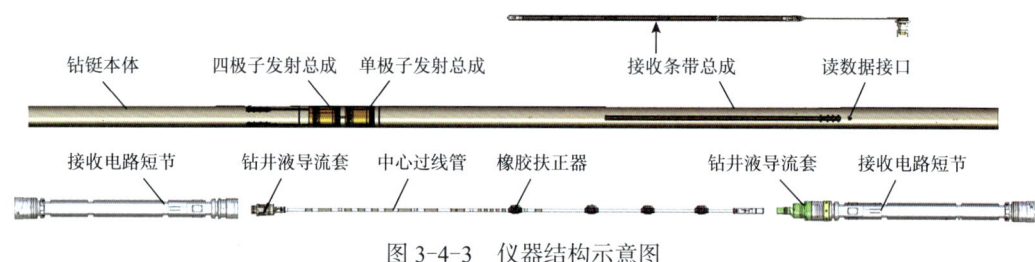

图 3-4-3　仪器结构示意图

随钻多极子声波成像测井仪的发射采用一个四极子发射换能器和一个单极子发射换能器，用来高效激发穿透地层的声波能量。接收声系采用了阵列接收方式，90°均布在钻铤凹槽内安装的接收条带（接收换能器和采集电路一体化模块）。接收条带采用自承压结构，把接收换能器和前放电路集成在一个整体的密封承压结构中，最大限度地保证接收信号质量和电路结构可靠，内部安装 12 个接收换能器和对应的前放电路。发射和接收电路安装在两端的保护钻铤内，负责仪器正常发射和数据接收采集、存储和计算，以及与 MWD（随钻测量系统）通信。发射和接收声系的上下分别安装了扶正器，保证仪器在钻井时居中测量。接收电路和发射电路为套筒式结构，安装在外钻铤两端，内部通过中间过线管连通，过线管外有 6 个橡胶扶正器，保证过线管在水眼居中。

随钻多极子声波成像测井仪电路由发射电路和接收电路两部分组成，其中发射电路由发射控制板和发射模拟电路构成；接收电路由主控板、采集板、汇集板、存储板和 STC 计算板构成，如图 3-4-4 所示。

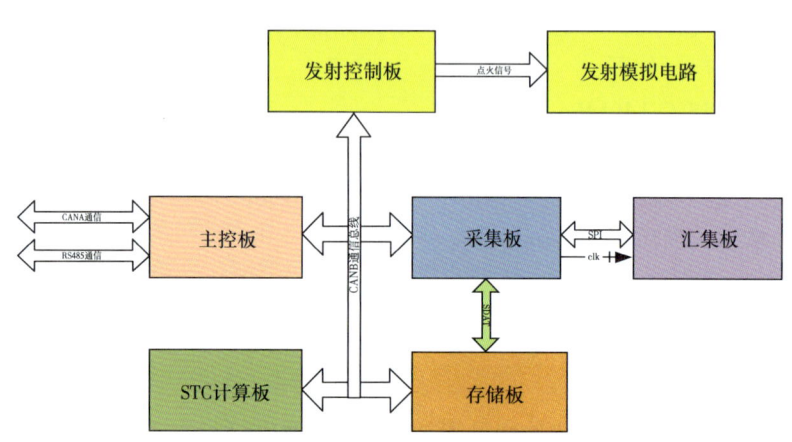

图 3-4-4　仪器电路框图

随钻多极子声波成像测井仪系统电路中发射控制板、主控板、采集板、STC 计算板和存储板统一挂接在 CANB 通信总线上，仪器通过主控板的 RS485 通信接口将声波时差上传。仪器主控板 CANA 通信接口用于与上位机之间的通信，通过上位机实现配置测井参数、时间定时、仪器启动等功能。

在随钻声波测井中，受传输速率的限制，控制和数据处理均需在井下快速完成，并及时准确地存储数据，便于后期的数据应用，同时在井下进行 STC 计算并将纵横波时差传输至地面。

2. 工作模式

仪器工作时，根据测量地层需要，提前预置测井工作模式。工作模式与发射换能器工作相关，可以使单极子模式，或者使单极子和四极子交替工作，见图3-4-5。一个工作周期有2个发射周期，换能器单极子T_1和四极子T_2交替工作，如果仅让单极子工作，则T_2为0。

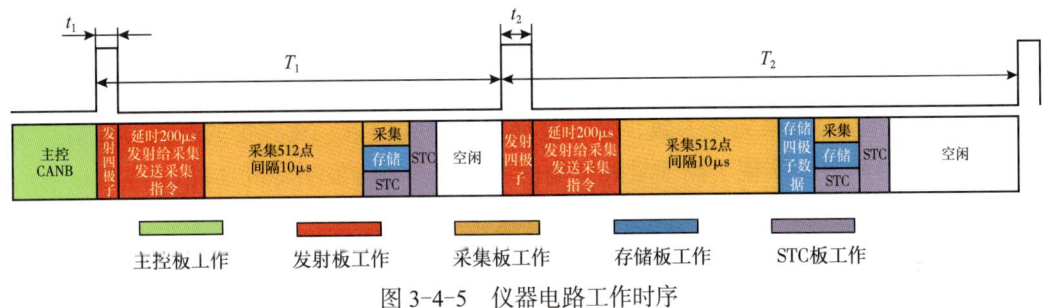

图 3-4-5　仪器电路工作时序

地层为快速地层时，可以预置为单极子工作模式，即可以进行随钻声波测量；如果地层较软，为慢速地层，则预置为单极子和四极子交替工作模式，可以准确测量地层纵、横波速度，仪器工作模式参数设置见表3-4-2，t_1为单极子发射时间，t_2为四极子发射时间。

表 3-4-2　仪器工作模式参数设置

T_1/s	T_2/s	t_1/μs	t_2/μs	T/s
1	1	50	125	2
1	3	50	125	4
1	7	50	125	8
1	11	50	125	12

随钻多极子声波成像测井仪内部测井工作时序的一个工作周期见图3-4-5。仪器上电启动，上位机通过CANA为主控板配置仪器测井工作参数。主控板定时时间到或接收到启动仪器工作指令后，主控板通过CANB给发射控制板发送工作指令（其中包含发射频率、采集点数和间隔）。发射控制板接收到指令后，启动单极子发射模拟电路产生高压激发脉冲进行点火，点火完成，发射控制板在该时刻延时200μs通过CANB总线向采集板发送单极子全波列采集命令。采集板接收到单极子全波列采集信号后，立即启动开始采集，采集512个数据采样点；采集完成后，采集板将数据组帧，通过LVDS通信方式将单极子全波列数据发送给存储板。存储板接收采集板发送的单极子全波列数据并将其存入存储器中，与此同时，采集板在给存储板发送数据的时候，通过CANB通信接口并行给STC板发送单极子全波列数据。STC计算板获取单极子全波列数据后立刻进行单极子声波时差计算，计算完成后，将计算单极子纵波时差+当前时间一并存入STC计算板自

带的存储器中，同时将计算的单极子纵波时差值上传给主控板。主控板将当前单极子纵波时差进行保存，随后待机，等待随钻平台要数指令。

单极子时间段 t_1 结束后，进入四极子工作时间区间 t_2，其发射采集时序与单极子相同。采集完成后，可通过 USB 读取存储的数据进行波形分析。STC 计算板快速处理得到纵横波时差，通过内部总线传输给主控板，发送至 MWD（随钻测量系统）。

三、关键技术及创新点

随钻多极子声波成像测井仪主要关键技术及创新点包括基于钻铤内刻槽变径隔声结构设计技术、接收换能器与采集电路模块化集成技术、大功率宽带调频声波发射技术等 3 项，随钻多极子声波成像测井仪钻铤波压制与去噪取得效果，在刻度筒和试验井实际测井数据与数值模拟结果完全一致，发射换能器具备大功率、宽频带的声信号发射功能，接收换能器一致性好，实现了高质量的微弱信号采集，取得发明专利 3 件。

1. 基于钻铤内刻槽变径隔声结构设计技术

随钻多极子声波成像测井仪的隔声体用来连接发射和接收换能器，主要功能是有效地衰减经过它的各种声波信号，避免声波信号通过钻铤传播。在实施中，要保证钻铤强度，单极子声波测井激发的钻铤模式波幅度往往大于地层纵波的幅度，且相干性极强，必须经过压制处理才能测量到地层纵波。

钻铤隔声基本都是采用在发射和接收换能器之间周期性刻槽或者内变径的方法来阻隔沿着钻铤传播的波，对刻槽构造进行模拟计算，模型结构参数和物理参数见表 3-4-3。

表 3-4-3 模拟时采用的水和钢管的物理参数

材料	密度 /(kg/m³)	纵波速度 /(m/s)	纵波慢度 /(μs/m)	横波速度 /(m/s)	横波慢度 /(μs/m)
水	1000	1524	656	—	—
钢管	7800	5860	170	3130	319

在正演模拟过程中，在钢管内部（水中）、钢管壁和钢管外部（水中）分别放置了 12 个接收器（下同），分别对其响应进行分析。进行了相似的内刻槽处理，并在水中进行了正演数值模拟计算，模型见图 3-4-6。模拟结果包括波形、信号与噪声能量和 STC 能量谱，对隔声效果进行综合分析，结果见图 3-4-7。其中 PP 表示峰值电压，单位是 V。

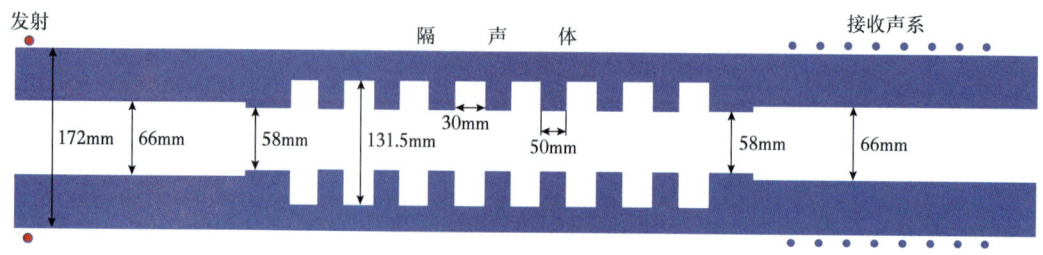

图 3-4-6　随钻多极子声波测井仪隔声体模型

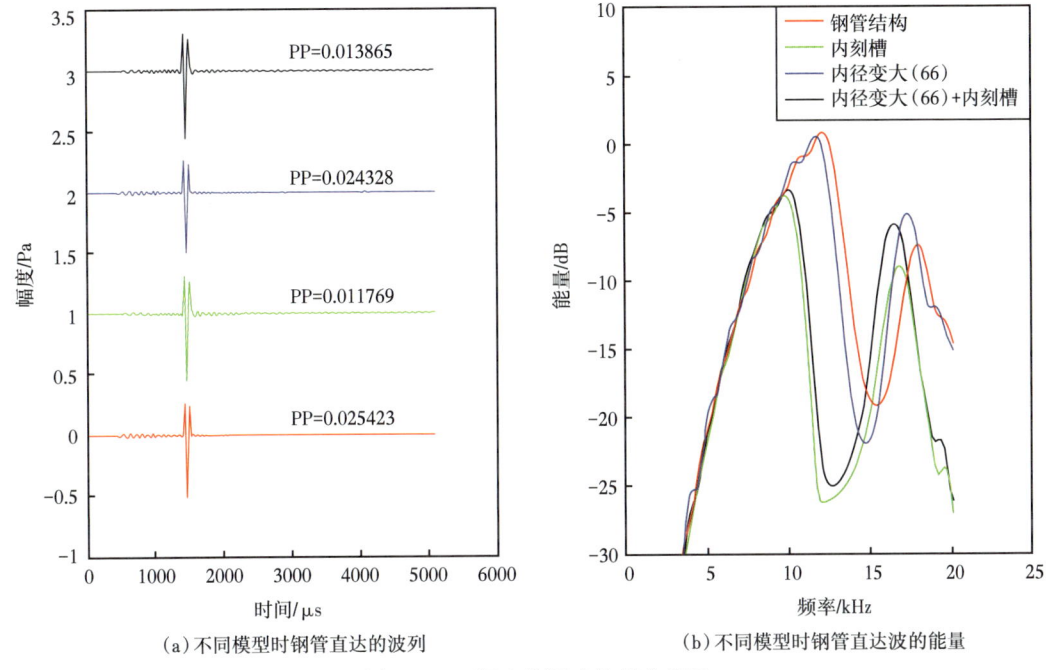

(a) 不同模型时钢管直达的波列　　　　(b) 不同模型时钢管直达波的能量

图 3-4-7　隔声体隔声效果分析图

图 3-4-7（a）为第一个接收器波形及首波峰峰值对比图，(b) 是相应模型首波能量分布对比图。从模拟所得数据可以发现，通过刻槽，首波能量降低。不论是均匀的钻铤还是内径变化的钻铤，内刻槽后仪器的有效阻带均明显地拓宽，可以有效衰减钻铤直达波的幅度。

从刻槽后的钻铤模式波的频谱中可以看出，随钻声波测井隔声体设计的关键在于给定钻铤尺寸的固有阻带的中心频率和带宽，通过改变刻槽结构来拓宽阻带，达到有效阻隔钻铤波的目的（发明专利：隔声结构的设计方法及钻铤，专利号 CN202010714715.9）。

评价隔声体性能的主要技术指标是测量不同频率声波信号经过隔声体前、后的声衰减量。根据隔声原理设计随钻多极子声波成像测井仪隔声体，仪器隔声性能测试结果见图 3-4-8，在不同频率下测量钻铤波声衰减曲线，图中横坐标为频率 f，纵坐标为声衰减率。

随钻多极子声波成像测井仪采用内刻槽隔声体结构设计，仪器在刻度筒内进行标定，结果在 6~14kHz 频率范围内存在一个明显的阻带，最大声衰减可达 40dB。

2. 接收换能器与采集电路模块化集成技术

随钻测井环境恶劣，容易受到测井环境噪声以及隔声体没有完全阻隔的钻铤波干扰，故要求接收信号高信噪比，才能将从井壁辐射出来的滑行波记录下来。同时，对不同频率的信号，接收换能器的灵敏度要尽量平缓。因为在记录测井数据时，如果数据有较大幅度的变化，会导致较大的测井数据饱和失真，或者使较小的测井数据被淹没，使测井数据质量下降。此外，接收换能器的设计还会受到仪器本身的影响，体积不宜过大，尤其是在随钻测井中使用阵列换能器接收，对换能器的大小有严格的限制。

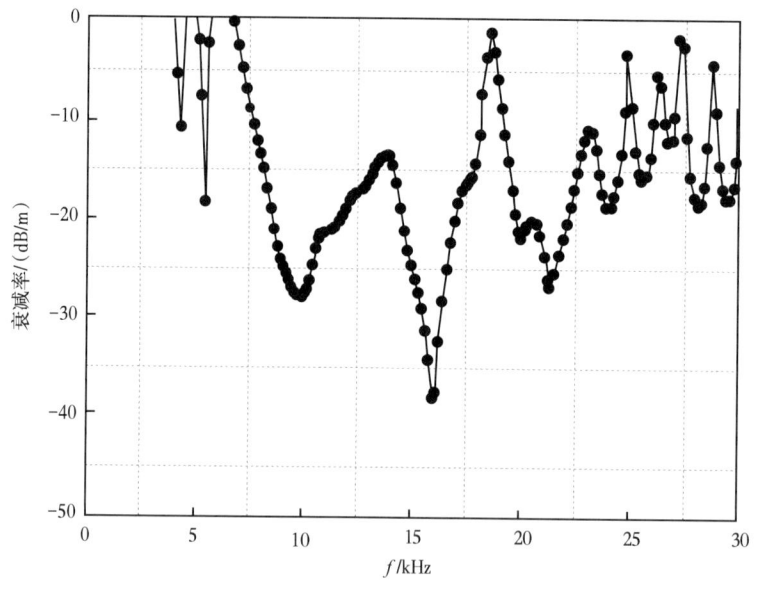

图 3-4-8 隔声体钻铤直达波声衰减曲线

随钻多极子声波成像测井仪的接收声系由 4 个固定在钻铤上的接收条带组成，测量时需要考虑钻铤振动、隔声、压力平衡等诸多因素的影响。接收条带为模块化设计，内部由接收换能器与采集电路集成，外形为长方体金属壳状，如图 3-4-9 所示。接收换能器采用机械安装方式固定在接收条带骨架上。接收条带采用了"三明治"结构的包裹方式，有效地保护接收换能器及电路板。金属外壳以异形橡胶包裹，可对接收条带减震，并能更好地隔离钻铤直达波（发明专利：一种随钻声波换能器及随钻仪器钻铤，专利号 CN201910146732.4）。

图 3-4-9 随钻多极子接收条带示意图

每个接收条带均包括 12 个接收换能器和与之对应的采集放大、A/D 和数据汇集等电路，汇集成 12 路独立信号，完成信号的采集。从接收条带在消声水池测量的接收灵敏度曲线中可以看出，在整个频率 f 范围内，接收灵敏度 M 变化范围在 $\pm 5\%$ 以内，非常有利于单极子或四极子等不同频率的接收信号测量，见图 3-4-10。

3. 大功率宽带调频声波发射技术

在随钻测井中，为了获得最佳的发射声源，换能器除具有良好的耐压和耐温性能之外，还需要发射换能器在隔声阻带内进行声源激发。为满足软地层横波信息的测量，随钻多极子声波成像测井仪增加了四极子测量模式。仪器发射换能器需与钻铤尺寸相匹配，且谐振频率在隔声阻带范围内具有较大发射功率，对发射换能器及激励电路提出高要求。

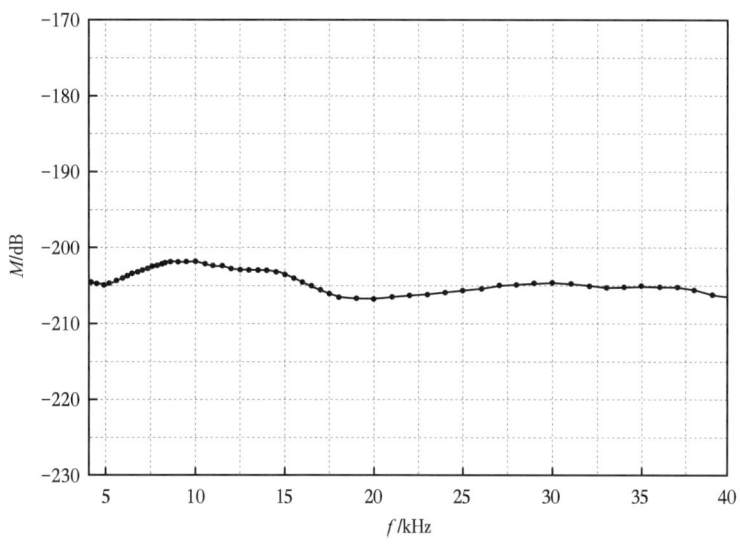

图 3-4-10　随钻多极子接收声系接收灵敏度曲线

发射换能器结构及仿真结果见图 3-4-11。随钻声波发射换能器的结构主要是将整体的大换能器切割成许多小的长方形陶瓷块，然后再拼接而成，有利于控制发射换能器的频率范围和发射能量（发明专利：一种随钻多极子声波成像测井仪多极发射换能器及其工作方法，专利号 202010082836.6）。

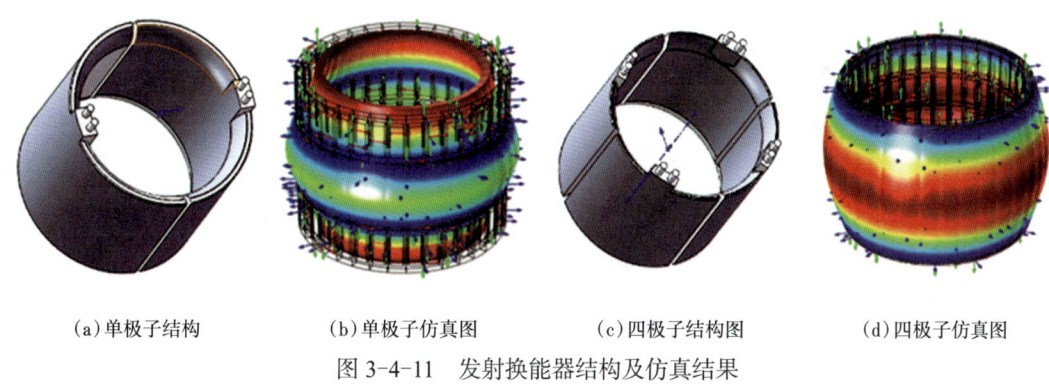

(a) 单极子结构　　　(b) 单极子仿真图　　　(c) 四极子结构图　　　(d) 四极子仿真图

图 3-4-11　发射换能器结构及仿真结果

发射信号的强弱直接决定接收换能器能否接收到足够强度的有效信号。若发射强度不够，声波信号经地层衰减后，接收换能器无法分辨出有用信号与噪声。通常声波测井增益采用发射能量固定、由接收信号幅度控制增益的方式；发射换能器采用变压器激励。这种方式的缺点为耗能高，不能实现宽频发射。随钻测井一般采取电池或者发电机供电，节能是仪器设计需要考虑的一个因素；同时根据测井目的，要求单极子发射换能器具备宽带工作能力，实现高频和低频两种工作模式。

采用双源激励电路实现换能器激励，信号如图 3-4-12 所示。其中，V_s 表示换能器激发电压，F_r 是换能器激发频率。为实现该激励信号，选取合适电感与换能器的电容进行阻抗匹配，控制充放电时间，通过时序控制正负电压的保持时间，两者之和决定激励的声波频率。在实际应用中，通过采取不同的匹配电感和电容，起到调整换能器发射频率的效果。

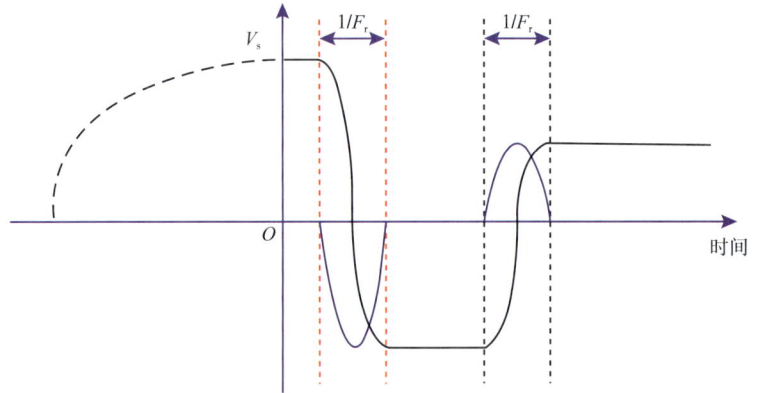

图 3-4-12 双开关控制的换能器激励过程

四、现场应用效果

1. 功能测试

仪器在庆阳莲 1 井开展标准井测试，由于该井最大深度约为 170m，深度较浅，为未压实地层，声速相对较低。仪器测试结果与在同一口试验井不同时期电缆 MPAL 多极子阵列声波测井数据进行对比，时差结果见图 3-4-13，试验井四极子实测数据与模拟计算频散曲线对比见图 3-4-14。

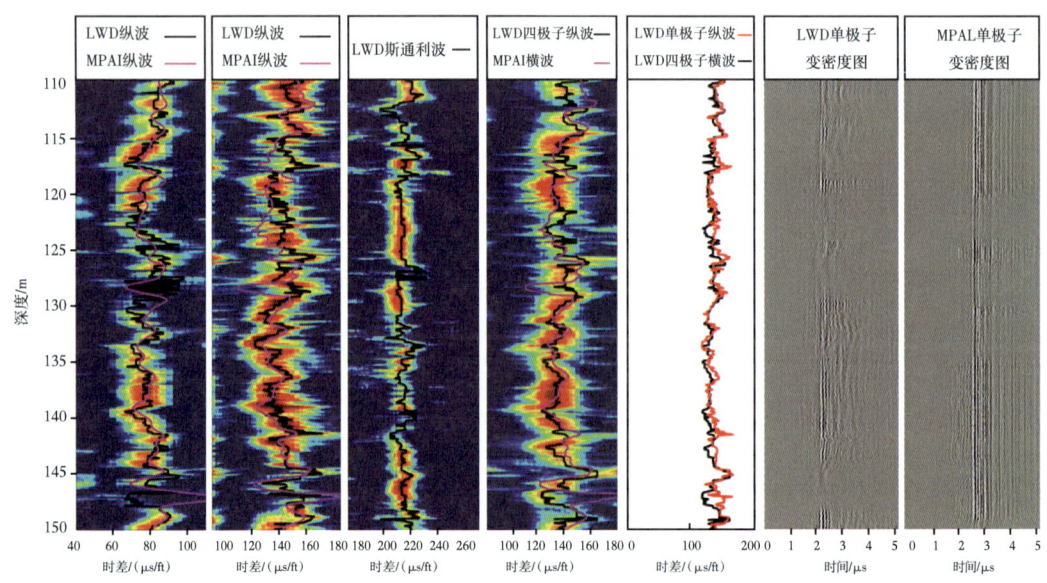

图 3-4-13 莲 1 井数据处理结果

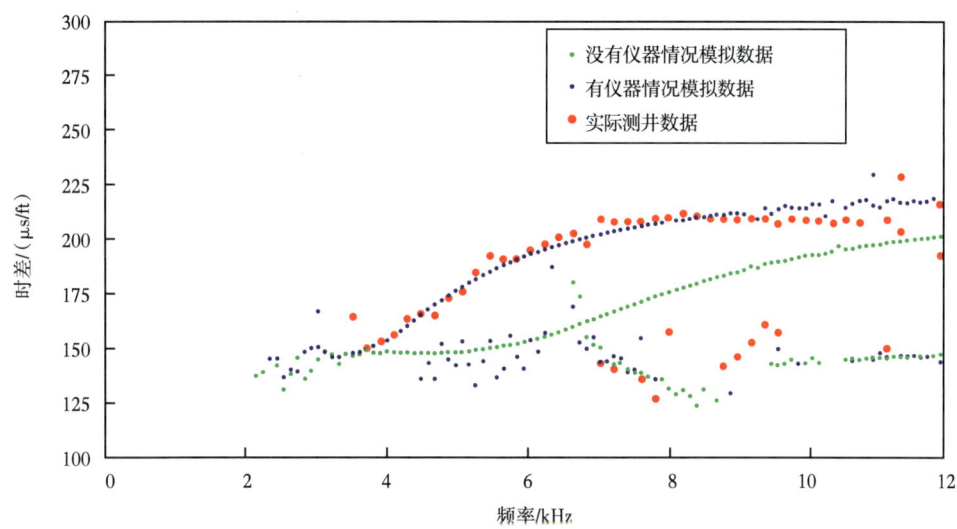

图 3-4-14　莲 1 井四极子实测数据与模拟计算频散曲线对比

测试结果表明：

（1）仪器单极子纵波、横波和斯通利波 STC 成像结果相关性较好，时差曲线与电缆一致；斯通利波 STC 的相关性较好，反演得到的时差曲线可靠。

（2）仪器单极子横波与四极子横波时差基本一致，且与电缆单极子横波时差基本吻合。

（3）仪器在 3～12kHz 频带范围实测结果与有仪器模拟结果完全吻合，本次测量结果准确可靠。

2. 现场应用

×井位于新疆油田轮台地区，钻井采用 8.5in 的 PDC 钻头，钻井速度在 40~60m/h，钻井液排量 1700L/min，井内压力约 50MPa，温度 80℃。井深 1845m，最大井斜 15°，随钻多极子声波仪器实钻的测量井段 1495～1620m。钻具组合为：钻头＋旋转导向＋QUAST＋随钻电阻率＋DIM2＋中控＋高速率。

测试数据及处理结果见图 3-4-15，第 1 道为单极子全波原始波形变密度图，第 5 道为单极子处理纵横波时差，第 6 道为四极子全波列变密度，第 7 道为四极子处理横波时差，第 8 道为钻铤波时差、单极子地层纵波和地层横波时差及四极子横波时差对比。

试验结果：

（1）单极子全波列地层波信号包含纵波和横波成分，信噪比和相关性很好；

（2）四极子全波中随地层速度变化低频四极子横波信号明显，速度相关分析四极子横波的相关性很好，具有明显的低频特征，且无钻铤四极子波干扰信号；

（3）单极子全波测量的横波时差与四极子横波测量的时差吻合很好，本次测量结果准确可靠。

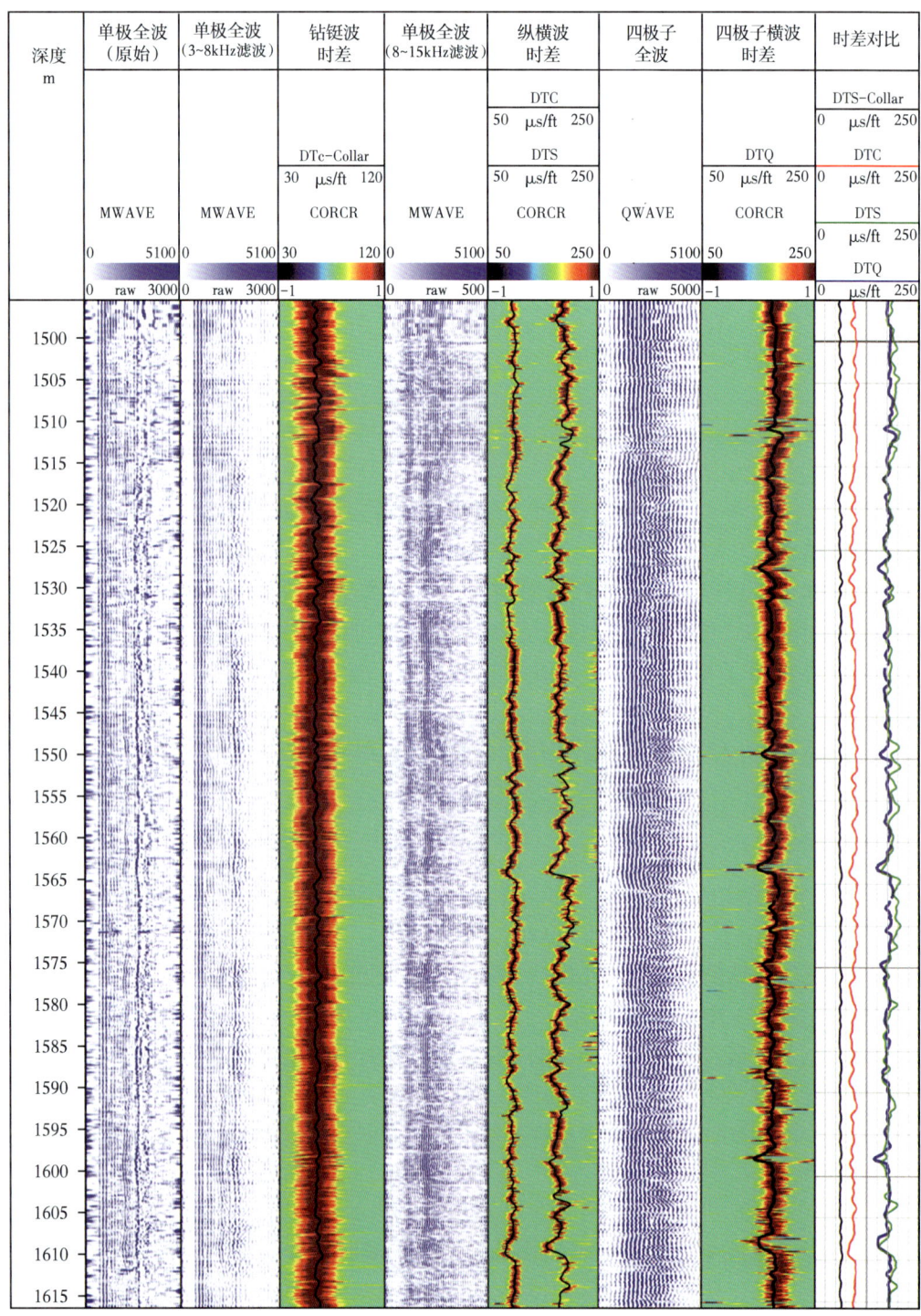

图 3-4-15 ×井随钻多极子声波仪器实钻测量结果

第五节　随钻核磁共振测井关键技术

随钻核磁共振测井是钻井作业中获取地层孔隙度、孔隙结构、流体类型等信息的重要手段。随钻核磁共振测井仪采用永磁体在井眼周围构建静磁场，将地层孔隙中含氢流体的氢质子极化，通过天线向地层发射射频磁场将氢质子扳转，采集氢质子的核磁共振弛豫信号，经数据处理获取地层孔隙度、孔隙结构、流体类型等信息，用于储层评价，同时也根据实时提供的地层信息，优化储层的井眼轨迹，用于地质导向。

随钻核磁共振测井的信号发射与接收通过 2 组磁体和 1 个天线的探测器结构来实现，天线位于 2 组磁体中部，配合不同的观测模式，可以实时提供 1 条孔隙度测井曲线，提供回波串数据，经后期处理后形成纵向弛豫时间（T_1）、横向弛豫时间（T_2）及二维核磁共振（T_1-T_2）图谱。

一、测量原理及主要功能

1. 测量原理

核磁共振中"核"是氢原子核（H），油气水中富含氢核；"磁"是仪器提供的磁场。核磁共振是在特定的条件下，氢原子核与磁场之间会产生强烈的相互作用的特性。氢核具有内秉角动量（或叫"自旋"），其自身不停地旋转。由于原子核带有正电荷，自旋产生磁场，像一根磁棒，该磁场的强度和方向可以用核磁矩矢量来表示。当没有外加磁场时，单个核磁矩随机取向，因此，包含大量同种核的系统在宏观上没有磁性，如图 3-5-1 所示。当核磁矩处于外加静磁场中时，它将受到一个力矩的作用，从而会像倾倒的陀螺绕重力场进动一样，绕外加磁场的方向进动，如图 3-5-2 所示。

随钻核磁共振测井仪模型机采用"inside-out"的模式，通过在井眼中使用 2 组永磁体在井周构造静磁场 B_0，地层中的自旋系统被磁化，宏观上产生一个净的磁化矢量和，单位体积内核磁矩的和叫宏观磁化量，用 M 表示。模型机使用位于 2 组磁体之间的天线发射脉冲时序形成交变电磁场 B_1，而且让其频率 $\omega=\omega_0$，地层中低能态的核磁矩将通过吸收交变电磁场提供的能量，跃迁到高能态，产生核磁共振现象。

天线在施加射频脉冲以前，自旋系统处于平衡状态，宏观磁化矢量 M 与静磁场 B_0 方向相同。射频脉冲作用期间，磁化矢量偏离静磁场方向；射频脉冲作用结束，磁化矢量又将通过自由进动，朝 B_0 方向恢复，使核自旋从高能级的非平衡状态恢复到低能级的平衡状态。恢复到平衡态的过程叫弛豫。它包含两种不同的机理——横向弛豫、纵向弛豫。

假设 B_0 的方向为 Z 方向，射频脉冲作用后，M 被分解成 xOy 平面的分量（横向分量）M_{xy} 和 Z 方向的分量（纵向分量）M_z。M_{xy} 往数值为零的初始状态恢复，称为横向弛豫过程，弛豫速率用 $1/T_2$ 来表示，T_2 叫横向弛豫时间。M_z 数值往初始宏观磁化强度 M_0 恢复，称为纵向弛豫过程，弛豫速率用 $1/T_1$ 来表示，T_1 叫纵向弛豫时间。模型机通过不同的脉冲序列及观测模式，探测地层 T_1、T_2、T_1-T_2 信息，从而获得地层的孔隙度、渗透率、饱和度等关键参数及地层孔隙结构、原油黏度等参数,用于计算油气含量、预测油气产量,如图 3-5-3 所示。

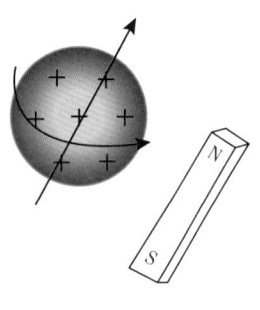

图 3-5-1 氢核自旋

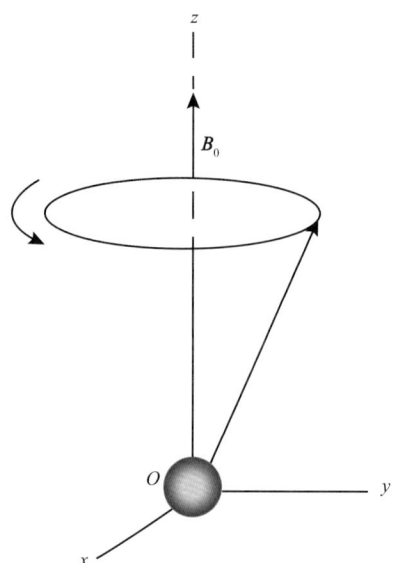

图 3-5-2 单个氢核自旋绕外加静磁场进动

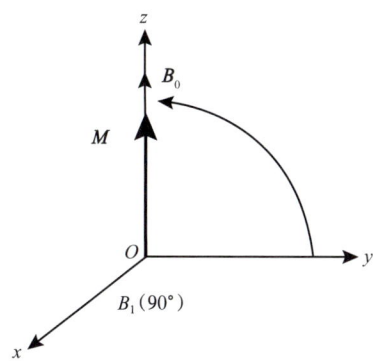

图 3-5-3　核磁共振现象

2. 主要功能

随钻核磁共振测井仪如图 3-5-4 所示。随钻核磁共振测井仪探测器由两组磁体组成，具有梯度低、探测深的特点，最大探测区直径 356mm；采用环形变径聚焦螺线管射频线圈结构设计，探测敏感区体积 4L；天线罩采用金属材料提升探测器强度，通过能量快速泄放电子线路、核磁自旋回波校正技术等进一步提升采集精度，配套观测模式系列满足不同地层条件下的随钻核磁共振测量。仪器的磁场梯度为 2×10^{-4}T/cm，中心频率为 500kHz，敏感区直径为 35.6cm，敏感区高度为 7.1cm，仪器外径为 18cm，测量方式为 T_2。

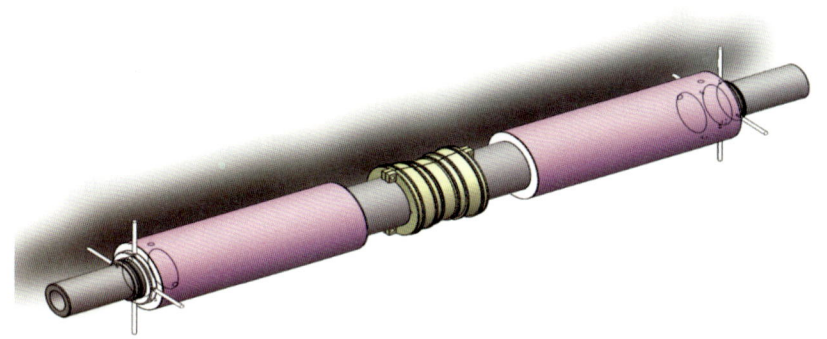

图 3-5-4　随钻核磁测井仪

表 3-5-1　随钻核磁共振测井仪模型机与国际同类仪器指标

仪器	MRIL-WD	Provision	MagTrak	自主设计
磁场梯度	14×10^{-4}T/cm	3×10^{-4}T/cm	2×10^{-4}T/cm	2×10^{-4}T/cm
中心频率	500kHz	255kHz	500kHz	500kHz
敏感区直径	35.56cm	35.56cm	32.0cm	35.6cm
敏感区高度	60.69cm	15.24cm	7.1cm	7.1cm
仪器外径	17.15cm	17.15cm	17.15cm	18cm
测量方式	T_1	T_2	T_2	T_2

二、仪器结构及工作模式

1. 结构组成

模型机主要由探测器、电子仪两部分组成,如图 3-5-5 所示。其中探测器属于核心部件,用于发射脉冲和接收地层核磁共振信号;电子仪用于控制探测器进行信号的发射和接收。

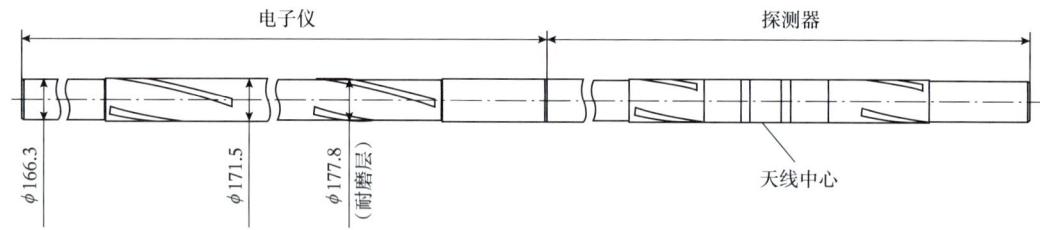

图 3-5-5　模型机结构示意图

1)探测器

探测器由磁体、天线及其他相关部件构成,其主要功能是在被测地层形成具有一定均匀度的静磁场 B_0、发射射频脉冲、接收核磁共振信号、传递钻机扭矩等。

模型机磁体为核磁共振发生提供一个背景磁场 B_0,背景磁场分布情况直接影响核磁共振信号的质量。磁体采用两组磁体,通过制备组成磁体的磁环、磁块充磁、磁体粘接、磁体打磨加工等磁体加工流程,形成符合要求的随钻核磁共振测井仪,如图 3-5-6 所示。在磁体加工成型后,受到磁体加工误差及磁块间不均匀性等因素的影响,采用机械补偿方式对磁场分布形态进行调整,磁场测试结果如图 3-5-7 所示。

天线的功能是将射频功放按一定时序的电信号激励转换为交变磁场辐射到地层中,该交变磁场称为射频磁场,并在射频脉冲结束后接收来自地层的核磁共振信号,该核磁共振信号通过天线传送到 2 级放大器进行放大,其输出送至模数转换电路进行数字处理。随钻测井的 B_0 磁场及 B_1 磁场采用完全轴对称设计,确保仪器在随钻钻具旋转时 B_0 与 B_1 相对地层静止。天线采用螺线管线圈作为射频天线线圈,发射的射频磁场 B_1 与静磁场 B_0 相互匹配,矢量方向与仪器轴向方向平行,如图 3-5-8 所示。

在常温条件下,天线幅频与相频特性如图 3-5-9 所示,图中示出天线的共振频率、阻抗模值 Z、相位关系、等效电容、电感、电阻以及品质因数等参数。

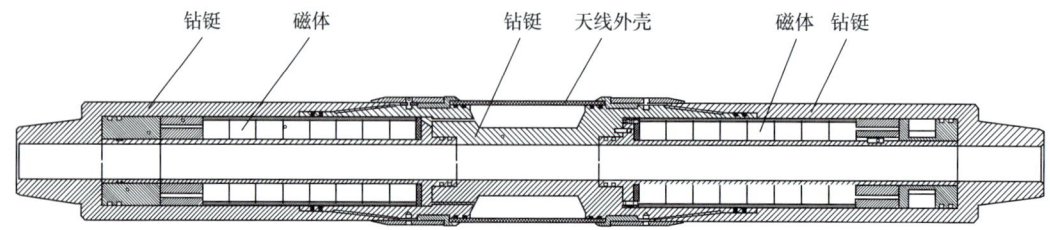

图 3-5-6　磁体

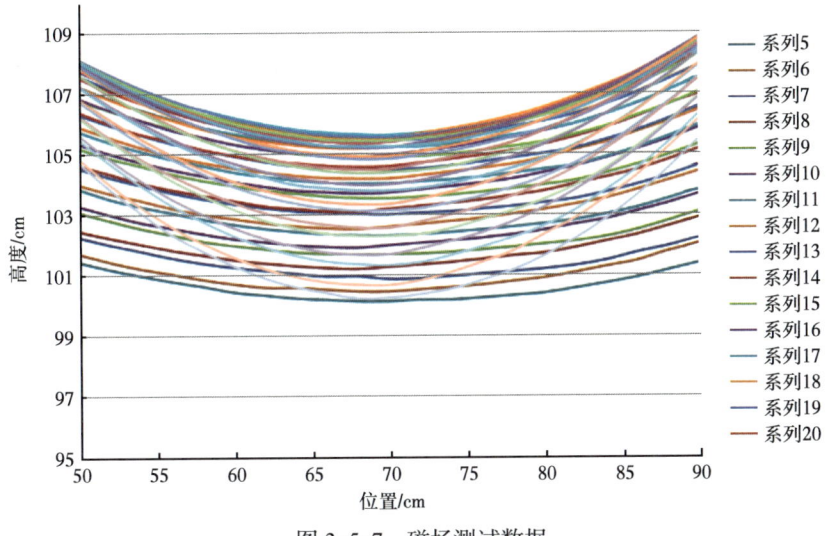

图 3-5-7　磁场测试数据

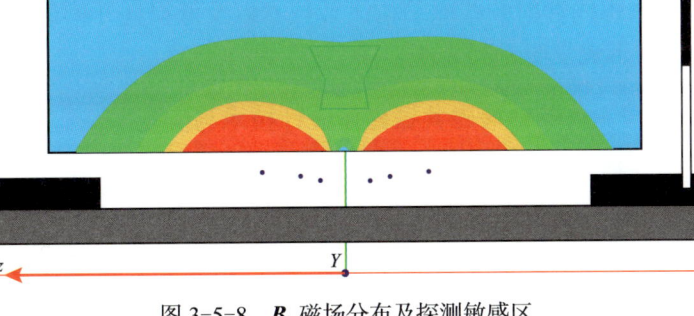

图 3-5-8　B_1 磁场分布及探测敏感区

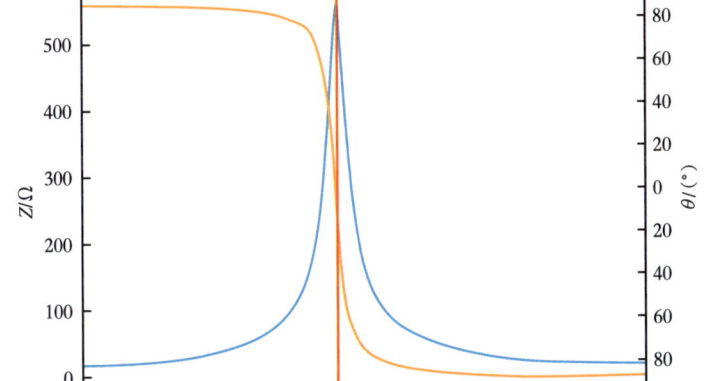

图 3-5-9　天线阻抗特征曲线

2）电子仪

电子仪用来完成脉冲序列的时序生成、射频脉冲的发射和回波信号的检测、放大与采集，以及实现与地面系统的通信等。电子仪设计主要解决以下几点难题：（1）纳秒级控制时序的精准设计，实现多回波间隔（T_E）、多等待时间（T_W）的 CPMG 脉冲序列；（2）高温环境下瞬时输出功率大于 20kW 的功率放大电路；（3）纳伏级回波信号进行低噪声放大的接收电路。

2. 工作模式

观测模式是一种以获得特定应用信息为目标的磁化和采集方式。模型机采用单频的工作模式，因此观测模式主要表现在对应时序的选择及时序中不同参数的组合方式。进行核磁共振 T_2 采集需要使自由感应衰减测量脉冲 FID 时序、T_2 谱测量脉冲 CPMG 时序、反转恢复法 T_1 谱测量脉冲 IR 时序、反转恢复法二维核磁 T_1-T_2 测量脉冲 IR-CPMG 时序，通常利用 FID 测量来寻找 90º 脉冲的宽度，使用 CPMG 时序测量横向弛豫时间 T_2，使用 IR 时序测量纵向弛豫时间 T_1，使用 IR-CPMG 时序测量纵向二维核磁共振 T_1-T_2 图谱。

三、关键技术及创新点

模型机关键技术及创新点主要包括低梯度、深探测的随钻核磁共振磁体设计技术与实现、环形变径聚焦螺线管射频线圈结构设计技术以及低损耗开槽的天线金属罩结构设计技术与实现工艺，形成发明专利 2 件。

1. 低梯度、深探测的随钻核磁共振磁体设计技术与实现

在测井过程中，径向振动所引起的回波衰减程度受静磁场变化程度的影响。从静磁场分布的角度来看，该影响与静磁场强度在径向上的梯度密切相关。

为了减少随钻过程中钻杆位移对核磁共振测量的影响，在设计磁场时，应尽可能降低测量敏感区的磁场梯度；同时，探测器磁体部分所采用磁性材料的机械强度相对较低，为了满足仪器在强震动环境中工作的机械强度要求，需要尽可能缩小磁体部分所占用的体积，提升钻铤本体的体积占比来确保探测器的机械强度。

通过对磁性材料优选和径向充磁的聚焦磁环磁体设计，建立了基于钐钴材料的独立聚焦双磁体结构，攻克了大型异形永磁体一体化成型技术，形成了一种低梯度、深探测的随钻核磁共振磁体，大幅度减小磁体的体积，并将磁场梯度控制在 2×10^{-4}T/cm 以下，在保证探测器强度满足随钻测量要求的同时，实现探测更深、测得更准。

2. 环形变径聚焦螺线管射频线圈结构设计技术

核磁共振天线的设计难点在于使射频磁场与静磁场的分布形态尽量一致，达到共振信号的最大化，提高探测的信噪比。在低梯度随钻核磁共振测井仪中使用的射频天线一般采用螺线管结构，但这种天线结构所产生的射频磁场的强度在其外部往往会形成较大的梯度，造成射频场强度在探测区域内的强度差异较大，导致探测区内被极化的氢原子核的扳转角度各不相同，有些过扳转，有些欠扳转，仅有部分是 90° 扳转，最终影响核磁

共振信号的有效采集。

同时，随钻核磁共振测井仪所能够提供的功率受限十分严重，天线位于两段磁体的间隙部分，并且为保证射频磁场分布形态的周向性和轴对称性，天线的结构需要关于其中心对称变化。另外，磁体所采用的磁性材料金属材质，对射频磁场具有影响，天线两端需要与磁体保持一定距离才能够保证射频磁场顺利辐射到目标区域。因此，需要合理考虑受限的天线总长度，天线的谐振阻抗应大于 500Ω，以确保工作时的稳定性和可靠性。

根据探测器磁体静磁场的约束，通过环形核磁共振天线数值模拟，设计了一种新型环形变径聚焦螺线管结构的天线，解决了探测区内同一高度点上射频磁场均匀分布的难题，实现了射频磁场与静磁场正交匹配的最大化。同时，通过对线圈匝数、半径、总长度同步优化，有效控制天线的总电感量，实现了随钻核磁共振测井仪低功耗条件下的射频磁场的高效发射（发明专利：核磁共振仪器的探测信号检测装置、系统及方法，专利号 CN109407024A）。

3. 低损耗开槽的天线金属罩结构设计技术与实现工艺

随钻核磁共振探测器的天线位于两段磁体之间，在随钻测井过程中，为使其稳定工作，需要增加天线罩作为仪器天线的保护装置，因此天线罩能够实现电磁波低损耗穿透的同时，还应具备一定的机械强度。

备选金属材料应在硬度及强度方面优势明显。通过电磁场数值模拟，计算天线金属罩开槽大小以及数量参数，设计低损耗开槽的天线金属罩结构，是一种有效提升结构强度的途径；同时基于金属材料低能量吸收的处理工艺，制作低损耗开槽的天线金属罩，形成高强度条件天线罩。

通过采用裸线圈与罩上金属外壳线圈对比测试，观察二者本身电参数变化情况以及通过相同电流外部磁场的变化，来研究天线金属外壳对天线参数及射频磁场的影响，测试结果见表 3-5-2。

表 3-5-2　线圈测试结果

距离 / mm	激励电压为 21V			激励电压为 10V		
	无金属罩壳	金属罩壳带屏蔽	金属罩壳无屏蔽	无金属罩壳	金属罩壳带屏蔽	金属罩壳无屏蔽
60	25 mV	22 mV	22.8 mV	15 mV	14.8 mV	15.6 mV
80	17.8 mV	17 mV	17 mV	10.8 mV	11 mV	11.2 mV
100	12.2 mV	13.8 mV	13 mV	8.8 mV	9.6 mV	9.8 mV

测试数据表明，有、无金属罩壳天线在相同位置发射 B_1 场相同，金属罩壳开槽后对发射射频脉冲幅度没有影响。天线罩金属材质相比陶瓷材质具有更高的强度和可靠性，因此天线金属罩结构为在强振动环境下的随钻核磁共振测量提供高机械强度的天线结构。

四、现场应用效果

模型机在西安石油工业计量中心标准井中进行功能测试,采用定点测量的方式,通过频率扫描、单频测试、测试曲线采集等试验环节,成功采集到 T_2 谱,如图 3-5-10 所示,CHI 曲线稳定且小于 2,B_1 曲线与增益曲线未有异常变化,所测 T_2 谱稳定,谱型、峰值与电缆测井在该井测试结果一致,计算孔隙度与标准井孔隙度数值一致,表明模型机达到了设计指标要求,采集的回波信号质量能够初步满足工程化仪器在钻进中核磁共振信息测量要求。

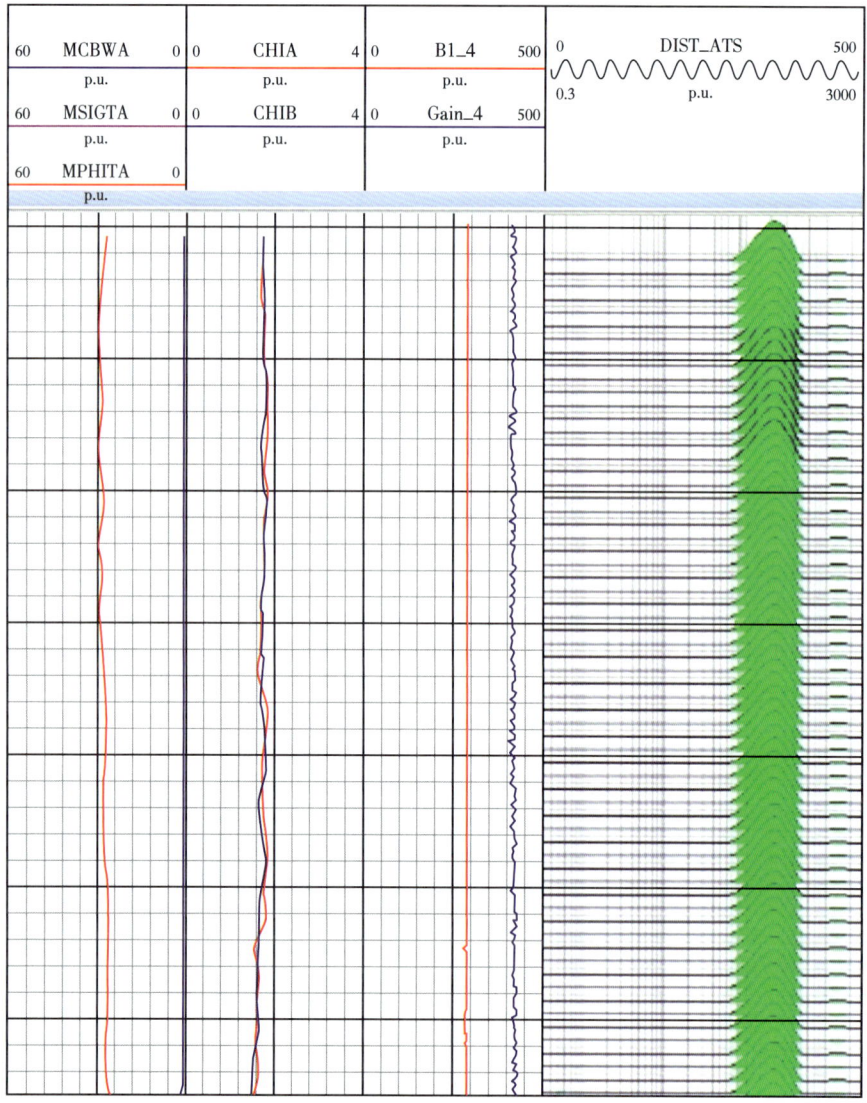

图 3-5-10 标准井图

第四章 深水深层高温高压测井技术与装备

随着我国油气勘探的不断深入，寻找优质油气藏的难度越来越大，发现大中型油气田越来越困难，在新的储量发现中低品位复杂油气藏占比较多，勘探目标从简单油气藏向复杂的地层—岩性油气藏拓展，从浅层向深层超深层、潜山拓展，从常温常压区向高温高压区拓展。在我国的南海、塔里木、四川等地相继发现了高温高压油气资源，我国南海与墨西哥湾、北海并称全球三大海上高温高压油气海区。国土资源部 2018 年《全国油气资源动态评价》显示，中国南海高温高压区域蕴藏天然气近 $15×10^{12}m^3$，约占南海总资源量的 1/3。近些年，我国渤海海域的深层勘探也取得了良好的发现。

国内常规成套测井技术装备工作温度与压力指标是 175℃/140MPa，可满足一般井况的勘探开发测井需求，对于高于 175℃/140MPa 的高温高压测井作业需依赖国外公司，而且设备数量严重不足，亟须研制耐高温高压的成套测井技术与装备，满足我国深层高温高压油气藏的勘探开发需求。

"十三五"之前，为应对高温高压油气藏勘探开发需要，我国石油测井相关企业开展了高温高压测井技术与装备的研究，积累了一些技术，取得了一些成果。中国海洋石油集团有限公司陆续研制了耐温 204℃、耐压 140MPa 的高温系列测井设备，20 世纪 90 年代研制了高温自然伽马测井仪、高温补偿中子测井仪，实现了小批量生产制造并投入测井作业，2010 年开始研制高温声电核大满贯和成像系列测井设备。中国石化胜利测井有限公司在 2006 年开始研制耐温 230℃、耐压 150MPa 的高温测井系列井下仪器，包括三臂井径、自然伽马、井斜方位、双侧向、补偿声波、补偿中子、补偿密度等测井仪器。

国际上，斯伦贝谢、贝克休斯、哈里伯顿三家油田技术服务公司都投产了高温高压测井设备，主要包括自然伽马、阵列感应、声波、补偿中子、岩性密度等系列井下测井仪器，覆盖仪器品种较少。

为满足高温高压油气藏勘探开发需要，中海油田服务股份有限公司（以下简称中海油服）在国家"十三五"科技重大专项的支持下，在自主高温高压测井技术原有基础上，研究应对高温高压、复杂储层油气藏勘探开发对井下测井设备的耐温、耐压挑战，开展关键传感器研制、超高温电路系统研制、耐高压机械结构设计，开发数据处理方法及软件，突破了 12 项关键核心技术，形成了 232℃/175MPa 超高温高压满贯电缆测井系列和 204℃/140MPa 高温高压成像测井技术系列，为我国高温高压油气藏提供了成套的测井技术装备解决方案，有效保障了中国海上高温高压油气勘探开发任务。

第一节 高温高压满贯测井技术系列

高温高压满贯测井系列仪器包括高速地面系统与高温高速遥测传输测井仪、高温微柱形聚焦测井仪、高温阵列感应测井仪、高温双侧向测井仪、高温阵列侧向测井仪、高温正交偶极阵列声波测井仪、高温自然伽马能谱测井仪、高温补偿中子测井仪、高温岩性密度测井仪、高温六臂井径测井仪、高温井周声波成像测井仪、高温水泥胶结成像测井仪等。

高温高压满贯测井仪器系列可以获取自然电位、井径、声波时差、多探测深度电阻率、地层孔隙度、岩性密度、自然伽马能谱等信息，用于流体识别、岩性识别、孔渗饱计算与沉积构造分析等，还可以提供套管内壁成像与厚度检测、扇区水泥胶结评价等技术服务，对固井质量与套管腐蚀等情况进行精确评价。

一、测量原理及主要功能

1. 测量原理

1）传输仪器

传输仪器将正交频分复用（DFDM）技术的优势与测井电缆信道的传输特性相结合，突破了测井电缆信道基带带宽不足的限制。通过 OFDM 算法及驱动电路将井下数据发送到电缆上，来自电缆的反射信号送至抑制地面调制信号的电路模块后，对 OFDM 调制器输出至电缆的信号进行抑制以降低该信号对 OFDM 解调器的影响。经过地面通信 DSP 解调井下仪器数据后，将数据通过 TCP/IP 发送到上位机，通过地面系统软件对原始测井资料进行预处理与标准化。

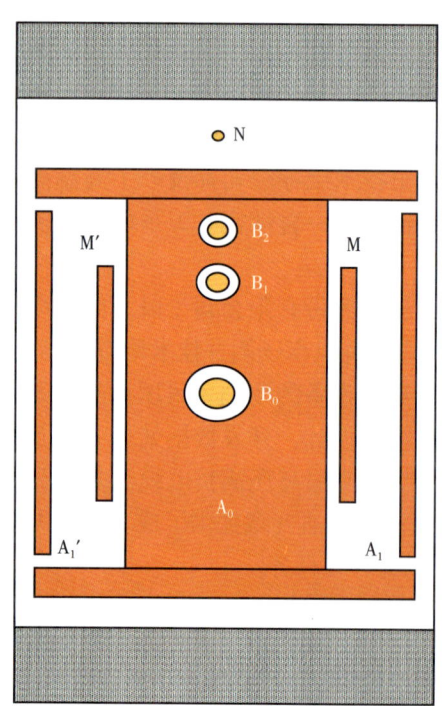

图 4-1-1　微柱极板结构图

2）电法测井仪器系列

电法测井仪器系列包括高温微柱形聚焦测井仪、高温双侧向测井仪、高温阵列侧向测井仪与高温阵列感应测井仪。

（1）高温微柱形聚焦测井仪通过极板中间主电极 A_0 提供主电流进入地层，由 A_0 电极的两个横向电极实现有源聚焦、纵向被动聚焦；极板两边的长条电极 A_1（A_1'）提供屏蔽电流注入地层，屏蔽电流大小受到控制，以保持在主电极 A_0 和屏蔽电极 A_1（A_1'）之间的监督电极 M（M'）的电位相等，实现极板横向有源聚焦（周太柱，2003）。

如图 4-1-1 所示，极板还有一个测量参考电极 N 位于 A_0 电极和回路电极中间。测量参考电极 N 和主电极 A_0 的电位差 U_{A_0N} 以及从纽扣电极 B_0 流出的电流大小 I_{B_0}，根据公式（4-1-1）便可以计算出 B_0 冲洗带视电阻率。同理，再分别测量纽扣电极 B_1 和 B_2 流出的电流 I_{B_1} 和 I_{B_2}，根据公式（4-1-2）和公式（4-1-3）即可求出探测深度较浅的 2 个地层视电阻率。

B_0 视电阻率：
$$\rho_{B_0} = k_{B_0} \frac{U_{A_0N}}{I_{B_0}} \quad (4\text{-}1\text{-}1)$$

B_1 视电阻率：
$$\rho_{B_1} = k_{B_1} \frac{U_{A_0N}}{I_{B_1}} \quad (4\text{-}1\text{-}2)$$

B_2 视电阻率：
$$\rho_{B_2} = k_{B_2} \frac{U_{A_0N}}{I_{B_2}} \quad (4\text{-}1\text{-}3)$$

式中 ρ_{B_i}——纽扣电极 B_i 的电阻率，$\Omega \cdot m$（$i=0$，1，2）；

k_{B_i}——纽扣电极 B_i 的 k 系数（$i=0$，1，2）；

U_{A_0N}——纽扣电极的探测电压，V；

I_{B_i}——纽扣电极的探测电流，A（$i=0$，1，2）。

微柱形聚焦电阻率测量为半圆柱形聚焦，这种聚焦方式可以同时测量得到 3 条电阻率曲线。相对于微球形聚焦测井，微柱极板受滤饼影响更小，探测深度适中，纵向分辨率高更，更适合井眼和滤饼的几何形状。如图 4-1-2 所示。微柱形聚焦径向探测深度分别为：1.46in，1.10in，0.71in。

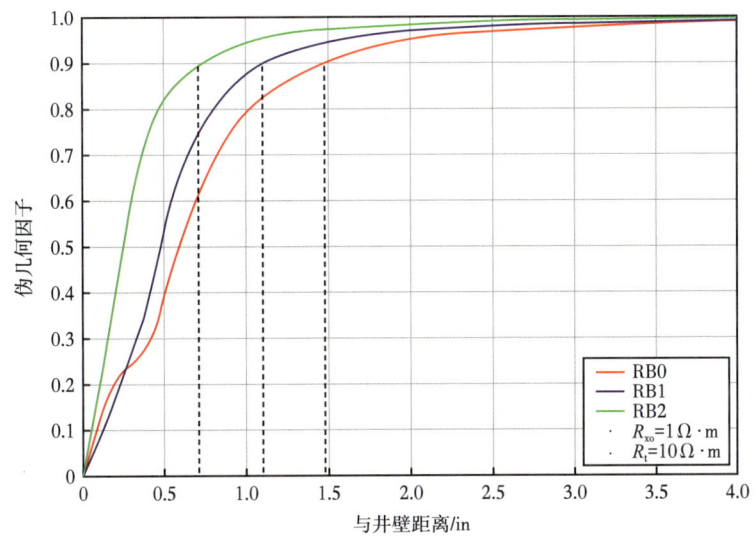

图 4-1-2 微柱聚焦径向探测深度图

（2）高温双侧向测井仪是在恒功率双侧向测井仪的基础上通过高温工艺改进而来，由于测量原理没有发生变化，国内众多书刊已经有相关介绍，本书不再赘述。

（3）高温阵列侧向测井仪由主电极 A_0、屏蔽电极（A_1 和 A_1'、A_2 和 A_2'、A_3 和 A_3'、A_4 和 A_4'、A_5 和 A_5'）和监督电极（M_1 和 M_1'、M_2 和 M_2'、M_3 和 M_3'、M_4 和 M_4'、M_5 和 M_5'、M_6 和 M_6'、M_7 和 M_7'）构成阵列电极系，如图 4-1-3 所示，主电极 A_0 和不同的屏蔽电极对及监督电极对的组合，形成四个测量深度的侧向测井模式，采用硬件聚焦的方式进行信号聚焦，并通过改变屏蔽电极的长度、回流电极的长度、回流路径实现不同径向探测深度的地层电阻率测量。其中屏蔽电极向地层发射屏蔽电流，主监督电极检测主监督电极之间的电位差，形成反馈电流，以驱动屏蔽电流使主监督电极之间的电位差趋于零。通过测量主电流（I_0）、监督电极与地面参考电极之间的电压差（V_0）来计算地层的电阻率。如公式（4-1-4）求得各个工作模式下的视电阻率：

$$R_i = K_i \frac{V_{M_0(i)}}{I_{0(i)}} \quad (4\text{-}1\text{-}4)$$

式中　R_i——工作模式 i 的视电阻率，$\Omega \cdot m$（i=1，2，3，4）；

　　　K_i——工作模式 i 的仪器常数（i=1，2，3，4）；

　　　$V_{M_0(i)}$——工作模式 i 的探测电压，V（i=1，2，3，4）；

　　　$I_{0(i)}$——工作模式 i 的探测电流，A（i=1，2，3，4）。

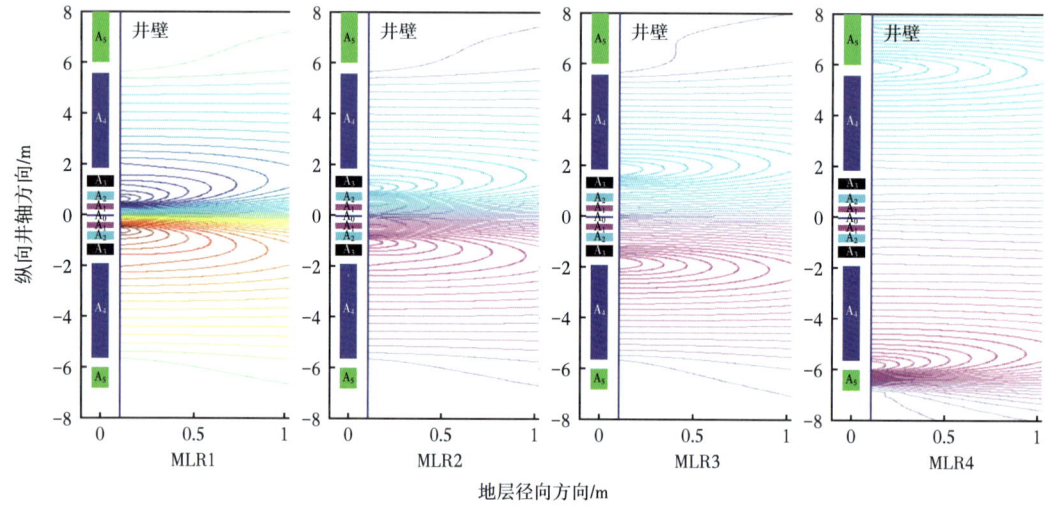

图 4-1-3　电极系结构和电流分布示意图

（4）高温阵列感应测井仪基于麦克斯韦的电磁理论（张庚骥，2003），原理如图 4-1-4 所示。图中 T 是发射线圈，R 是接收线圈。T 和 R 组成线圈系。T 和 R 都在井轴上，而且线圈轴和井轴一致，并设定井轴为柱坐标系 $r\varphi z$ 的 z 轴。T 和 R 之间的距离是 L，即线圈距。T 和 R 在 z 轴上的位置分别是 $-L/2$ 和 $L/2$。假定介质有对 z 轴的旋转对称性，即介质的性质与方位角 φ 无关。这样的介质就可以看作由许多截面积为 $drdz$ 的单元环所组成（几何因子理论）。单元环在 $r\varphi z$ 坐标系的方程中 r 和 z 为常数，在通过 z 轴的子午面上，它可以用面积元 $drdz$ 代表，单元环内的物质是均匀的。

在发射线圈 T 上加载一定频率交流电，产生的交流信号在地层环感应生成一个感应电压。这个电压与发射电流相位滞后 90°，而且电压产生的涡流按一定比例流进地层环的地层电阻率等值回路中。这个电流在接收线圈中产生感应电压，该电压与回路中的地层电导率成一定比例关系。这个比例常数随仪器轴线的半径和回路位置不同而不同，随线圈系的结构和位置不同而不同，这个比例常数就是几何因子。

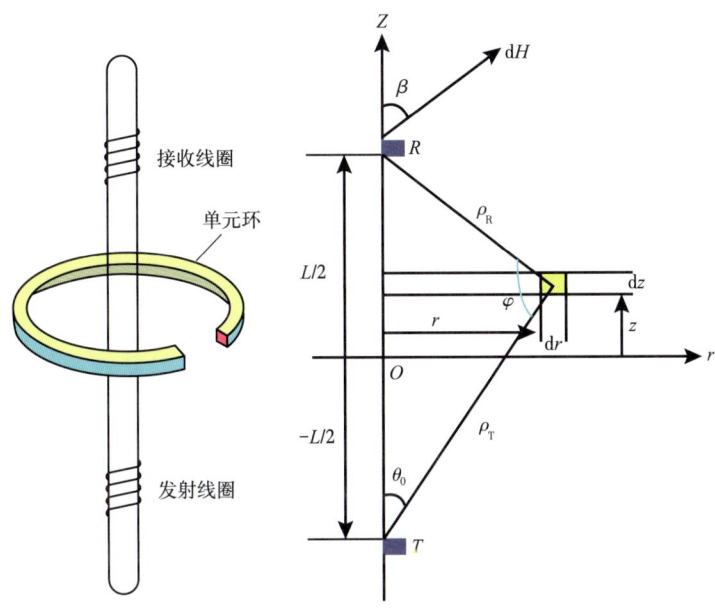

图 4-1-4　高温阵列感应测井原理示意图

对一个给定的线圈结构，几何因子是地层环的半径及其沿着仪器轴线位置的函数。所以可以把它考虑成一个二维函数。从上述模型中，可以推断出接收信号相对发射电流经过了两次 90° 的相移。所以接收信号与这个电流是反相的（实际上是 180° 相移，但是把信号变化按同相处理）。把同相信号称为"实部信号"，即有用信号；在接收器也有一个信号直接与发射器信号耦合，这个信号较大而且不受地层电导率的影响，将此信号称为"直接耦合"信号。还有一个与发射电流成 90° 异相的信号，它是受地层电导率的影响，把此信号称为"正交信号"。由于经过地层感应电流产生的携带有地层信息的有用信号很微弱，相对而言，直接耦后信号很强，若直接采用双线圈系，有用信号被直耦信号严重干扰，无法精确测量有用信号，为了克服这个问题，工程设计中线圈系基本单元采用三线圈系结构（一个发射，两个接收），如图 4-1-5 所示。

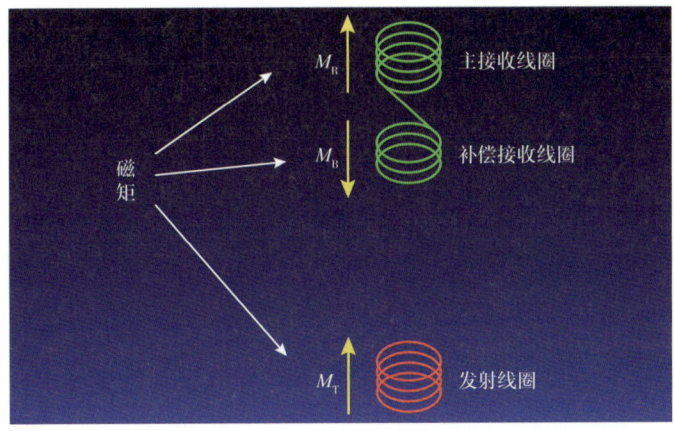

图 4-1-5　高温阵列感应仪器三线圈系结构示意图

通过合理设计补偿接收线圈和主接收线圈匝数比和绕线方向，可以有效抵消直接耦合信号。残余耦合信号可以根据相位的正交性加以分离去除。为了获得更好的探测效果和性能，还需要从硬件上进行聚焦，数据也需要进行井眼校正、趋肤效应校正、自适应性滤波和分辨率匹配等处理。为了提高探测性能，高温阵列感应测井仪线圈系采取多个子阵列多工作频率的设计，共设计 7 个三线圈系子阵列（如图 4-1-6 所示，T 为发射线圈，0~6 为接收线圈），可以同时测量 7 个子阵列的感应接收信号和一个发射参考信号，利用快速傅里叶变换分离出不同频率对应的实部分量和虚部分量。通过多个子阵列测量方式可以提高复杂环境下电导率的测量能力，其中短源距测量有利于井眼和侵入等环境校正，长源距测量有利于测得真实地层电导率。多频率测量提高了趋肤校正的准确性和数据的质量检测能力。

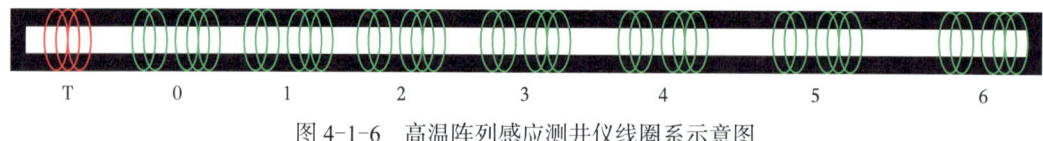

图 4-1-6　高温阵列感应测井仪线圈系示意图

3）声波测井仪器系列

高温高压满贯测井仪器系列中的声波测井仪器系列主要是高温正交偶极子阵列声波测井仪。

普通声波测井使用单极子声波发射器，其声源可看作是点声源或柱状声源。当单极子声源向井眼四周发射的声脉冲由井内流体折射进入地层时，一部分能量以滑行纵波模式传播，另一部分能量转换为滑行横波模式传播，因此在硬地层条件下可以得到纵波和横波信息，并计算出纵波和横波时差。但是在疏松的软地层中，横波速度小于井内流体声速，不能产生临界折射的滑行横波，井内接收器无法探测。这是单极子测井方式的局限。

为了解决这个问题，高温正交偶极子阵列声波测井仪引入了偶极子横波测井。它采用的偶极子声波源，可看作是两个距离很近、强度相同、相位相反的点声源的组合。偶极子声源很像一个活塞，在声偶极子轴的方向上，声压振幅具有最大值但相位相反；在垂直于声偶极子轴的方向上，声压恒为零。因此，当把偶极子声源置于井眼中央并让偶极子轴和井壁垂直时，不论在硬地层还是软地层井孔中，如果偶极子声源振动，那么井壁的一侧压力增大而另一侧压力减小，形成轻微的弯曲，于是在井壁附近产生弯曲模式波（弯曲波）并传播（图 4-1-7）。弯曲波是一种频散面波，具有频散特性。所谓频散特性，即波的传播速度随频率的变化而变化。这种弯曲波的振动方向与井轴垂直，但传播方向与井轴平行，频率越低，速度越快。在低频段（频率趋于截止频率），弯曲波速度等于地层横波速度，这是弯曲波速度的上限；在高频时，弯曲波以低于横波的速度传播。因此，在低频时，以横波速度传播的弯曲波，将以首波被接收。

4）核测井仪器系列

核测井仪器系列包括高温自然伽马能谱测井仪、高温补偿中子测井仪、高温岩性密度测井仪。

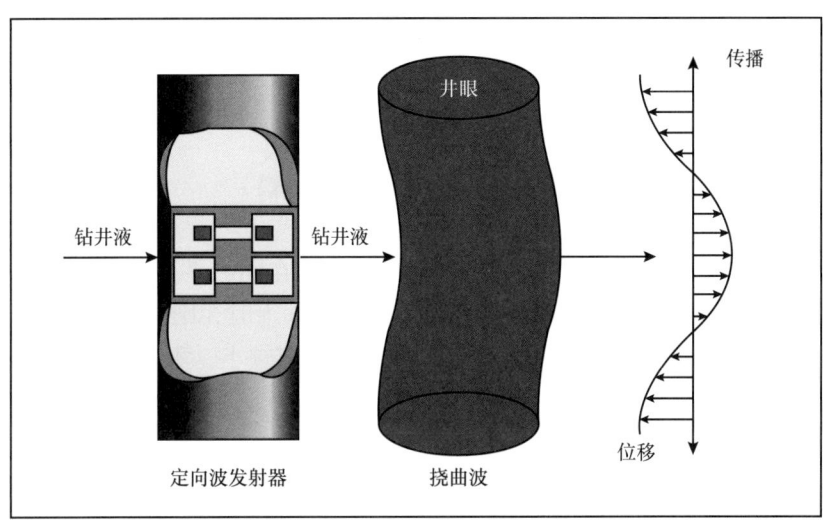

图 4-1-7 偶极子激发声波的示意图

高温自然伽马能谱测井仪通过记录不同能量范围的自然伽马射线，可以给出地层中钾、钍、铀的含量。它是在常规伽马能谱测井仪器的基础上，采用高温性能较好的探测器晶体和光电倍增管，设计开发了低功耗能谱采集控制电路，以及高性能保温瓶，提升了耐高温性能。由于它与常规自然伽马能谱测井仪原理相同，在此不再赘述。

高温补偿中子测井仪器与常规补偿中子测井仪测量原理相同，使用 18Ci 的 Am-Be 中子源产生快中子与地层物质反应减速成热中子，在不同的源距各有一个热中子探测器，探测热中子计数相应。对于测井环境来讲，氢是最有效的中子减速器。探测器计数率的降低指示了在中子源与地层之间含氢物质的增加，这样就间接表明了地层孔隙度的增加（庞巨丰等，1998）。

高温岩性密度测井仪与常规岩性密度仪器测量原理基本相同，通过 ^{137}Cs 向地层发射伽马射线，测量经过地层散射后的高能与低能伽马射线。其中高能量部分的散射伽马射线强度取决于密度；低能量部分主要和岩性有关，同时也和密度有关。经过数据处理后可以得到地层的光电吸收截面指数。

5）成像测井仪器系列

成像测井仪器系列包括高温六臂井径测井仪、高温井周声波成像测井仪、高温水泥胶结成像测井仪。

（1）高温六臂井径测井仪所用磁阻传感器有两组双臂电桥，每组电桥由四个薄膜合金电阻构成，如图 4-1-8 所示。每个薄膜合金电阻根据各向异性磁阻效应，受外部磁场影响时电阻会发生变化，其计算的经验公式可以由式（4-1-5）来表述。由于两两相对的电阻方向平行，因此施加外部磁场对它们电阻变化的影响是一致的，从而使电阻桥两臂中点电压不平衡，形成电势差，而且这个电势差与磁场方向的变化从式（4-1-5）可以看出存在正余弦相关性，见图 4-1-8（b），可以看到外部磁场周期变化时传感器电势差的输出呈正弦曲线变化。

$$R = R_0\left(1 + \frac{\Delta R}{R}\cos^2\theta\right) \quad (4\text{-}1\text{-}5)$$

式中　θ——磁化方向夹角，rad；

R——电流与磁化方向夹角为θ时的电阻，Ω；

R_0——电流垂直于磁化方向（$\theta=90°$）时的电阻，Ω；

ΔR——电阻变化值，Ω。

如图4-1-8（a）所示，传感器内部的桥A和桥B在同一平面上且严格相差45°。当有一外部磁场平行于电桥所在的平面施加到桥A和桥B上时，则两个桥都会形成电势差。由于磁阻传感器在外部磁场变化时本身输出信号的幅度较小，不利于高精度的采集与处理，因此需要对信号进行前端放大处理，见图4-1-8（a）。同时，由于输出信号存在负半周，高温六臂井径测井仪在前端放大电路对信号提供一个正电压偏置，将信号全部变为正信号，从而方便信号处理，并将传感器与信号前端处理电路集成在一起密封装入耐压壳体内，可以不直接接触被测物，从而实现井径对应的磁信号测量。

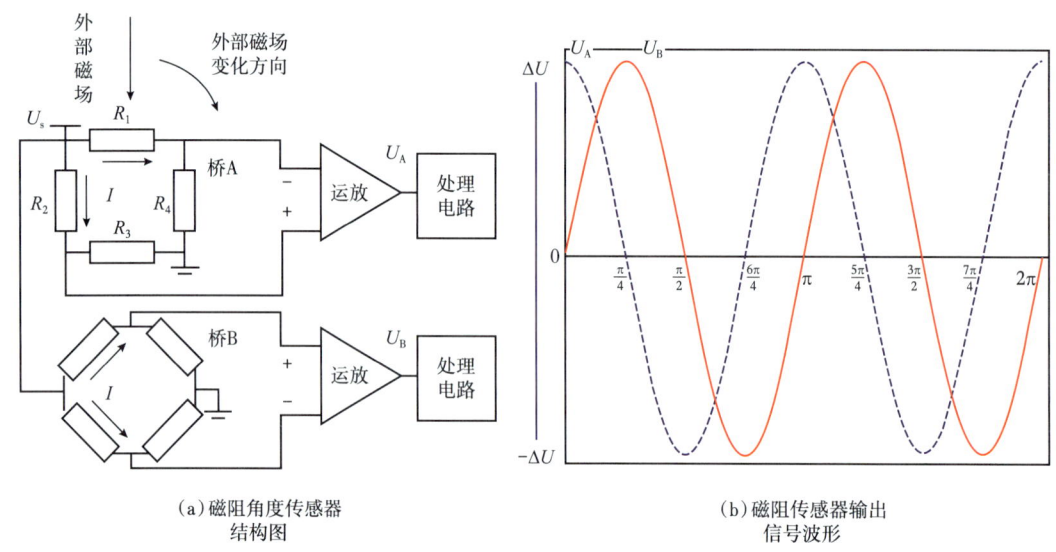

(a) 磁阻角度传感器结构图　　(b) 磁阻传感器输出信号波形

图4-1-8　磁阻双桥示意图

（2）高温井周声成像测井仪通过可以旋转的超声波探头发射高频声波脉冲，并测量回波的到时和幅度。回波的幅度大小受井壁结构的影响，而到时则反映了探头到井壁的距离。超声探头由电动机带动，每秒旋转11圈。旋转式聚焦换能器每转一圈，向井壁发射512个超声探测脉冲。接收机接收各次发射脉冲的回波，测量出回波幅度与回波时间，数字化调制后通过电缆遥测系统经电缆传至地面，之后将测量的回波幅度及回波时间的数组资料按井眼内360°方位显示成图像，就可获得整个井壁的高分辨率图像，由此可以观察井下岩性及井壁几何形状的变化。旋转式聚焦换能器以顺时针方向旋转，呈螺旋轨迹（上行或下行取决于测井方向）。井下仪中有一个三轴加速度计和磁力计，可得到仪器的方位，以此为参考记号，就可得到发射器发射脉冲的方位，经定向后获得磁北的井周声波回波幅度和回波时间图像。在实际测井过程中,当井中钻井液不同或井径大小变化时,通过调整可变增益放大器的增益或选用不同的工作频率或选用不同的发射电压,以达到最佳的测井效果。

(3)高温水泥胶结成像测井仪通过6个极板上的换能器在井周360°范围内对水泥固井质量进行测量,每个极板含有两个发射换能器和一个接收换能器。每组换能器相互补偿得到一个良好的数量效果,有效地进行固井质量评价,并通过变密度测井短节上两个发射换能器和一个接收换能器组合,来测量水泥和地层之间的胶结程度,协助判断窜槽及气侵现象。

高温水泥胶结成像测井仪利用4个邻近滑板上的2个发射器和2个接收器组成的声系,可从两个方向来测量声波衰减。当发射器 T_1 发射时,接收器 R_2 和 R_3 测量其下行信号声幅,定义为 A_{12} 和 A_{13},如图4-1-9所示。当发射器 T_4 发射时,由接收器 R_2 和 R_3 测量其声幅,定义为 A_{42} 和 A_{43}。两次测量结果组合在一起,可求出补偿后的衰减值,所得结果消除了接收器灵敏度的影响,测量过程在6个分区中的每一个都进行着重复。这样,对于6个区块的每一个,衰减测量结果得到完全的补偿。发射器和接收器的排列也同时补偿了套管表面不平和套管内壁有残留水泥的影响。

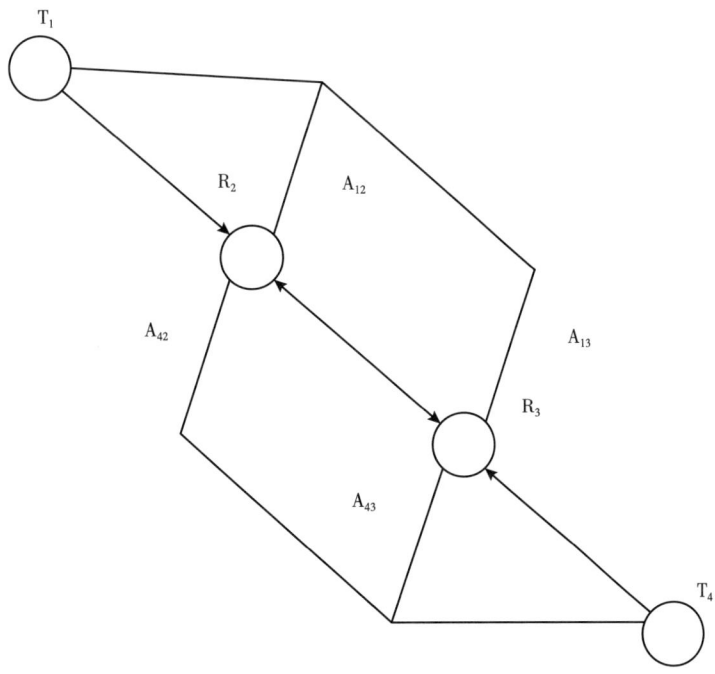

图4-1-9 换能器发射、接收示意图

2. 主要功能

高温高压满贯测井系列仪器主要覆盖电法测井、声波测井、核测井以及成像测井等4大种类测井仪器,主要功能与具体技术指标如表4-1-1所示。

表 4-1-1 高温高压满贯测井系列仪器技术指标与主要功能

仪器种类	仪器名称	技术指标	主要功能
电法测井仪器系列	高温微柱形聚焦测井仪	耐温耐压：232℃/175MPa； 电阻率测量范围：0.2~2000Ω·m 测量精度：±5%（2~200Ω·m），±20%（0.2~2Ω·m）±20%（200~2000Ω·m） 井径测量范围：5.5~16in 井径测量精度：±0.2in	测量冲洗带电阻率；评估滤饼参数
	高温双侧向测井仪	耐温耐压：232℃/175MPa 测量范围：0.2~40000Ω·m 探测深度：0.5m、1.0m 纵向分辨率：508mm 测量精度：±20%（0.2~1Ω·m），±5%（1~2000Ω·m），±10%（2000~5000Ω·m），±20%（5000~40000Ω·m）	测量地层电阻率，可进行油、气、水层划分；计算储层的含油饱和度；在裂缝性致密砂岩或碳酸盐岩中识别与评价裂缝性储层
	高温阵列侧向测井仪	耐温耐压：204℃/140MPa 测量范围：0.2~40000Ω·m 探测深度：0.23m、0.33m、0.48m、0.94m 纵向分辨率：300mm 测量精度：±20%（0.2~1Ω·m），±5%（1~2000Ω·m），±10%（2000~5000Ω·m），±20%（5000~40000Ω·m）	划分储层，如识别油层、气层、水层的分布范围和位置；划分岩性，如识别泥岩、砂岩、石灰岩等；计算含油气饱和度，是储量评价的重要依据；评估薄层，对于渗透性地层，可以提供清楚的侵入剖面
	高温阵列感应测井仪	耐温耐压：232℃/175MPa 测量范围：0.1~2000Ω·m 径向探测深度：10in、20in、30in、60in、90in、120in 测量精度：±1mS/m 或读数的 ±2%（60in、90in、120in 探测深度），±2mS/m 或读数的 ±2%（30in 探测深度），±4mS/m 或读数的 ±2%（20in 探测深度），±10mS/m 或读数的 ±2%（10in 探测深度）	测量地层真电阻率，计算储层含水饱和度；识别油水层，确定油水界面；计算侵入半径、侵入带电阻率；进行砂泥岩薄互层分析，寻找薄储层；辅助识别低阻油层
声波测井仪器系列	高温正交偶极阵列声波测井仪	耐温耐压：232℃/175MPa 适用井眼范围：4.5~21in 源距：单极 T01 时为 10.5in（3200.4mm）；T02 时为 8ft（2439.4mm），偶极 T23 时为 9.5ft（2590.8mm） 测量精度：纵波时差 ±3%，横波时差 ±5%，斯通利波时差 ±5%	测量地层纵波、横波、斯通利波速度，预测岩石机械特性，指示地层流体特性以及地层渗透率与孔隙度；测定岩性及地层各向异性
核测井仪器系列	高温自然伽马能谱测井仪	耐温耐压：232℃/175MPa 测量范围：0~2500API 精度：±2%（总伽马相对误差），±4%（U、Th、K 相对误差）	指示地层钾、铀、钍含量，从而研究生油层；识别页岩储集层，确定高放射性碎屑岩和碳酸盐岩储集层

续表

仪器种类	仪器名称	技术指标	主要功能
核测井仪器系列	高温补偿中子测井仪	耐温耐压：232℃/175MPa 测量范围：0～60p.u. 测量精度：小于20p.u.时为±1p.u.，20～45p.u.±3p.u.时为大于45p.u.时为±6p.u.	测量地层含氢指数，从而指示地层孔隙度；识别气层与油水层；结合密度仪器准确识别岩性
	高温岩性密度测井仪	耐温耐压：232℃/175MPa 测量范围：密度为1.04～3.0g/cm³，P_e为0.9～10b/e 测量精度：密度为±0.025g/cm³，P_e为±0.2b/e	准确测量地层密度值和光电吸收系数，识别气层，判别地层岩性和矿物成分
成像测井仪器系列	高温六臂井径仪	耐温耐压：204℃/140MPa 测量范围：139.7～660.4mm 测量精度：±5mm	测量井眼内径，为其他测井仪器提供井眼校正
	高温井周声成像测井仪	耐温耐压：204℃/140MPa 每圈采样点数：250点/圈 扫描速度：约11圈/s 垂直分辨率：2圈/cm 径向分辨率：4点/cm	帮助确定裂缝等低反射层；检测井壁岩性和构造变化
	高温水泥胶结成像测井仪	耐温耐压：204℃/140MPa 测量范围：1～22dB/ft，补偿衰减 测量精度：±0.1dB/ft 测量重复性：±0.1dB/ft 垂直分辨率：0.3in 径向分辨率：60°	评价第一和第二胶结面固井质量

二、仪器结构及工作模式

1. 结构组成

1）传输仪器

高温高速遥测传输仪基本电路分为电源部分和信号电路部分。电源部分在仪器的上部电源骨架上，位于金属绝热瓶外；信号电路部分在金属绝热瓶内的电子骨架上，处于仪器的下部。仪器电路采用低功耗设计，功率仅为22W。信号电路部分包括：OFDM通信板、Sensor板、驱动板、钻井液电阻率板、方位模块和伽马模块等电路，完成电缆通信、信号采集、总线收发等功能。仪器硬件模块划分见图4-1-10。

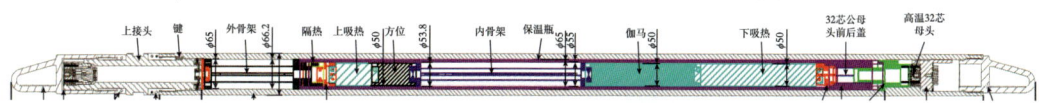

图4-1-10 高温高速遥测传输仪硬件模块划分示意图

2）电法测井仪器系列

高温微柱形聚焦测井仪由电子线路、推靠总成和微柱极板总成组成，结构如图 4-1-1 所示。

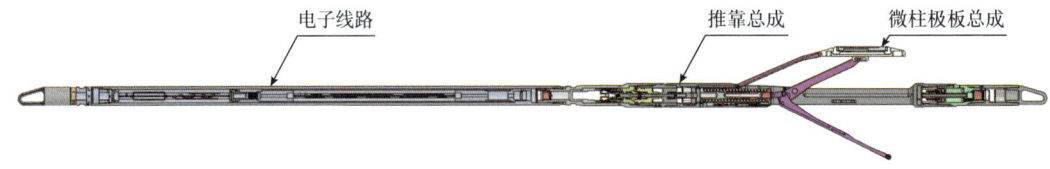

图 4-1-11　高温微柱聚焦测井仪结构图

高温阵列侧向测井仪（马欢波，2014）电极系由主电极 A_0、五对屏蔽电极 $A_1 \sim A_5$（$A_1' \sim A_5'$）和 7 对监督电极 $M_1 \sim M_7$（$M_1' \sim M_7'$）组成，屏蔽电极和监督电极都以主电极 A_0 为中心呈对称分布，如图 4-1-12 所示。

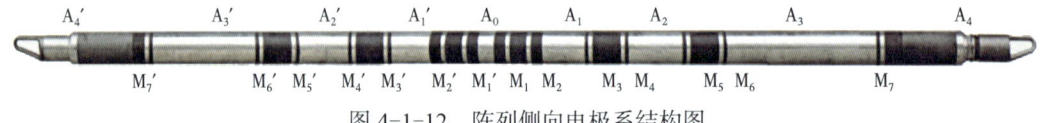

图 4-1-12　阵列侧向电极系结构图

高温阵列感应测井仪由电子短节、发射短节、发射线圈系、如图 4-1-13 所示。

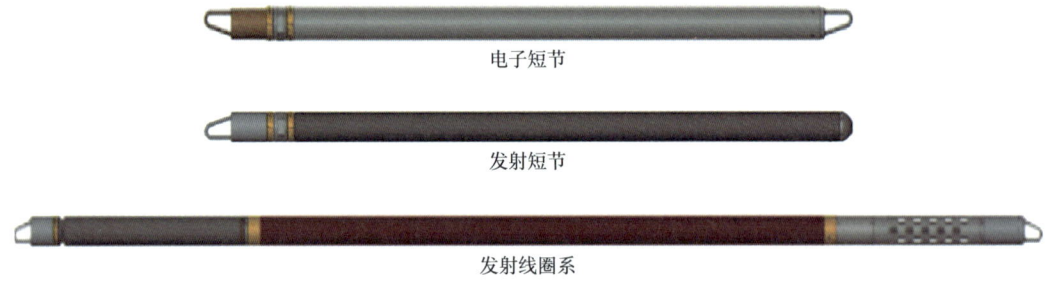

图 4-1-13　高温阵列感应测井仪示意图

3）声波测井仪器系列

高温正交偶极声波测井仪器主要包括发射声系、发射电路、隔声体、接收声系和接收电路五部分，如图 4-1-14 至图 4-1-16 所示。

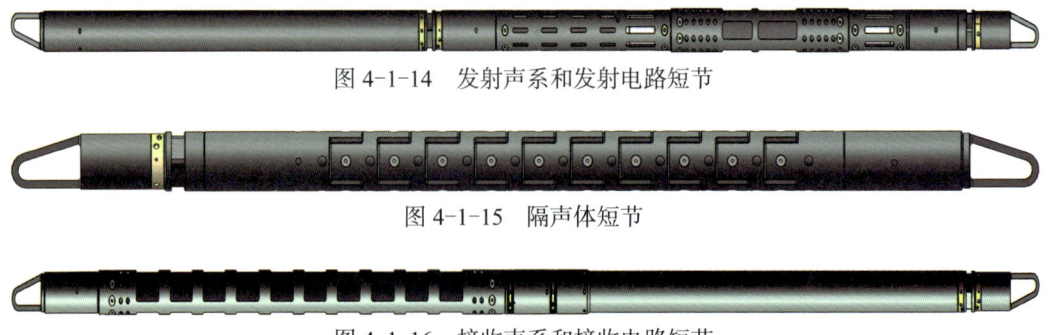

图 4-1-14　发射声系和发射电路短节

图 4-1-15　隔声体短节

图 4-1-16　接收声系和接收电路短节

4）核测井仪器系列

高温补偿中子测井仪为了满足高温工作环境要求，将仪器电子线路与探测器部分都放入保温瓶内。仪器通过改进仪器结构，在不改变仪器源距的情况下，可以与整个仪器串保持高边方位一致。图 4-1-17 为仪器结构图。

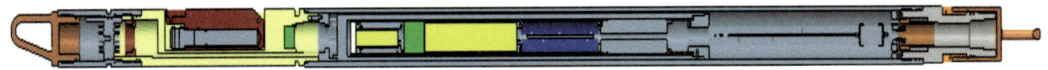

图 4-1-17　高温补偿中子测井仪机械结构

高温岩性密度测井仪将电子线路和探头部分集成到一起，置于保温瓶内，如图 4-1-18 所示。将长短源距探头的外壳和屏蔽体与仪器承压外壳集成，源仓设计为独立可拆卸的。源仓结构、装源方式与常规密度仪器一样，便于现场操作和维护。长短源距的铍窗盖板不再采用橡胶，改用 PEEK 材料，增加了抗腐蚀性。

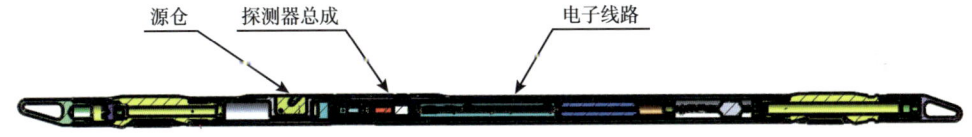

图 4-1-18　高温岩性密度测井仪机械结构

探测器部分结构仍然采用双晶体加光电倍增管的方式，长源距晶体尺寸比短源距晶体要大，以提高计数率。长短源距探测器加装了用于稳谱的背景放射源，如图 4-1-19 所示。

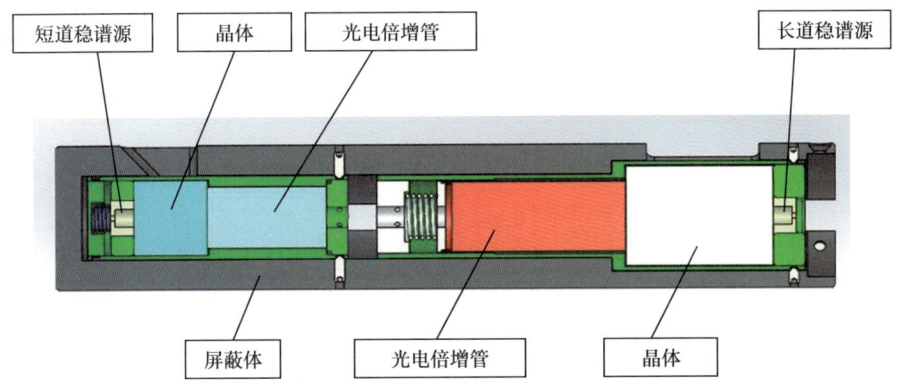

图 4-1-19　探头总成结构

5）成像测井仪器系列

高温水泥胶结成像测井仪结构如图 4-1-20 所示。它分为三节：控制电路及传输短节、探测及控制短节和变密度短节。其中控制电路及传输短节用于接收地面的指令，根据该指令控制扇形声波测井仪及陀螺仪进行相关测井操作，并将测量结果数字化后，通过单芯电缆传到地面，供地面系统分析存储；变密度短节测量用于测量 5ft 声波信号，能够对第一界面和第二界面（即套管与水泥和水泥与地层两个界面）进行胶结状况的评价。

- 145 -

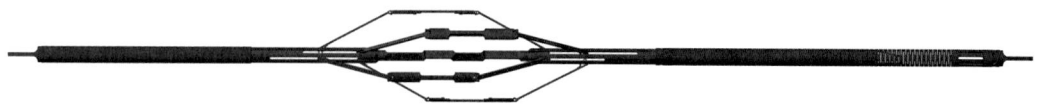

图 4-1-20　高温水泥胶结成像测井仪结构图

2. 工作模式

1）传输仪器

高温高速遥测传输仪主要与高速地面系统配合实现了高速率的电缆通信，为地面命令的下发和井下仪器数据的上传提供通道。该仪器上端通过 2、3、5、6 号芯组合实现 OFDM 通信，下端采用同轴电缆总线实现井下仪器总线的通信，并实现两者的连接，为数据传输提供稳定可靠的通道。

系统传输通道的上行数据采用 M5 通道，下行数据采用 M2 通道，上行数据和下行数据分开传输。对应的变压器接入模式如图 4-1-21 所示，用七芯电缆的四根缆芯和两个匝数比为 1∶2 的模式变压器实现。

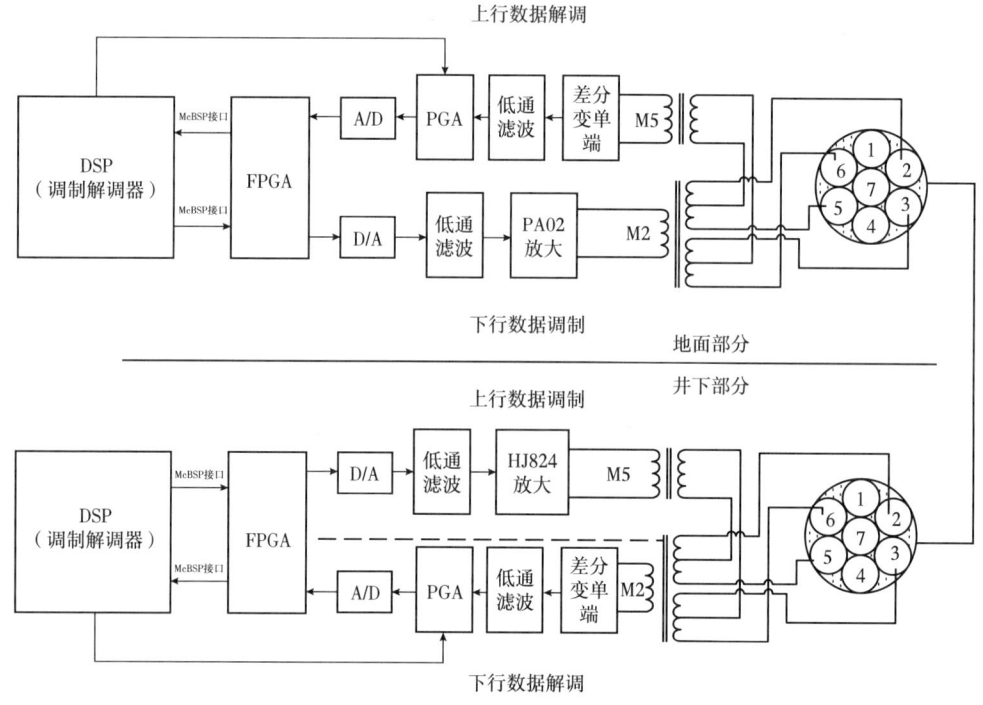

图 4-1-21　地面系统与传输仪器工作流程示意图

2）电法测井仪器系列

高温微柱形聚焦测井仪电路包括主控与通信电路、测量电路、发射电路、监督电路、刻度电路、马达电路、模拟电源电路、数字电源电路。通信模块接收到上位机的命令，然后通过 FPGA 进行命令解码，FPGA 控制八通道的模数转换器进行模数转换并将采集到的数据发送给 DSP，使用相敏检波算法进行信号幅度的计算，最后将计算结果再通过 FPGA 上传给上位机。

高温阵列侧向测井仪的高温电子线路包括主控模块、发射电压模块、发射电流模块、信号聚焦模块、模拟电源模块、数字电源模块。主控板与地面系统进行命令交互。主控板接收到仪器工作模式和发射使能命令后，就会设置相应的发射参考信号。3个电压源驱动板和1个电流源板根据发射参考信号会产生相应频率和幅度的发射信号。信号聚焦板保证主监督电极 M_1（M_1'）与 M_2（M_2'）之间的压差几乎为 0。信号聚焦板根据地层负载情况，会产生相应的探测电流和探测电压。前置放大模块通过多个放大通道对探测电流进行适当的信号放大，并将模拟信号转换成数字信号。信号监测模块对发射电压和发射电流进行监测。主控板根据前放板模块的信号进行探测电流和探测电压的幅度计算，最终将该幅度计算结果发送给地面系统，完成电阻率曲线的计算。

高温阵列感应测井仪电路系统主要分测控、发射信号产生和驱动、信号接收及处理三部分，具体分为五大功能模块：主控电路、采集电路、发射控制、发射驱动电路、微弱信号放大滤波处理电路。各部分电路之间的连接关系见图 4-1-22。

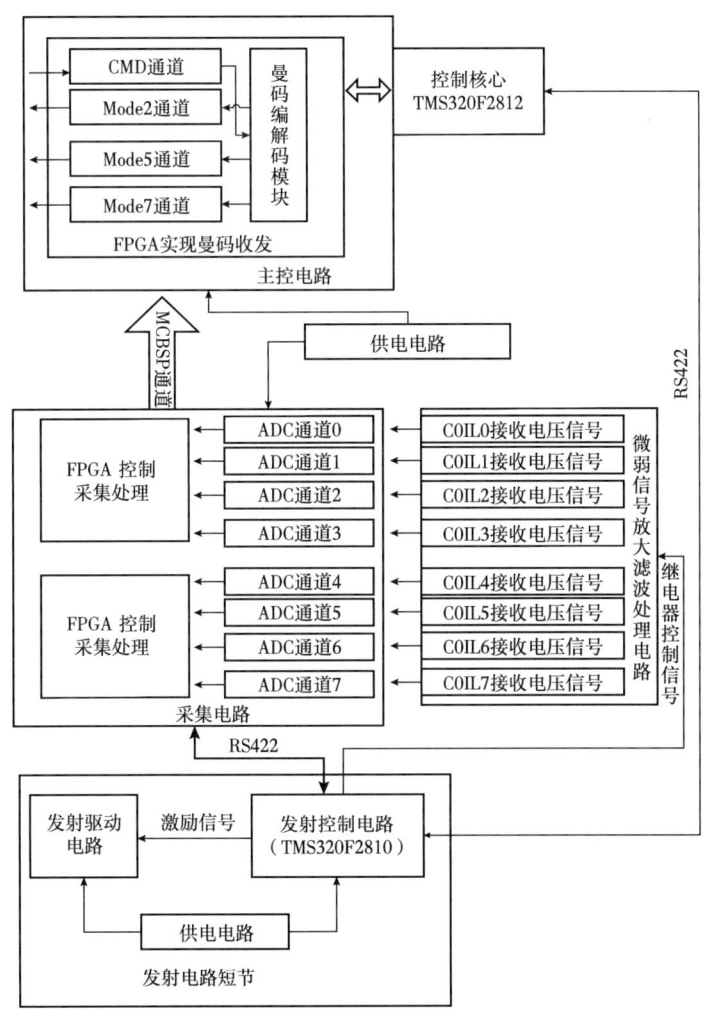

图 4-1-22 电路系统总体框架图

主控电路接收地面系统测控命令,传送给相应控制电路,依次完成一系列动作。其中,主控电路上的 FPGA 是通信核心,同时 FPGA 内部设计有时序电路,控制数据采集的周期数。

3)声波测井仪器系列

高温正交偶极阵列声波测井仪电路系统结构如图 4-1-23 所示。接收电路主要接收 8 个通道的阵列接收器从 4 个方向收到的 32 路声波模拟信号,并对其进行信号调理。调理后的信号进行模数转换及数字化处理,然后响应地面控制系统的命令,完成测井流程控制。发射电路通过控制近单极发射器(TX2)、远单极发射器(TX1)和互相垂直的一对偶极发射器(TX3 和 TX4)的工作时序,产生声波信号。

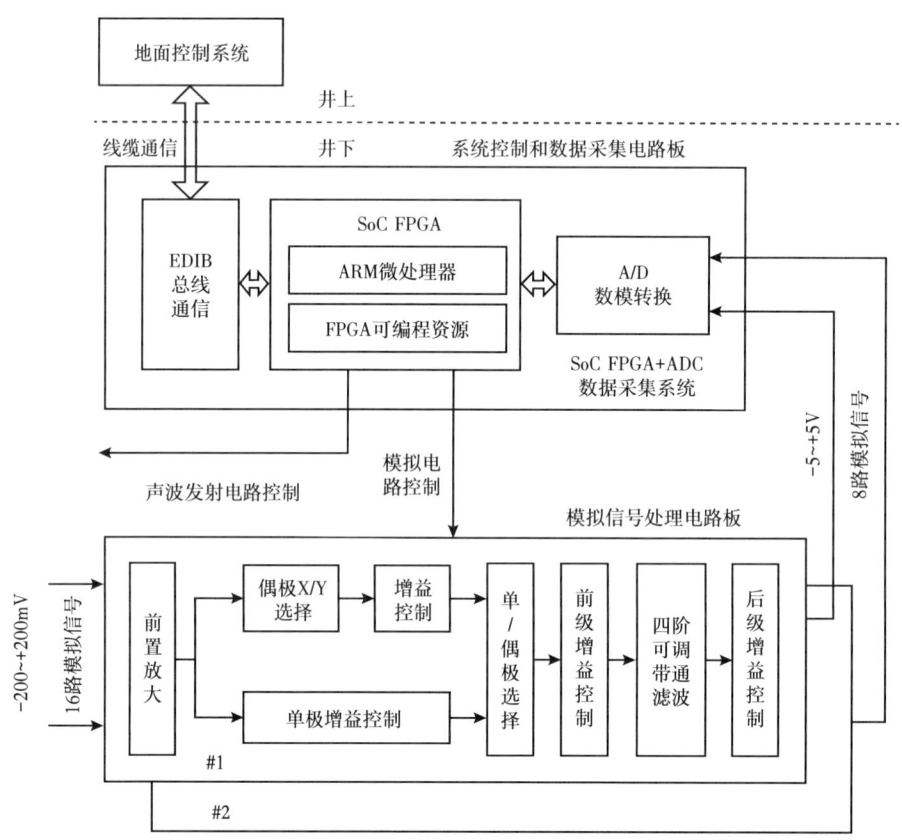

图 4-1-23 高温正交偶极阵列声波测井仪电路系统结构

系统工作流程如图 4-1-23 所示,控制板通过 EDIB 总线接收到地面系统下发的采集命令后,首先对模拟板电路进行配置,包括偶极 X/Y 选择、单/偶极选择以及前后级增益控制。然后配置发射短节激发换能器发射声波信号,之后由模拟板对接收探头接收的 32 路 -200~200mV 模拟声波信号进行前置放大、偶极 X/Y 选择、单/偶极选择、滤波以及增益控制。经过处理的适合模数转换的信号(-5~5V)被送入控制板。信号在控制板上首先由 ADC 进行模数转换,之后由 FPGA 完成数字信号处理、命令响应和数据打包上传等一系列操作。

4）核测井仪器系列

高温补偿中子测井仪主要包括 ^{3}He 管传感器、中子脉冲信号处理电路、CPU 电路、电源电路等四部分组成。电源电路包括电路供电以及探测器高压供电，由于功耗较大，放置在保温瓶外部电路骨架上。电源电路总体耐温可达到 232℃。为了实现保温瓶内低功耗要求，CPU 电路采用低功耗 MCU 并通过软件实现包括信号采集、通信等功能。电路框图如图 4-1-24 所示。

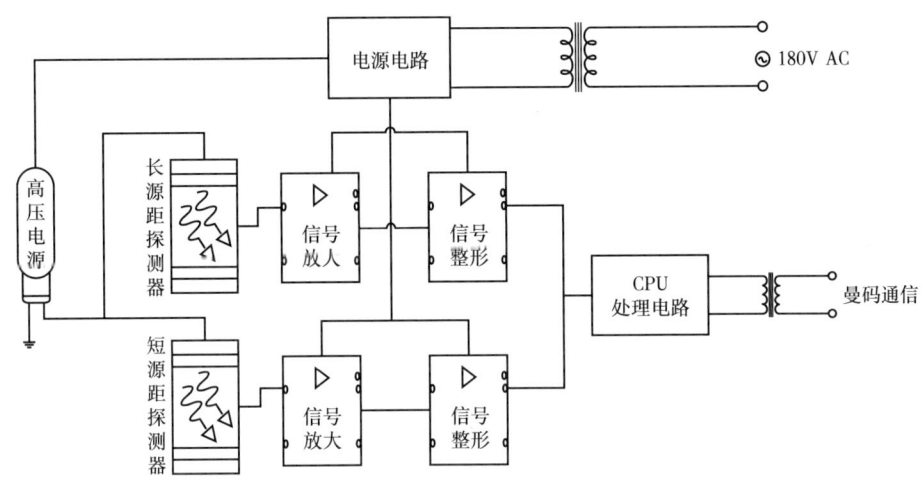

图 4-1-24 高温补偿中子测井仪电路原理框图

5）成像测井仪器系列

高温六臂井径测井仪利用磁阻传感器进行角度测量来计算井径（陈国栋等，2016），优点是被测对象与传感器不发生接触，也就不存在机械摩擦、腐蚀等损耗传感器的因素，因此传感器可以长时间稳定可靠地工作。高温六臂井径测井仪采用单独的六个臂设计，如图 4-1-25 所示，其中 θ 和 β 分别为上臂、下臂与仪器机体的夹角。R 为耐磨块与机体的垂直距离即半径，L 为上臂、下臂传感器之间的距离，x 为耐磨块在机体的投影距离上臂传感器的距离。每个臂由上、下两个半臂组成，每个半臂采用可伸缩结构，由弹簧驱动。由于每个半臂都可以独立伸缩，所以该仪器既可以上提测量，又可以下放测量。仪器每个臂的上、下两个半臂底部分别用销轴固定连接在仪器的机体上，每个半臂可以沿仪器径向以销轴为圆心进行一个自由度的转动。每个半臂与机体连接的根部装有磁环，作为磁阻传感器的测量对象。上、下两个半臂通过一个耐磨滑块连接，使得两个半臂形成固定的三角几何关系。仪器在井下拖动的过程中，由于两个半臂弹簧的压力，耐磨块与井壁紧密接触并且随着井眼直径的大小使两个半臂发生压缩或者拉伸，同时也使得两个半臂与机体轴线之间的角度发生变化，磁阻传感器可以通过半臂根部的磁环精确测量出角度，从而可以算出将井眼呈 60° 划分的六个臂所测半径，得到 3 个方向的三条井径曲线或 6 条半径曲线。通过挂接井斜方位仪器，确定不同方向的井径值，进而通过拟合形成井眼几何轮廓成像。

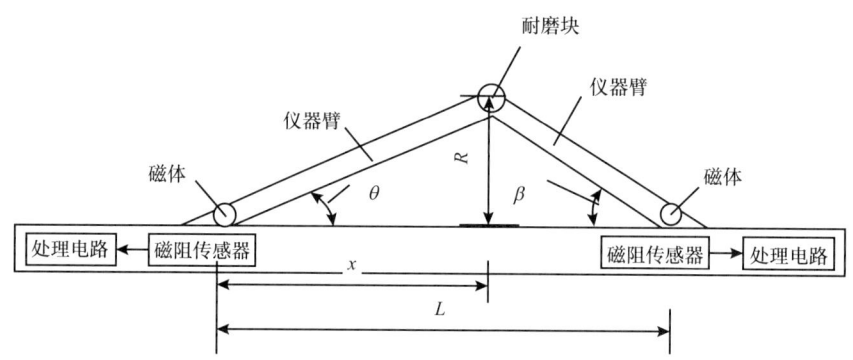

图 4-1-25 高温六臂井径测井仪测量原理示意图

高温井周声成像测井仪井下电路主要包括主控电路和发射电路。低功耗超声成像电路系统井下主控电路是仪器工作的控制核心、数据处理与存储中心,连接着地面系统和井下仪器其他部分。井下主控电路的主要功能是完成低功耗超声成像电路系统的工作流程控制、上位机通信指令解析与响应,以及对所采集到的数据进行存储、处理和上传。井下发射电路主要完成各探头发射高压的生成和激发功能。在发射时,探头换能器两端加上发射电路产生的高压驱动信号,发射出足够能量的超声波,使接收换能器能够接收并识别。常采用 PWM 波调制 + 逆变器功率放大 + 谐振网络选频的方法产生高压正弦波对声波换能器进行激励。整体功能框图如图 4-1-26 所示,图中的高压产生使能指高压使能信号,由主控电路提供。

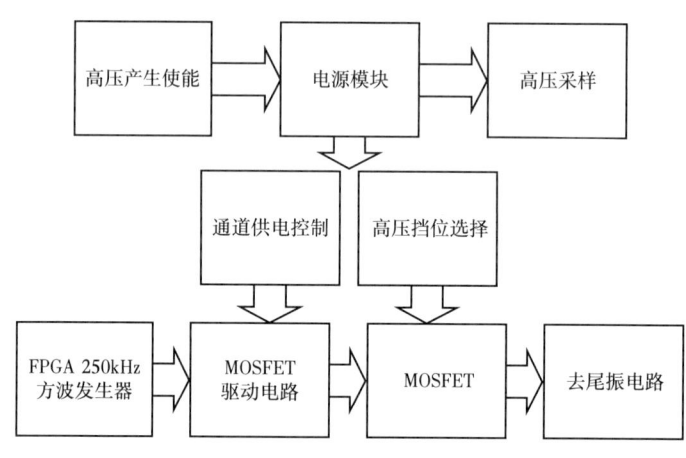

图 4-1-26 发射板模块框图

高温水泥胶结成像测井仪电路包括接口处理模块、主控制模块、命令收发与电动机控制模块、信号接收与放大模块、发射驱动模块和供电模块。电路框图如图 4-1-27 所示。其中主控制模块负责所有数据的接收处理以及解析地面发送的控制命令,并且根据采集信号的大小来控制信号的幅度调节,同时完成保温瓶内温度、仪器倾角与方位信号的采集。命令收发与电动机控制模块通过电缆与地面系统进行通信,还负责驱动推靠电动机,使极板张开或收拢。信号接收与放大模块对极板信号及变密度信号进行前置放大、滤波和信号幅度调节，根据主控制模块的采集时序要求，将信号通过模拟开关发送给主控制模块进行采集。发射驱动模块为极板和变密度换能器提供发射信号，在主控制模块的控制下产生高压声波发射信号。

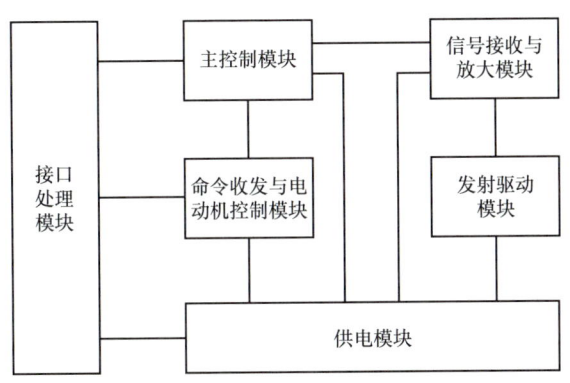

图 4-1-27　高温水泥胶结成像测井仪电路结构图

三、关键技术及创新点

在常规 175℃/140MPa 系列仪器基础上，通过攻关电路高温化以及传感器与机械组件耐高压技术，优化了电路的低功耗设计，提升了高温高压工况下仪器的可靠性，形成了 232℃/175MPa 高温高压满贯测井系列仪器。

1. 基于 OFDM 的测井电缆高速数据传输技术

高温高压井通常面临的是深水深层的地下工况，电缆长度以及井下温度都会对井下仪器与地面系统的通信数据质量造成影响。此外成像类测井仪器数据量大，如果数据传输速率低，就必须放慢测速，增加了井下仪器高温工作时间以及吸附卡的风险。

为了解决以上问题，高速电缆遥测传输仪采用正交频分复用（OFDM）技术（专利号：ZL201510104673.6），将 OFDM 技术的优势与测井电缆信道的传输特性相结合，设计了一种基于 OFDM 技术的测井电缆高速数据传输系统。井下仪器采集的地层信息经井下调制器调制经测井电缆送往地面，调制过程中采用 RS 编码和交织来纠正信号传输过程中的突发错误、改善系统的误码性能，可实现数据可靠传输。在解调过程中，信道均衡分别在时域和频域进行，时域采用固定系数的均衡器，用于消除电缆信道的时延扩展；而频域则采用判决反馈的盲均衡技术，跟踪信道参数的缓慢变化。

通过此技术解决了电缆信道带宽有限和数据传输速率要求高之间的矛盾，在 7000m 测井电缆上可实现 800Kb/s 以上的数据传输速率和低于 5×10^{-8} 的误码率。

2. 电子电路耐高温低功耗设计技术

电子元器件绝大部分为硅基材料，硅基芯片的结温普遍在 150℃ 以下，芯片通电工作时本身存在热功耗。在外界高温环境下，芯片的实际结温很容易超过极限而失效损坏，从而造成测井仪器故障导致作业失败。

为了解决高温测井仪器电子电路在井下长时间耐高温工作的问题，不同仪器根据自身特点采取高温芯片及电路设计、低功耗电路设计以及高温芯片封装工艺等技术，实现了测井仪器高温工况下长时间稳定工作。

高温阵列侧向测井仪多通道微弱信号检测高温电路，通过高温芯片及电路设计可以在高温环境中稳定地测量出地层电阻率范围为 $0.2\sim100000\Omega\cdot m$ 的四条电阻率曲线，实现了发射信号幅度自动控制、接收信号自动最优通道选择、信号采集次数根据测井速度自动叠加的功能，相对于原有技术，更适应于高导电钻井液、大动态范围地层电阻率的测量。

高温正交偶极阵列声波测井仪在系统设计时采用了低功耗模块化设计思路，从系统架构级、芯片级、RTL 级等多个层次优化系统功耗，最终将设计模块整体功耗控制在了 1W 以内，相对以前电路 5W 功耗大幅下降，从而满足长时间工作要求。

针对部分没有高温性能的芯片，仪器设计中采用陶瓷厚膜二次封装工艺，增强了芯片散热能力，大幅度提高了芯片的耐温性能，如图 4-1-28 所示。

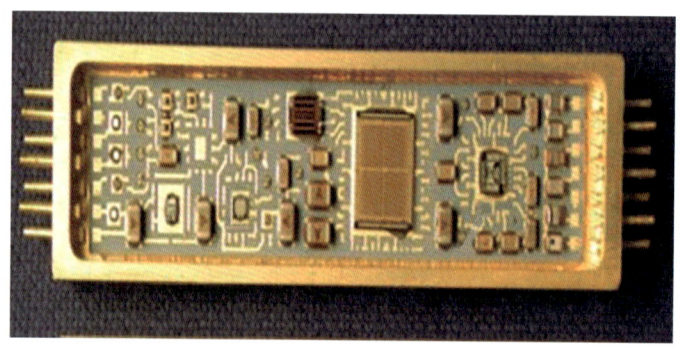

图 4-1-28　芯片厚膜封装

3. 耐高温与耐高压机械设计技术

深水深层所面临的高温高压地层，也给测井仪器机械结构带来挑战。机械结构是测井仪器的载体，需要密切配合探测器以及电路需求进行设计。可以通过保温瓶绝热技术、探测器一体化集成技术以及特殊材料选型及功能优化设计等机械优化设计技术，实现仪器在高温高压工况下的稳定可靠工作。

高温测井全系列仪器骨架采用耐高温的保温瓶外壳并按照统一的安装标准进行设计，在保温瓶上使用特种材料作为热障涂层进行隔热，同时保温瓶内采取吸热隔热措施，内置吸热剂，减缓仪器温升。真空绝热保温瓶外壳如图 4-1-29 所示。

图 4-1-29　真空绝热保温瓶外壳

阵列侧向电极系机电一体化高集成设计技术（专利号：ZL202010213107.X）使电极系内部成为能够容纳该仪器全部测量电路的承压密封腔室，测量电极通过径向布置的承压密封插针直接与测量电路连接，最大限度减少导线长度，从而将导线附加电阻与导线干扰信号控制到最小，保证仪器的测量精度。该技术的创新点是电极系内腔容纳全部测量电路，不需要单独的测量电路短节，缩短了仪器的整体长度，比国内外同类仪器长度缩短了45%，达到国际先进水平。

阵列声波井周方位一致性机械结构设计技术（专利号：ZL202010345688.2）在正交偶极阵列声波仪器中设计出有横槽的接收电路外壳和带有燕尾槽的上连接体结构，用键槽结构进行周向方向的定位，最后通过快旋螺母进行连接，从而可以保证整串仪器的周向方位一致性。

高温阵列感应测井仪线圈系在高温环境是一个薄弱环节。相对于传统线圈系，高温阵列感应测井仪线圈系选用了耐温效果更佳的特殊陶瓷材料。通过优化结构，去掉了自然电位测量电极这个薄弱点，采用了耐温更佳的特种玻璃钢材料，达到了整体耐高温高压要求。

4. 耐高温探测器机电一体化设计技术

探测器是部分测井仪器耐高温高压的薄弱环节，由于仪器结构受测量原理所限，无法通过保温瓶绝热技术进行优化，必须通过改变探测器测量方式或者选用新材料等手段达到耐高温高压的要求。

岩性密度耐高温探测技术采用钛合金材料作为保温瓶的外壁，同时长短源距均采用铍窗，并且将长源距适度调小增加伽马射线进入的概率，以减少耐高温高压仪器壳体对伽马射线的影响。此外，在传统的密度仪器中，一般只有长源距通过稳谱源自动稳谱，短源距通过热敏电阻补偿进行稳谱。但由于光电倍增管随温度的增益变化并不完全一致，导致测量误差，因此高温岩性密度测井仪的短源距也采用 ^{137}Cs 稳谱源进行自动稳谱，保证了测量精度。

传统三臂及多臂井径测井仪使用时间较长或仪器下井次数较多后，传感器接触位置易出现磨损，造成测量精度下降。此外传统接触式传感器不能直接暴露在钻井液环境中，常需要皮囊等隔离配件，对含硫化氢井况适应性较差，保养较为繁琐。高温六臂井径测井仪通过采用磁阻传感器等非接触式耐高温井径传感技术（专利号：ZL201822086721.5），传感器与被测量磁环无须接触，传感器被封装在承压壳体内部，因此不存在接触损耗，此外对硫化氢等井况也可很好适应，易于保养，解决了传统井径仪器中存在的缺点。

四、现场应用效果

高温高压满贯测井系列的研制，打破了国外技术垄断，节约进口国外同类仪器成本上亿元。截至2021年，高温高压满贯测井系列已累计完成高温井作业超过35井次，其中阵列侧向测井仪成功完成井温199℃的渤海某井作业，正交偶极子声波测井仪成功完成井温206℃新疆某井作业，创造了国内同类仪器作业温度纪录。

1. 功能测试

高温微柱形聚焦测井仪在河北燕郊科索1井以及山东胜利孤古8井等试验标准井中均取得了合格的成像测井资料，如图4-1-30所示。通过对比可以看出，微柱测量曲线

（第三道）的数值与微球（第四道）一致，但其能够测量出三条冲洗带曲线，所获取的资料更为全面。

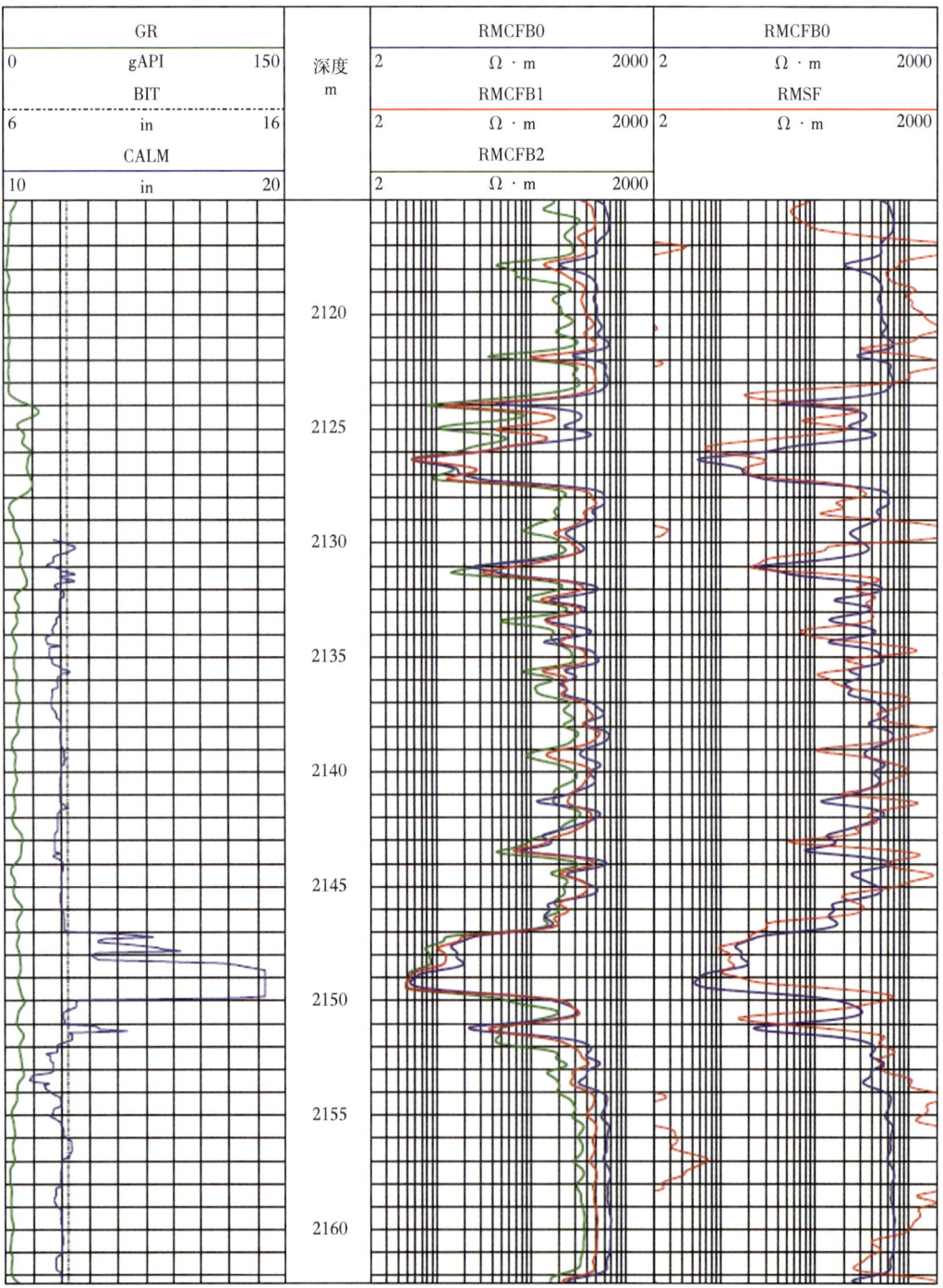

图 4-1-30　微柱聚焦测井仪在孤古 8 井测井曲线图

高温正交偶极阵列声波仪器在山东孤古 8 井裸眼段 2150~2320m 全井段测得的单极全波进行 STC 处理，得到纵波、横波和斯通利波时差曲线，如图 4-1-31 所示，与常温阵列声波仪器测得的时差曲线进行对比，可以看出该井段中高温正交偶极阵列声波测井仪器提取的时差曲线与常温仪器提取的时差曲线重合度很高，并且时差曲线体现的地层特征与 GR 曲线体现的地层特征一致。

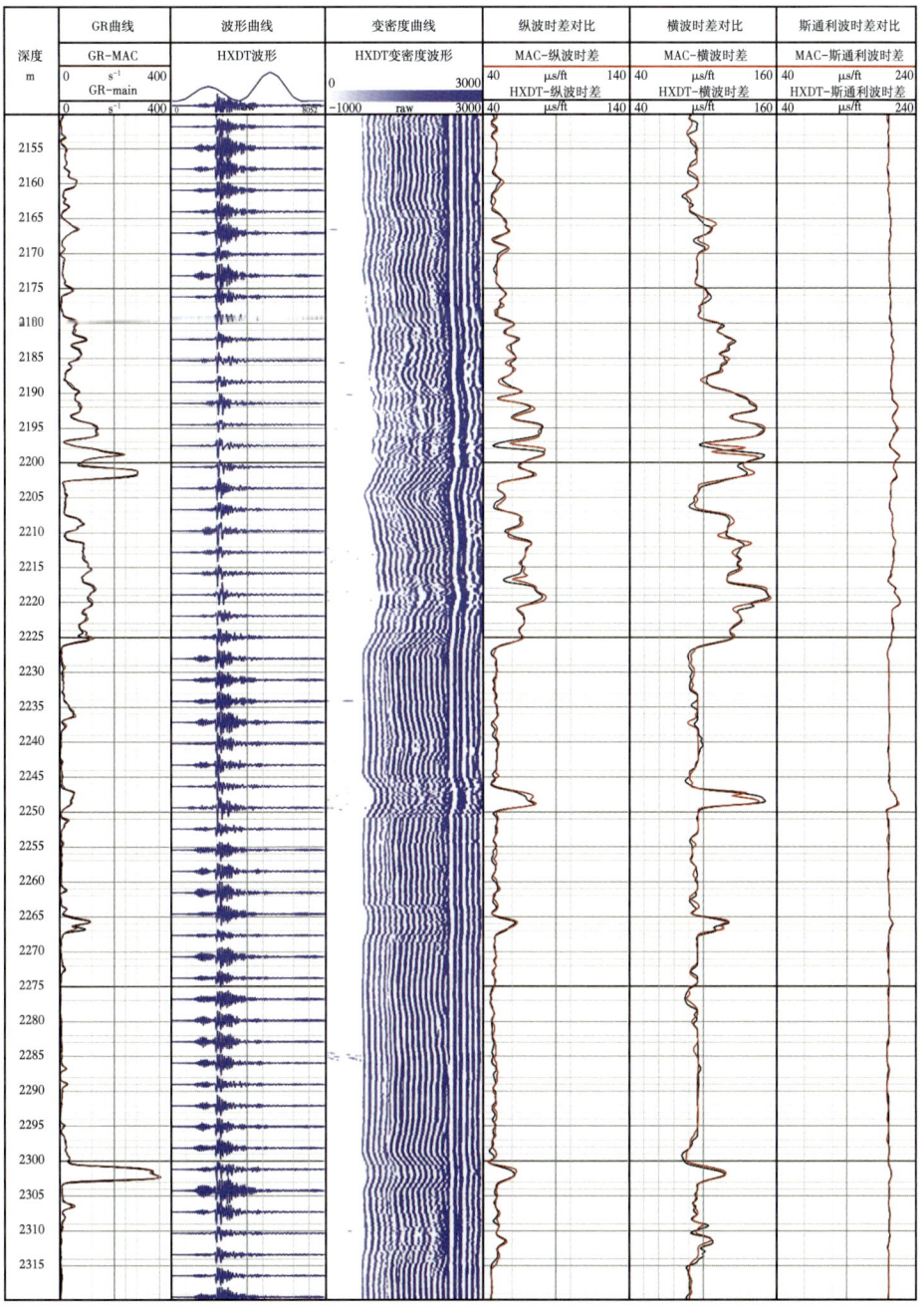

图 4-1-31 高温正交偶极阵列声波测井仪孤古 8 井对比测试

高温六臂井径测井仪在燕郊科索 1 井进行了实验测试，如图 4-1-32 所示。从图中可以看出，三条井径曲线拟合后的三维井径模型真实直观地反映了井眼形态，表明高温六臂井径测井仪可以对井眼轮廓成像，井径精度较高。

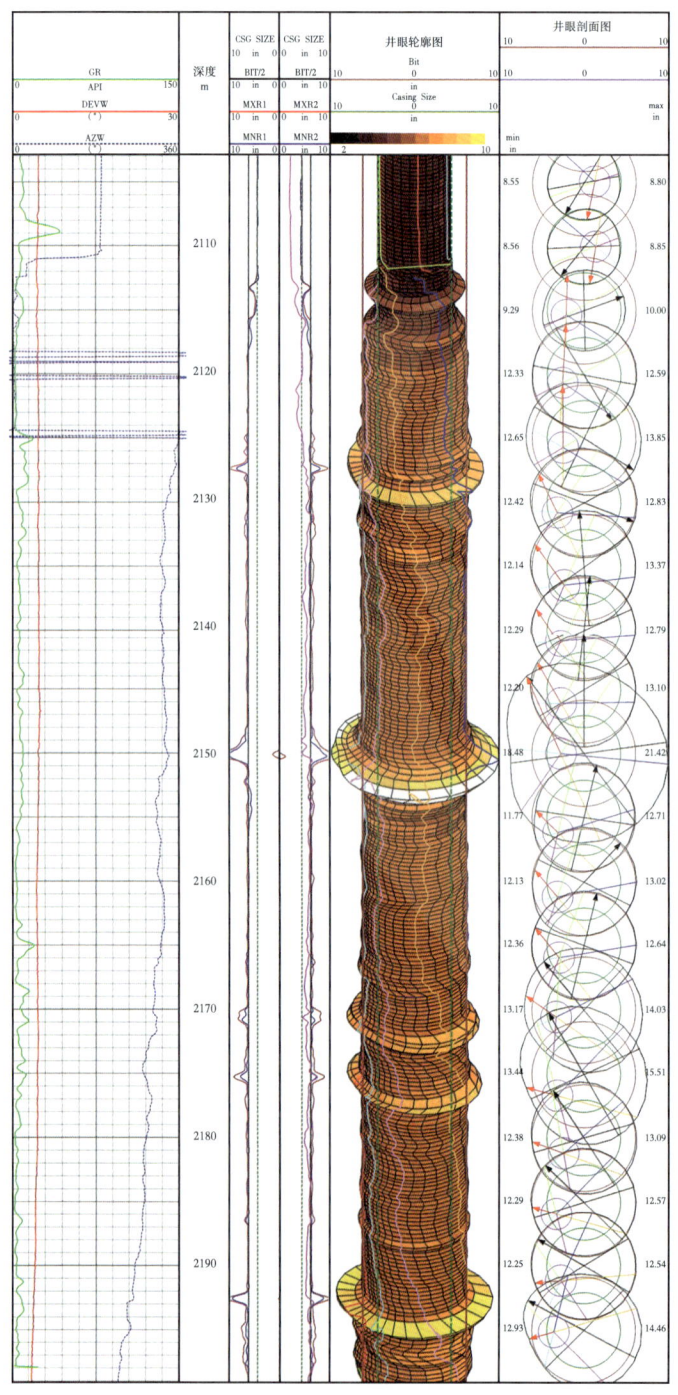

图 4-1-32　燕郊科索 1 井高温六臂井径测井仪实测曲线与井眼成像

高温水泥胶结成像测井仪在科索1井进行了测试与验证，成功测出了415m以下的自由套管，测量结果与固井施工设计一致，成像图可清晰显示水泥胶结状况及水泥环的分布情况，如图4-1-33所示。

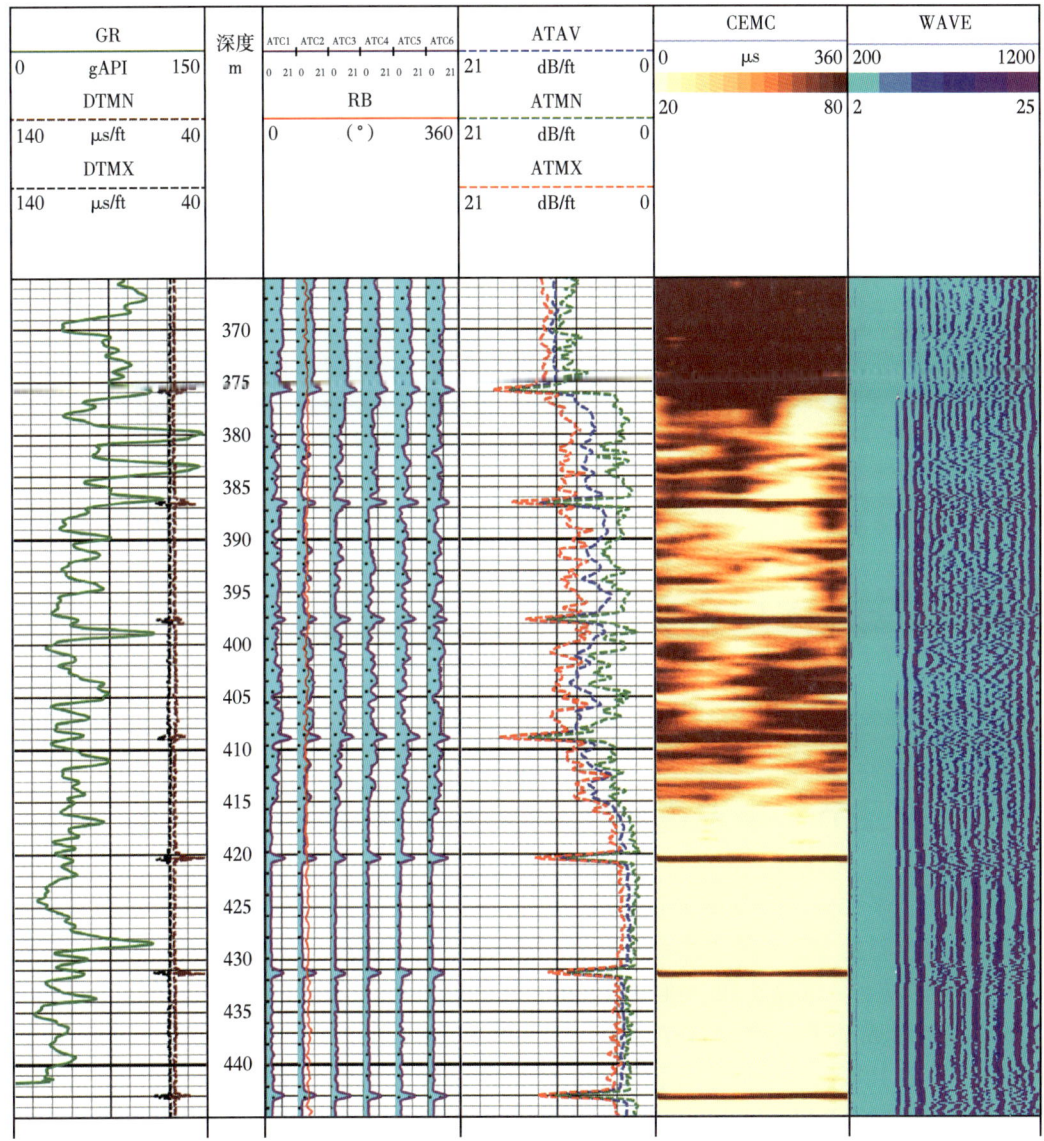

图4-1-33　高温水泥胶结成像仪在科索1井测井结果

2. 现场应用

高温高压满贯测井系列在渤海某高温井成功应用，图4-1-34为作业成果图。该井为渤海湾潜山地层，岩性组成复杂，地层温度高，作业难度大。本次作业井段井深4547~5572m，最高井温190℃，作业共150min无任何作业时效损失，一次作业成功取得电法测井、声波测井、核测井数据，通过综合解释评价，结论是各条曲线资料质量优，获得甲方高度认可。

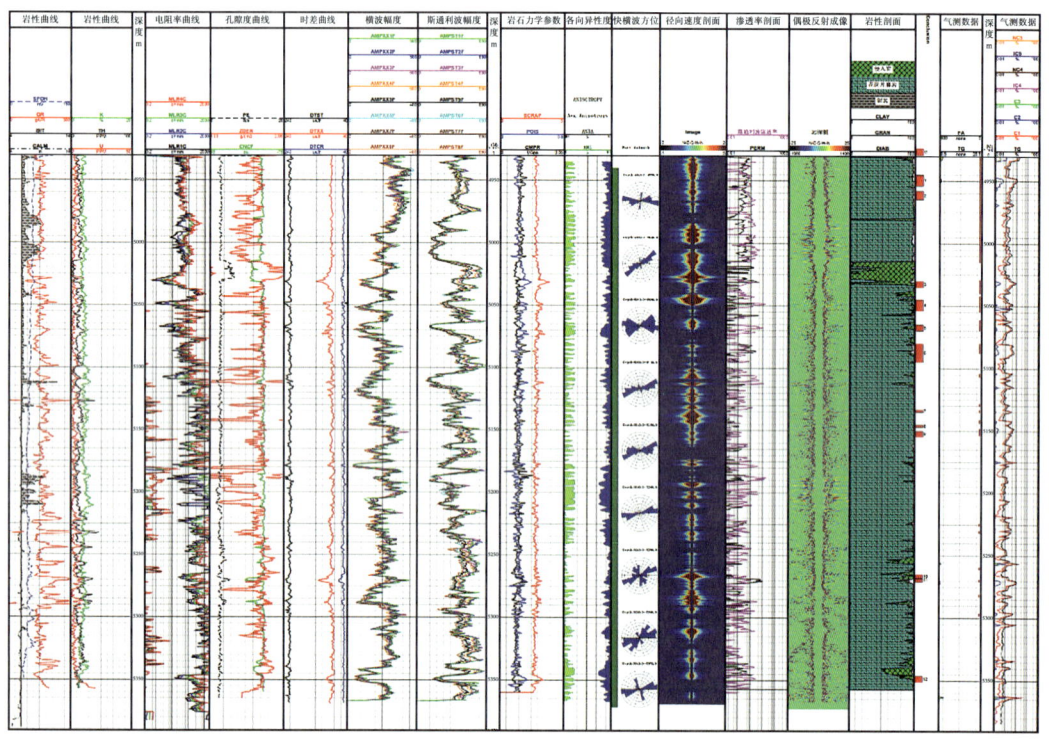

图 4-1-34 渤海 X 井高温高压满贯测井作业成果

第二节 高温高压核磁共振成像测井技术系列

高温高压多维核磁共振测井仪适应于深海深地、高温高压、复杂储层评价。仪器采用推靠式偏心测量方式，最大耐温 204℃，最大耐压 137MPa，在极端环境下可以连续工作 10 个小时以上。该仪器在一维核磁测井 T_2 谱的基础上，增加了纵向弛豫 T_1 谱和扩散系数 D 谱，形成基于 T_1-T_2、D-T_2 和 T_1/T_2-T_2 多维参数结合的核磁共振测井应用，进一步提升了核磁共振测井的储层评价能力。更多的原始回波数据包含更丰富的信息，可定量确定地层的总孔隙度、有效孔隙度、可动孔隙度和渗透率等储层参数，进行束缚流体与可动流体精细分析，开展孔隙结构分析、流体识别分析和储层产能评价，在复杂岩性、低电阻率、低孔低渗等储层的勘探开发中具有良好的应用效果。

一、测量原理及主要功能

1. 测量原理

核磁共振测井是利用地层流体中氢原子核与外加磁场相互作用发生的共振现象来实

现井下油气储层信息的测量。仪器测量地层孔隙中流体的氢核响应,测量结果不受岩石矿物成分的影响。测量的基本过程包括:磁体将地层磁化,天线发射射频脉冲,天线采集自旋回波串。核磁共振测井采用梯度磁场和选择性射频脉冲进行定位观测,同时,仪器运动对观测结果产生影响。回波串的初始幅度反映了地层孔隙度信息,衰减率反映了孔径尺寸信息和流体类型信息。通过反演算法得到横向弛豫时间 T_2 分布,继而获得地层孔隙度、泥质束缚水、毛管束缚水和可动流体体积等岩石物理参数,在一定条件下得到地层孔径大小分布、渗透率及流体类型和饱和度,为储层评价和产能预测提供重要信息(George Coates 等,2007)。当地层孔隙中同时存在油、气和水时,它们的 T_2 谱信号是重叠在一起的,利用通常的移谱法(SSM)、差谱法(DSM)和增强扩散法(EDM)区分它们很困难。为了更好地进行储层评价,核磁共振测井技术从最初的一维(T_2)核磁共振测井逐步向高温高压多维(T_1、T_2、D)核磁共振测井方向发展。多维核磁共振测井是更好区分油、气、水的方法。

核磁共振测井信号的一个重要特点是存在强烈的恒定磁场梯度,非共振效应非常明显。非共振效应使得测井信号的组成非常复杂,测井序列回波与理想的回波值有明显的区别,但仍然可以产生核磁共振信号,利用这一现象可以分析出 T_2-D 二维分布谱。而不同极化时间产生的核磁共振效应也有所差异,利用这一现象可以分析出 T_1-T_2 二维分布谱(肖立志等,2012)。利用高温高压多维核磁共振测井获得的二维谱,可以更精确地评价储层物性和流体类型,主要包括地层总孔隙度、有效孔隙度、黏土束缚水、毛管束缚水、中值孔喉半径、含水饱和度、含油饱和度、储层绝对渗透率、束缚水含量、中等黏度油含量、重油含量等参数。这些参数的准确计算,对于储层流体性质的识别、物性分析和储层评价都有十分重要的地质意义(谢然红等,2005)。

2. 主要功能

高温高压多维核磁共振测井仪器在兼容一维、二维核磁共振测井功能的基础上,进一步实现了一次入井进行多维 T_1、T_2、D 的测量功能,而且实现了高温高压环境下的稳定工作,对复杂井况下的物性及辅助流体识别提供更有效的分析手段。

测井数据经过处理可以获得储层的精细孔隙度信息(可动孔隙度、有效孔隙度、总孔隙度、束缚流体孔隙度、毛管束缚流体孔隙度、泥质束缚流体孔隙度)、渗透率、孔径分布及流体类型等信息,结合常规测井数据能够对储层进行精细的物性评价、流体识别及产能预测分析,对于低阻油藏、复杂岩性储层的评价具有独特的优势。该仪器的基本技术指标如下:

耐温耐压:204℃/137MPa。

径向探测深度(井壁至地层):45~120mm。

纵向分辨率:400mm。

工作频率:8 频(500kHz~1MHz)。

最小回波间隔:0.4ms。

测量参数维度:T_1、T_2、D。

二、仪器结构及工作模式

1. 仪器构成

高温高压多维核磁共振测井仪器总体结构如图 4-2-1 所示，主要由储能短节、电路短节和探头短节三部分构成，使用的是偏心器加弹弓方式实现推靠井壁偏心测量。

图 4-2-1　仪器结构图

电路短节包括高温功率发射机模块、高温低噪声接收机模块、仪器通信模块、仪器调谐模块等，是实现测井模式与信息采集的主体部分；储能短节是井下能量存储模块，为大功率发射积蓄能量；探头短节包括高温磁体、高温磁芯和天线系统，实现磁化、射频发射与信号接收功能。

2. 工作模式

高温高压多维核磁共振测井仪器在设计时考虑到不同流体类型（油、气、水）和不同黏度原油来设计测井模式。测井模式是脉冲序列的组合，直接决定着核磁共振测井仪器对不同储层的适应性。常见的多维核磁共振脉冲序列有三种：一种是多 T_W 序列，一种是多 T_E 序列，另一种是扩散编辑（DE）序列，通过对三种序列进行混合设计，可以形成各种不同的多维测井模式。

高温高压多维核磁共振测井仪器实现以下模式：6 频孔渗轻质油模式（一维 + T_{2D} 二维反演）、3 频孔渗中等黏度油模式（一维 + T_{2D} 二维反演）、6 频孔渗重质油模式（一维 + T_{2D} 二维反演）、6 频孔渗气模式（一维 + T_1/T_2、T_1/T_2-T_2 二维反演）、单频二维 T_2-D 模式、双频二维 T_2-D 模式、单频二维 T_1-T_2 模式、单频三维 T_1-T_2-D 模式、双频三维 T_1-T_2-D 模式、孔渗高分辨率测井模式等。

三、关键技术及创新点

1. 高温大功率核磁射频发射机与补偿式低噪声接收机

在发射机方面，有效地激发地层中流体的核磁共振回波信号是核磁共振测井方法的基础，通常使用一系列的频率、强度和持续时间符合刻度要求的射频脉冲激励产生回波信号。根据理论计算，在井下环境若要产生自旋回波信号，射频激励的瞬时功率至少为千瓦量级。发射机面临的问题有两个，一是自身发热严重，二是井下高温环境。

为减小仪器功放器件热损耗，必须降低发射电流、提高发射电压，从而减小仪器自身发热。要在 204℃ 下达到这一系列目标，需要较高的能量转换效率。在大电压和较大电流环境下提高能量转换效率，必须尽量减小功率放大电路的耗散功率。功率放大电路实质上是一个能量转换器，将电源供给的直流能量转换为交流能量，还需要考虑功率管的开关损耗，确保功率管的结温不超过额定温度。高温多维核磁共振测井仪采用 D 类功率放大器为基础进行设计，其工作发射频率在 500kHz~1MHz，采用基于氧化铍和陶瓷基板敷铜封装技术进行了高频高功率的功放设计，通过使用陶瓷材料对原有射频 MOSFET 进行重新封装后，其热性能有了显著提高，管芯的热阻明显降低，饱和漏极电流大幅度下降。

仪器需要在井下高温环境下长时间大功率连续工作，发射接收数字控制参考的工作频率高达 100MHz，相位控制要求严格，高温下器件的时钟延时抖动加大，造成仪器控制与采集精度下降；仪器发射模块的功率大，整机功率达到了 90W，也会造成温度快速升高；普通的芯片封装技术无法满足 200℃ 的要求，经过研究，采用了系统级封装技术 SIP（system in a package）和集成多芯片组件技术 MCM（multi-chip modules）进行电路系统的设计，采用陶瓷共烧技术将芯片的裸片共烧在一块陶瓷基板上，提高芯片的耐高温性能，解决了芯片在 200℃ 环境下正常工作的问题。SIP 与 MCM 模块设计的最高工作环境温度为 204℃，高温下可以连续工作时间 ≥ 6 小时。该仪器配套的 SIP 模块包括主控 SIP 模块、发射控制与采集 SIP 模块。该仪器配套的 MCM 模块包括温度与电压采集 MCM、信号调理电路 MCM。主控 SIP 模块是核心，负责与地面设备通信以及与其他电路模块进行控制交互，并控制温度与电压采集 MCM 模块进行参量采集；发射控制与采集 SIP 和信号调理电路 MCM 实现激励脉冲发射控制和回波信号采集。

在接收机方面，前置放大电路是影响回波信号信噪比的关键，主要功能是对天线接收的微弱回波信号进行适当放大，使放大后的信号幅度在后续滤波电路和模数转换电路处理范围内。在井下高温高压环境下，前置放大电路应具备高增益、低噪声、增益稳定、抗干扰能力强等特点。核磁共振测井在井下极端环境中获取的回波信号幅度在纳伏级别，频率范围在 500kHz~1MHz，需要设计一种低噪声系数的前置放大电路，比如输入级采用多路并联方式来降低输入级的噪声电压谱密度，但是偏置电流对微弱信号放大电路的影响是一个不能忽略的问题，且温度变化使偏置电流作用在不对称的差分信号源内阻上，会对放大电路产生不同程度的干扰。在高温多维核磁共振仪器的设计中引入一种带有偏置电流温度补偿的微弱电压信号放大电路，可以解决高温环境下偏置电流影响测井仪微弱信号检测的问题。

带偏置电流温度补偿的仪用放大器结构如图 4-2-2 所示，A_4、R_9、R_{10}、R_{11} 构成

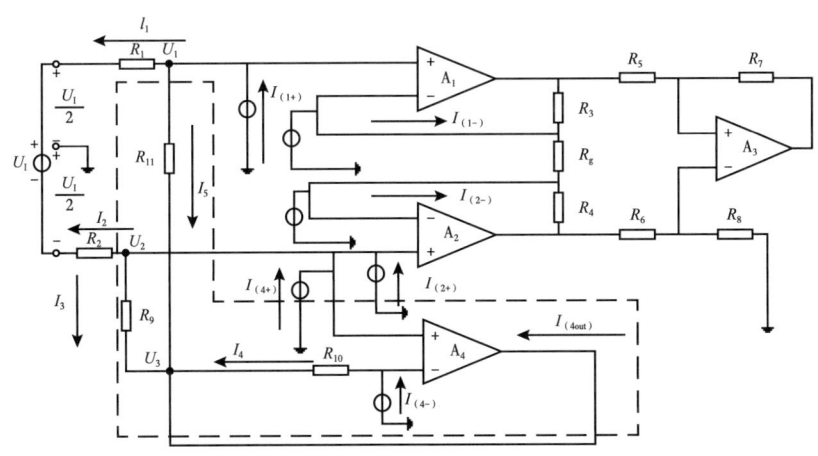

图 4-2-2 带偏置电流温度补偿的仪用放大器的结构

偏置电流补偿电路,其中 $R_{10}=R_{11}=2R_9$。偏置补偿电路的功能是为偏置电流提供一个回路,使之不流过信号源电阻,从而不在输入端产生误差。采用带偏置电流补偿技术的接收机进一步降低了接收电路的输入电流噪声。

2. 高分辨率梯度场探头技术

为了实现较高的纵向分辨率,基于新工艺的挠性印刷电路板(printed circuit board,PCB)基板设计了更短的天线。PCB 基板有刚性 PCB 基板和挠性 PCB 基板,因为天线安装时需要弯曲,因此选择挠性 PCB 基板。常规分辨率天线和高分辨率天线的实物对比如图 4-2-3 所示。

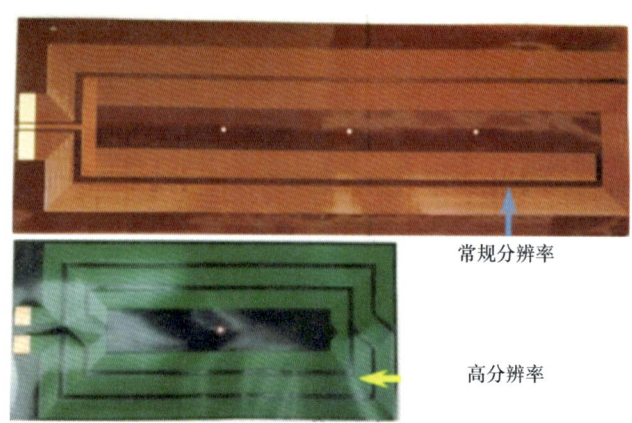

图 4-2-3　常规分辨率天线和高分辨率天线实物对比

贴井壁测量型梯度磁场探头,探测深度从井壁算起达 5~12cm,不易受井眼尺寸和钻井液的影响。8 个工作频率带可以进行多径向深度的岩石切片测量分析,对扩散系数测量敏感,为多维度物理参数测量提供了条件。均匀场对扩散系数测量具有局限性,因此对于多维核磁共振测井,梯度磁场优于均匀磁场。

四、现场应用效果

深层/超深层储层勘探是我国南海重点油气勘探方向。本次应用作业井位于南海知名的某高温高压井区,该井井深 4500m,井底温度大于 190℃,压力系数超过 1.8。此类储层温度高、压力大、储层致密,为典型的高温高压储层,开发难度大,对仪器性能及耐温耐压要求高。仪器在深层高温环境下完成测井作业 350 余米。对采集的数据进行分析,结果显示流体识别效果较好,孔隙度、渗透率测量结果符合储层地质特征。

1. 功能测试

测井应用前,高温高压核磁共振测井仪器应在实验室硫酸铜水溶液刻度筒中进行功能测试与刻度,建立仪器扫频、发射、接收信号标准。首先,开展仪器扫频,确定 8 个谐振工作频率,对于每个谐振频率按照一定的步进在其两侧扫描,确定最佳工作频率;然后,开展发射刻度,不断调整天线激励脉冲时间宽度,以获得最大回波信号,确定发射脉冲宽度；最后，建立接收信号标准，将探头放置在刻度筒中，发送采集命令，得到回波串数据，通过对回波串幅度数据进行多指数拟合，得到0时刻的回波幅值，将其定义为100%孔隙度，由于回波幅值和孔隙度呈线性关系，这样地层孔隙度可以以此为刻度标准。在实验室环境，本次测试，硫酸铜水溶液扩散系数约为$2.54×10^{-5}\ cm^2/s$，T_2弛豫时间约为96ms。数据处理分析如图4-2-4所示。可以看出，仪器功能测试T_2谱正常，T_1-T_2、D-T_2谱正常，溶液的特征为单一流体，有效总孔刻度值均值稳定在100，图谱显示与实际流体性质一致，溶液的水峰信号明显，符合流体特征。

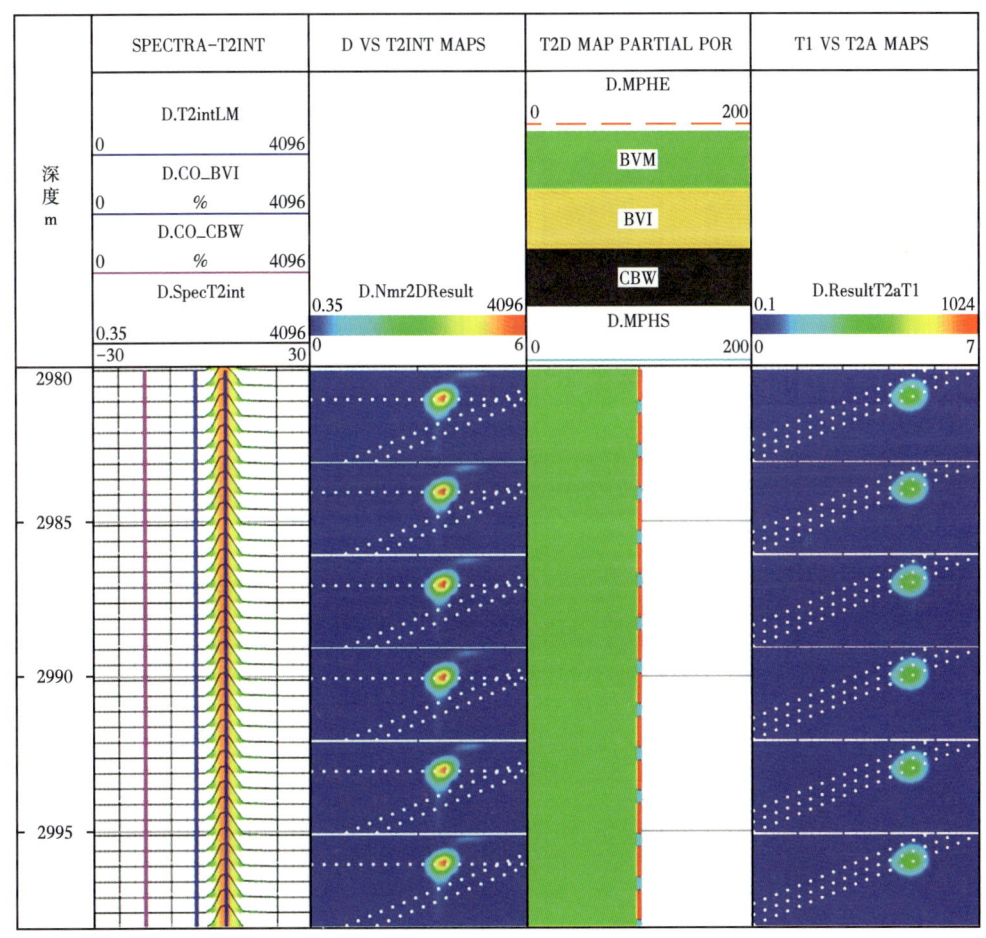

图4-2-4　多维数据处理图谱

2. 现场应用

1）南海某井

该区域煤系烃源发育，处于高成熟阶段，具备形成大中型气田的物质基础。断层转换带沟源断裂发育，汇聚背景及运聚条件较好，断层为"早断早衰型"，盖层稳定，位于断裂坡折之下，整体成藏条件较好，具有领域勘探价值。但因埋深较大、温度高，储层物性可能存在一定风险。本次测井采用推靠式偏心测量方式，测量地层孔隙中流体的氢核响应，采用 6 频天然气测井模式，形成多维参数结合的核磁共振测井应用。测井数据曲线如图 4-2-5 所示。核磁共振资料首次揭开了该区块高温高压超深层的孔隙结构特征，并精准识别气层与差气层累计 80 多米。图中第 3 道是核磁渗透率，第 4 道是 T_2 谱图，第 5 道是核磁共振孔隙度分布图，第 6 道是核磁共振数据计算的总孔隙度、有效孔隙度、可动孔隙度、泥质束缚水含量、毛管束缚水含量、可动流体含量，第 7 道是常规核磁共振气指示。

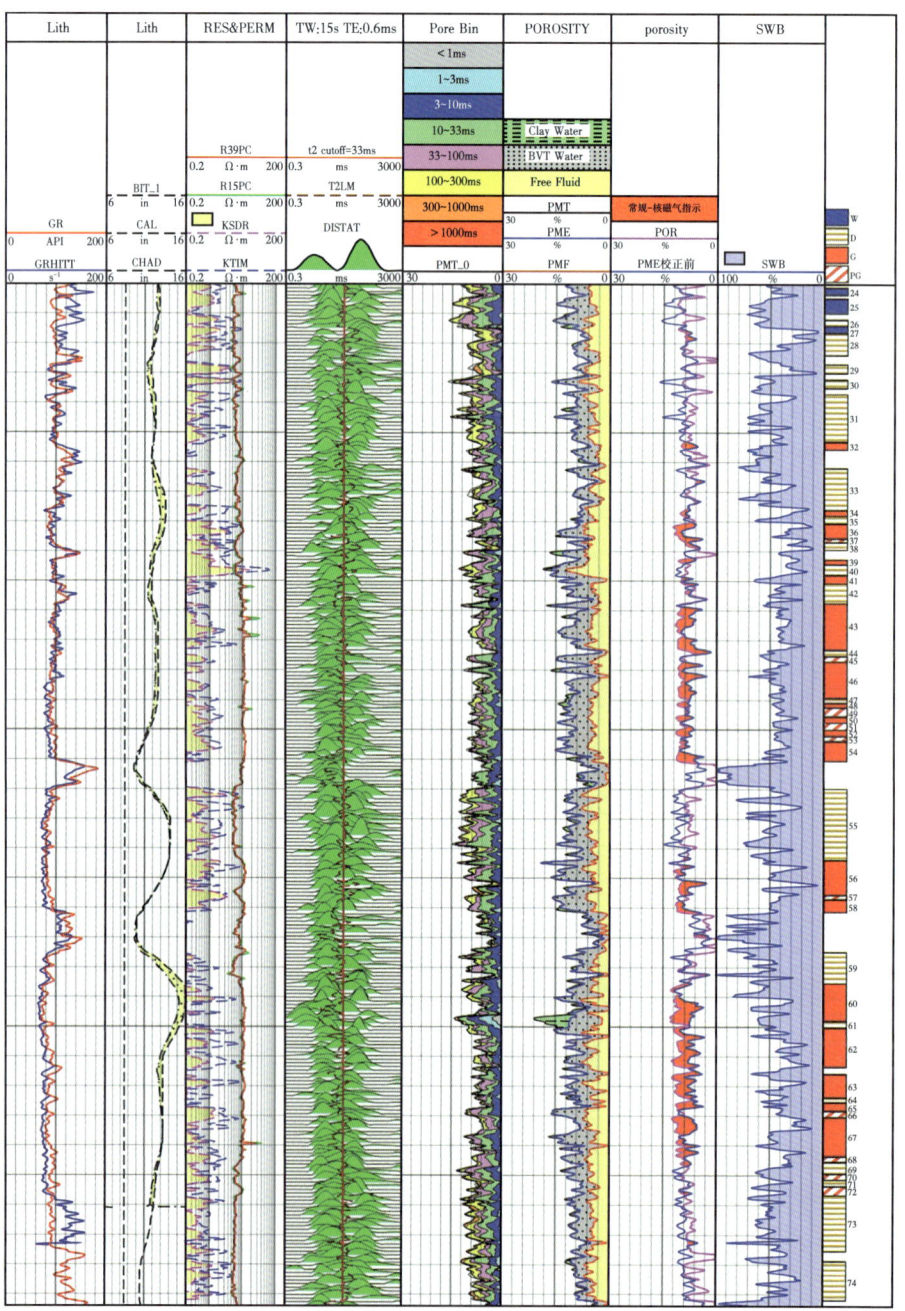

图 4-2-5　南海某井核磁测井成果图

该井的多维图谱流体识别主要分析了 T_1-T_2 谱，从 T_1-T_2 谱图上可以直观地进行水层、气层、差气层的流体类型分析，进一步数据挖掘可以开展定量计算，进行孔隙结构分析、储层分类评价和产能预测。

该井典型的水层 T_1-T_2 谱如图 4-2-6 所示。

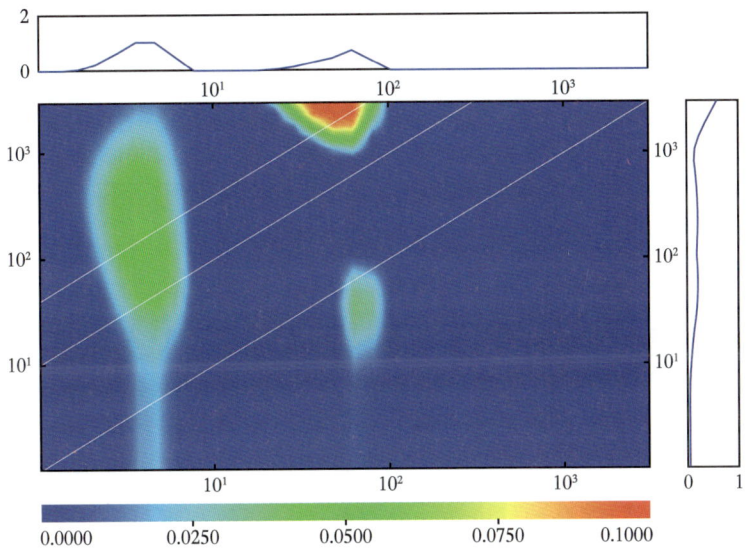

图 4-2-6　典型的 6 频天然气模式水层 T_1-T_2 谱

该井典型的气层 T_1-T_2 谱如图 4-2-7 所示。

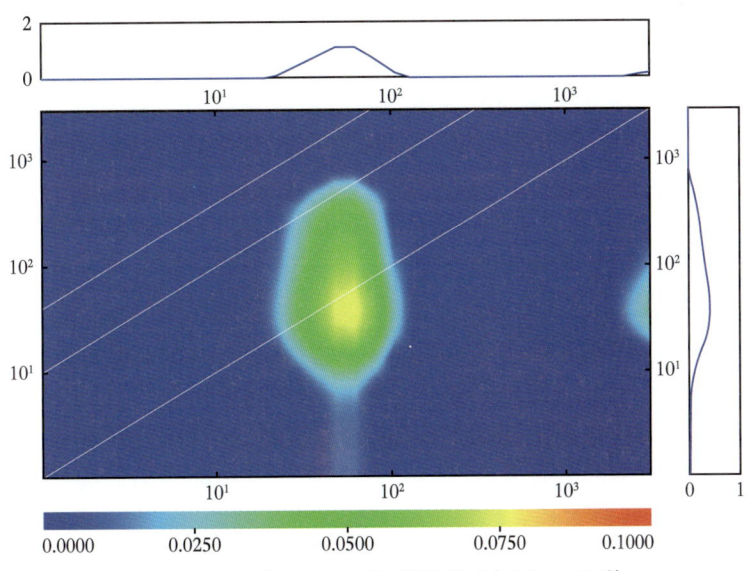

图 4-2-7　典型的 6 频天然气模式气层 T_1-T_2 谱

2）渤海某砂泥岩储层

在 1180m 层位，深浅电阻率差异较大，存在钻井液侵入影响。多维核磁共振 4 个不同探测深度的 T_2-D 谱分析如图 4-2-8 所示。随着探测深度增加，可以看到主峰信号下移,说明随深度增加,水信号减少,油信号开始增强,核磁共振多维分析结果为纯油层。本井试油结论为纯油层,核磁共振解释与试油结论相吻合。

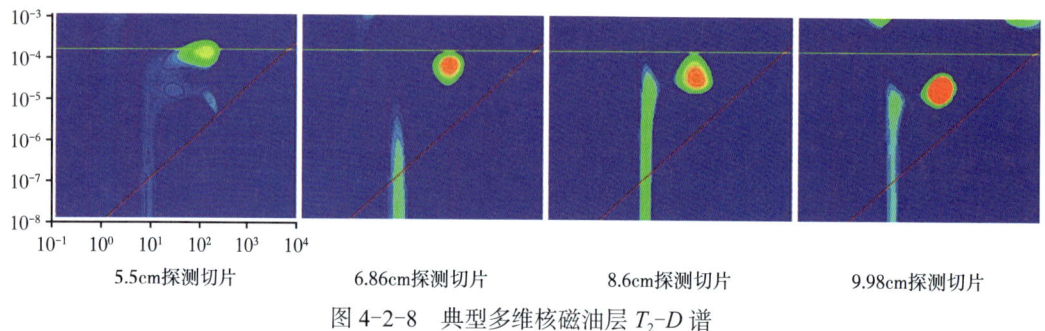

图 4-2-8　典型多维核磁油层 T_2-D 谱

第三节　高温高压多频电成像测井技术系列

微电阻率成像(以下简称电成像)测井技术是一项重要的现代成像测井技术,可以分析地层宏观构造并辨识储层细节特征。随着勘探开发的深入,国内浅层油气资源越来越少,油田逐步勘探深层深海油气资源,我国海上、新疆和青海等油气田对高温电成像的作业需求高达上百口井,四川等地的陆地油气探井压力高达 160MPa,对电成像仪器的耐压指标提出了挑战。

在"十三五"期间,中海油服在原有电成像技术基础上,突破了高温高压电成像探头、高压推靠器、高温电路系统等核心技术,研制了高温高压水基钻井液电成像测井仪、高温高压油基钻井液电成像测井仪和高温高压多频电成像测井仪三类仪器,完善了配套处理和解释软件,填补了国产电成像测井仪器在高温市场的空白,在我国海上高温潜山油气藏实现了稳定应用,在四川、青海、新疆等区块的高温高压井实现了商业化应用。

一、测量原理及主要功能

1. 测量原理

电成像测井技术基于电法测井的基本原理,通过高分辨率阵列扫描、数据处理,最终生成井周地层的二维视电阻率图像,把由岩性或物性变化以及裂缝、孔洞、层理等引起的井壁附近岩石电阻率的变化转化为伪色度,从而直观而清晰地展示地层的岩性及几何界面变化。

高温高压水基电成像测井仪通过推靠器上的极板纽扣电极发射交变电流,电流通过井内钻井液和地层构成的路径回到仪器上部回流电极,通过扫描测量的方式记录纽扣电极流出的电流。由于纽扣电极接触的岩石成分、结构及所含流体不同,引起了电流的变化,电流的变化则反映了井壁各处岩石电阻率的变化。地面软件对电流经适当的处理可刻度为二维彩色或灰度等级图像，浅色代表高电阻率，深色代表低电阻率（于增辉等，2012）。

高温高压油基钻井液电成像测井仪推靠器上的极板纽扣电极发射兆赫兹级别的高频聚焦电流，通过电容耦合原理穿透纽扣电极与井壁间隙中的不导电钻井液，进入地层一定深度后发散，最终电流同样以电容耦合的方式穿透高阻钻井液回到仪器上部的回流电极，通过位移电流实现了电极与地层之间完整的电流回路。纽扣电极流出的电流值经软件处理为二维图像。

高温高压多频电成像测井仪是在油基钻井液电成像测井仪的基础上研发的，两种仪器的测量原理及仪器结构基本相同，主要区别为多频电成像发射频率有3个，分为低频、中频和高频，中高频已是兆赫兹级信号。仪器通过多频阵列扫描的方式对井周地层的电阻率和介电常数两个电学参数进行测量和成像，能够满足水基钻井液、油基钻井液两种井况下的定性、定量测量要求。

2. 主要功能

三种电成像仪器均以贴靠井壁测量的方式获得井周地层电阻率图像信息，经数据图像处理后可用于地层沉积构造分析、缝洞识别评价、地层次生孔隙度评价、储层分选性评价、砂泥岩薄互层分析、地应力方向判断等。在复杂油气藏测井时，电成像测井主要提供以下四种功能：通过电成像测井图像上的高分辨率特征精准确定地层倾角和方位角；识别和统计缝洞信息，进行裂缝参数和储层储量计算、次生孔隙评价等；识别地层界面与薄层，拾取地层界面进行井旁构造分析，识别层理类型进行沉积构造分析；通过提供诱导裂缝、井壁冲刷或崩裂影像，获取有价值的地应力信息。

高温高压水基钻井液电成像测井仪、高温高压油基钻井液电成像测井仪和高温高压多频电成像测井仪的技术指标如下。

1）高温高压水基钻井液电成像测井仪

耐温/耐压：204℃/140MPa（2h）。

井眼覆盖率：60%（215.9mm井眼）。

垂向采样间隔：2.54mm。

推荐测井速度：6m/min。

适用井眼范围：152.4～406.4mm。

适用钻井液电阻率：0.02～10Ω·m。

测量动态范围：0.2～10000Ω·m。

2）高温高压油基电成像测井仪

耐温/耐压：204℃/140MPa（2h）。

井眼覆盖率：60%（215.9mm井眼）。

垂向采样间隔：5.08mm。

推荐测井速度：6m/min。

适用井眼范围：152.4～406.4mm。

适用钻井液电阻率：大于 10Ω·m。

测量动态范围：0.2～10000Ω·m。

3）高温高压多频电成像测井仪

耐温/耐压：204℃/140MPa（1h）。

井眼覆盖率：60%（215.9mm 井眼）。

垂向采样间隔：5.08mm。

推荐测井速度：6m/min。

适用井眼范围：152.4～406.4mm。

适用钻井液电阻率：大于 0.02Ω·m。

测量动态范围：0.2～10000Ω·m。

二、仪器结构及工作模式

1. 仪器构成

高温高压水基钻井液电成像测井仪、高温高压油基钻井液电成像测井仪和高温高压多频电成像测井仪结构一致，均由绝缘短节、电子线路短节以及推靠器三个部分组成。绝缘短节由长轴、绝缘环等部件组成，用于仪器上下外壳物理绝缘。电子线路由电路外壳、保温瓶及外骨架等部分组成，用于信息的获取、处理以及与地面系统的数据通信。推靠器由外壳部分、动力部分、传动部分、基体部分以及极板部分等组成，用于保证探头与井壁的紧密贴靠，直接获取地层信息。以高温高压水基钻井液电成像测井仪为例，图 4-3-1 为仪器结构图。

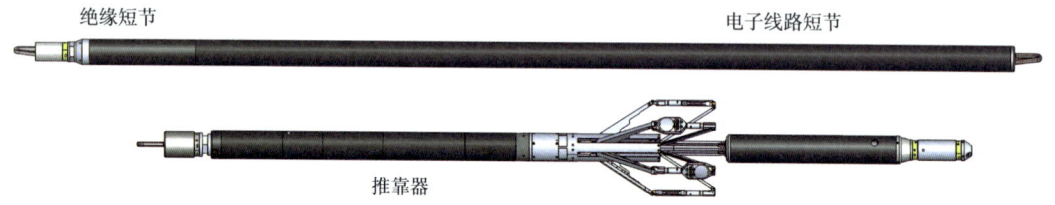

图 4-3-1 高温高压水基钻井液电成像测井仪结构

2. 工作模式

高温高压水基钻井液电成像测井仪、高温高压油基钻井液电成像测井仪和高温高压多频电成像测井仪工作模式相同，如图 4-3-2 所示。将仪器下放至目的层后，借助电动机的推力将仪器下部的推靠器极板臂张开，使得 6 个极板紧贴井壁。发射电路模块将低频交变电压信号通过变压器加载到仪器上部的回流电极和仪器下部的发射电极（主要为推靠器极板体和极板上的纽扣电极）之间，其中极板以及推靠器下端的金属部分作为屏蔽电极和阵列纽扣电极向井壁地层发射同极性的电流，对纽扣电极发射的电流起到聚焦作用，使得纽扣电极上的电流垂直进入地层一定深度后才开始发散。仪器上部回流电极系或其他仪器外壳作为纽扣电极发射电流经由地层回到仪器上的回流电极。推靠器上端和电子线路上的玻璃钢套筒起到绝缘作用,可以保证纽扣电极上发射的电流只能从电子线路顶端处回流到仪器中,以足够的回流距离来保证有效的探测深度。极板采集电路将这种电流变化进行检测采集并数字化,然后将采集到的六个极板纽扣电流变化数据通过电缆传输至地面成像数字采集系统中完成记录。

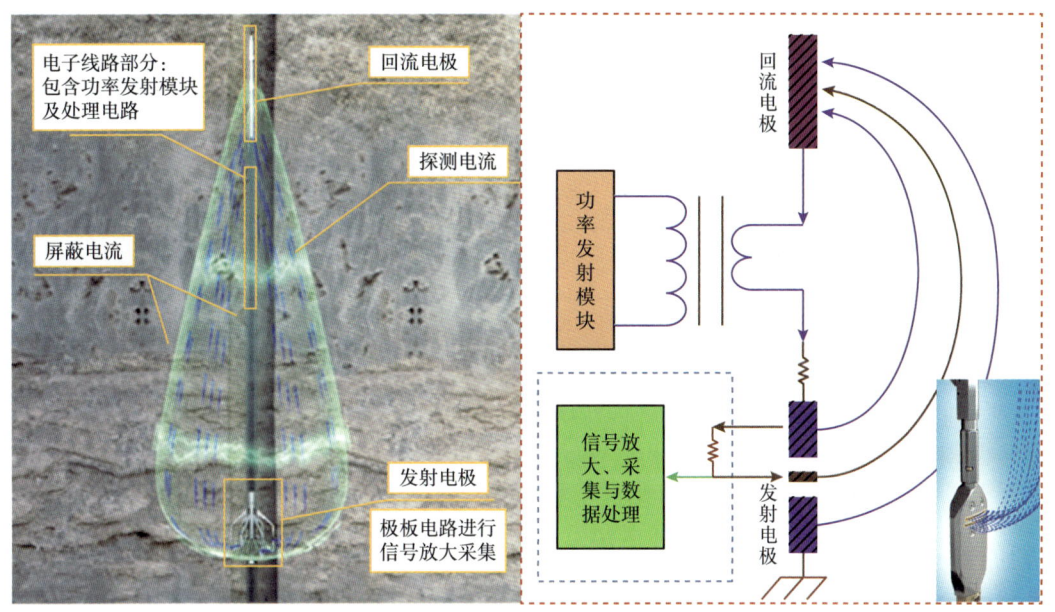

图 4-3-2　高温高压水基电成像测井仪工作模式

三种电成像测井仪电路部分主要由主控板、信号处理板、发射板 A、发射板 B、6 个极板、极板电源控制板、井径板、电动机控制板、方位模块、各种电源滤波板等组成,其中推靠器短节包含 6 个极板电路、6 个井径电位计和 1 个极板压力电位计;电子线路部分包括电子线路(上)和电子线路(下)(保温瓶),主控板、信号处理板等含有复杂处理器及信号调理电路放置在保温瓶内,其他放置在保温瓶外,其构成及工作模式如图 4-3-3 所示。

电路系统工作模式:地面系统采集命令通过 EDIB 总线传送至主控板进行编解码,其他电路板根据接收到的命令进行相应反应,并通过主控板将监测信息传送至地面系统。

仪器开收腿:地面系统下发命令至主控板后,进行开收腿开关切换,地面系统直流面板供电,电动机正反转进行开收腿并带动井径及极板压力电位计变化,井径板将电位计变化转换成电压信号传送至主控板辅助数据监测模块进行数字化,主控板再将该数据通过 EDIB 总线传送给地面系统。

测井模式:主控板将接收到的命令发送给发射板用于发射信号控制,并将采集信号命令传送给信号处理板;信号处理板再进行命令解码并行发送给 6 个极板和板上发射电压电流检测模块;6 个极板将采集到的 150 个纽扣电流信号进行数字化传送给信号处理板,在信号处理板中进行相敏检波运算来计算电流的幅值和相位。信号处理板将测得的纽扣电极数据及发射监测数据打包发送给主控板上传至地面系统进行成像显示。

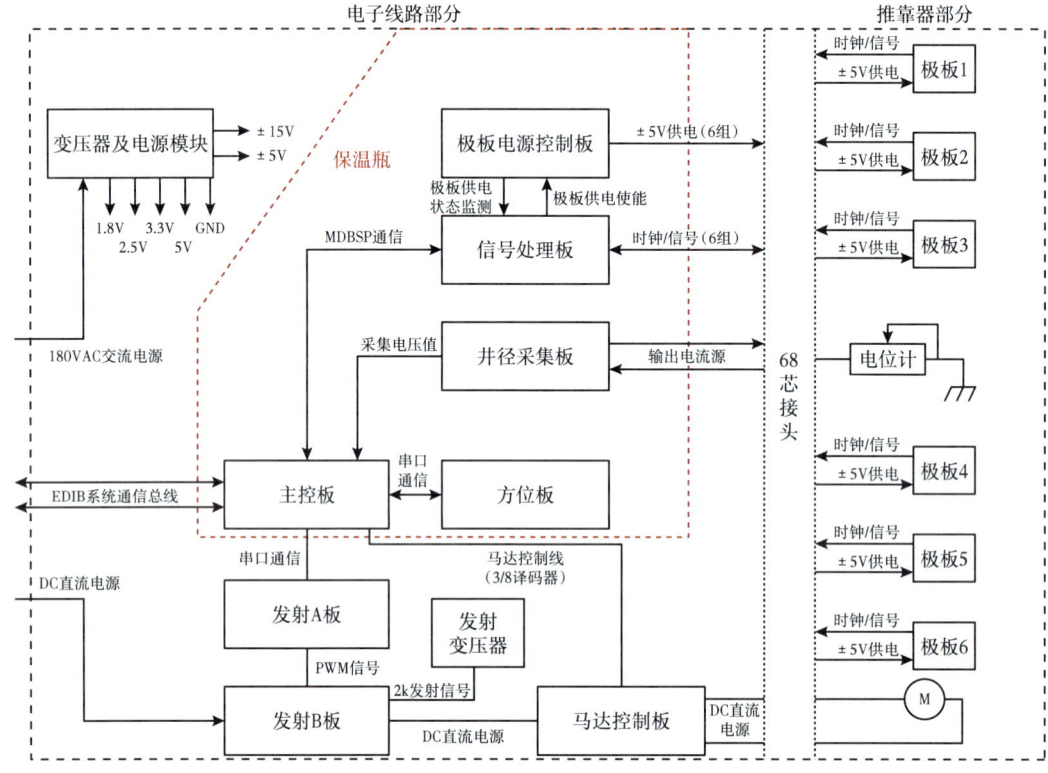

图 4-3-3　电成像电路工作模式

三、关键技术及创新点

针对高温高压、复杂储层油气藏对电成像测井仪器的耐温、耐压要求，通过有限空间内超高压极板一体化集成技术和超高压推靠器技术等关键技术提升了关键部件及仪器整体耐压性能；通过基于高温厚膜工艺技术的极板电子电路技术及电成像微弱大动态电信号检测技术等关键技术提升了电路的耐温指标及测量精度；采用多频电成像测井仪数据处理技术，利用更为丰富的电阻率成像数据实现复杂井眼和地层环境下的高质量成像。

1. 有限空间内超高压极板一体化集成技术

三种电成像测井仪具有六组能够独立开合的推靠臂，结构较为复杂。在仪器外径受限的情况下，极板长度、宽度和厚度等外部尺寸均受到极大限制。极板内需要安装电路模块，用于发射电流和实现微弱信号检测与数字化。虽然该电路模块已完成小型化改造，但是其仍需占据极板腔体内部的大部分空间。在上述情况下，同时兼顾极板耐压能力以及高压下密封性能的提升，技术难度很大。

为了解决该难题，采用了有限空间内超高压极板一体化集成技术，研制出能够耐受 140MPa 乃至 175MPa 压力的超高压极板。一体化超高压极板在材料选择、结构设计等方面进行了全面的设计及改进。

在材料选择方面，经过对多种合金材料的试验、对比及筛选，最终选择在高温下具有良好耐腐蚀、抗氧化性能及较高强度的高温合金材料来进行极板的加工制造。在结构设计方面，将纽扣电极与极板体一体成型，极板由原先的三部分改为只有极板体和极板后盖两部分组成的设计，只有后盖需要用螺钉固定（图4-3-4）。这种设计只需要在后盖与极板体间进行密封，减少了密封圈的使用，能够将高压破坏造成的风险降低50%。同时，通过密封参数计算，对密封圈安装槽重新进行设计与评估，以保证密封圈在高温高压下能够安全使用。

经过仿真、评估及测试，重新设计后的极板不仅在140MPa的环境中能够正常工作，还可以耐受175MPa的超高压环境。

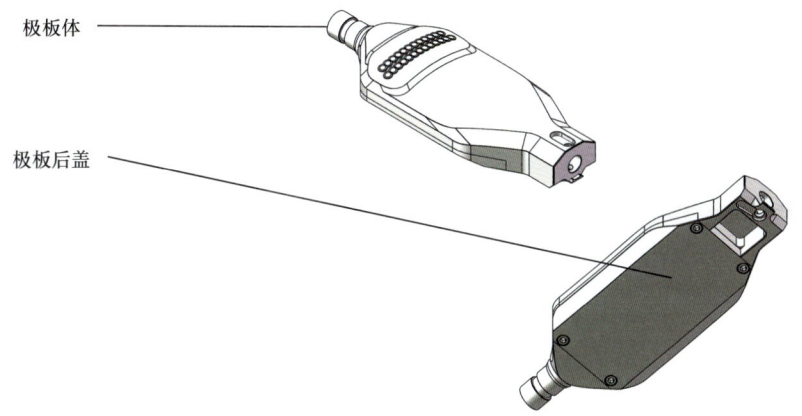

图4-3-4 一体化超高压极板设计模型

2. 超高压推靠器技术

超高压推靠器为六臂分动结构，计算机3D模型如图4-3-5所示。要求每组运动机构都能独自运动并保证各推靠臂能跟随井径的变化而开合，从而使极板能与井壁实现较为紧密的贴合（穆全德，2008）。该功能需要电动机、扭矩限制器、丝杠以及电位计等多种装置配合来实现。针对上述情形，在仪器外径与内部扩展空间同时受限的情况下，提高推靠器承压能力的难度极高。为适应应用环境需求，研制了超高压推靠器。

图4-3-5 超高压推靠器计算机3D模型

超高压推靠器技术的实施是从材料的筛选以及结构的重建等方面来实现的。经过校核计算与仿真分析，对仪器上接头总成、电路下接头总成、基体总成以及电动机总成等部分进行重新设计（图4-3-6至图4-3-9），以保证足够的强度，使得推靠器能够在高压的环境中正常稳定的工作。

经过计算、校核与测试，重新设计后的推靠器不仅在140MPa的环境中能够正常工作，还可以耐受175MPa的超高压环境。

图 4-3-6　耐高压上接头总成

图 4-3-7　耐高压电路下接头总成

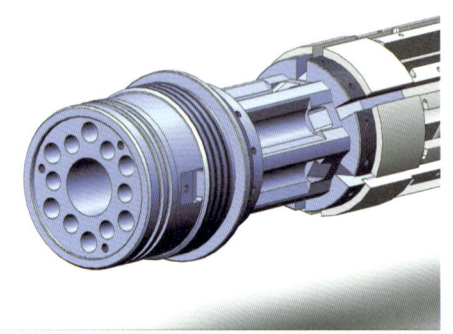

图 4-3-8　耐高压基体总成

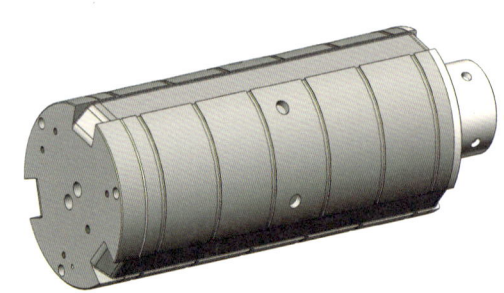

图 4-3-9　耐高压电动机总成

3. 基于高温厚膜工艺的极板电子电路技术

电成像测井仪极板空间狭小，给其电路的高温设计带来极大的困难。一方面，由于空间狭小，无法使用传统的保温瓶技术，而塑料封装的集成电路（integrated circuit，IC）器件只在工作温度 150℃ 以内才能保证可靠性。另一方面，极板电路作为最重要的电路之一，需要在高温情况下完成地层信号的采集和计算处理，因此对电路的复杂度、集成度、微弱信号处理能力等方面又提出了更高的要求。

针对以上问题，采用了高温厚膜工艺来保证极板电路在高温情况下的稳定性。为了减小体积，极板电路高温厚膜工艺采用裸芯片贴装，组装密度达到 10～100 个 /cm^2，集成后体积比 PCB 电路缩小约 30%～70%。在独特的高温厚膜陶瓷基片上，一体化集成大量高温器件。为了增强散热，裸片粘接在陶瓷基板上，不会因为温度变化发生翘曲变形，实现极板电路在 204℃ 下长时间稳定工作。为了提高可靠性，采用陶瓷或者金属气密性封装，整体模块焊接在 PCB 上，焊点数量大大减少，较分立 IC 构成的电路焊点减少 70%～90%。陶瓷基片与电路芯片的硅片热膨胀系数非常接近，均为 $6×10^{-6}$/℃，能够保证电路的高温结构稳定性和多次高温使用的疲劳强度。为实现电成像测井仪极板电路在复杂的高温厚膜工艺设计下的高度可维护性，将现有电路进行模块化分组，实物如图 4-3-10 所示。

通过基于采用高温厚膜工艺的极板电子电路技术设计的极板采集电路提高了仪器高温工作的稳定性，而且还具有极高的集成度和高度可维护性。经过试验验证，极板采集电路可在204℃环境下长期稳定可靠工作，克服了仪器的耐温短板，全面提升了仪器整体的耐温指标。

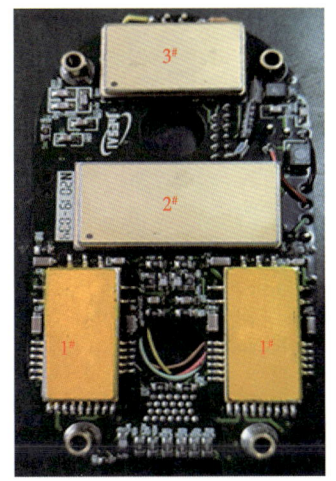 

图4-3-10 高温采集板实物图

4. 电成像微弱大动态电信号检测技术

当地层电阻率很高或地层电阻率与钻井液电阻率之比较高时，电成像测井仪采集板采集到的电流信号幅度极小，往往是纳安级别的电流，而在地层电阻率较小的情况下，采集到的电流幅值又是毫安级别的信号，因此要求仪器能够适应大动态范围的电流信号测量，并且能够对纳安级的微弱电流信号具有极高的灵敏度。

针对以上地层信号检测的问题，设计了一种高精度、低噪声的微弱大动态电信号检测电路。将所采集到的地层微弱电流信号通过匹配电阻与低噪声调理电路初步转变为电压信号。再经过低噪声、高精度的低通、带通滤波放大后得到低增益信号，对于极小信号需要进一步调理放大得到高增益信号。调理放大电路不仅将信号中因放大引入的噪声信号和不必要的干扰信号滤除掉，同时还降低了电路本体的噪声。两级放大实现了地层大动态范围信号的采集，最高可达几十万倍的放大。利用24bit超高精度模数转换器提高信号采集的分辨能力，从而进一步有效地降低数字化离散噪声。最后信号处理器通过程序判断选择合适的信号增益进行数字相敏检波计算，提取电压信号的幅度相位信息，数字相敏检波算法对信号中的其他频率噪声可以进一步抑制，再次提高信号采集的信噪比，最高可分辨到纳安级电流信号，信号处理流程见图4-3-11。该技术具备精度高、噪声低、动态范围大的特点，极大地增强了电成像仪器地层在高阻、高矿化度、高对比度等多种困难场合的适应能力。

图4-3-11 信号处理流程图

为了验证极板采集电路的微弱信号的检测能力，搭建了测试环境。通过信号发生器产生正弦信号来模拟激励信号，再通过串联电阻来模拟地层电阻，并通过改变激励信号的幅度，来获得所需的采集电流的值。测试了高增益以及低增益两种情况。测试数据拟合的曲线如图 4-3-12 所示。

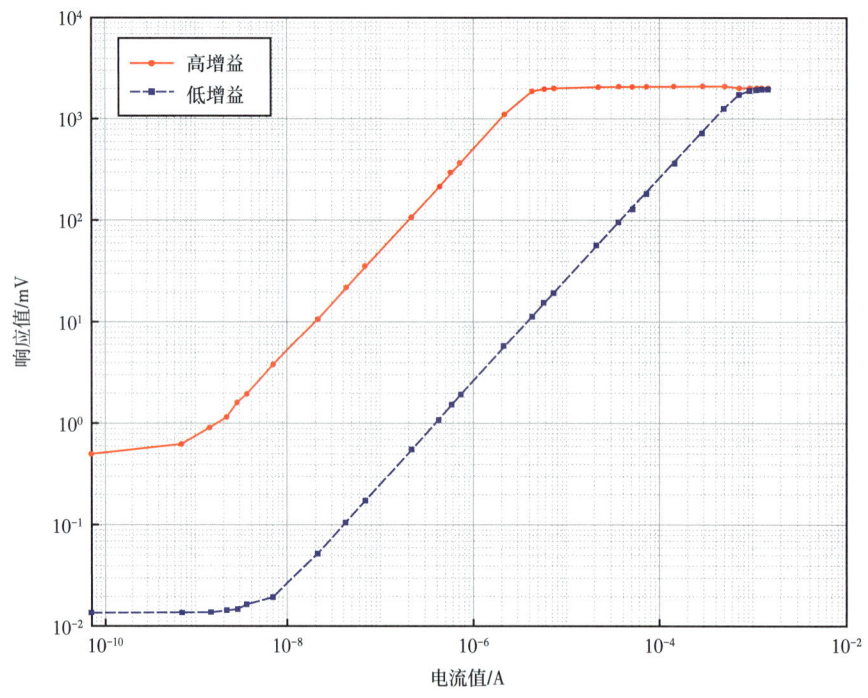

图 4-3-12　输入—输出响应曲线

通过曲线可以看出，极板采集电路能够实现对多路微弱信号的检测，且对有效值为 1.41nA 的电流信号有较为良好的线性度，对有效值为 0.7nA 的电流信号仍能有区分度，测量动态范围达 125dB。因此从试验角度进一步验证了该技术具备精度高、噪声低、动态范围大的特点。

5. 多频电成像测井仪数据处理技术

高温高压多频电成像测井仪能够同时获取三种工作频率下的地层电性响应信息，相比高温高压水基钻井液电成像测井仪和高温高压油基钻井液电成像测井仪提供的测井信息更加丰富。为满足复杂井眼和地层环境下的高质量成像需求，需要深入挖掘多频数据信息，从而实现多种工作频率、多种探测深度测井信息高分辨率匹配与合成。

研制的配套的多频电成像数据处理软件模块具备两个主要功能，一是根据仪器的工作原理开发了正演仿真程序，建立的地层模型涵盖影响测井响应的主要因素，如井眼、仪器间隙、侵入带、围岩、滤饼和井斜等影响因素（张中庆等，2014），图 4-3-13 为地层模型示意图。通过正演仿真对多频电成像测井仪探测特性、环境影响因素、频率响应特征等进行考察和规律总结，为多频数据校正、多频数据处理提供理论支撑。

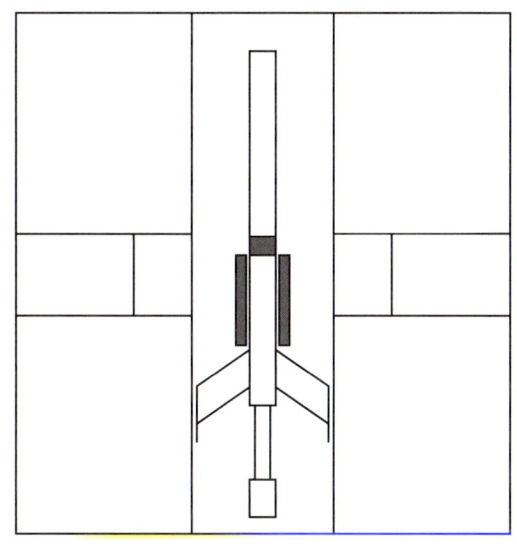 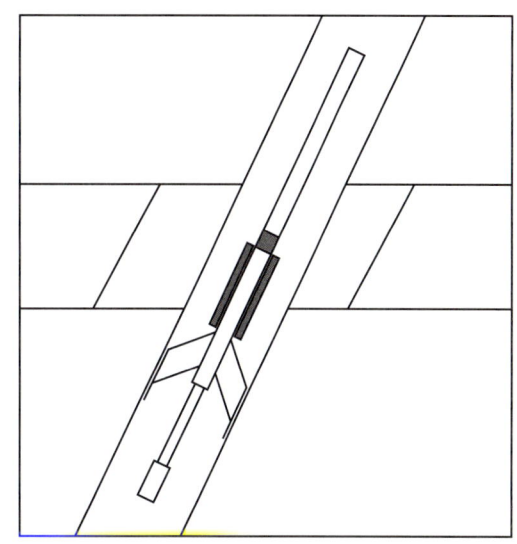

图 4-3-13 地层模型示意图

多频电成像数据处理软件模块具备的第二个功能是数据校正及处理,将电成像仪器主控板上传的电压、电流和对应的相位差数据通过计算得到各个纽扣电极的阻抗模值、阻抗实部和阻抗虚部数据。其中阻抗模值数据用于地层信息成像,阻抗实部和虚部用于地层参数提取。为降低环境因素对测量数据的影响,在此采用了正交变换法提取地层视电阻率从而消除钻井液电阻率影响,获得优化匹配后的地层电性响应信息。其中地层视阻抗可以表述为

$$|Z_f|=|Z_b|\times(\varphi_b-\varphi_m) \qquad (4-3-1)$$

式中　　Z_f——地层视阻抗,Ω;

　　　　Z_b——纽扣电极阻抗,Ω;

　　　　φ_b——纽扣电极阻抗相位角,rad;

　　　　φ_m——钻井液相位角,rad。

多频电成像测井仪实际测量时,由于受地层电阻率和介电常数的影响,会表现出不同的响应特征,使用测量得到的电流实部信号和虚部信号分别转换为地层电阻率和介电常数时,通过采用链表法建立地层电阻率、介电常数与数据对(实部信号、虚部信号)之间的对应关系。在使用时则相反,由测井得到的数据对查链表去反求数据对。通过有限元方法计算得到交会图版后(图 4-3-14),依据图版中数据对之间的一一对应关系,通过软件模块可将电流实部信号和虚部信号同时转换为地层电阻率和地层介电常数(发明专利:一种多频电成像的数据参数反演方法和装置,专利号 ZL202011094099.8)。利用该模块处理多频电成像测井仪数据,可获得高质量的多频电成像图像和介电常数成像图像,并根据成像特征与仪器测量值和地层参数间的对应规律,为储层评价与地质解释提供理论支持。

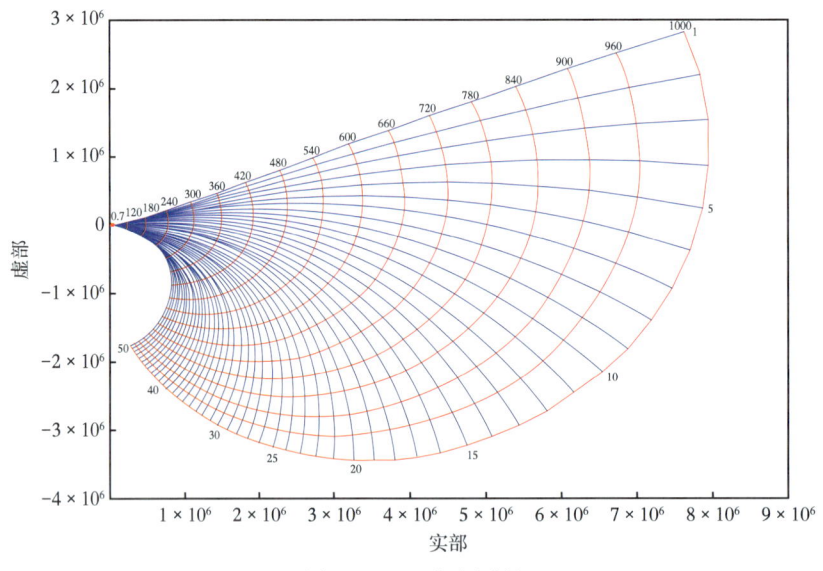

图 4-3-14 交会图版

四、现场应用效果

截至 2021 年，仪器在渤海、南海、四川、青海和新疆等地区已完成 20 井次商业化作业，成功完成井温 202℃ 的新疆某井作业、井底压力 163MPa 的四川某井作业，创造了国内同类仪器最高作业温度和压力纪录。仪器的耐温耐压性能和采集的成像资料获得青海省环境地质勘查局、中石化勘探分公司和中石化西北油田分公司等甲方的认可。

1. 功能测试

2019 年 3 月在中海油服燕郊试验井群对高温高压多频电成像测井仪进行测试，其中声电成像刻度井群包括水基钻井液刻度井和油基钻井液刻度井，井深均为 33m，井内安装高度为 10m 的天然岩石模块组，岩石岩性分别为砂岩、石灰岩、花岗岩，井壁特征为人工雕刻的图案，可用于验证电成像仪器对不同岩性地层井壁特征的响应特性。本次测试的两口刻度井的井眼直径为 216mm，一口井内钻井液为清水，一口井内钻井液为油基钻井液。科索 1 井位于燕郊中海油服科技园东北角，用于电缆测井仪器的测试，可供测试的裸眼井段为 2120~2220m，井内钻井液为清水，井眼直径为 311mm。图 4-3-15 从左至右分别为多频电成像测井仪在水基钻井液刻度井、油基钻井液刻度井和科索 1 井的测井图像。

多频电成像测井仪在刻度井与科索 1 井均取得了合格的成像测井资料，刻度井中能够清晰识别雕刻的字母、汉字和图案，科索 1 井图像和高温高压水基钻井液电成像测井仪测得的地层特征一致性好，整体成像效果良好，达到了预期的测试目标，验证了多频电成像测井仪在水基钻井液和油基钻井液环境条件下均可进行测井作业，满足现场作业的需求。

2. 现场应用

2019 年 9 月，高温高压水基钻井液电成像测井仪在青海某井进行商业化作业。该井地层为高阻干热岩,井深4000m,井眼直径为215.9mm,井底最高温度194.8℃,钻井液为水基钻井液。

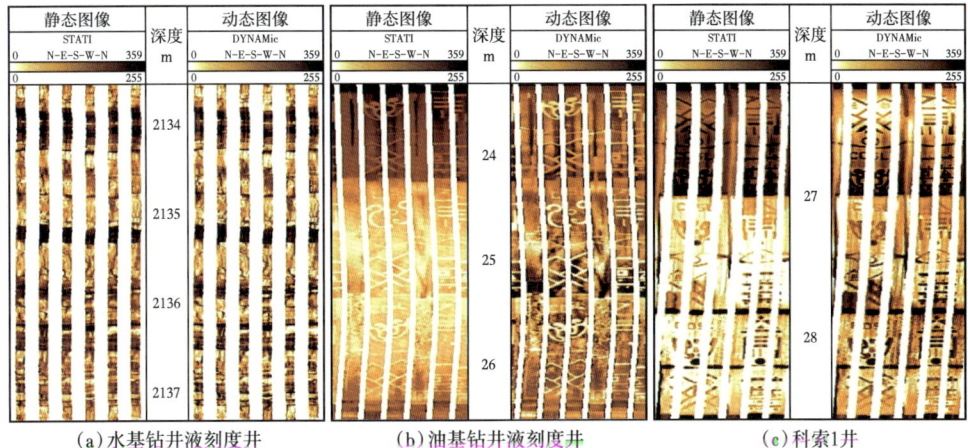

图 4-3-15 多频电成像测井仪图像

本次作业中,高温高压水基钻井液电成像测井仪采集了约2300m地层信息,在高温情况下工作状态稳定,根据图像特征共识别出裂缝441条,其中高导缝408条、高阻缝7条、半充填缝26条。图4-3-16清晰显示了裂缝、胶结(白斑、白条)等地质信息,图像资料良好,并利用测得数据计算其最大主应力方向为近北东—南西向,为我国干热岩后续勘查提供了数据支撑。

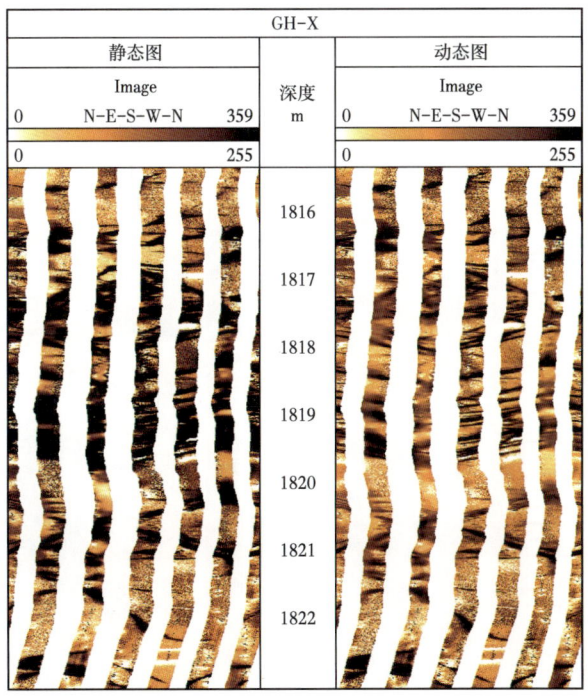

图 4-3-16 青海某井高温高压水基钻井液电成像测井仪测井图

2019年9月，高温高压油基钻井液电成像测井仪在南海某井进行商业化作业。该井地层岩性以碳酸盐岩为主，井眼直径为152.4mm，钻井液为油基钻井液。

从图4-3-17可知，测井图像整体质量高，层理、断层、裂缝等各类地质特征均能清晰识别。通过电成像资料识别的地质体包括交错层理、构造倾角、层界面、高导缝、高阻缝、诱导缝、断层、半充填缝。本井段沉积构造以层理为主，见大量薄互层，各类裂缝总量较少。通过图像识别高导缝走向为北东—南西向，高阻缝走向主要为北东—南西，结合声波远探测资料推测裂缝不具备有效性。石灰岩段总体为台地碳酸盐岩，局部泥质含量高，薄层状清晰，显示局限低能台地环境，低泥质含量纯石灰岩中发育大型交错层理，反映高能沉积环境条件，缝洞总体不发育。此次作业在油基钻井液中取得了优异资料，其可靠性及稳定性得到了充分验证。

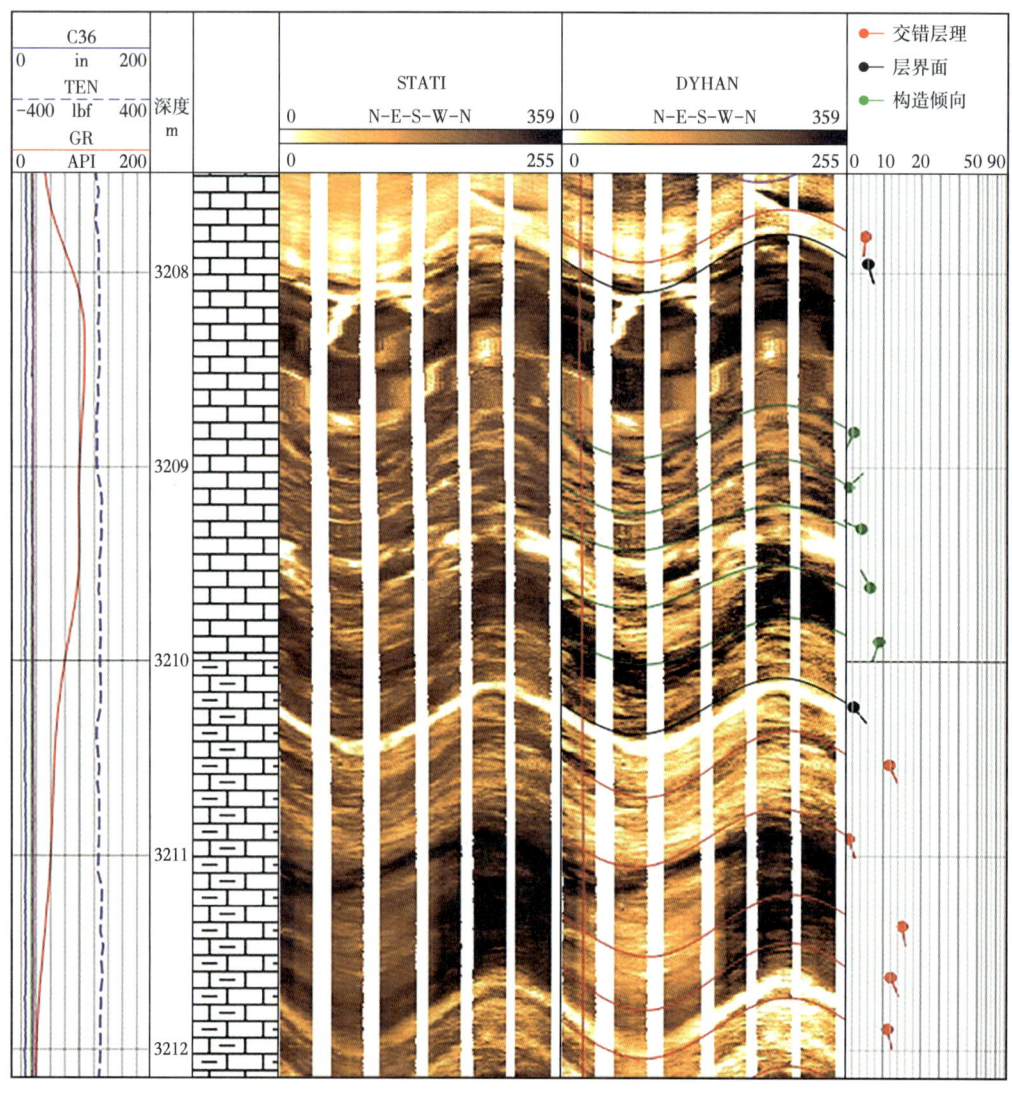

图4-3-17 南海某井高温高压油基钻井液电成像测井仪测井图

第五章　超低渗地层测试技术与装备

油气生产过程是从含油气资源的（地层）岩石（油气储层）中生产出人们需要的化石能源的过程。因此，详细了解储层岩石及其所含流体性质和含量至关重要。地层测试技术和装备提供了实现该目标的有效工具。地层测试技术包括压力测试技术、井下流体分析取样技术和岩心取样技术。其中压力测试技术包括预测试（pretest）和区间压力瞬变测试（interval pressure transient test，IPTT），不仅可获得地层压力、压力梯度、流体密度、流体界面（如油—气、油—水或气—水界面），还可以获取渗透率等关键储层参数并进行产能预测。井下流体分析取样和岩心取样技术可保证获取具有代表性的地层真实流体和岩心样品，为地面实验室进一步详细分析研究储层流体及岩石特性提供了物质保障，从而为油气田勘探、开发与生产提供关键参数和资料。随着地层测试技术与装备的不断创新和发展，可更准确、更有效、更经济、更快速、更方便、更智能地详细了解复杂储层物性及油气性质，为高效开发低渗、超低渗等复杂储层提供了技术支撑。

低渗透储层的定义没有统一标准，我国通常将渗透率为 50mD 以下的低渗储层划分为低渗透储层（10～50mD）、特低渗透储层（1～10mD）和超低渗透储层（0.1～1mD）。电缆和随钻地层测试工具探测范围仅为近井筒区域，是钻井液滤液黏度的函数。假设钻井液滤液黏度为 0.5～0.7cP，取中间值 0.6cP，则上述按渗透率划分的标准可转化为按流度划分的标准，低渗透储层（17～83mD/cP）、特低渗透储层（1.7～17mD/cP）和超低渗透储层（0.17～1.7mD/cP）。

针对低渗甚至超低渗等复杂储层的测压取样难题，国外三大油田技术服务公司（斯伦贝谢、哈里伯顿、贝克休斯）陆续推出了新型地层测试技术及装备。为解决超低渗地层测压与高纯度取样、定量流体分析、大斜度井及水平井测压取样等难题，"十三五"期间，中海油田服务股份有限公司（简称中海油服）开发了相应的地层测试技术和装备；中国石油集团测井有限公司（简称中油测井）在"十二五"已取得的成果基础上，借鉴国际上测井技术领域的最新发展，针对复杂储层识别难、高效开发难等当前油气勘探评估难点及对地层测试的需求，开展了超低渗地层测压取样与井下流体定量识别和分析技术、可挂接现有随钻测井系统的模块化随钻地层测压取样技术以及取心测压一体化技术研究，形成了具有自主知识产权的新一代高精度、高可靠性、高适用性、高时效性的地层测试技术与装备。

本章针对"十三五"期间开展的超低渗地层测试研究所取得的关键技术和装备成果进行分析、讨论和总结。

第一节　超低渗高温模块式电缆地层测试仪

随着勘探开发的不断深入，国内外石油公司越来越多地面临低渗甚至超低渗等复杂储层的测压取样难题。杨兴琴等（2012）和冯永仁等（2019）综述了国内外地层测试和井下流体取样技术的发展历程、关键技术和发展趋势，以及仪器的硬件特性、功能实现、配套解释和深度应用。由于国产地层测试技术和装备起步较晚，在低渗和超低渗等复杂储层的地层测试领域尚存在许多不足，国内石油公司对此类油气层进行地层测试时，严重依赖国外三大油田服务公司的测试技术与装备，严重制约了我国复杂油气藏的高效开发。

"十三五"期间，中海油服在"十二五"已取得的成果（即增强型地层动态测试仪 enhanced formation dynamics tester，EFDT）基础上，研发了超低渗地层测压取样与井下流体定量识别和分析技术，形成了具有自主知识产权的新一代超低渗高温模块式电缆地层动态测试仪 EFDT-eXceed（以下简称电缆地层测试仪），解决了超低渗地层压力测试与高纯度取样、定量流体识别和分析等难题。

一、测量原理及主要功能

1. 测量原理

电缆地层测试技术包括压力测试技术、井下流体取样技术和流体组成分析技术。压力测试技术是将电缆地层测试仪下放到测试点后，通过液压动力系统，把探针上的橡胶坐封在井壁上，使探针穿过井壁滤饼与地层接触，并在探针与地层之间建立连接通道。预测试工作原理如图 5-1-1（a）所示，移动预测试室的活塞，使地层流体进入预测试室，并通过压力传感器记录压力的变化，基于位移传感器的位置计算吸入地层流体体积的变化量、记录抽吸流体的流速和相应的时间，形成压力变化曲线（压力降落过程）；然后停止移动预测试室的活塞，等待流线内的压力恢复，记录压力随时间变化，直至出现微小的压力变化为止（压力恢复过程），即结束一个压力降落和压力恢复过程。根据地层特征，地面系统对流体压力预测试室的体积、流速和压力降落进行优化控制和调整，进行下一个压力降落和压力恢复过程。每个测压点可进行多个压力降落和压力恢复过程，以获得最佳压力预测试效果，最终获得地层压力和近井筒流度参数。如果知道流体黏度，则可得到近井筒地层球形流渗透率。

井下流体取样技术与测压作业过程类似，取样作业过程将电缆地层测试仪放到取样点，建立探针（或封隔器）与地层之间的连接通道，工作原理如图 5-1-1（b）所示。启动泵抽模块，将被钻井液滤液污染的流体抽吸到电缆地层测试仪的流体管线中（蓝线），通过流体管线中的流体分析模块（电阻率、密度传感器和光谱组成分析扫描仪）实时测量流体管线中流体的性质，传输到地面形成流体性质随泵抽时间或泵抽体积的变化曲线。基于这些变化曲线计算流体的钻井液滤液污染率，并与用户的需求进行实时比较判断。当污染率下降到用户可接受的水平后，在地面控制下打开取样筒模块中的样品瓶阀门，将合格的流体样品灌入样品瓶中。根据用户的需求，可在不同时间段进行多个样品取样（具有不同污染度），也可在污染率下降到用户可接受的水平后进行多个样品取样（大量样品）。

流体组成分析技术是通过测量特定波长的光束透过有流体通过的流线时的吸光度（也称光密度，optical density，OD），经过分析计算，获得井下流体的组成和性质（左有祥等，2021）。如图 5-1-1（c）所示，首先由光源产生光强为 I_0 的近红外光束，穿过流

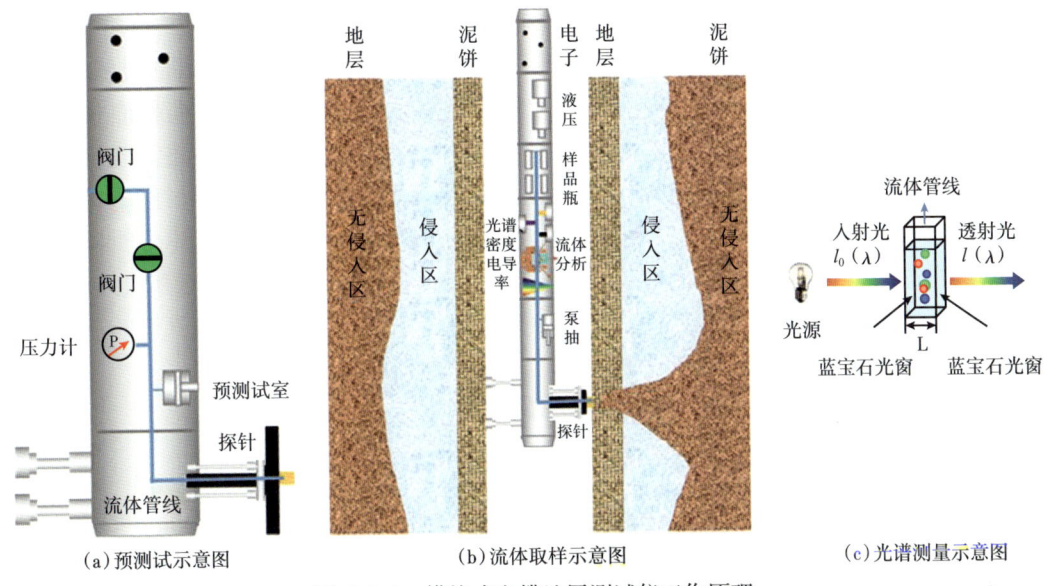

图 5-1-1 模块式电缆地层测试仪工作原理

动管线上的第一个蓝宝石窗口（蓝宝石不吸收任何光），再穿过几毫米厚的受测流体。其中，部分光束被流体吸收会削弱入射光强度，某些光束可能产生散射。从第二个蓝宝石窗口通过光谱检测仪，测量透射光的强度 I。由于不同物质具有不同的光谱特性（特征峰），即在不同波长时的吸光度不同，因此可通过机器学习的方法进行数学建模，获得流体的组分组成和性质。

2. 主要功能

电缆地层测试仪的主要功能包括压力测试、流体取样和井下流体近红外光谱组成分析三部分。

压力测试的主要功能是测量抽吸时间、流速、累积体积和压力。通过压力降落和恢复过程中参数变化的关系，计算得到流度（即地层渗透率与流体黏度的比值）和地层压力。通过地层压力梯度（地层压力与井垂直深度）分析，得到流体密度（基于流体密度可初步判别流体类型），从而可识别地层流体性质（气、油、水），确定流体界面。压力梯度线的拐点，指示出气—油、气—水和油—水界面。据此，判别地层的连通性，确定流体样品取样深度等。压力测试可通过区间压力瞬变测试（interval pressure transient test，IPTT）和垂向干扰测试（vertical interval test，VIT）得到关键的储层渗透率参数，并进行产能预测。

由于钻井工艺的原理和特点，近井筒的地层流体通常被钻井液滤液污染。泵抽开始时，流入地层测试仪流体管线的流体污染率很高。随着泵抽过程的不断进行，地层流体污染率逐渐下降。因此，流体取样的主要功能是根据常规测井和预测试数据以及用户需求，选择最佳模块组合，如探针（或封隔器）优选、泵抽速率、泵抽压降和各模块顺序优化，选择合适工作模式（是否需要形成油—水或油—气段塞流），以达到精确判断流体类型的目的；实时监测流体性质随泵抽时间和体积的变化，准确评估钻井液滤液污染率，实时判断最佳取样时间，获得具有代表性的地层原状流体样品。

井下流体近红外光谱组成分析功能是测量流体的近红外吸光度，然后通过光谱建模，实时得到流体的 CO_2、C_1、C_2、C_3、C_4、C_5 和 C_{6+} 组成，气油比，气—水和油—水相分率等参数。这些参数可用于实时监测取样过程，判断样品质量和精细描述油气田勘探开发的流体 PVT 性质。准确计算流体的钻井液滤液污染率，实时确定取样时间，提升取样时效，降低取样风险和成本。除了近红外光谱组成分析功能外，井下流体分析模块的主要功能是通过多个传感器测量流体的密度、电导率和荧光，探测油中气泡和气体中凝液，为获得具有代表性的原状流体样品提供多参数实时监测数据，确保流体取样的成功。仪器主要性能指标如下：

耐温耐压指标：耐温 175℃，耐压 137.9MPa。

测压范围和精度：地层压力 0～137.9MPa，测量精度 ±0.02%FS。

取样能力：取样筒数量 3～10 个 / 模块，取样筒体积 300～1000cm^3。

光谱组成测量误差：±5%（质量分数）。

密度测量误差：±0.01g/cm^3。

二、仪器结构及工作模式

1. 仪器结构

电缆地层测试仪由电子和控制模块，探针模块（包括聚焦探针、大极板探针、双封隔器等），泵抽模块，基于光学、声学或核磁共振的井下流体识别和分析模块，取样模块（包括常规取样筒、大体积取样筒、氮气压力补偿的单相取样筒等）等功能模块（或短节）组成，液压动力模块和流量控制模块可根据不同的测试目的和作业需求灵活配置。它们不仅可应用于裸眼井作业，结合射孔还可应用于套管井。电缆地层测试仪的构成如图 5-1-2（a）所示，从上到下依次为电子和控制模块、液压动力模块、取样模块、流体分析模块（包括光谱、荧光、密度、黏度、电导率、温度、压力）、泵抽模块、探针、双封隔器、3D 推靠模块。将电缆地层测试仪放置在井筒抽吸的示意图，如图 5-1-2（b）所示。

2. 工作模式

EFDT 地层测试仪的常用工具串见图 5-1-3（a），探针放在液压动力模块下面，然后是流体分析模块（含有基本的密度和电导率传感器，可包括光谱分析仪），接着是泵抽模块和样品瓶（取样模块）。泵抽模块在流体分析模块的下游，油—水混合物的重力分离只能在流体管线中发生，之后到达流体分析模块。由于流体管线的截面积很小，流体在流体管线中的停留时间很短，因此流体分析模块测量的油—水段塞流效果不佳。为了改进这种工作模式，获得更好的油—水段塞流效果，可将泵抽模块放在流体分析模块的上游（冯永仁等，2020）。这是由于泵抽模块中泵抽缸的截面积比流体管线的截面积大得多，流体在泵抽缸中的停留时间比在流体管线中长，油—水混合物重力分异效果好得多，因此在泵抽模块中形成的油—水段塞流容易被下游的流体分析模块中的传感器测量到，如图 5-1-3（b）和 5-1-3（c）所示。图 5-1-3（c）中的工作模式与原有 EFDT 的工作模式类似，流体从上往下流，流体分析模块放置在泵抽模块的下面（即下游），容易形成段塞流。但是流体从上往下流有一缺点，如图 5-1-3（a）和 5-1-3（c）所示，探针以下的仪器部分占据了仪器很大长度，当测点在井底时，由于仪器布局限制无法作业，因此不适用于井底测压取样作业。图 5-1-3（b）中流体从下往上流，既适用于井底测压取样作业，又容易形成油—水段塞流。另外，入口模块可以选择单探针、双探针、3D 探针和双封隔器，按需要进行组合。

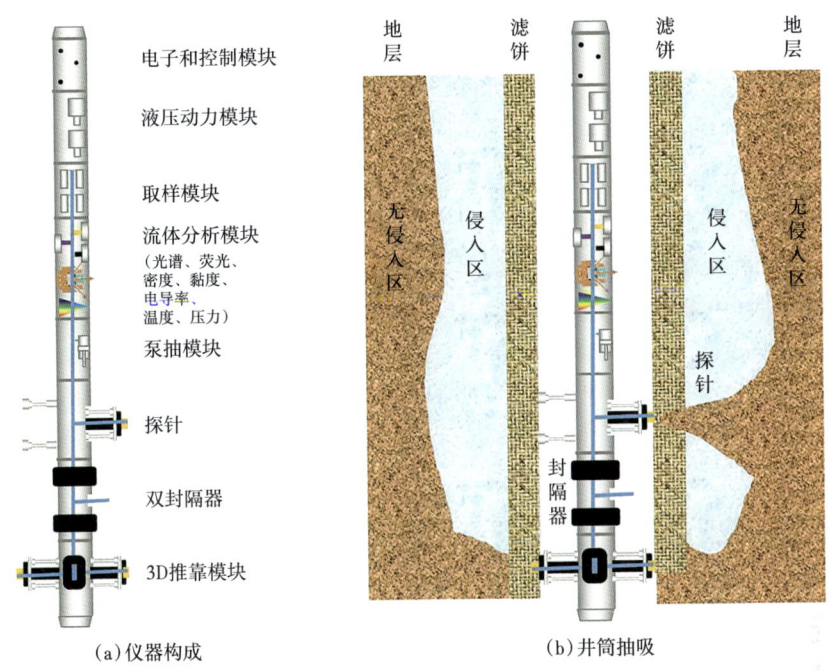

图 5-1-2 电缆地层测试仪构成示意图

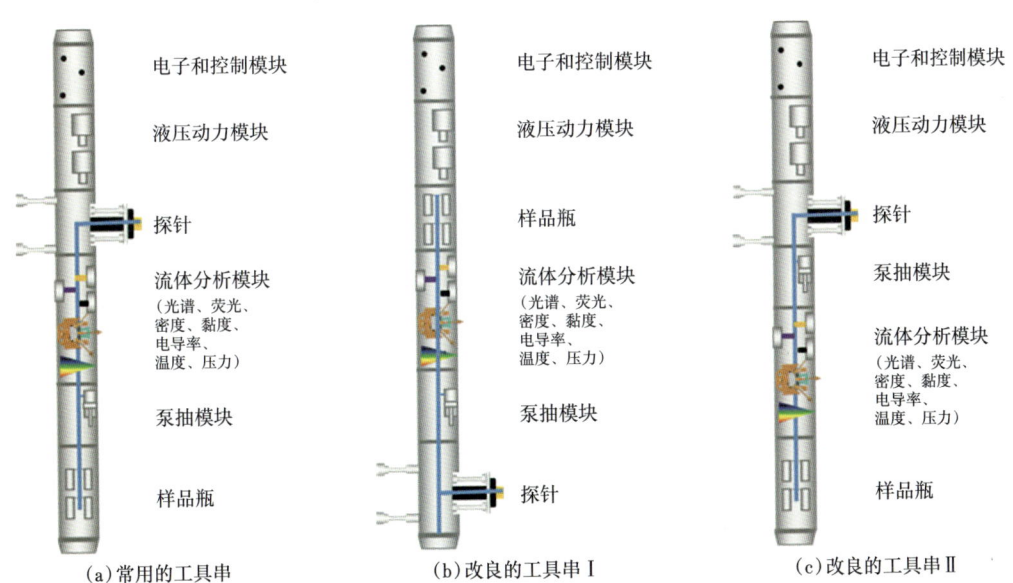

图 5-1-3 电缆地层测试仪工作模式示意图

三、关键技术及创新点

电缆地层测试仪的关键技术及创新点包括基于宽频调速的精准泵抽控制技术、新型探针坐封和多 PVT 取样筒技术、耐高温高可靠电动传动控制技术、新型井下流体光谱分析扫描技术、远程实时监控和数据解释技术等五项。

1. 基于宽频调速的精准泵抽控制技术

基于宽频调速的精准泵抽控制技术包括宽频调速精准控制技术、恒速与恒压控制技术两个创新点，实现对流体泵速与压力的精准控制。

宽频调速精准控制系统采用一机双挂技术（发明专利：ZL201810958803.6），即一台高压电动机带两台不同流量的高压泵，采用区域管理模式，对不同速度段分别进行精确控制，实现对泵速宽频控制（周明高等，2019）。电动机采用双向输出模式，通过正反转控制不同高压泵的输出。当一个高压泵工作时，另一个高压泵处于非工作状态。采用单向连轴技术，实现电动机工作时只有一个方向稳定有效输出，另一方向处于无效输出状态，避免对泵抽系统产生干扰，影响其控制精度（发明专利：ZL201811217959.5）。

采用高压直流旋变电动机，解决井下高温、长时间作业难题。根据电动机转子位置的变化，位置传感器输出相应的正余弦模拟信号。通过轴角变换电路对模拟信号进行解码，并通过串行通信接口（serial peripheral interface，SPI）将数字信号输入数字信号处理器（digital signal processor，DSP）中。之后，DSP 再对这个信号进行逻辑运算，从而输出六路脉冲宽度调制（pulse width modulation，PWM）信号控制功率管的导通与关断。最终，改变电动机的换相顺序。在电路中，采用上位机发送的通信协议控制电动机的转向、启停和给定转速以及相应数据的上传。为提高系统的可靠性，采用 DSP 复位指令（实用新型专利：ZL20181205339.5）。在软件控制方面，采用 DSP 初始化和主中断速率闭环技术，实现电动机各参数采样、电动机转速控制与平稳运行。

高集成度的井下高温高压液压控制技术，可实现旁路功能、正向前进后退抽吸、反排前进后退抽吸、关闭出口准备取样等功能。等压差长行程精密泵技术、新型位移传感器和密封方式，可提高泵抽行程、单循环泵抽量、泵抽最大压差，较好地解决了泵抽换向过程"返吐"现象，确保泵抽运行平稳，压力波动小，测量精度高，安装方式简单，利于维护保养。图 5-1-4 为小排量等压差精密流体泵系统液压简图。为了得到准确的地层参数，测压取样过程中要求泵抽速率或压力恒定。泵抽流体恒速及恒压控制技术可精确控制流体抽吸体积，能快速取得真实地层流体并准确分析地层流体的动态特性。

2. 新型探针坐封和多 PVT 取样筒设计技术

为适应各种储层地层测试和流体取样需求，研制了多种新型探针及其控制系统（包括极板式探针技术、双封隔器技术及新型 3D 推靠探针坐封技术）以及多 PVT 取样筒技术。

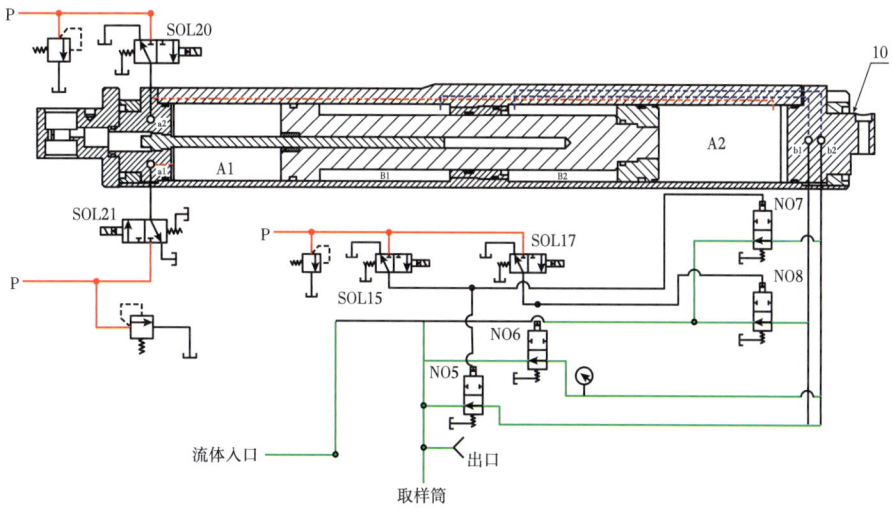

图 5-1-4　小排量等压差精密流体泵系统液压简图

极板式探针采用双臂强制同步推靠技术，解决了大极板探针推靠坐封的难题。超大过流面积是常规探针的 38.7 倍，避免了因渗透性低、压差大导致取样困难，提高了取样成功率。极板式探针与常规探针结构对比如图 5-1-5 所示。

图 5-1-5　极板式探针（a）与常规探针（b）对比图

应用有限元分析方法对各种探针的坐封性能进行分析，得到探针橡胶的接触压力分布规律，从而优化探针设计方案；同时进行了室内及现场试验，测试分析了探针坐封性能和可靠性。通过多次室内及现场试验证明极板式超大探针坐封性能良好（表 5-1-1），对低渗透等地层相对于传统双探针模块取样优势明显，能够满足低孔低渗地层条件下测压取样作业要求。

表 5-1-1　探针坐封性能试验数据

测试前压力 p/MPa	测试完后压力 p/MPa	保压时间 t/min
3.599	3.365	30
7.488	5.474	30
14.369	11.997	30
20.684	18.299	30
27.909	24.104	30
31.026	27.483	30

双封隔器技术通过两个轴向分布的封隔器（专利号 ZL201220091405.7）在液体充压下膨胀接触井壁的方法，形成坐封。解封时，通过封隔器内部泄压，金属筋的恢复力使封隔器恢复至初始状态。封隔器可重复充压和泄压，满足地层测试多次坐封的要求。通过封隔一段井筒，形成一个大面积坐封区域，可实现在低渗、非均质性强以及裂缝性地层进行测压取样。双封隔地层测试器也可以对封隔井筒进行充压、实现微型压裂功能。该技术通过了特定的测试装置（专利号 ZL201210014683.7）测试和实井应用，实现了在137.9MPa、150°C 环境下，循环泵抽 8 小时有效密封或坐封。

新型 3D 推靠探针坐封技术（美国发明专利：US11072981B2）包括 3D 推靠技术、柔性扶正技术、超大过流面积探针、自适应增压及控制技术、液压集成与控制技术等五项创新点。3D 推靠技术采用沿圆周每 120° 均匀分布三个方向的推靠方式和液压加双四连杆机构技术，大幅提升推靠力，确保探针坐封和井下作业安全。柔性扶正技术是在探针上下处增加柔性扶正器，通过液压推靠支撑及传感器控制技术，强制探针部分居中，从而提高探针坐封的成功率，尤其在大斜度井或水平井中具有明显优势。基于应力分析、数字仿真等技术手段，研制了超大过流面积探针坐封技术，并通过室内及试验井测试，对坐封能力进行验证。自适应增压及控制技术采用液压增压技术，结合液压控制实现推靠液压系统自动增压，更好贴合不同井径的井壁，提高坐封成功率。液压集成与控制技术采用液压集成技术，将液压元件进行集成，提升了系统稳定、可靠性；采用总线式就近处理技术，提高了控制精度与可靠性。

新型 3D 推靠探针坐封技术能实现超大过流面积坐封，为超低渗、稠油出砂等复杂储层的测压取样提供了技术保障；对三个吸口分别采用液压独立控制技术，根据储层物性适当选择控制三个吸口的开关状态，提高了作业的灵活性。该技术可实现井下安全解卡，提高了作业的安全性。

新型多 PVT 取样筒采用了基于 ID 控制的可重复组合技术、先进的低冲击取样技术（low-shock sampling）和自平衡单相地层流体取样筒技术（mono-phase sampling tank II），可实现一次下井最多可携带 48 个 450cm³ 的取样筒（单相地层流体取样筒或常规取样筒）或 6 个 1000cm³ 的单相地层流体取样筒（也可携带容积为 1200cm³ 的常规取样筒），并能够获得纯度更高的单相地层流体样品。新型多 PVT 取样筒能承受 204°C 高温，且长度更短，性能更可靠，如图 5-1-6 所示。

图 5-1-6　新型多 PVT 取样筒效果图

3. 耐高温高可靠电动传动控制技术

耐高温高可靠电动传动控制技术包括两项关键技术，即井下高温高可靠性供电系统和基于 MCM 技术的高温测控系统。

井下高温高可靠性供电系统采用高磁感应强度定制铁芯技术，提高了功率密度，减小了高温损耗；采用多次浸漆工艺，增强了变压器绝缘性；采用晶圆减薄处理技术和共晶焊技术，减小了热阻；采用不同材料的键合工艺，提高了可靠性；采用高温液钽电容串并联技术，提升了高压滤波能力；采用串联电容并联均压电阻方法，防止电容击穿。

采用多芯片模块技术（Multichip Module，MCM 技术），将功能电路（如电磁阀驱动电路、传感器采集放大电路等）整体封装成一个模组，并利用共晶焊技术减小热阻，金属壳封装增强散热等方式整体提升电路的耐温性能。优选高温大功率开关管，分散布局，大面积铺铜将热量均匀导入到骨架中，减缓元器件的温升。

通过耐高温高可靠电动传动控制技术实现了在 175℃ 环境温度下对仪器液压系统及电动机传动系统的控制和关键传感器信号的采集，是仪器在高温环境下长时间作业的有力保障。

4. 新型井下流体光谱分析扫描技术

新型井下流体光谱分析扫描技术，包括新型井下流体光谱组成分析扫描技术、荧光扫描和气体检测实时分析技术。

通过测量光束透过流线时的透射光强度，获得井下流体的吸光度（发明专利：ZL201820330248.8），根据不同物质的光谱特性（特征峰），利用机器学习的方法进行数学建模，获得流体的组分和性质。图 5-1-7 为不同流体的近红外光谱图。

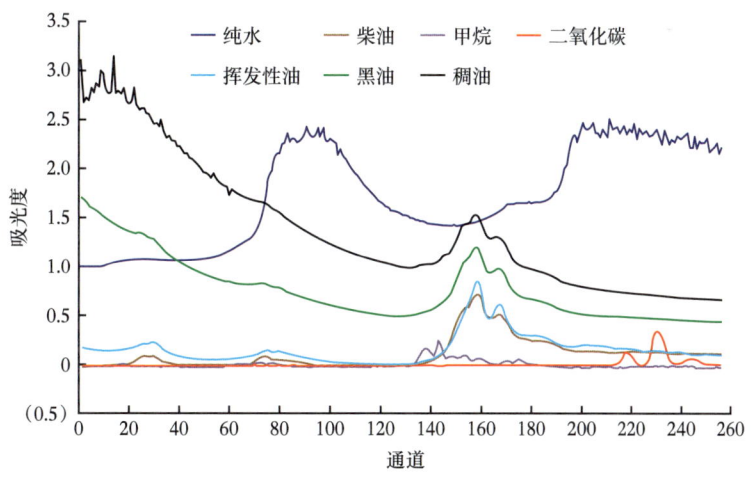

图 5-1-7　不同流体的近红外光谱图

光谱建模的流程如图 5-1-8 所示。通过收集死油、气和活油样品，在不同温度、压力条件下，建立一个包括储层流体（气、凝析气、活油、死油、水、油基钻井液、水基钻井液、纯物质等）的组分（CO_2，C_1，C_2，C_3，…，C_{29}，C_{30+}）、性质和传感器测量信号（包括光谱、荧光图）数据的数据库。从建立的数据库中取出相关数据，通过机器学习方法进行流体组成和性质的建模。然后将机器学习方法训练好的最佳模型嵌入电缆地层测试仪的实时测量中，对井下传感器测量的信号进行分析和预测，并产生实时储层流体的组分和性质等成果（软件著作权登记：井下流体组分实时监控软件 V1.0）。

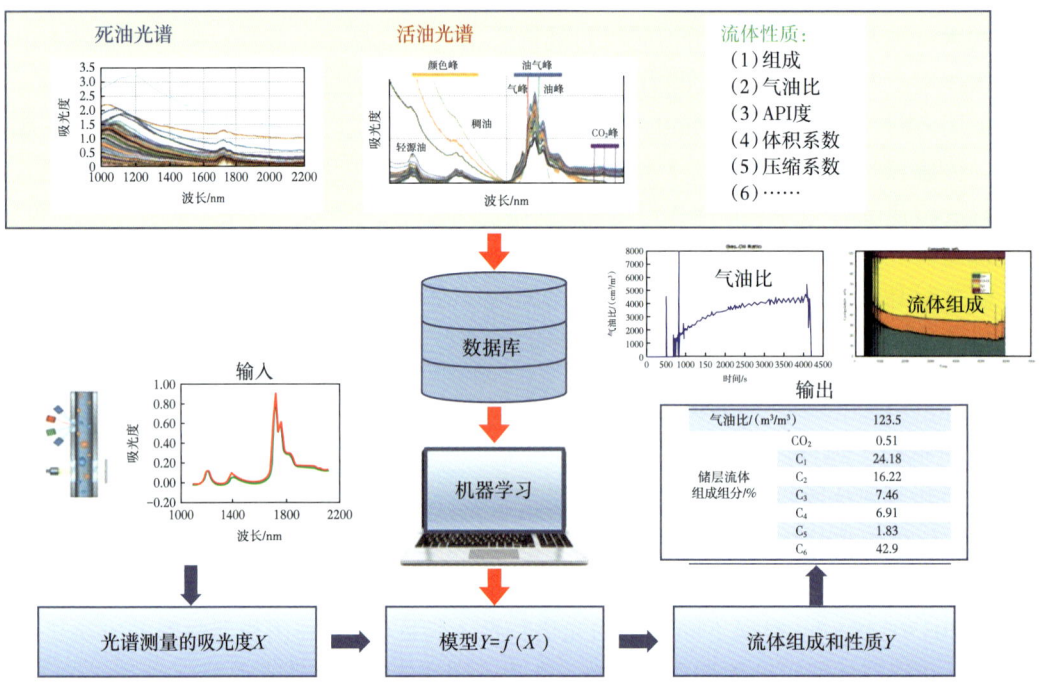

图 5-1-8　光谱数学建模的流程图

荧光扫描技术是利用紫外光激发原油产生荧光信号（发明专利：ZL202020423704.0），然后将光信号处理成电信号而构成荧光谱图。不同的荧光谱图对应不同的原油类型，如图 5-1-9 所示。

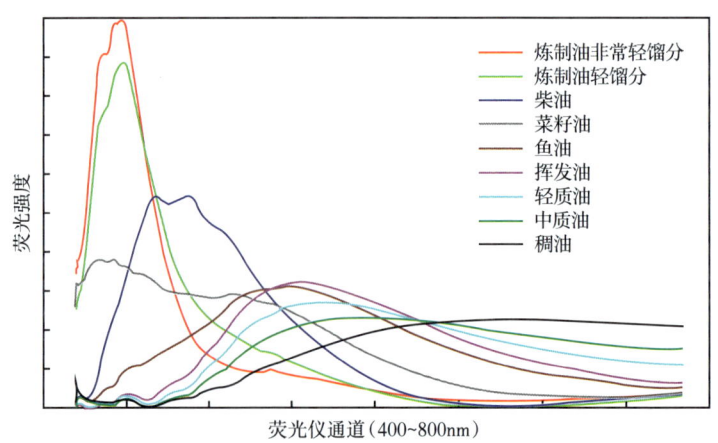

图 5-1-9　不同油品的荧光光谱

气体检测技术是利用光在两种不同介质接触面产生全反射的原理。油、气两种物质发生全反射的临界角是不同的（图 5-1-10 中虚线）。通过探测反射光强度，得到气体含量的高低（发明专利：CN109632719B）。

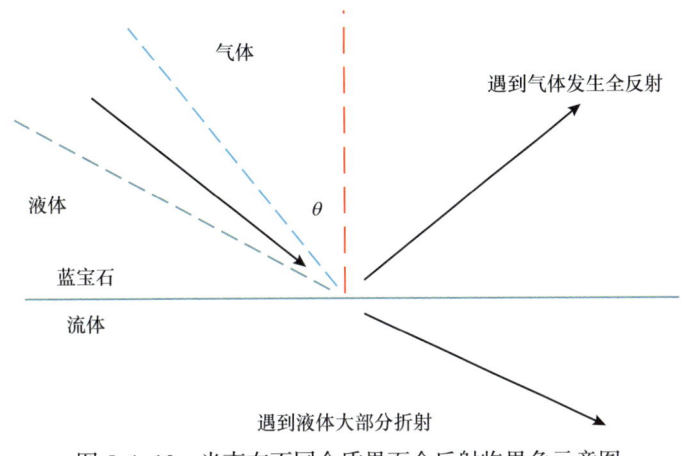

图 5-1-10　光束在不同介质界面全反射临界角示意图

5. 远程实时监控和数据解释技术

原有地层测试仪的控制软件系统采用多模块独立控制窗口，在使用的便捷性以及美观性上都不如 MDT、RDT 和 RCI 的控制软件。针对超低渗高温模块式地层测试仪开发了可视化控制系统，具有稳定性、兼容性、整体性、美观性、灵活性和交互性的特点。这些实时监控解释技术包括现场实时测压取样监控系统、实时远程监控系统 RTC（real time center）、质量控制与快速处理系统 EFAPro（extended formation analysis professional）、井下流体实时监控和数据解释系统。

现场实时测压取样监控系统通过 FormView 架构，基于动态链接库 DLL 进行独立开发，通过与 ELIS 测井系统之间的信息交互，实现超低渗高温模块式地层测试仪的测压取样功能，共建立了 7 个独立控制模块，多模块之间数据共享，实现测压取样关键参数实时检测功能。图 5-1-11 为现场实时测压取样监控系统的控制界面。

实时远程监控系统 RTC 将现场作业仪器上传的实时数据通过卫星网络上传至云端。技术专家可以通过 web 端及移动端对作业数据实时查看，远程监控现场作业情况，能够较为直观地获取现场作业一手数据，及时解决现场工程师在作业过程中遇到的问题，对提高作业成功率及作业效率有着积极作用。

对于单个取样点，该系统会显示各种测量曲线随泵抽时间或体积的变化，主窗口中第一道是压力和光谱吸光度曲线，第二道是密度、电导率和气油比曲线，第三道是泵抽体积和泵抽速率曲线，第四道是填充的组分 CO_2、C_1、C_2、C_3、C_4、C_5 和 C_{6+} 组成曲线。用户可以根据需要增加各种实时曲线。远程专家和工程师依靠这些曲线可实时远程监控测压取样过程，并通知现场操作工程师做出相应的测压取样动作，保证作业成功率。

RTC 会显示在给定时间范围内的三维光谱图，如图 5-1-12 所示。远程专家和工程师可一目了然地看清楚，仪器管线中流动的到底是什么流体（油、气、水、钻井液）。图中显示了时间在 4510~4750s 时的三维光谱图。很显然，该时间段测量光谱图的吸光度较小，流体性质为油。

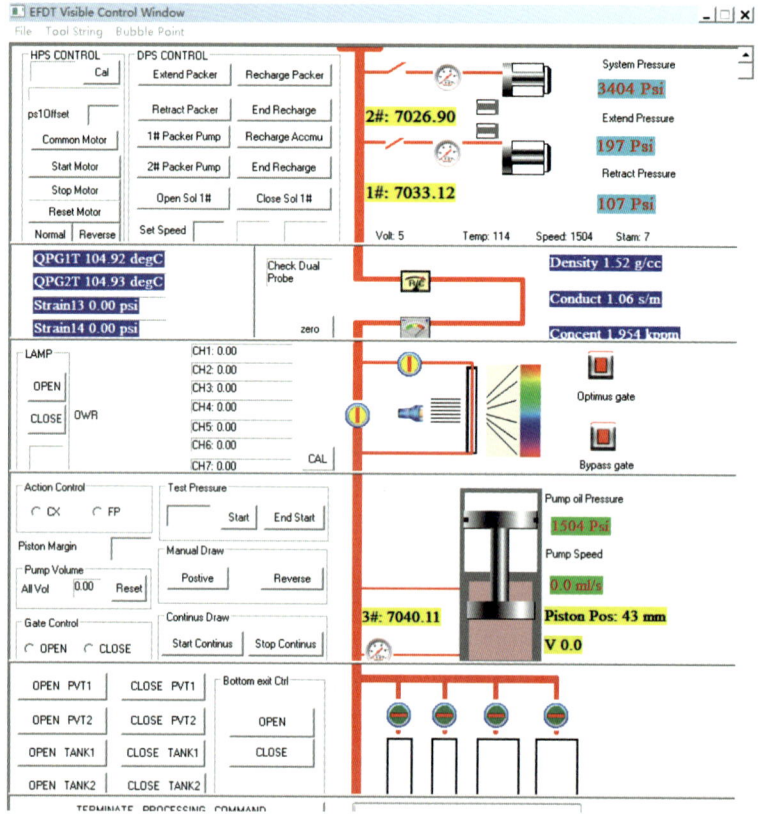

图 5-1-11　EFDT 现场实时测压取样监控系统的控制界面

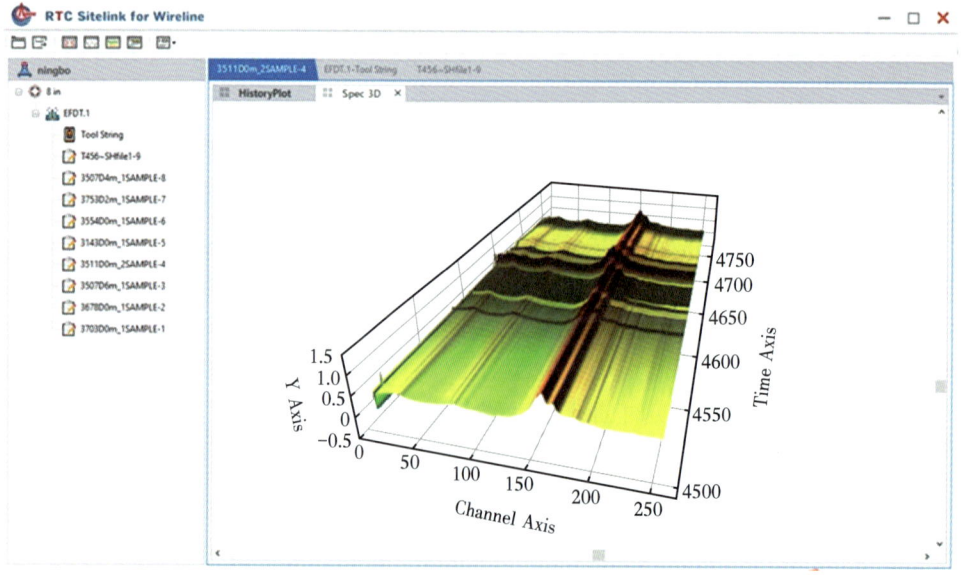

图 5-1-12　给定时间范围内的三维光谱图

实时质量控制与快速处理系统 EFAPro 除了具有与 RTC 系统相同的远程实时监测功能以外，还可以远程实时解释测压取样数据，由远程专家进行操作，进行各种必要的人工干预，判断最佳取样时机（例如，远程实时分析滤液污染率），并通知现场工程师做出相应动作，保证取样质量。该系统不但可用于远程实时解释，而且更重要的是可用于测前设计，或测后对数据进行详细的解释。

井下流体实时监控和数据解释系统，如图 5-1-13 所示。该系统采用 UI 界面设计技术，将流体性质特征变化用丰富多样的曲线以及动态图形的形式展示出来，可实时在线监测的参数包括黏度、密度、电导率、气油比、油水分率、API 度、组分含量、荧光特征通道、近红外全谱图和荧光全谱图等。此外，基于各传感器工作原理设计了实景管线显示模块，可实时显示泵抽取样过程中管线中的流体性质变化。在现场作业过程中，该系统可以全面展示流体相关参数曲线、油气水分布等关键信息，为现场操作工程师提供一个直观、美观的显示界面。

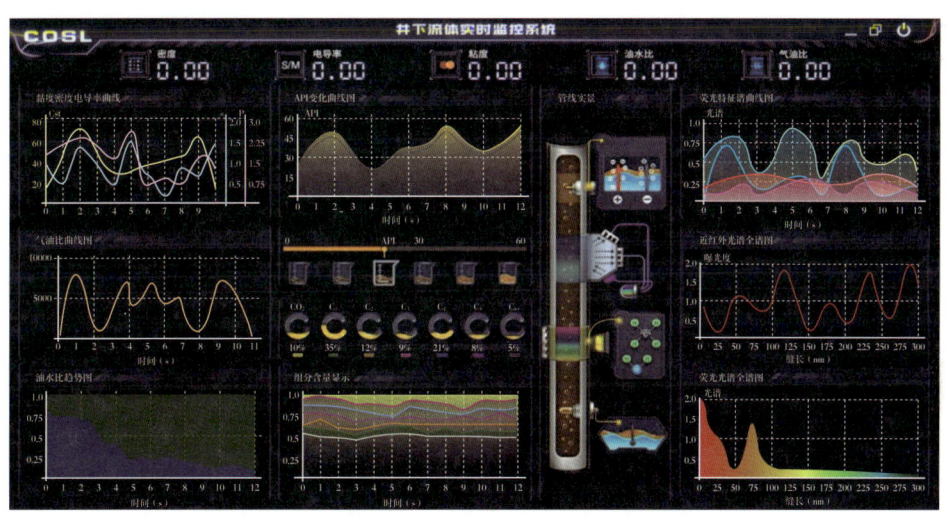

图 5-1-13　井下流体实时监控系统的显示界面

四、现场应用效果

超低渗高温模块式电缆地层测试仪关键部件。各模块整体系统进行了实验室测试、实际作业应用，验证了仪器性能，均达到设计要求。在实验室完成了各功能模块的联调试验、高温试验和高温高压井试验，验证关键部件设计指标；在科研试验井完成了整体功能试验，通过现场作业，验证了超低渗高温模块式电缆地层测试仪的稳定性和可靠性。

1. 功能测试

超低渗高温模块式电缆地测试仪各模块进行了实验室测试，下面以电动机为例介绍室内高温高压测试。采用柱塞泵、负载、高温高压测试缸、手动打压装置、加热带、高温烘箱、电动机控制驱动电路、1000V 直流电源、低压电源、示波器、万用表进行高温高压测试。测试数据见表 5-1-2 和表 5-1-3。

表 5-1-2 电机控制驱动电路高温测试数据

电压 U/V	电流 I/A	转速 /（r/s）	温度 T/℃	负载压力 p/MPa	测试时间	备注
450	1.34	3000	175	23.4	13：57	大泵
300	0.30	1500	175	22.8	14：01	小泵
450	1.33	3020	177	22.1	14：40	大泵
300	0.28	1200	177	22.8	14：45	小泵
450	1.34	3000	177	22.8	15：00	大泵
300	0.25	1000	177	22.8	15：14	小泵
450	1.35	2998	177	23.4	15：20	大泵
300	0.29	1500	177	22.8	15：30	小泵
450	1.35	3000	177	22.8	15：40	大泵
300	0.29	2000	177	22.8	15：30	小泵
450	1.33	3020	177	22.1	16：00	大泵
350	0.3	2500	177	22.8	16：10	小泵
450	1.34	3010	177	22.8	16：20	大泵
400	0.3	3000	177	22.8	16：30	小泵
450	1.33	3000	177	23.4	16：40	大泵
300	0.25	1000	177	20.7	16：50	小泵
450	1.35	2995	177	23.4	17：00	大泵
300	0.23	500	177	19.3	17：10	小泵
500	1.35	3200	177	23.4	17：14	大泵

表 5-1-3 电机带小注塞泵在 175℃、137.9MPa 环境下测试数据

电压 U/V	电流 I/A	转速 /（r/s）	温度 T/℃	负载压力 p/MPa	测试时间
150	0.11	300	177	20.2	8：30
150	0.20	600	177	21.1	9：00
300	0.25	900	176	23.0	9：30
350	0.31	1200	176	23.1	10：00
350	0.32	1500	175	23.2	10：30
350	0.33	1800	176	23.5	11：00
400	0.35	2100	176	23.3	11：30
450	0.37	2500	176	23.3	12：00
500	0.40	2700	177	23.5	12：30
500	0.42	3000	177	23.7	13：00

700W超低渗电动机宽频调速控制驱动电路在177℃环境中工作超过3小时，电动机运转正常，电流稳定，转速平稳，整个液压系统工作正常。电路板能够在177℃的烘箱中正常驱动电动机运行，证明该700W超低渗电动机宽频调速控制驱动电路能够承受高温175℃的环境。超低渗高温直流无刷电动机在高温175℃和高压137.9MPa环境下全速运行超过4小时，电动机一直运行平稳。通过上述实验可以证明电动机能在175℃、137.9MPa的恶劣环境下平稳、可靠地运行，并且调速功能稳定可靠，能够应用到井下仪器中。

2. 现场应用

超低渗高温模块式电缆地层测试仪在渤海、东海、南海东部、南海西部，以及阿联酋、伊朗、伊拉克、印度尼西亚等多地应用。基于宽频调速的精准泵抽控制技术已完成了15口井作业，多探针组合技术完成了107口井作业，3D推靠探针和双封隔器技术在低渗地层完成了8口井作业，多PVT取样筒技术完成了50口井作业，井下流体光谱组成分析扫描仪完成了16口井作业。

1）井下流体光谱组成分析扫描仪应用实例

新型井下流体光谱组成分析扫描仪（简称光谱仪，下同）成功地应用于东海海上流体实时取样作业（左有祥等，2021）。该井不仅有气层、油层，而且有油—水同层区，使用的是国内比较少用的油基钻井液。这些条件为光谱仪的测试提供了良好环境，通过它不但可测试光谱仪对气层和油层的组分（CO_2、C_1、C_2、C_3、C_4、C_5、C_{6+}）组成、气油比、气—油—水分率的测量精度，而且可检验其对油—水同层的测量精度和直观可视化能力。该作业总共对七个不同深度的测点进行泵抽、流体组成和性质分析以及取样，成功取得了合格的油气样品，为地面实验室进一步分析打下了良好基础，获得用户的赞扬。本次作业是光谱仪首次应用于油基钻井液的油气井。由于篇幅限制，仅以该井中一个气样、一个油样、一个油—水同层样为例进行分析讨论，以说明光谱仪在井下的实时应用情况。

在测深×692.9m处取得气样，常规测井和录井曲线如图5-1-14所示。测试点附近的伽马值较低（约45gAPI），电阻率值高（60~90Ω·m），中子和密度曲线交错，气测C_1、C_2和C_3值升高，并有微量C_4，这些是典型的气藏特征。该测点使用椭圆探针进行泵抽，泵抽前预测试获得地层的流度为138.7mD/cP。

泵抽速率、累计泵抽体积和压力随时间的变化如图5-1-15所示。图中泵抽速率0.25cm³/s。在230s时开始泵抽，泵抽速率控制在3~6cm³/s。累计泵抽时间约为3320s，共泵出流体12000cm³。如图5-1-16所示显示了光谱仪测量的气体分率、组成、气油比和密度。由于钻井时使用油基钻井液和该测点无水存在，正如预料的一致，光谱仪未测到水的踪迹，因此光谱仪测得的气体分率总是1，与实际情况相符。由图5-1-16可看出，泵抽前光谱仪测量的流体性质实际上是上一个测点带来的流体，具有稳定的各组分组成。开始泵抽后，气体突破很快，C_{6+}组成下降，C_1组成和气油比上升。当它们基本稳定后开始取样，测量的气体密度约为0.28g/cm³，气油比约为6255m³/m³。

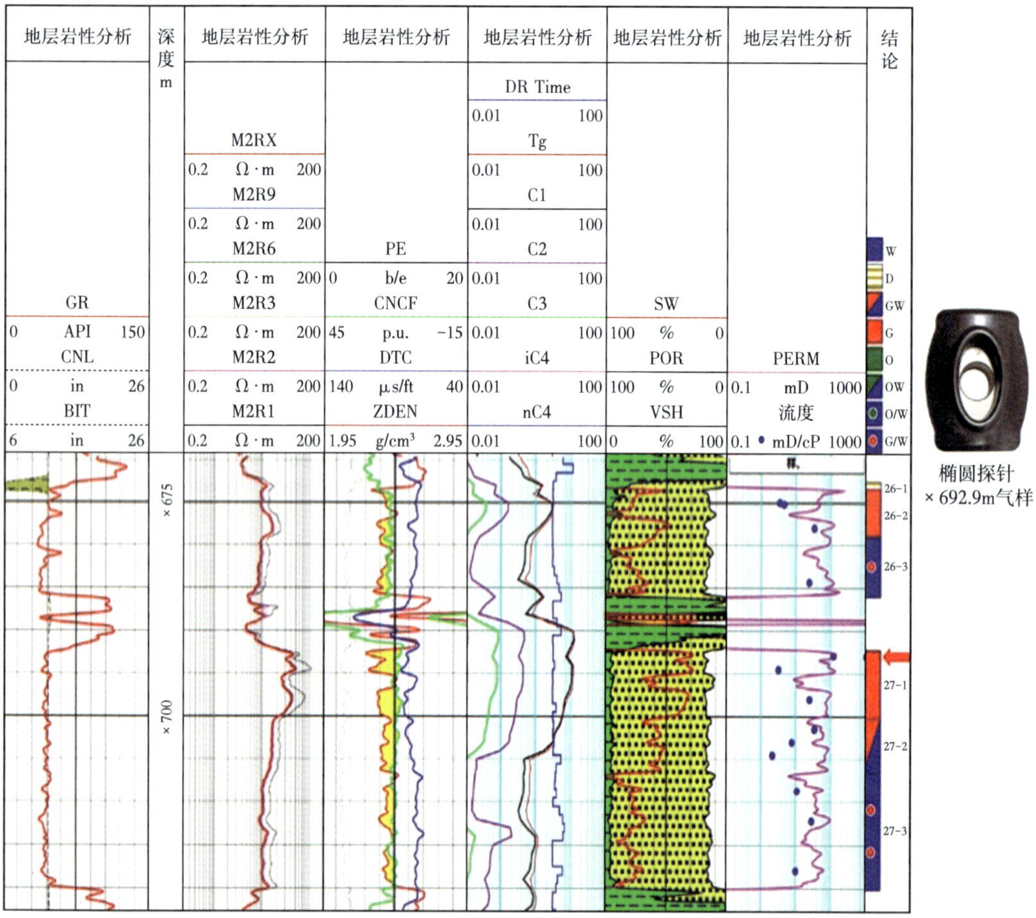

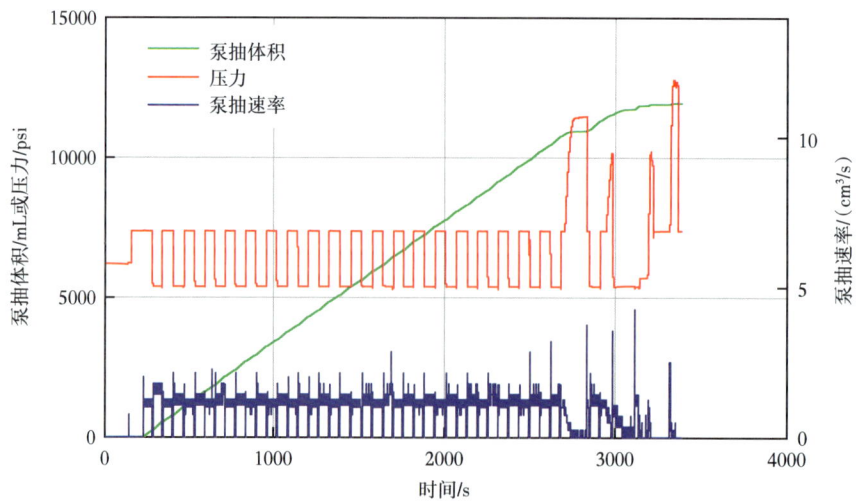

图 5-1-14 ×692.9m 测点的常规测井曲线图

图 5-1-15 ×692.9m 测点的泵抽速率、泵抽体积和压力曲线图

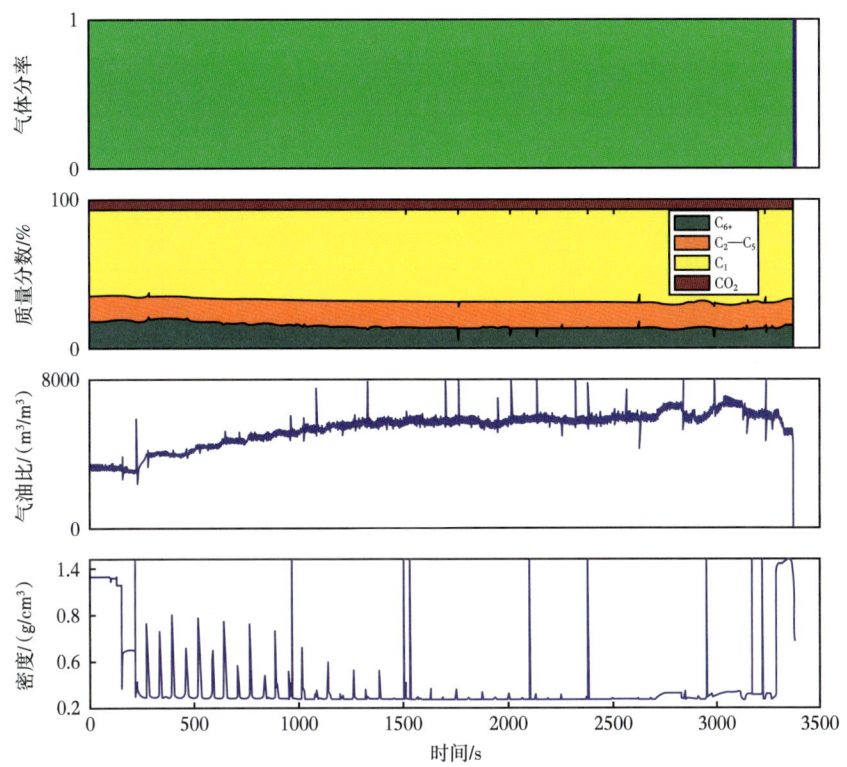

图 5-1-16 ×692.9m 测点光谱仪测量的流体性质随时间的变化图

图 5-1-17 对在 3200s 时 ×692.9m 测点的光谱图与纯甲烷和纯二氧化碳的光谱图进行了比较。很显然，气体中含有一定量的 CO_2、大量的甲烷以及其他组分。

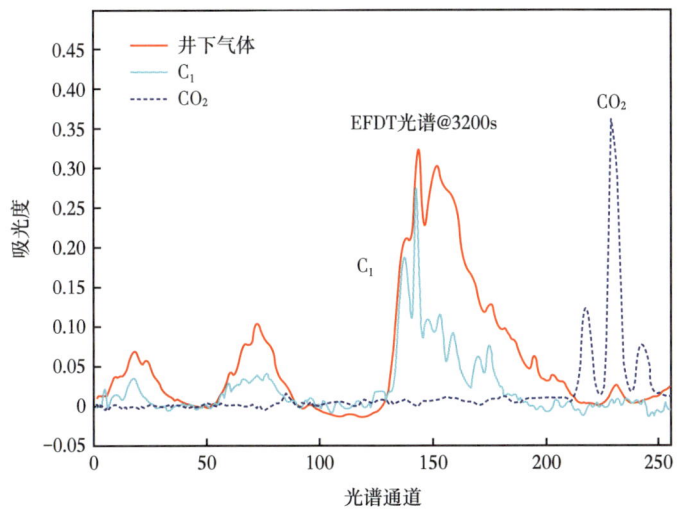

图 5-1-17 3200s 时 ×692.9m 测点的光谱图与纯甲烷和纯 CO_2 的光谱图比较

如表 5-1-4 所示，光谱仪测量值与现场放气测量值进行了对比，CO_2 和甲烷组成非常接近。

表 5-1-4　×692.9m 测点的光谱仪测量值与现场气样分析值的比较

组分	光谱摩尔分数 /%	光谱质量分数 /%	现场放样摩尔分数 /%
CO_2	3.1	6.5	3.4
C_1	81.4	61.8	82.5
C_2	12.5	17.8	9.0
C_3	0.0	0.0	3.4
C_4	0.0	0.0	1.5
C_5	0.0	0.0	0.3
C_{6+}	2.9	13.9	0.0

在测深 ×511m 处取得油样，常规测井和录井曲线如图 5-1-18 所示。测试点附近的伽马值与测深为 ×692.9m 的气样类似，电阻率值小（40Ω·m），中子和密度曲线交错、气测 C_1、C_2、C_3 和 C_4 值升高，并且 C_4 值比测深 ×692.9 m 的气样高。在 ×507.6m 测点，光谱仪已经确认是密度为 0.32g/cm³ 和气油比为 2200m³/m³ 的气样，推断 ×511m 处也是气样。

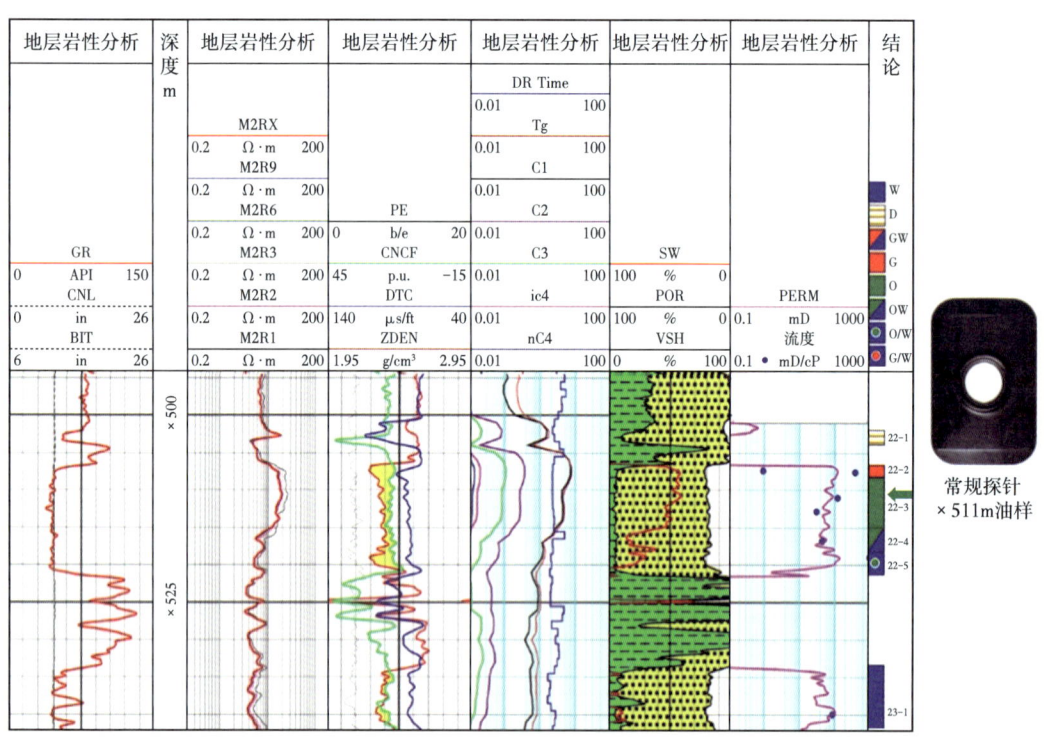

图 5-1-18　×511m 测点的常规测井曲线图

预测试获得的流度为 124.8mD/cP，泵抽速率、泵抽体积和压力如图 5-1-19 所示。在 450s 时开始连续泵抽，泵抽速率为 3～6cm³/s。

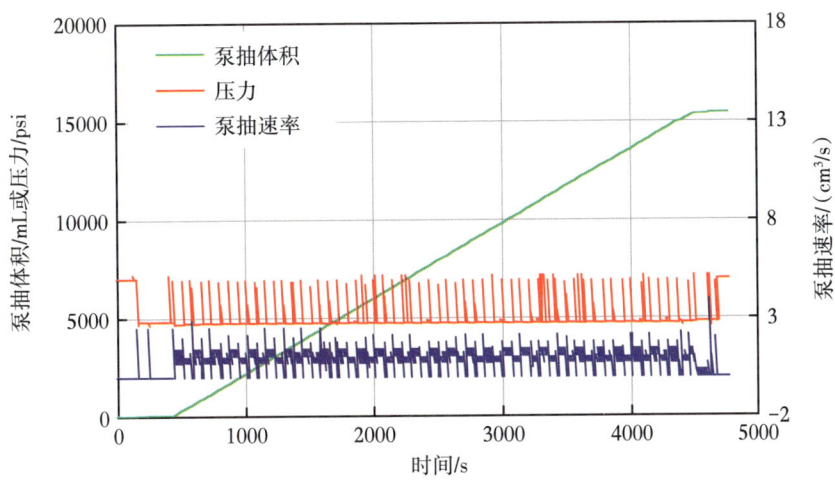

图 5-1-19 ×511m 测点的泵抽速率、泵抽体积和压力曲线图

光谱仪测量的油分率、流体组成、气油比以及流体密度随时间的变化曲线如图 5-1-20 所示。同样，光谱仪测得的油分率总和为 1，与实际情况相符。泵抽前，光谱仪测量的流体性质是钻井液。当泵抽到 533s 时，油开始突破滤饼。C_{6+} 组分下降，气油比上升，当它们基本稳定后开始取样。测量的油密度约为 0.64g/cm³、气油比约为 300m³/m³。证明测深 ×511m 处是油样而非气样。

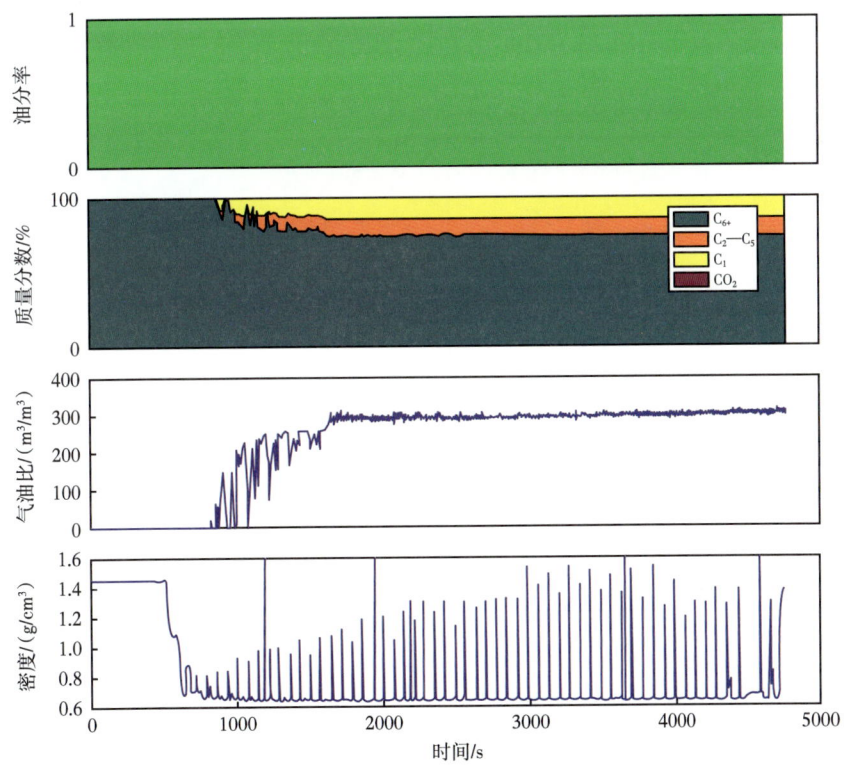

图 5-1-20 ×511m 测点光谱仪测量的流体性质随时间的变化图

如图 5-1-21 所示，对比 ×511m 测点在 4750s 时的光谱图与纯甲烷、纯二氧化碳和柴油光谱图。油中 CO_2 峰并不明显，油峰值很高（约为 0.7）。井下光谱图更接近柴油而非纯甲烷。在甲烷峰处，峰值又比柴油高，说明流体中含有甲烷气。

光谱仪测量的油样组成与地面实验室的分析结果进行了对比（表 5-1-5），光谱仪测量的组成摩尔分数较实验室的测量值在合理范围。光谱仪测量的气油比为 $300m^3/m^3$，而实验室测量的气油比为 $274.22m^3/m^3$。气油比测量相对误差为 9.4%，取得结果良好。

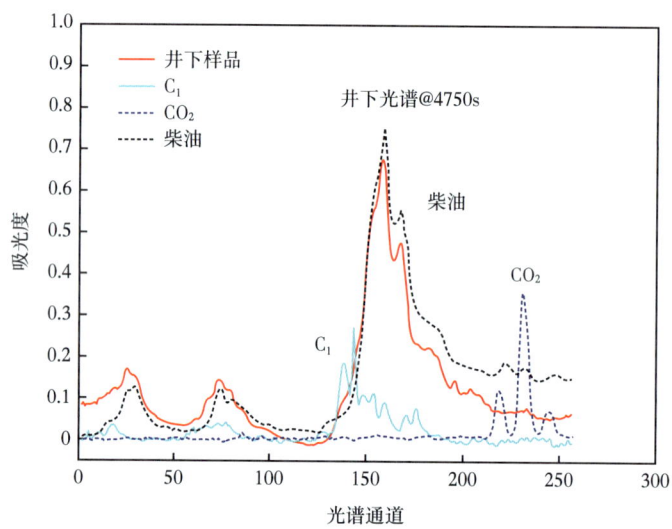

图 5-1-21　对比 4750s 时 ×511m 测点的光谱图与纯甲烷、纯 CO_2 和柴油光谱图

表 5-1-5　×511m 测点光谱仪测量的油样组成表

组分	光谱摩尔分数 /%	实验室摩尔分数 /%	光谱质量分数 /%
CO_2	0.3	3.5	0.2
C_1	54.6	49.9	13.7
C_2	9.2	7.5	4.3
C_3	5.8	5.9	4.0
C_4	2.8	4.2	2.6
C_5	0.9	2.4	1.0
C_{6+}	26.5	26.6	74.3

测深为 ××78m 为油水同层，图 5-1-22 为测深 ××78m 附近的常规测井曲线和电缆地层压力测试的流度值。测试点附近的伽马值较低，电阻率值较水层略高，中子和密度曲线有少量交错重叠，气测 C_1、C_2 和 C_3 值升高，预测该点可能是气或油。使用标准探针进行泵抽取样，泵抽前预测试获得的流度为 34mD/cP。

该测点泵抽速率、泵抽体积和压力随时间的变化曲线见图 5-1-23，在 260s 时开始泵抽，泵抽速率控制在 3cm³/s 左右。累计泵抽时间约为 7000s，共泵出流体约为 20900cm³。钻井液柱的压力约为 50.66MPa，泵抽时的探针压力为 30.58MPa，地层恢复压力为 35.66MPa。

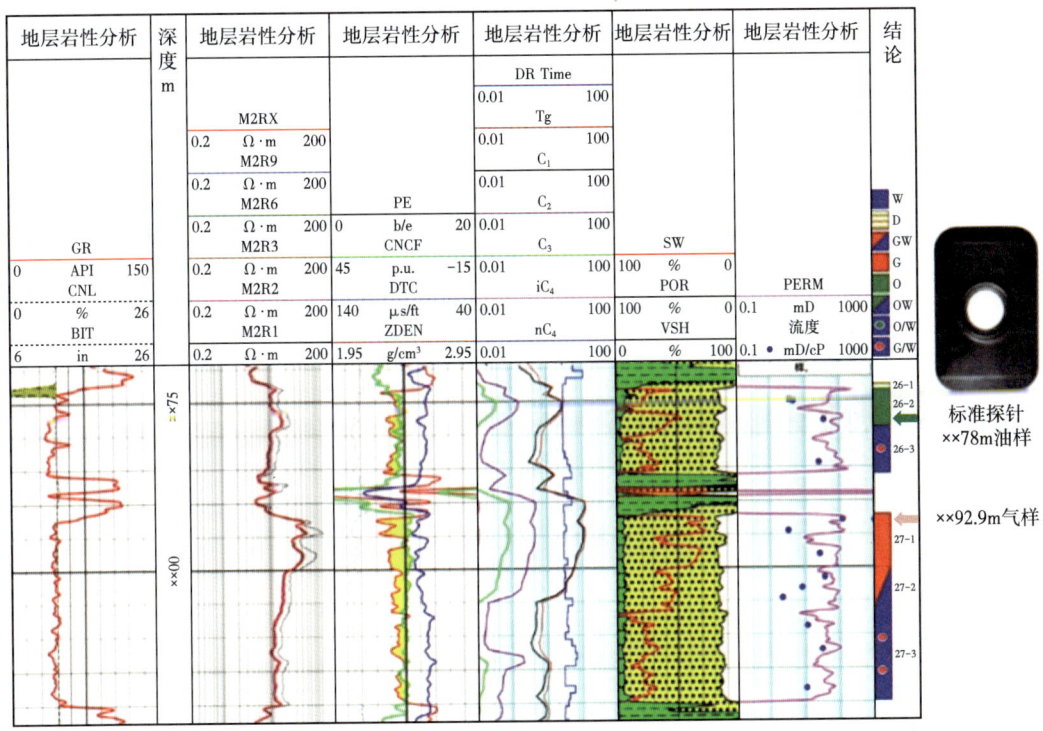

图 5-1-22　××78m 测点的常规测井数据和电缆地层压力测试流度图

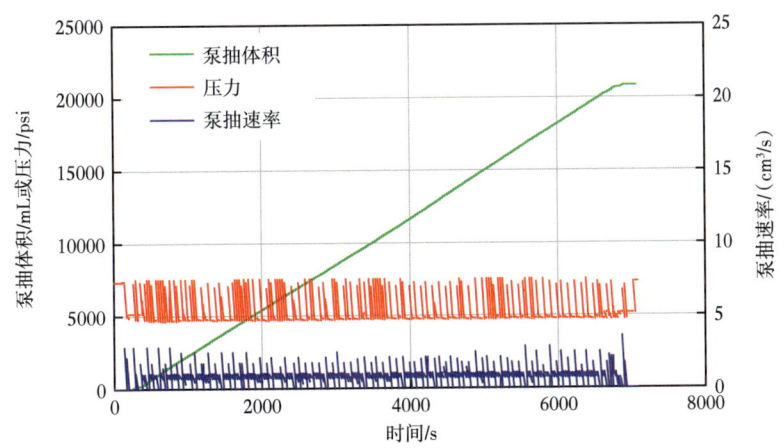

图 5-1-23　××78m 测点的泵抽速率、泵抽体积和压力曲线

光谱仪测量的油水分率、流体组成、气油比和密度随时间的变化曲线如图 5-1-24 所示。由于泵抽前流体为油基钻井液，而刚开始泵抽时又有微小固体颗粒，所以光谱仪测量的光谱图类似于无效的噪声（0~800s）。本例中水和钻井液滤液并未形成段塞流

（800～900s）。如前所述，在大于192通道的区间内水和CO_2有重叠峰，因此光谱仪误将微量水当成了CO_2；随着含水量继续减少，显示CO_2含量几乎为零。到2500s左右时，光谱仪测量到油—水段塞流。由图5-1-24可以看出，当流体突破滤饼后，C_1组成上升，C_{6+}组成下降，气油比上升。当它们相对稳定后开始取样，测量得到油密度约为0.68g/cm³，气油比约为260m³/m³，证实了该测点为油水同层而不是气水同层。必须注意，C_1组成和气油比仍有上升趋势而C_{6+}组成和密度仍有下降趋势，它们均未达到稳定值，说明了泵抽流体中仍存在钻井液滤液污染，并非真实原状地层流体。

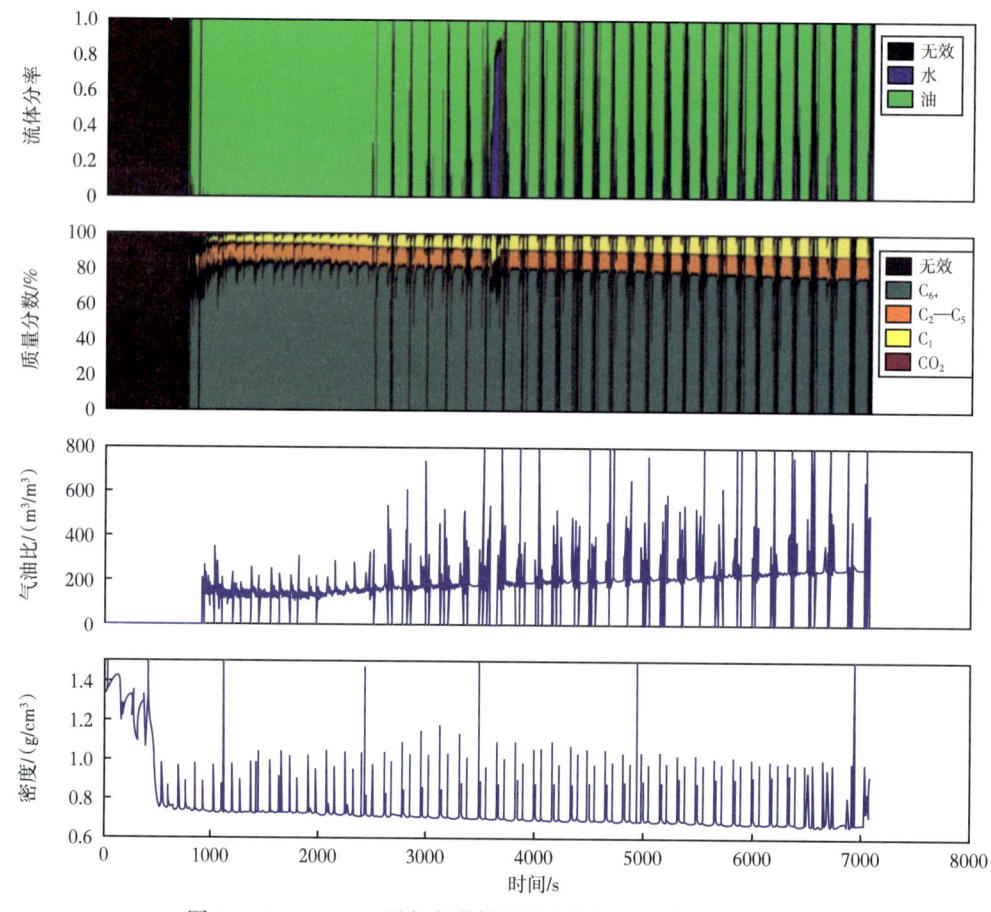

图5-1-24 ××78m测点光谱仪测量的流体性质随时间的变化图

为了进一步验证油—水段塞流的形成，将油水分率图放大，并将四个特定时间的光谱图绘制在一起，如图5-1-25所示。由图5-1-25可以看出，刚形成段塞流不久，在2640.5s时，光谱仪监测到油的光谱图，而在2641.75s时监测到水的光谱图；泵抽后期，在6861.5s时监测到油的光谱图，而在6865.75s时监测到水的光谱图。泵抽早期的油光谱基线（吸光度约0.6）高于泵抽后期的油光谱基线（吸光度约0.2），而泵抽早期的水光谱基线（吸光度约0.7）小于泵抽后期的水光谱基线（吸光度约1）。因此，该测点为油水同层，并且油分率（绿色面积）大于水分率（蓝色面积）。

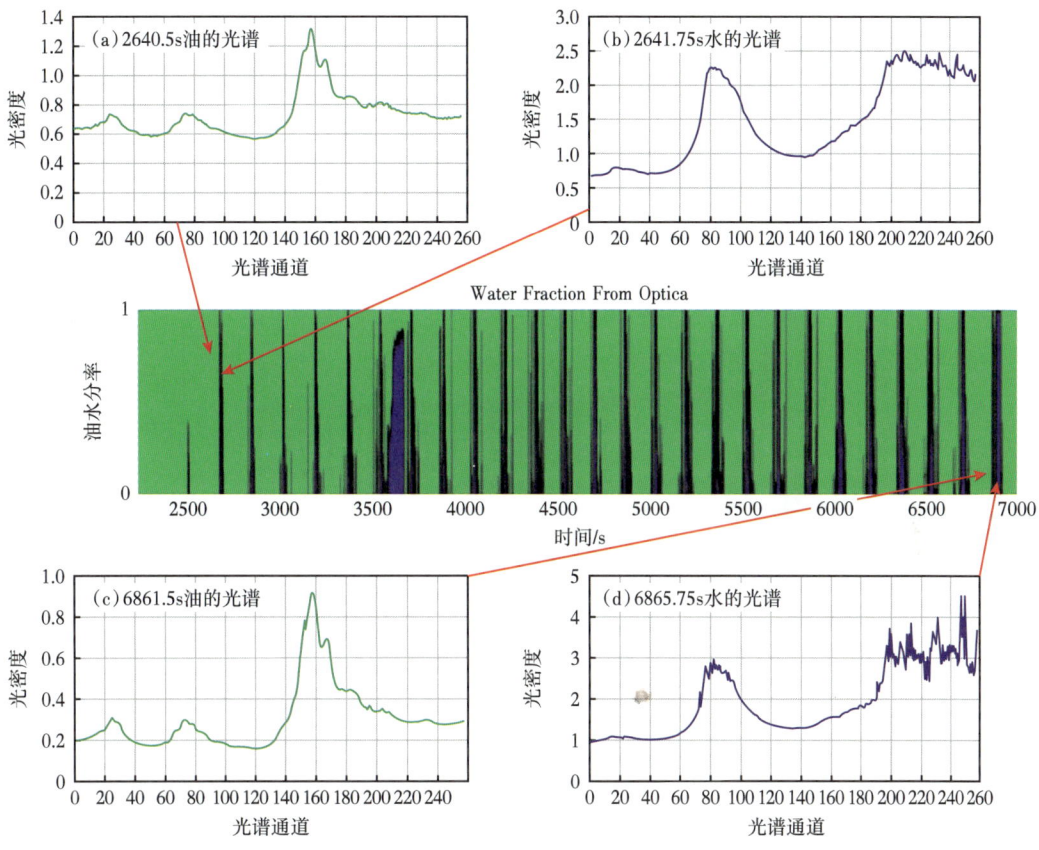

图 5-1-25 在 ××78m 测点和特定时间点，光谱仪测量的光谱图

特定时间内的光谱三维图如图 5-1-26 所示。从图 5-1-26 中可以清楚地看出在 2600～2700s 以及 6850～6950s 之间的光谱图变化。整个区间，油的光谱图比较平坦，油峰分布在 140～180 通道之间，峰值较低。水的光谱图有两段高峰凸起部分，分别在 70～100 和 200～256 通道之间。

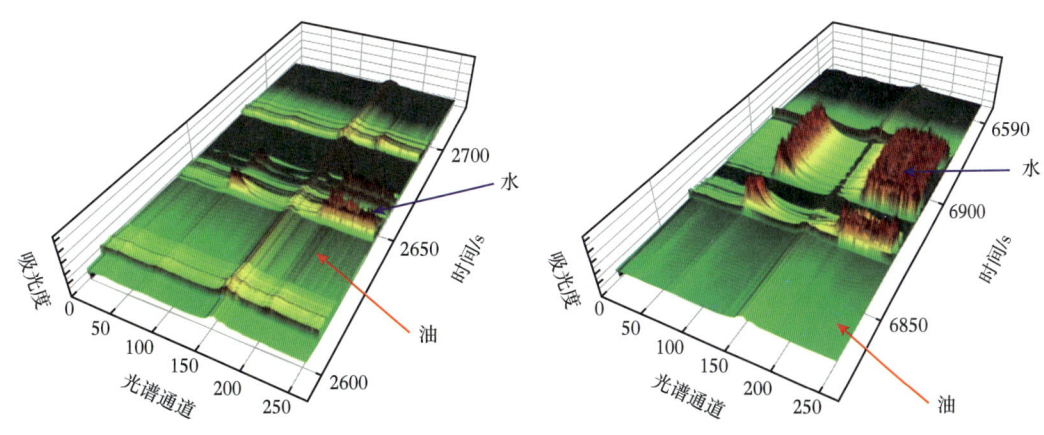

图 5-1-26 在 2600～2700s 以及 6850～6950s 之间的光谱三维图

图 5-1-27 给出了在 C_1 峰和油峰两个波长下基线校正后的光谱吸光度随时间的变化。油峰随着时间的增加而减小，C_1 峰则随着时间的增加而增加。在 C_1 峰和油峰两个波长下，基线校正后的水吸光度非常小，因此由图 5-1-27 也可清楚地看出在约 2500s 之后形成油—水段塞流的情况。

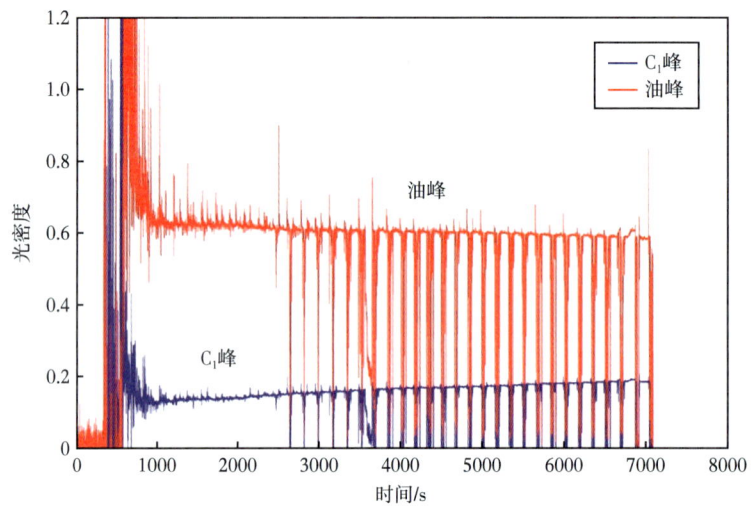

图 5-1-27　C_1 峰和油峰两个波长下基线校正后的光谱吸光度随时间的变化图

表 5-1-6 列出了在 6852s 时光谱仪测量的油样品的组成，从表中可以看出，油样中无 CO_2，C_1 摩尔分数为 55.6%，C_2—C_5 摩尔分数为 22.4%，C_{6+} 摩尔分数为 22.0%。气油比约为 260m³/m³，密度为 0.68g/cm³。

表 5-1-6　××78m 和 6852s 光谱仪测量的组成

组分	摩尔分数 / %	质量分数 / %
CO_2	0.0	0.0
C_1	55.6	11.5
C_2	11.0	4.3
C_3	7.0	4.0
C_4	3.5	2.6
C_5	0.9	0.8
C_{6+}	22.0	76.8

2）3D 推靠探针在低渗透地层作业的应用实例

使用常规探针对低渗透地层进行取样时，获得合格的样品需要较长的泵抽时间，导致取样时效低、成本高、作业风险增加。另外，在油基钻井液环境下估算钻井液滤液污染度也具有很大挑战。3D 推靠探针取样可以解决这些难题。

3D 推靠探针应用于渤海某油井作业。该井使用水基钻井液，本次作业 3D 推靠所挂接的三个探针分别为一个长方形的极板式探针和2个长椭圆形探针,在两个深度点成功获得了高纯度样品。这里选择××90.2m测点进行详细讨论。××90.2m测点的常规测井曲线如图5-1-28所示。首先使用常规探针进行压力预测试,得到的测点流度为4.69mD/cP(属于低渗透地层),地层压力为22.2MPa。然后用3D推靠探针泵抽60min和130min时分别进行井下取样,60min的样品在放气后,测量密度为0.86g/cm³的油(33°API)。样品中50cm³为滤液,200cm³为死油,滤液污染率为20%。

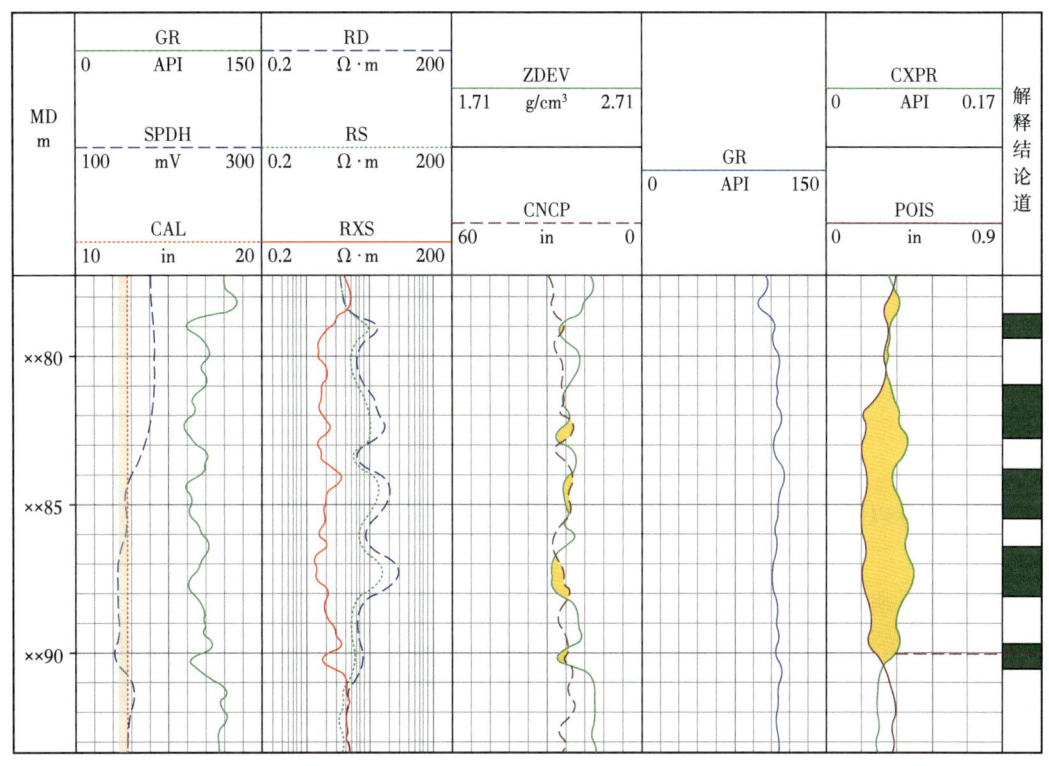

图5-1-28 ××90.2m测点的常规测井曲线

如果取样泵抽压降只允许在2.76MPa以内(即假设油的泡点压力低于地层压力约3MPa),可计算出常规探针和3D推靠探针的最大泵抽速率分别为0.77cm³/s和6.39cm³/s;3D推靠探针的允许泵抽速率为常规探针的8.25倍。实际上,3D推靠探针取样时使用的平均泵抽速率为6.01cm³/s。

假设侵入带的厚度为15.24cm,孔隙度为20%,可计算得到储层中油的突破时间为8.22min。由实测的电导率(油—水段塞流)可获得侵入带流体的电导率为34.68S/m,而纯油的电导率为0.98S/m。可以计算出电导率随时间的变化情况,电导率随时间变化的结果如图5-1-29所示。蓝线是井下实测电导率,红线为3D推靠探针的计算电导率,而绿线为标准探针的计算电导率。由图5-1-29可以看出,由3D推靠探针计算的电导率与实测电导率比较接近,而由标准探针计算的电导率与实测电导率相差甚大。140min时,3D推靠探针得到的污染率约为10.1%。若用常规探针取样,如前所述,最大的泵抽速率为 0.77cm³/s，得到的污染率约为 39.5%，约为 3D 推靠探针的 4 倍。同样的侵入带厚度（15.24cm），常规探针的油突破时间为 64.18min，是 3D 推靠探针的 7.8 倍（8.22min）。因此，3D 推靠探针能够显著提高取样作业时效，降低作业风险和成本。

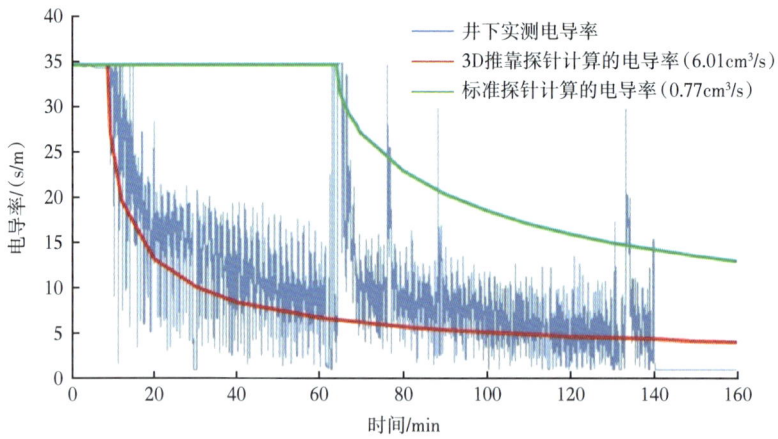

图 5-1-29　实测与计算电导率随时间的变化图

如前所述，60min 时所取的样品现场放样分析，得到的滤液污染率为 20%。模型计算的 60min 时滤液污染率为 17.2%，与现场放样值接近，绝对误差为 2.8%，取得了很好的结果。

另外，可以用测量的电导率和密度直接计算油—水分率，计算结果如图 5-1-30 所示。蓝色填充部分代表滤液水，而绿色填充部分代表油。由于 60min 取样时的泵抽过程、压力、电导率和密度不稳定，因此用 55～60min 时间段的平均值代表取样时的滤液分率，用电导率计算的滤液分率为 23.6%，而用密度计算的滤液分率为 15.1%，它们的平均值为 19.4%。这与现场放样的滤液污染率相一致，绝对误差只有为 0.6%。

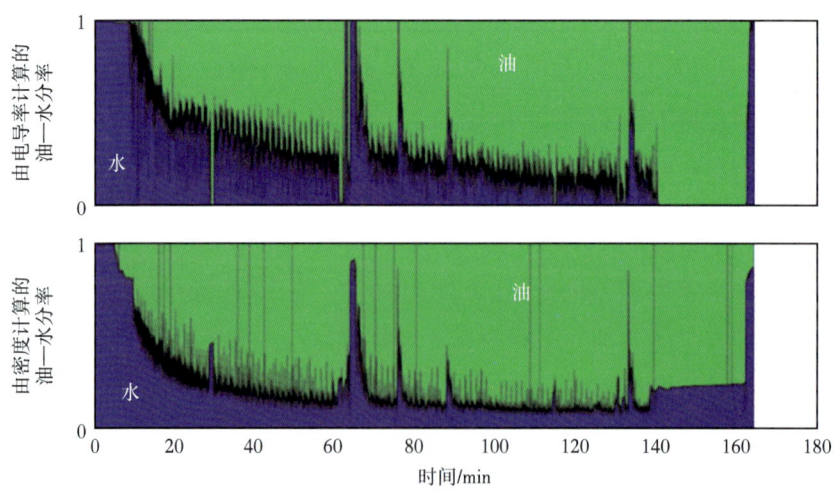

图 5-1-30　由测量电导率和密度计算的油—水分率图

第二节 模块化随钻地层测试仪

国际上哈里伯顿公司、贝克休斯和斯伦贝谢拥有行业上代表性的随钻地层测试仪，并陆续将动态地层压力测量、流体取样和流体光学分析等仪器推向市场，这三大油服公司依靠技术优势垄断了国内随钻地层测试作业市场。模块化随钻地层测试仪以"十二五"已有成果为基础，借鉴国际测井技术领域的最新进展，研究可挂接现有随钻测井系统的模块化随钻地层测试仪，形成具有自主知识产权的新一代高精度、高可靠性、高适用性和高时效性的随钻储层流体取样技术，用于随钻环境下测量地层压力、优化钻井液密度、储层渗透性评估、储层连通性判断等，为油气田勘探开发提供决策依据。

模块化随钻地层测试仪（简称随钻地层测试仪）包括大功率钻井液涡轮发电机模块、推靠测压泵抽模块、多 PVT 取样筒模块和出口控制模块，突破了随钻环境下基于大功率钻井液涡轮发电机的高效大排量混合流体泵抽技术、抗冲击振动地层流体取样技术、高精度测量与智能自动控制等关键技术。仪器能在钻开地层后第一时间进行取样作业，获取污染程度最小的原状地层流体样品，可极大地缩短作业时间，节省作业成本。

一、测量原理及主要功能

1. 测量原理

测压有两层含义，一方面指随钻地层压力测试的全过程，另一方面指测量地层压力动态响应从而获得"压力—时间曲线"，即测压曲线。地球物理专家以渗流力学为理论基础，建立从渗流方程出发的解析模型，定量计算地层压力、渗透率、流度等关键油藏参数，是油藏开发需要的基础数据。

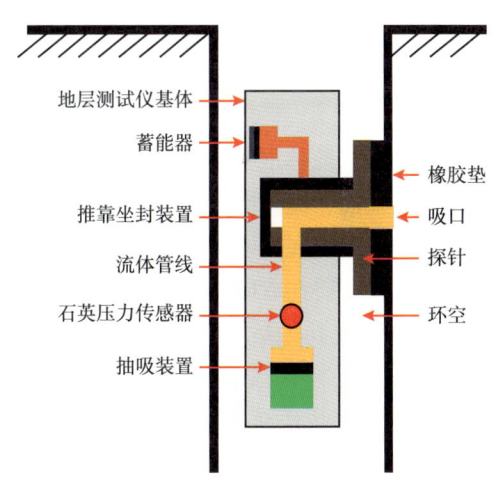

图 5-2-1 随钻地层测试仪测压原理示意图

图 5-2-1 是随钻地层压力测试原理示意图，测压系统主要包括随钻地层测试仪基体、蓄能器、推靠坐封装置、流体管线、石英压力传感器、抽吸装置、探针（含橡胶垫和吸口）等组成部分。探针为一金属盘，盘面嵌入一层橡胶，盘心为吸口，吸口是地层测试仪内部管线与地层的连接通道。推靠坐封装置一般为机械液压系统，该系统能提供探针张开收缩的运动控制。蓄能器是机械回收装置，辅助液压系统完成探针的回收。当地层测试仪出现故障时，蓄能器能保证探针基本完成回收动作，从而避免仪器遇卡和探针跌落的潜在问题。

图 5-2-2 是典型测压曲线，t 为时间，p 为压力。随钻地层测试仪进入目标测点深度后时间为 t_1，地层测试仪保持静止状态，此时测量到的压力 p_1 为环空液柱的压力。之后，在推靠坐封装置的控制下，探针张开，推靠在井壁之上，吸口刺破滤饼连接地层，推靠

压力保持在 20MPa 以上，以确保探针和井壁之间的推靠力足够大。此时由于挤压效应，管线压力 p_2 略高于环空液柱的压力 p_1。同时，因为橡胶的密封作用，管线和井筒之间保持压力隔绝。t_2 开始，抽吸装置以固定的抽吸速度完成总量一定的抽吸动作，整个抽吸过程管线压力持续下降，当管线压力低于地层压力时，地层流体在压力差的作用下开始流入探针吸口。t_3 时刻抽吸动作结束，随着地层流体流入管线压力开始恢复，直至管线压力与地层压力平衡。t_3 至 t_4 为压力恢复过程，达到平衡后的管线压力即为地层压力。t_4 时刻收回探针，管线与井筒连通，管线压力恢复到环空液柱压力 p_5，p_5 一般与 p_1 相同。全过程中，管线压力由石英压力传感器测量，传感器至少满足 0～110MPa 量程和 ±0.02%FS 的准确度。

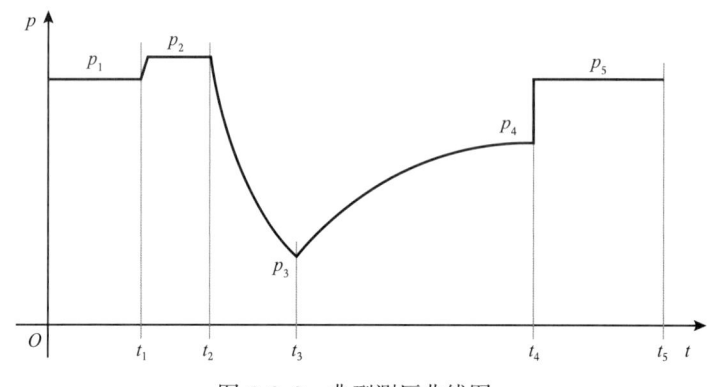

图 5-2-2　典型测压曲线图

地层原状流体取样是地层测试作业的主要目的，其原理是在前述测压机构基础上，增加连续流体泵抽、流体性质分析、PVT 取样等装置，实现地层原状流体取样功能。由于钻井液滤液污染带的存在，取样前需要对管线流体进行在线分析并将污染流体排出。为获得地层原状样品，还需要在取样筒中设置氮气活塞进行保压取样，以确保样品不发生相变。

取样作业开始后，仪器启动液压系统将探针推靠到井壁上，使地层流体与仪器内部管线连通，并将管线与环空液体分隔开；之后，自动控制系统启动取样泵连续抽排污染流体，流体分析传感器在线实时分析流体污染程度，并将数据发送到地面；地面工程师判断流体分析参数可以进行灌样后，由下传指令启动井下工具进行灌样操作，工具自动控制系统发出指令暂停泵抽，关闭排出口，打开相应取样筒控制阀，然后继续恢复连续泵排；当样筒中灌满样品，管线压力逐步上升至关闭压力后，自动控制系统关闭样筒控制阀，打开排出口，继续进入连续抽排状态；直到地面随钻工程师通过下传指令通道下发停止作业指令，工具自动控制系统停止泵抽，结束工作状态，返回空闲模式。

2. 主要功能

模块化随钻地层测试仪主要功能包括动态地层压力测量、地层流体性质在线分析和原状地层流体 PVT 取样。仪器同时装配有石英压力传感器和应变压力传感器，并设计有可调速的精密抽吸模块，能够适应不同地层条件的测压需求，实现动态地层压力的高精度测量。仪器管线内置四极环式流体电导率传感器、振动杆式黏度密度计，能够实时监控管线中流体的电导率、黏度和密度值,并通过脉冲器上传至地面,工程师通过流体分析数据判断流体性质,确定最佳取样时机。仪器设计有电动高压流体截止阀、大容量 PVT 取样筒,一次下井能够获取 4~16 个地层流体样品。仪器主要性能指标如下:

耐温耐压指标:耐温 150 ℃,耐压 137.9 MPa。

测压范围和精度:地层压力 0~137.9 MPa,测量精度 0.02% FS。

取样能力:取样筒数量 16 个 / 模块,取样筒体积 1000cm^3。

工作排量:370~650g/min。

二、仪器结构及工作模式

1. 仪器结构

图 5-2-3 为模块化随钻地层测试仪的总体结构框图。模块化随钻地层测试仪在机械设计上采用模块化设计理念,结合工程应用划分模块功能。如图 5-2-3 所示,模块化随钻地层测试仪主要分成 4 个功能模块和 12 个子模块。4 个功能模块按连接顺序由上至下为出口控制模块、样品储存模块、推靠泵抽模块和涡轮发电机模块,其中样品存储模块最多可以 4 节串联。推靠泵抽模块是整串工具中最核心的功能模块,包括 9 个子功能模块,分别为平衡油箱模块、样品识别模块、探针模块、石英传感器模块、集成阀模块、换向阀模块、蓄能器模块、液压抽吸一体化泵模块和通信控制模块。

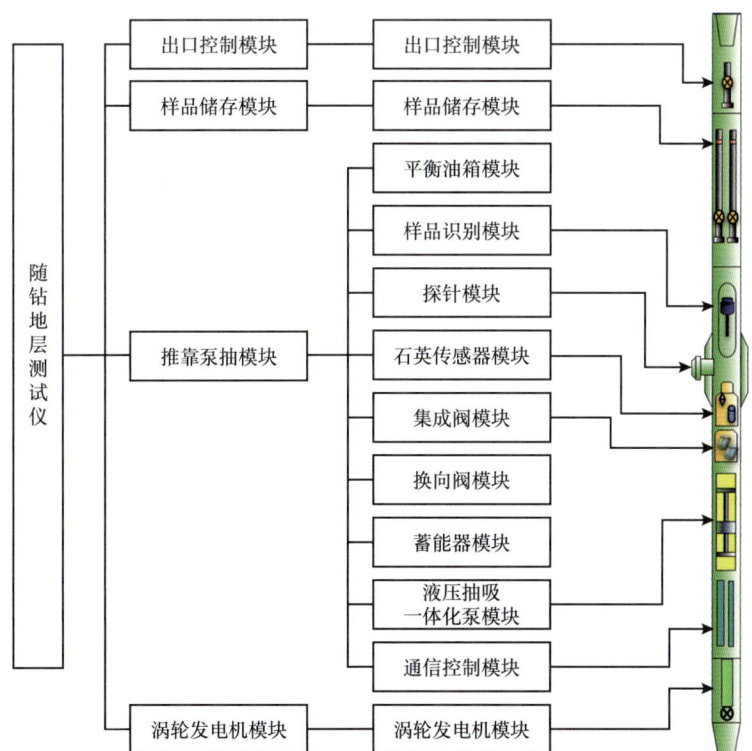

图 5-2-3 模块化随钻地层测试仪结构框图

2. 工作模式

模块化随钻地层测试仪有两种工作模式：测压工作模式（图 5-2-4）和取样工作模式（图 5-2-5）。测压工作模式主要完成地层测压功能。在测压工作模式下，工具在井下完全自主进行地层压力测试，测试制度（抽吸体积、抽吸速度等）既可以由下传指令携带的参数加以控制，也可以由工具在井下对未知储层进行智能判断后自主选择测试制度。取样工作模式主要完成长时间泵排取样功能，工具在井下的取样作业主要由 3 个下传指令进行控制：（1）连续泵排指令，控制井下工具连续泵抽地层流体并排出污染流体；（2）灌样指令，控制井下工具执行灌样操作，灌完样筒后工具继续进行连续泵排；（3）结束作业指令，控制井下工具停止泵抽，收回探针，恢复至空闲状态。根据取样模式流程设计，随钻地层测压取样工具可实现单深度点多次重复取样功能。

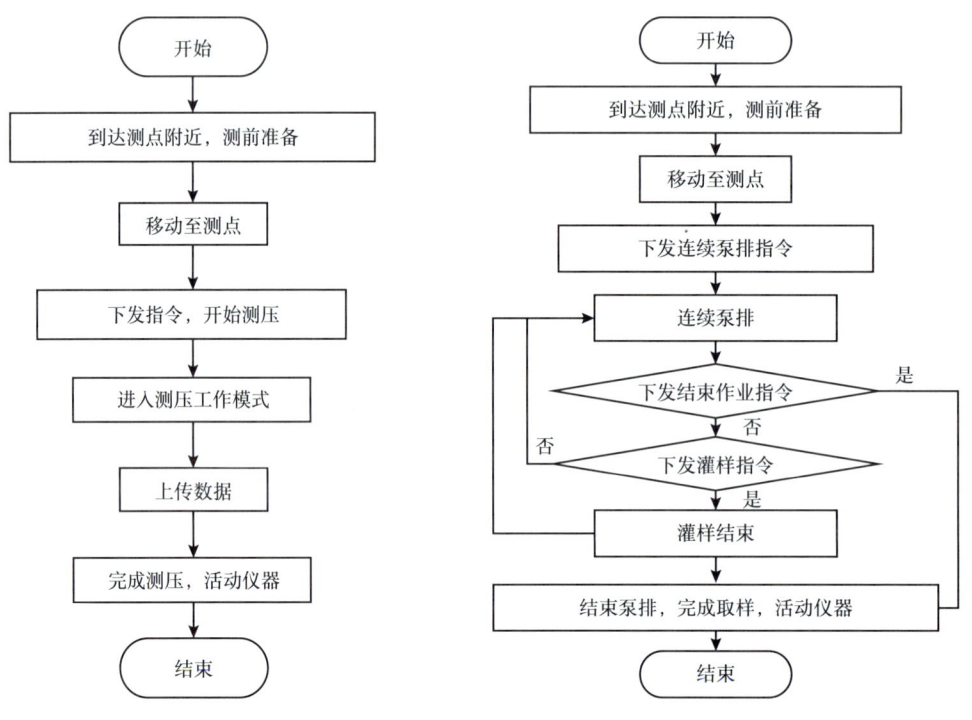

图 5-2-4 测压工作模式流程图　　图 5-2-5 取样工作模式流程图

三、关键技术及创新点

模块化随钻地层测试仪包括高效大排量混合流体泵抽技术、高精度测量与智能自动控制技术、抗冲击振动的地层流体取样技术三项关键技术及创新点。

1. 高效大排量混合流体泵抽技术

大功率钻井液涡轮发电机为随钻地层测试仪的泵抽系统提供能量源，可持续稳定输出最大输出功率 600W 的 48V 电源。在随钻测井工具串中，涡轮发电机上部与 MWD/LWD 仪器连接，下部与模块化随钻地层测试仪连接，起到承上启下的作用。

发电机系统采用高压密封技术设计，保证发电机在高压（172MPa）下的密封性，发电机系统的主要技术指标见表5-2-1。钻井液涡轮系统采用轴流式结构设计，能有效地解决井下钻井液发电设备的动能转化问题，从而保证井下涡轮发电机能够稳定高效地向随钻测控系统提供电力；涡轮发电机本体采用狭长结构设计，转子和定子均采用轴向安装。电源模块结构框图如图5-2-6所示。电源模块电路主要由7个部分构成。其中，整流滤波部分将三相交流电变成直流电，反激供电部分为各个IC供电，过零检测部分提供涡轮发电机转速信号，控制驱动部分主要控制BUCK电路开关管、控制过欠压保护和过流保护，BUCK电路用于实现高压（70～150V）转换低压（48V），电流采样部分用于采集电流信号以便实现过流保护，电压取样部分用于采集电压信号以便实现过欠压保护。图5-2-7是混合流体泵的结构框图。混合流体泵将原地层测试仪器中的液压动力模块、精密测压模块和循环泵抽模块进行高度集成。其主要组成部分为双活塞往复泵、丝杠减速器、双输出电机、微型液压泵和阀组，分时复用驱动液压油路和流体泵抽缸，从而将快速推靠、宽速泵抽、高精度测压抽吸功能三合一，极大地提高了系统集成度。

表 5-2-1　大功率钻井液涡轮发电机主要技术指标

参数	数值
涡发外径 /mm	80
工作转速 /（r/min）	2800～6000
输出电压 U/VDC	48
输出功率 P/W	600
工作环境温度 T/℃	−20～150
耐压 p/MPa	140

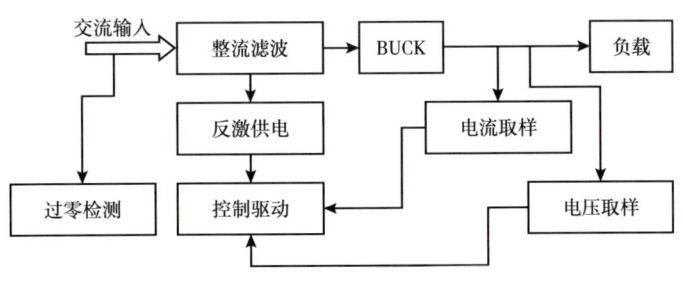

图 5-2-6　电源模块结构框图

2. 高精度测量与智能自动控制技术

模块化随钻地层测试仪是一种集机械液压和传感器测量为一体的机电一体化设备，其测控系统由传感器系统、测控电路、液压（运动）控制部件组成，主要完成通信与供电、数据采集与存储、液压系统运行参数测量与运动部件控制、流体参数在线监测、取样筒与出口控制等功能。图5-2-8是仪器测控系统结构框图。

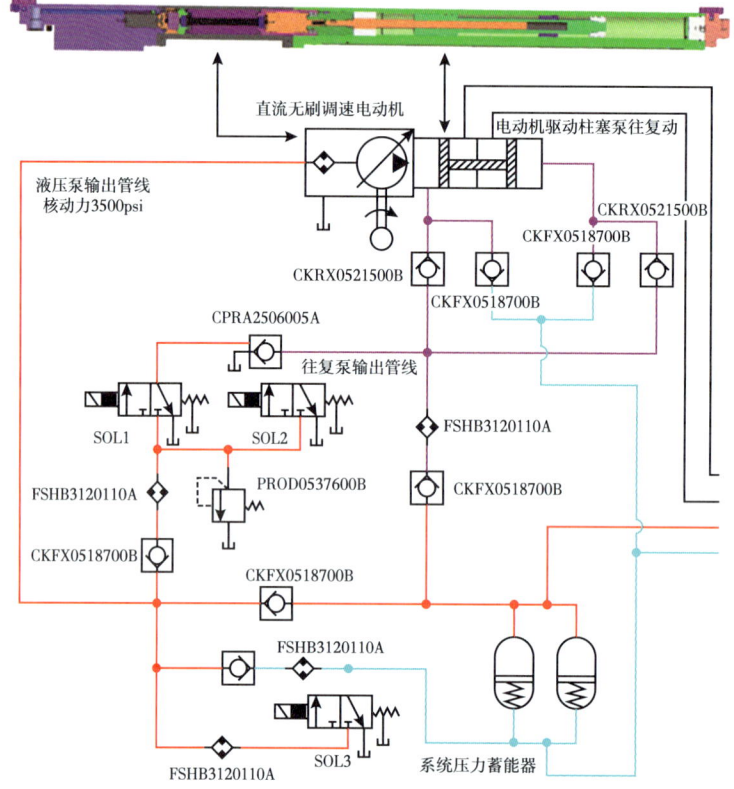

图 5-2-7 混合流体泵结构框图

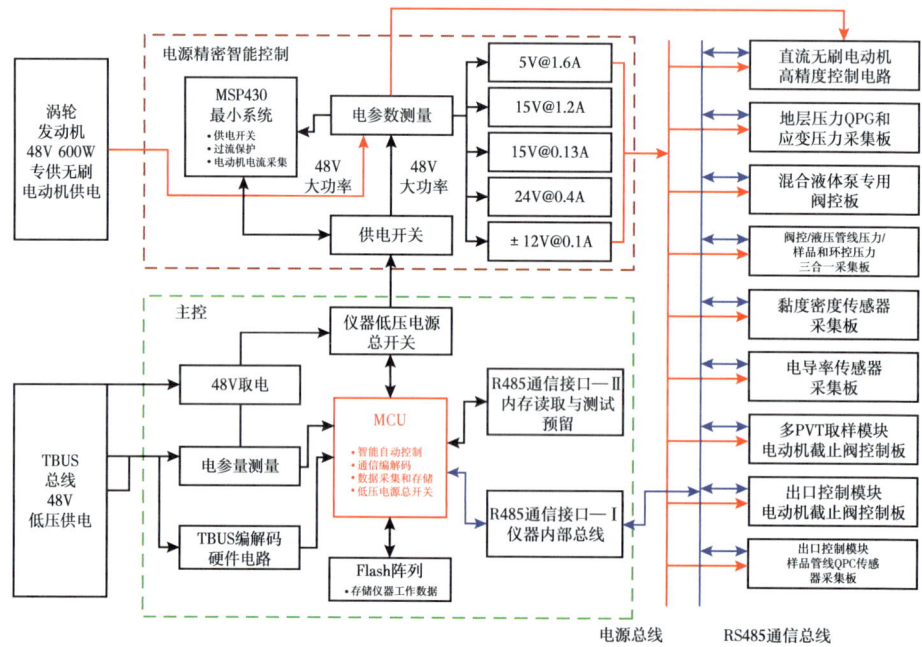

图 5-2-8 仪器测控系统结构框图

传感器系统包括工程压力传感器、地层压力传感器、温度传感器、流体分析传感器等。工程压力传感器用于仪器内部液压系统及液压执行机构的运行过程监测，测量液压油的差分压力。地层压力传感器采用高精度数字化石英压力计，主要用于测量地层压力，其测量值为绝对压力，解决了测量地层压力精度低的问题。流体分析传感器包括黏度、密度传感器和流体电导率传感器，在泵抽地层流体过程中由流体分析传感器对管线中流体的污染程度进行判断，为灌样操作提供依据，解决了地层原状流体取样操作时机不易把握的问题。

液压（运动）控制部件包括液压控制阀、电驱流体截止阀。液压控制阀采用"高压开启，低压维持"设计，解决了液压控制阀功耗大、寿命低的问题；电驱流体截止阀采用电动机直驱控制阀的开关设计，电动机的旋转运动通过丝杠转变为轴向运动，来推动流体控制阀的阀芯实现流体管线截止或导通，解决了流体管线截止或导通的控制问题。

测控系统通信及供电采用总线式分布设计，共有12个测量控制节点连接在总线上，解决了仪器通信质量低的问题；测控系统控制采用智能自动控制技术，设计了测压状态机和取样状态机，通过状态的切换完成仪器测压和取样功能的全自动化流程，解决了仪器在井下面对复杂地层如何进行压力测试及地层原状流体取样的问题。

3. 抗冲击振动的地层流体取样技术

抗冲击振动的地层流体取样技术以多PVT取样模块为核心，包含电动高压流体截止阀、出口控制模块等部分。其中多PVT取样模块主要由四大部分组成，分别是钻铤主基体、电动高压流体截止阀、PVT取样筒及控制电路，如图5-2-9所示。

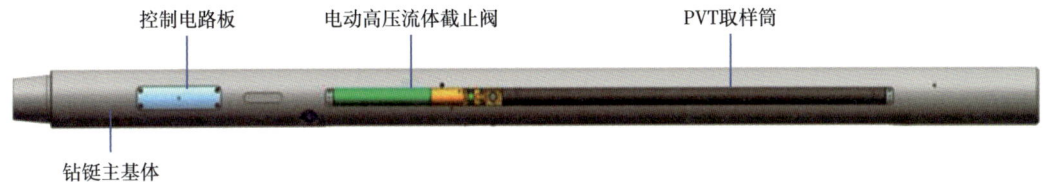

图5-2-9 多PVT取样模块示意图

电动高压流体截止阀采用集成式设计，如图5-2-10所示，解决了在井下175MPa高压环境压力下，实现对钻井液等含有固相颗粒污染流体开关控制的问题，主要参数见表5-2-2。

图5-2-10 电动高压截止阀实物图

PVT取样筒采用双活塞三缸式设计，如图5-2-11所示，解决了取样筒中的地层原状流体稳定性问题。PVT取样筒包括一个封闭腔体，在腔体内分别设置的第一活塞及第二活塞，将封闭腔体依次分隔为样品缸、高压气缸及平衡缸，在样品缸缸体上设置有方便

表 5-2-2 电动高压截止阀主要参数

参数	指标
工作压力 p/MPa	175
工作温度 T/°C	150
冲击 /g@1ms	500，波形半正弦
振动 /$\sqrt{g}$ @5~1000Hz	20
额定电压 U/V	50
额定电流 I/mA	350

样品进入的样品入口及样品通道，在高压气缸内填充有高压气体，在第二活塞上设置有充气通道。样品缸内设置有活动钢球，用以搅拌地层流体。取样筒设计承压172MPa，属于超高压容器。由于在井下工况恶劣，取样筒长期工作于油、气、钻井液环境之中，承受着高压、高温、污染、腐蚀等特殊而又复杂的工况条件，因此对取样筒的可靠性提出了更高的要求，设计完成体积为1000cm^{3}的PVT取样筒（图5-2-12）。

图 5-2-11 PVT 取样筒原理图

图 5-2-12 PVT 取样筒实物图

四、现场应用效果

模块化随钻地层测试仪的关键部件、各模块整体系统进行了实验室测试、实际作业应用试验，验证了仪器性能。在实验室完成了水循环测试、高温试验、高温高压井试验，验证了关键部件设计指标和仪器的性能；在科研试验井科索1井完成了整体功能试验，并完成轮台试验井作业。室内试验及现场作业表明，仪器能够完成测压和取样作业任务。

1. 功能测试

仪器实验室测试以地面水循环测试为主要形式。为了模拟井下环境以验证随钻地层测试仪的各项功能，以3000m管道循环水模拟井下钻井液循环带动大功率供电模块为仪器供电，同时工具串中配接MWD设备以实现测压、取样指令的下传与数据上传功能。实验室测试验证了工具串的下传指令解码、总线通信控制、数据上传等功能，验证了大功率供电模块持续稳定输出能力，验证了仪器推靠测压、连续泵抽、流体在线监测功能，验证了PVT取样筒控制与灌样、保压、转样等功能。地面水循环测试设备主要包括MWD设备、上下循环接头、水循环试验平台、循环水管线、地面控制系统。

水循环测试时仪器串按照以下顺序连接：上循环接头+MWD+随钻地层测试仪+下循环接头。随钻地层测试仪内部连接方式为大功率供电模块+推靠坐封模块+PVT取样模块+出口控制模块，推靠坐封模块芯轴基体外壳与主基体安装如图5-2-13所示，连接好的整支仪器如图5-2-14所示。测试时，整支仪器串置于试验平台上，两端通过水龙头、水龙带连接到循环管线。测试电缆一端连接在随钻地层测试仪数据读出口，另一端连接在地面测试装置，用于实时监测测控系统的工作状态和传感器数值，并监测各项下传指令（推靠测压、连续泵排、PVT取样筒灌样、结束测试）是否正常。测试中，设定循环水排量保持在1100~2800L/min范围之内，通过下传指令控制随钻地层测试仪执行地层测压和流体取样作业流程，在探针吸口处外接吸管和水桶模拟抽吸地层流体。一方面验证随钻工具串系统连接、测压和取样功能能否正常实现，另一方面测试大功率供电模块是否能稳定工作。

图 5-2-13　推靠坐封模块芯轴基体外壳与主基体安装

图 5-2-14　整支仪串在拆装架上进行扭矩固定连接

地面水循环测试验证了仪器的各项功能，系统指令下传解码、内部总线通信、测压取样数据上传显示、系统连接功能正常。测试过程单个取样操作连续泵排超过 2 个小时，共执行 4 次取样操作，大功率供电模块的持续稳定输出能力较好。测试过程中推靠测压、连续泵抽、流体在线分析达到设计要求。测试中共取得 4 个 PVT 样品，现场进行了样品转出操作，PVT 样筒控制、灌样、保压、转样等功能得到验证。

2. 现场应用

现场测试在新疆轮台某试验井进行，现场测试基本情况见表 5-2-3，试验井如图 5-2-15 所示。随钻取样仪与中控、涡轮发电机和高速率脉冲器在内的仪器串完成组装，开泵后首先完成涡轮发电机供电测试，之后进行中控和高速率脉冲器的自检和通信测试。完成这一系列工作后，开始随钻取样仪的井口测试，如图 5-2-16 所示。通过此次现场试验，验证了稳定供电功能、推靠测压功能、连续泵排及流体识别功能，以及多 PVT 取样模块的样筒控制、灌样和转样等功能。

表 5-2-3 现场测试基本情况

参数	说明
测试地点	新疆轮台某实验井
仪器内部短节组合方式	涡轮发电机模块 + 调整短节模块 + 钻铤模块 + 多 PVT 模块 + 出口控制模块
钻具组合方式	70D 钻机及配套钻具 + 旋转导向 + 中控 + 电阻率 + 电成像 + 随钻地层测试仪 + 高速率 + 钻杆
钻井液密度 /（g/cm^3）	1.20
钻井液氯离子浓度 /（mg/L）	30000
钻井液钙离子浓度（mg/L）	1800
钻井液钾离子浓度（mg/L）	27300
顶驱转速 /（r/s）	40～80
钻压 / tf	0～10

现场测试的 2 井次作业较为典型，第一井次取得一个较好的测压数据和两个地层水样品（1# 和 2# 样品），验证了仪器具备基本测压和取样能力。测压和取样曲线如图 5-2-17、图 5-2-18 所示。所取 PVT 样品进行了氯离子、钙离子、钾离子浓度化验，化验数据见表 5-2-4。从密度和离子浓度对比可知，取得样品为地层流体和泥浆滤液的混合物。第二井次作业取得两个点的测压数据和两个点的流体样品（3# 和 4# 样品），仪器的测压和取样功能再次得到验证。测压曲线如图 5-2-19、图 5-2-20 所示，3# 样品取样曲线如图 5-2-21 所示，4# 样品取样数据如图 5-2-22 所示。表 5-2-5 给出了仪器测试的钻井液柱压力数据，提取第一井次的测压取样作业测前钻井液柱压力数据进行线性回归，回归相关系数 0.99，

回归结果显示钻井液循环当量密度为 1.25g/cm³，验证了仪器测压的准确性。出井后将 PVT 取样筒所存样品转出并进行化验，样品实物如图 5-2-23 所示。化验样品中氯离子、钙离子、钾离子的浓度，样品化验数据见表 5-2-4。分析可得，所取 3# 和 4# 样品均为钻井液滤液和地层水混合物。

图 5-2-15　新疆某实验井

图 5-2-16　仪器井口测试图

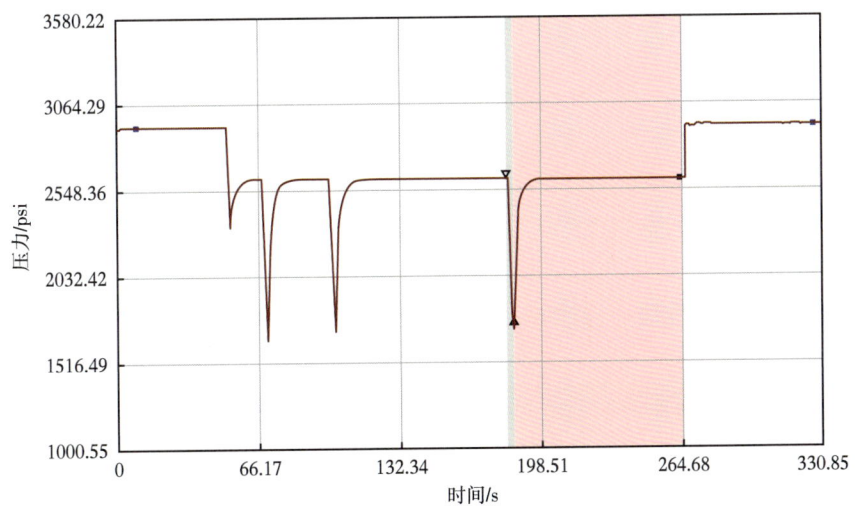

图 5-2-17　××32m 深度地层压力曲线

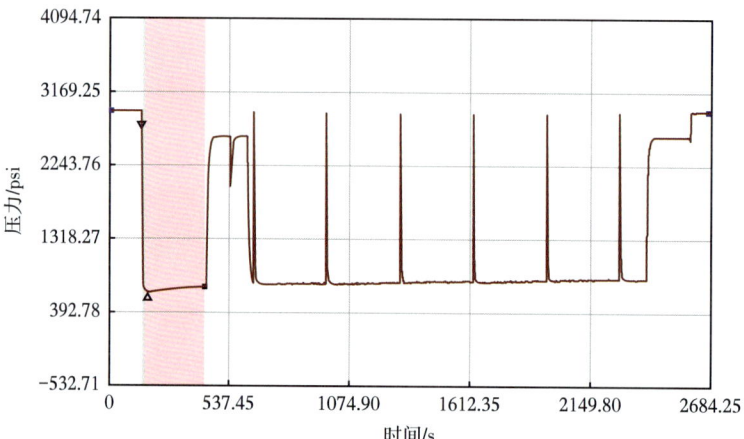

图 5-2-18 ××32m 取样点压力曲线

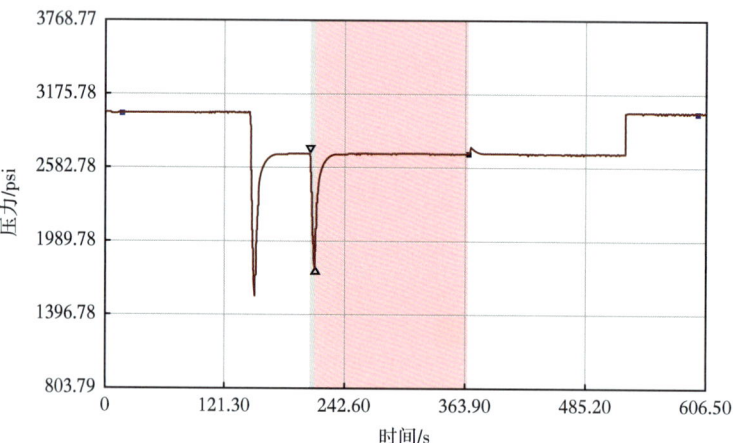

图 5-2-19 ××35m 深度测压曲线

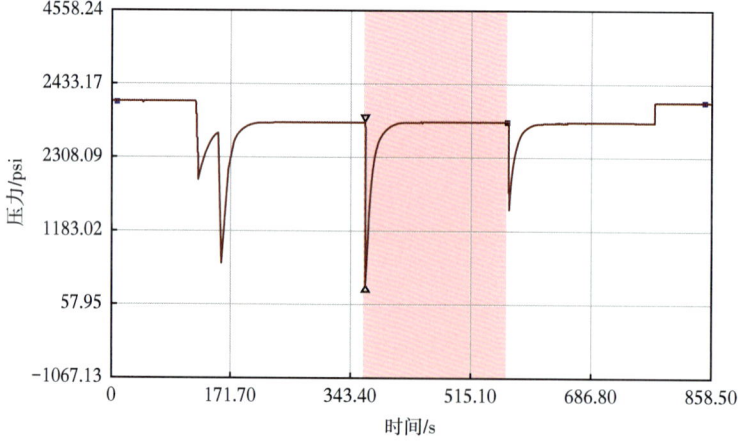

图 5-2-20 ××52m 深度测压曲线

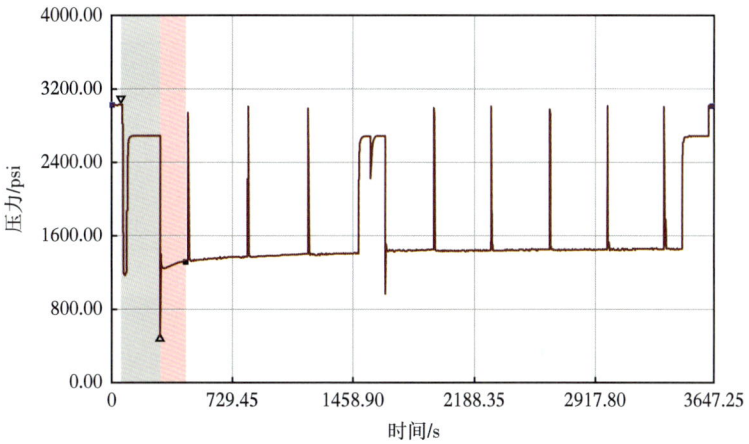

图 5-2-21　××35m 第一次取样压力曲线

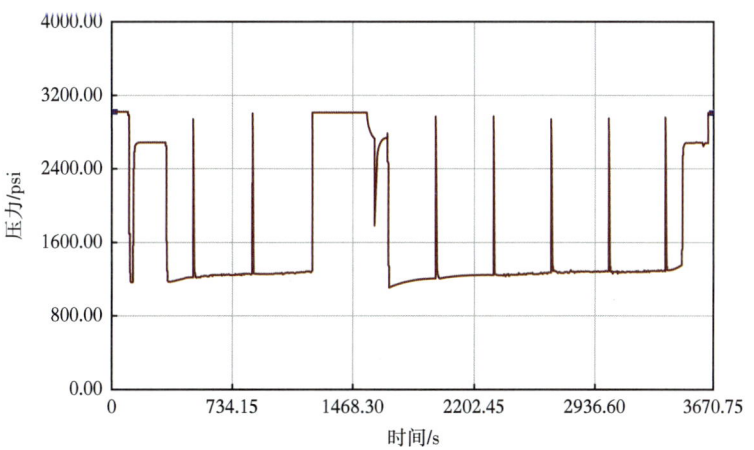

图 5-2-22　××35m 第二次取样压力曲线

表 5-2-4　钻井液和样品化验参数

样品	密度 / g/cm^3	氯离子浓度 / mg/L	钙离子浓度 / mg/L	钾离子浓度 / mg/L	体积 /mL
第一井次钻井液	1.20	34662	1882	27309	
1# 样品	1.07	30054	1912	18381	1000
2# 样品	1.07	32158	2164	18000	1000
第二井次钻井液	1.20	32443	960	27309	
3# 样品	1.06	30816	1360	23633	1000
4# 样品	1.06	29890	1288	18381	1000

表 5-2-5　钻井液柱压力数据

深度 d/m	压力 p/MPa
2032	20.171
1966	19.619
1951	19.457

图 5-2-23　所取样品实物图

现场测试验证了随钻地层测试仪的各项功能。工具串系统连接在整个试验过程中运行正常；测试的钻井液循环当量密度合理，钻井液压力回归相关系数 0.99，仪器压力测量功能正常；本次下井成功完成测压作业和地层流体取样作业，随钻地层测试仪的总线通信、下传指令启动测试、数据实时上传、推靠测压、连续泵排以及灌样转样等功能均得到了验证。

第三节　取心测压一体化测井仪

"十二五"期间，研制的常规旋转井壁取心仪（获取岩心规格为：岩心直径 25mm，岩心长度 50mm）满足了地质分析的基本要求；研制的模块式大直径岩心旋转井壁取心仪（获取岩心规格为：岩心直径 38.1mm，岩心长度 70mm）增加了隔片插入机构，能够有效解决岩心混淆问题，取心作业高效安全且成功率高；研制的地层测试类仪器，能够实现快速测压、取样、井下流体实时分析等多种地层检测功能，已实现规模化生产和商业化应用。

经过多年的技术积累，拥有了将以上两种测井关键技术集成融合的能力，具备了开发取心测压一体化测井仪的条件，并在"十三五"期间成功研制了取心测压一体化测井仪。

取心测压一体化测井仪，顾名思义，集成了旋转取心模块和地层测试模块，能够高效完成取心、测压和取样作业任务，有效降低了仪器下井次数，大幅减少了现场作业的人力物力消耗，提高了作业时效。

一、测量原理及主要功能

1. 测量原理

取心测压一体化测井仪，类似井下机器人，通过地面发送的控制指令，能够完成钻取固体岩石样品、抽取地层流体样品和测量地层压力等测井任务。

旋转井壁取心采用空心钻头垂直钻进井壁，获取固体岩石样品。到达井下目标深度后，运动机构驱动钻头伸出仪器，钻头旋转并钻取岩心；钻取到指定长度后，横向摆动钻头，折断岩心。在钻取岩心过程中，针对不同的岩性，可调节钻头的旋转转速、钻压和扭矩等参数来提高取心效率和成功率。

地层测试通过高精度压力传感器，测量地层压力；通过流体识别传感器确认最佳取样时机，获取原状地层流体样品。测量过程主要包括校深定位、仪器的推靠固定、探针坐封井壁、泵抽地层流体和地层压力的测量（详细原理见超低渗高温模块式电缆地层测试仪测量原理）。

取心测压一体化测井仪，是旋转井壁取心模块、地层测压和取样模块的高度集成组合。井下仪器采用模块化结构，根据作业需要进行灵活组合，一趟下井即可同时完成取心、地层测压和取样三种作业，也可分别独立进行取心、测压和取样作业。在电缆仪器中使用了电动精密抽吸系统，提高了地层流度的计算精度，大幅缩短了仪器长度，降低了作业风险。

2. 主要功能

仪器一趟下井，可以获取井下固体岩心样品，能够测量地层压力，获取地层流体样品。所获取的岩心样品规格为直径38mm。长度50mm。在取心过程中，仪器可以根据地层特性，自适应调节钻头的旋转速度、钻头的前进速度及钻进压力，提升了仪器对地层的适应能力、取心收获率、取心效率及收获岩心的质量；增加了仪器反推靠解卡功能，当井下仪器发生粘卡时，可快速解卡，降低了仪器作业风险。仪器主要性能指标如下：

耐温耐压指标：耐温175 ℃，耐压137.9MPa。

测压范围和精度：地层压力0～137.9 MPa，测量精度0.02% FS。

获取岩心规格：直径 38mm，长度 50mm。
单次下井获取岩心最大数量：35 颗。

二、仪器结构及工作模式

1. 仪器结构

取心测压一体化测井仪由地面控制系统、总体电子模块、液压动力模块、双探针模块、流体识别模块、泵抽模块、取样筒模块和取心模块（包括取心电子模块、取心机械模块）八个部分组成。地面仪器连接如图 5-3-1 所示。

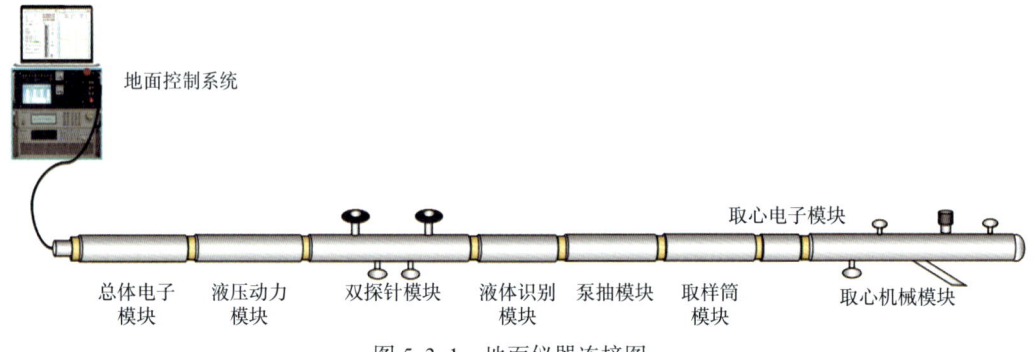

图 5-3-1　地面仪器连接图

取心测压一体化测井仪电子主控电路主要由三部分组成（图 5-3-2）：一是电磁阀控制电路，负责接收地面系统的指令，开启或者关闭电磁阀；二是差压传感器数据采集电路，负责对差压传感器压力信号进行放大和采集，并上传给主控电路；三是石英压力传感器（QPG）数据采集电路，负责采集 QPG 的温度和压力数据，并上传给主控电路。

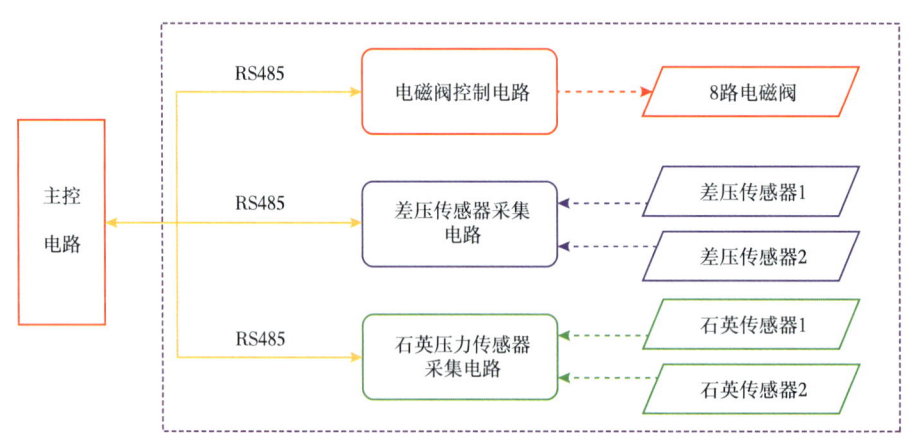

图 5-3-2　主控电路框架图

液压动力模块是取心测压一体化测井仪中非常关键的一部分，也是各种组合模式测试必备的模块之一，由平衡部分与液压动力两部分组成。平衡部分实现仪器内部液压油环境与外部钻井液柱压力基本一致，使仪器处于内外压力相对平衡状态；液压动力部分为仪器提供工作所需的动力。

测压模块由双探针模块、流体识别模块、泵抽模块及取样筒模块构成。总体电子模块负责整体电路的控制。液压动力模块提供整支仪器需要的动力源，带动泵抽缸进行工作。双探针模块有双探针结构及高精度的 QPG 传感器，工作时双探针结构直接坐封在井壁上，抽取地层流体；高精度的 QPG 传感器实时监测地层压力。流体识别模块分析地层流体的密度和电导率等物理信息。取样筒模块对抽取的地层流体进行保压存储。

取心模块为取心测压一体化测井仪器中的关键模块，由取心电子模块和取心机械模块组成，主要用于测压取样后的取心作业。取心机械模块包括液压动力基体，其装配多个液压控制阀，实现对各个液压缸进行功能控制，完成取心的各种动作。该模块设计有大容量的蓄能器，当仪器在井下出现故障时，能快速收回钻头和支撑臂。岩心筒位于仪器的底部，主要存储收获的岩心。该模块设计的岩心筒能一次存储 35 颗岩心。该模块采用双电动机技术，一个电动机主要提供液压动力，通过活塞缸完成钻进、钻退、推心、隔片和反推等功能；另一个电动机为取心提供动力，直接带动钻头进行取心。

取心测压一体化测井仪所包含的取心模块，主要采用液控技术，通过金刚石钻头垂直钻进井壁，获取大直径岩心，依次完成仪器固定、钻头旋转、钻头钻进、岩心折断、钻头退钻、推心、岩心长度测量、隔片插入、推岩心等动作。仪器采用电动直驱技术、反推技术，井下安全性高；钻头动力强、取心效率高；岩心之间可插入隔片区分岩心，且能够测量岩心长度，精确区分岩心；钻头钻进力、转速度可独立调节，地层适应能力强；能够全面监测并控制井下仪器取心状态及取心过程；采用模块化结构设计，可靠性高，方便维修保养。取心测压一体化测井仪与 ELIS 测井系统兼容，地面控制系统可全面监控仪器工作状态，并进行全面控制；同时仪器设计有多种防粘卡及解卡的自救安全技术措施，能够确保仪器在井下安全作业。

2. 工作模式

取心测压一体化测井仪可以根据用户需求，采用不同的挂接方式，完成不同的作业任务。目前，取心测压一体化测井仪共有三种作业模式，分别为取心测压一体化作业模式、独立取心作业模式和独立测压取样作业模式。

（1）取心测压一体化作业模式，主要用于测压取样和取心同时作业的井，可以减少仪器下井次数，节约作业时长，提升作业时效，高效安全地完成用户作业任务。

（2）独立取心作业模式，在用户没有测压取样作业任务时，取心测压一体化仪器可以采用独立取心作业模式，挂接取心作业所用到的仪器模块，独立完成取心作业。

（3）独立测压取样作业模式，在用户没有取心作业任务时，取心测压一体化测井仪可以采用独立测压取样作业模式，挂接测压取样作业所用到的仪器模块，独立完成测压取样作业。

三种作业模式仪器串连接示意图，如图 5-3-3 所示。

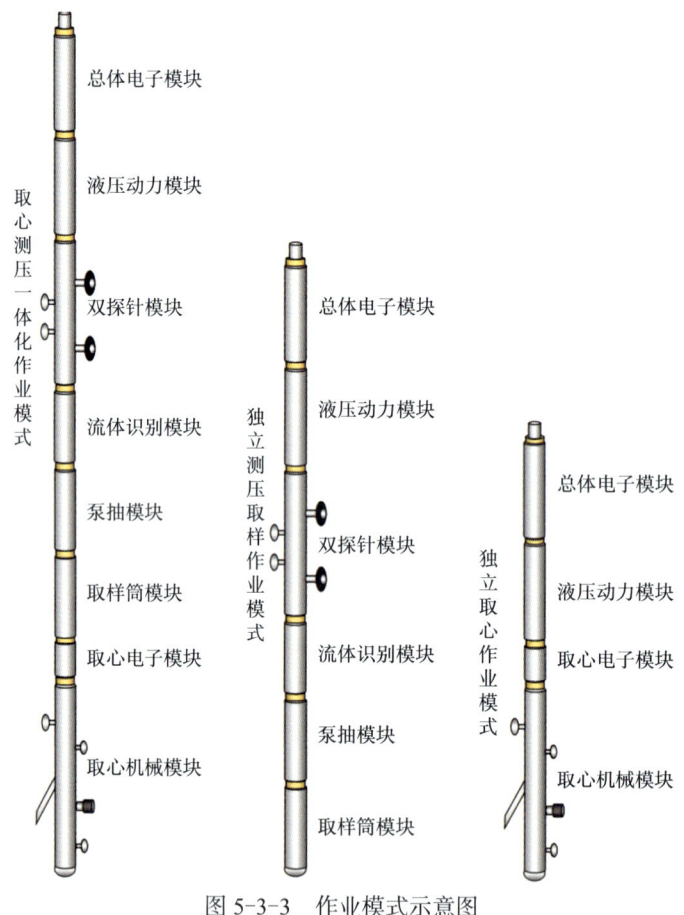

图 5-3-3 作业模式示意图

三、关键技术及创新点

取心测压一体化测井仪关键技术及创新点包括电动机直驱式井壁取心技术、可直接使用于钻井液中的取心电动机及配套技术、井下精确区分岩心机构和智能取心技术等四项。

1. 电动机直驱式井壁取心技术

取心模块类似于一个井下机器人，工作空间受限，再加上高温高压的恶劣钻井液环境，要完成 7 个动作，并成功钻取岩心，运动机构非常复杂。为了在井下完成钻头的姿态控制，设计出了低运动副配合的钻进运动机构、折心运动机构，解决了钻头姿态控制问题、取心钻头旋转动力传递问题、高温密封问题和取心电动机进出线问题；为提高运动导轨强度及可靠性，对材料及材料加工工艺进行了研究。

在有限空间、高温高压恶劣环境约束的条件下，设计出了一整套满足井壁取心工程作业的钻进运动导轨机构。在直径为 127mm 的仪器内部，钻头需要完成整体摆动旋转 90°、钻头伸出仪器钻进地层 50mm、横向摆动折断岩心、钻头卡环抱紧岩心、收回钻头及岩心到仪器内部、整体返回摆动90°等动作，动作复杂，对运动机构要求高。该运动机构采用低运动副传动机构代替高运动副传动机构，大幅提高了仪器的可靠性，井下抗污染能力强。

设计出了钻进运动机构可靠性地面测试装置、刻度装置。利用该系列装置，对运动导轨进行了可靠性试验，对运动导轨的钻进压力进行定量刻度，有效提高了运动导轨的可靠性能，降低了钻进运动机构失效造成作业失败的风险，提高了取心模块的可靠性。

该项技术申请专利三件，分别为钻进式井壁取心装置（DRILLING TYPE SIDEWALL CORING APPARATUS）（专利号：PCT/CN2014/086986、US10018038B2 美国）、一种钻进式井壁取心装置（专利号：201410324549.6）、刻度装置（专利号：201820258172.2）。

2. 可直接使用于钻井液中的取心电机及配套技术

通过攻克微型高功率密度电机、直角减速机、进出油平衡、井下高温高速旋转密封、进出线等技术难题，研制出了电机直接带动直角减速机驱动钻头的传动机构，减少了中间传动环节，大幅提高了取心钻头的动力性能，有效提高了取心成功率及取心效率。

体积只有拳头大小的高功率密度取心电机可输出高达1000W以上的功率，电机功率密度大，攻克了耐高温高压的电机损耗与温升控制技术，通过优化设计、流体损耗抑制，减小电机损耗，降低温升，提高电机的耐高温性能；攻克了高功率密度设计技术，通过优化电机电磁负荷，提高电机的输出力矩和功率，通过集成设计，提高了电机体积利用率，综合提高了电机功率密度；攻克了抗污染设计技术，电机内部采用特殊的绝缘工艺进行处理，使内部定子绕组线圈与液压油中的杂质进行隔离，保证了电机线圈漆包线的绝缘性能。

大功率高温驱动技术采用冗余设计：优化参数，严格控制功率器件损耗，实现了高温175℃大功率驱动控制。控制驱动电路低功耗设计技术硬件采用合理电源器件，优化功能电路参数；软件采用多种中断及优先级设计，达到电路低功耗性能，保证仪器电源供应的稳定性。

完善的低噪声和低电磁干扰设计技术：采用滤波、屏蔽等方法，降低了电机运行产生的电磁干扰和强噪声，保证仪器可靠运行。

高效直角空心减速机技术：井下作业需要重复完成推心动作，推心活塞杆必须穿过钻头，因此钻头输出轴必须采用空心结构；采用了螺旋齿轮直角减速机结构，保证了直角减速的功能需求，输出轴为空心的技术要求。

为确保电机能够在高温高压钻井液中直接使用，设计了电机自平衡结构，实现自动平衡地层压力，解决了在高温高压钻井液中的高速旋转问题，大幅提高了电机可靠性能。

由于取心时电机要完成摆动、钻进、折心等复杂动作，电机导线必须能够跟随电机动作且避免在电机运动过程中发生缠绕和磨损，专门设计了一种电动减速机导线的随动保护机构。

该项技术申请专利三件，分别为电动减速机导线随动保护结构（СОПРОВОЖДАЮЩАЯ КАБЕЛЬ ЗАЩИТНАЯ КОНСТРУКЦИЯ ЭЛЕКТРИЧЕСКОГО РЕДУКТОРА）（专利号：PCT/CN2017/093109、NO 2661892 俄罗斯）、电动减速机导线随动保护结构（专利

号：201610580205.0）、一种进出油伸缩管（专利号：201420497059.1）。

3. 井下精确区分岩心机构

岩心深度归位是电缆取心作业的生命，如果所取岩心不能够进行准确的深度归位，所取岩心没有使用价值。一趟取心作业收获岩心数量高达60颗，归位难度很大，特别是易碎裂缝地层难度更大。为精确区分岩心深度及层位，开创性地研制出了井下可实时监测岩心长度、检测是否成功获取岩心的装置；针对易碎裂缝岩心及疏松岩心，在岩心与岩心之间插入隔片进行区分，彻底防止岩心混淆。由于受空间、环境、温度和压力的限制，该机构开发难度大。

井下岩心开关技术，采用了一个杠杆机构，当岩心通过岩心开关时，推动连杆机构，驱动开关轴运动，使开关闭合；当岩心完全通过时，在弹簧作用下，岩心开关断开回位。岩心开关结构如图5-3-4所示。

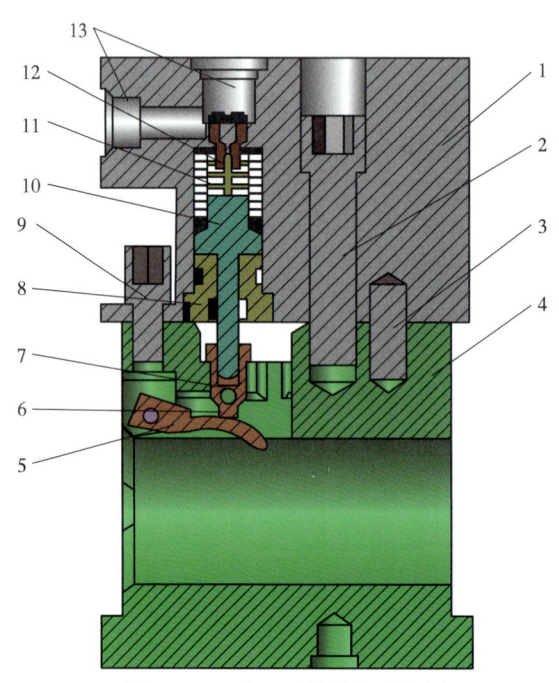

图 5-3-4　岩心开关结构示意图

1—开关连接器托架；2—1号固定螺钉；3—固定销轴；4—岩心托架；5—检测轴；6—吊环；7—伸缩接头；
8—密封堵；9—2号固定螺钉；10—接触开关；11—弹簧；12—开关组合件；13—信号线出口

当岩心通过检测臂时，岩心外表面给检测臂施加一个向上的推力。检测臂推动连杆机构并推动接触开关向上运动，压缩弹簧使两个检测开关的动、静触点接触导通，导通后岩心开关关闭。通过电路加载5V电源，通过测量检测点电压值，以判断岩心获取是否成功。当岩心完全通过检测装置以后，被压缩弹簧回位，组合开关断开，监测点检测电压为0V，通过不断循环检测，达到检测岩心是否有收获的目的。

通过该技术，可以实时确定取心是否成功。如果岩心无收获，马上对仪器进行重新定位，补取岩心。该岩心检测开关性能可靠，可以大幅提高岩心收获率，避免提出井口后发现某些层位取心不成功，仪器再次下井进行补取岩心作业。

井下岩心长度检测机构技术，岩心开关为弹力触发式开关，其等效电路由电源、电阻和开关组成。没有岩心时，岩心开关常态为高电平。当有岩心经过时，岩心开关触发，与仪器外壳接触，而仪器在电路设计时，电气信号等效为 GND，高电平变成低电平。岩心完全通过后，在弹簧力作用下，开关动、静触点脱开，此时低电平转变为高电平。

输出信号送给井下主控板的单片机，单片机同时还采集推心位移值。每当电平进行跳变时（即电平信号的上升沿和下降沿），记录此时的推心位移值。将两次位移值求差，得到了岩心长度的初始值。因为推心位移传感器为线性传感器，进行刻度后，可将岩心长度初始值转变为真实工程长度值。

隔片插入机构，利用推进液压缸活塞杆，驱动隔片摆臂摆动，带动隔片推臂插入隔片，结构如图 5-3-5 所示。在取心过程中，每发生一次推岩心动作后，插入一个隔片，对不同层位的岩心进行物理区分。

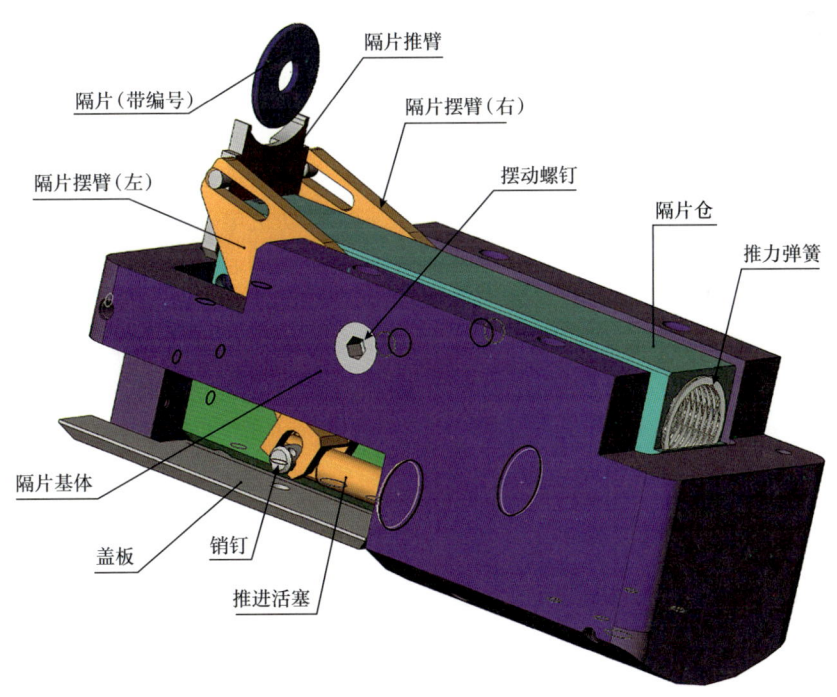

图 5-3-5　隔片插入结构示意图

在国内外同类型大直径取心仪器中，取心测压一体化测井仪区分岩心功能最为齐全，既可实时监测是否成功收获岩心，又可测量岩心的长度，判断岩心质量是否满足地质分析需求。如果所取岩心长度不满足岩心质量要求，立即进行补取岩心，从而可大幅提高大直径岩心取心收获率。针对易碎裂缝岩心及疏松岩心，在岩心与岩心之间插入隔片进行区分，彻底防止岩心混淆。

该项技术申请专利三件，分别为：一种用于井壁取心仪的岩心区分及储存结构（专利号：201410028730.2）、一种直取式隔片机构（专利号：201621066650.7）、一种实时监测岩心及岩心长度的取心装置（专利号：201420812912.4）。

4. 智能取心技术

针对取心操作复杂、反应时间短的问题，对目前已有的取心仪在现场实际取心关键数据进行收集整理，并将相应层位的常规测井参数（密度、岩性、时差、渗透率等）进行关联，形成一个动态专家数据库，且具备测井数据自动追加功能，使数据库不断丰富完善。下井前，可根据数据库的指导信息使用最符合当前井况的钻头；在作业过程中，软件可参照数据库中已有的信息进行取心参数的优化，自主调整电压、转速、钻进压力等参数，以最安全、最高效的方式获取岩心。

智能取心技术是针对不同岩性及地层特征，形成一套避免井壁取心仪器卡钻，提高取心收获率的取心位置、钻头选择、仪器参数设置等取心优化方案，具备有效性、可复制性特点。根据地层特性，仪器可优化匹配仪器的关键取心参数，可以自适应调节钻头的旋转速度、钻头的前进速度及钻进压力，提高仪器对不同地层的适应能力，有效提高仪器的取心收获率、取心效率及岩心质量，实现一键取心的技术。

针对常规地层岩石样品，开发出2种取心钻头。针对不同地层、钻头，调钻压、转速。根据不同取心操作对仪器状态的影响规律和以往在不同地层的操作记录数据的对应关系，设计数据关系图。对现场取心工程师现场取心成功数据记录进行收集整理，包括大电动机电压、大电动机电流、小电动机电压、小电动机电流、压力选择情况和系统压力等数据，从而建立现场取心关键参数数据库。根据不同岩性，不同孔隙度、渗透率和饱和度地层取心成功的数据经验，对所有数据进行综合分析，设计智能取心方法，得到不同仪器状态、不同地层的取心方法，建立智能取心动态专家数据库。在井下仪器中电子控制部分嵌入智能取心控制程序，使井下仪器能够对取心过程中发生的问题快速响应。地面控制软件对井下仪器数据进行监控，当出现问题数据时，实时对仪器状态进行调节，完成取心任务。

四、现场应用效果

取心测压一体化测井仪关键部件、各模块整体系统进行了实验室测试和实际作业应用试验，验证了仪器性能。在实验室完成了取心、测压、取样联调试验，高温试验，高温高压井试验，验证了关键部件设计指标；在科研试验井科索1井完成了整体功能试验，并完成LX3-X井、华北69X井和SM-X井三口实井作业。室内试验及现场作业表明，仪器能够完成取心、测压和取样作业任务。在作业过程中，仪器发生粘卡时，利用仪器自身的反推靠解卡功能，能够解卡。仪器的地层适应能力强，能够完成泥岩、砂岩、花岗岩等地层取心作业。

1. 功能测试

实验室主要对电子线路部分的高温测试及各个功能模块进行了功能性测试，下面以总体电子节为例，介绍高温试验及取心功能试验。

1）总体电子节高温试验

将总体电子节分别置于150℃、165℃、175℃环境温度下，保温2小时。在仪器升温以及保温过程中，检测总体电子节与地面机箱的通信情况，与取心、测压模块整体工作情况；在升温以及保温过程中，测试仪器动作，检测电子节在高温情况下的工作状况。验证了总体电子节电子线路内各个电路板在加温过程中本身的功能不受温度变化的影响，总体电子节与地面机箱的通信功能不受温度变化的影响，总体电子节在加温过程中也不会影响到对测井仪的指令下达；总体电子节冷却后，观察电路板，没有出现烧糊、损坏的情况；重新上电后，总体电子节的通信正常，测试仪器动作正常。试验验证了总体电子节可以在175℃的高温下可正常工作。

2）取心模块功能试验

验证取心测压一体化测井仪取心模块的取心能力是否能够达到设计要求。采用岩石块替代井下岩石，利用专用的岩石夹具装夹在仪器上，按照取心流程，完成钻取岩心试验。在取心过程中，记录取心参数的变化情况。经过对取心模块36次模拟取心测试证明，钻头在钻取36颗岩心时，取心参数无明显变化，取心模块性能稳定，钻头表面金刚石无明显磨损（图5-3-6）可以满足一次取35颗岩心的技术要求。

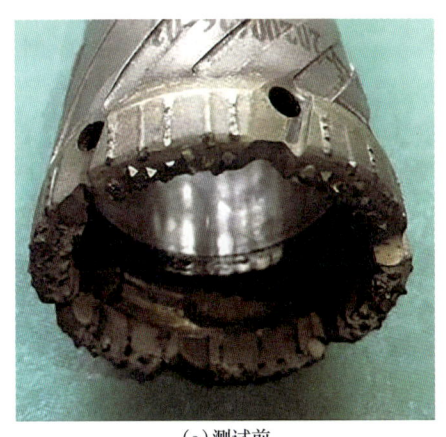
（a）测试前

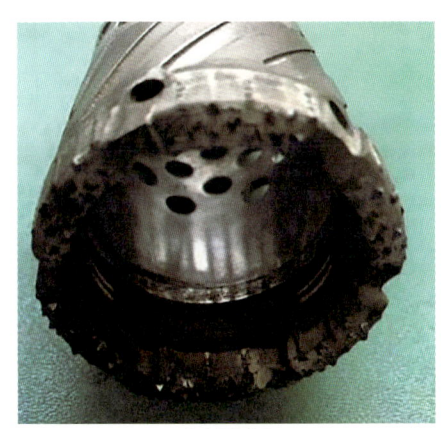
（b）测试后

图 5-3-6　钻头测试前后对比

2. 现场应用

在现场作业中，采用不同的仪器组合，验证仪器的不同作业模式及作业效果。下面对典型作业模式实验进行介绍。

1）取心测压一体化作业模式试验

如图5-3-7所示，本次在中联煤临兴区块LX3-X井采用取心测压一体化作业模式，一趟下井收获岩心18颗，完成测压29次，其中9次漏封，取得有效地层压力1个，其他均为干点；获取流体样品2个，其中1个钻井液滤液、1个地层气体样品。本次作业验证了取心测压一体化作业模式原理可行、功能可靠，取得了有效的岩石样品资料、地层压力资料和流体样品资料。作业总时长约17小时，节省作业时间5小时。

图 5-3-7　LX3-X 井收获岩心图片

该井 ××04m 处取样曲线如图 5-3-8 所示，泵抽 94min，取得地层流体。该点测前钻井液柱压力为 20.398MPa，测后钻井液柱压力为 20.28MPa，地层压力为 17.331MPa，计算流度为 0.8mD/cP。

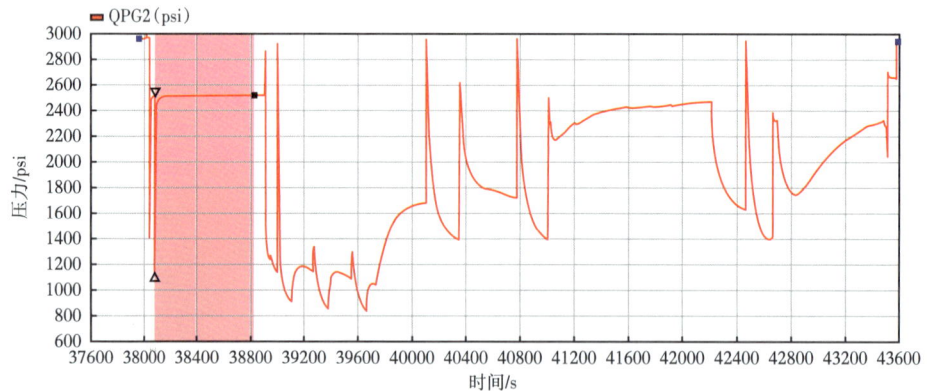

图 5-3-8　LX3-X 井 ××04m 压力曲线

××42m 处压力曲线如图 5-3-9 所示。该点测试结果为干点。整个测试过程进行了 2 次抽吸，每次抽 5cm³，压力恢复基本没有变化。

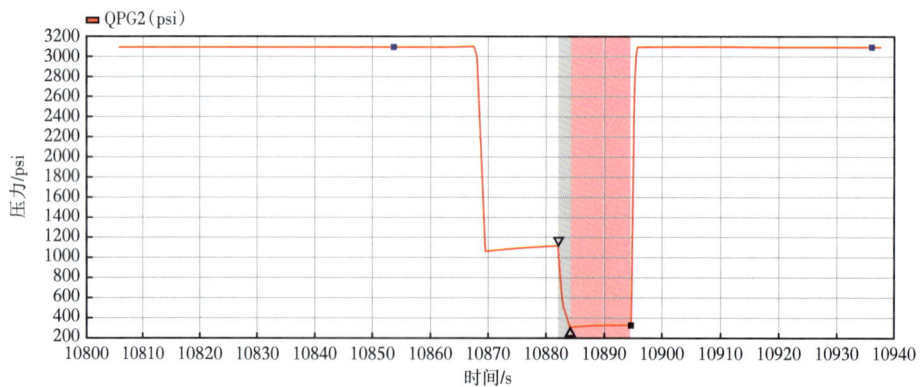

图 5-3-9　LX3-X 井 ××42m 压力曲线

该井 ××11m 处压力曲线如图 5-3-10 所示。该点测试为干点。

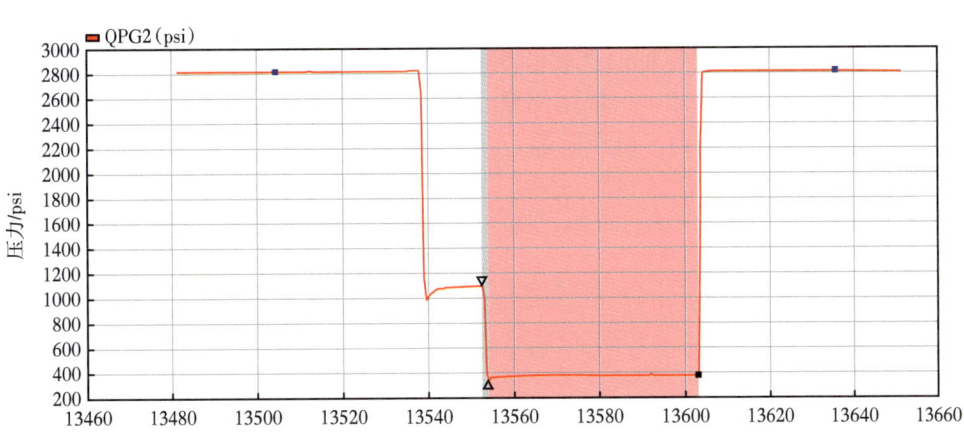

图 5-3-10　LX3-X 井 ××11m 压力曲线

该井 ××60m 处压力曲线如图 5-3-11 所示。该点测试为干点。

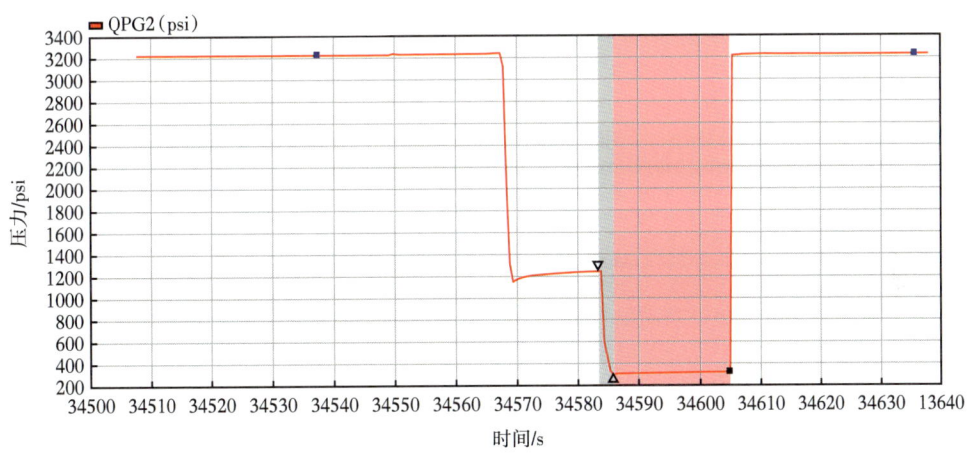

图 5-3-11　LX3-X 井 ××60m 压力曲线

2）独立作业模式试验

在冀中坳陷保定凹陷东坡高 69X 井进行了独立作业模式试验。该井井况比较差，为大斜度井。为减少仪器串长度，分别采用了独立测压取样作业模式、独立取心模式进行试验。

第一趟采用独立测压取样作业模式，成功测压 2 个点，获得 2 个地层压力数据。由于仪器在 2100m 处遇阻，取样时间短，未能获取地层样品，测压取样作业总时长 5 个多小时。

第二趟采用独立取心作业模式进行取心作业，仪器成功通过遇阻卡点。本次作业设计取心点 18 个，实际收获 16 颗岩心。仪器在上提下放过程中遇卡频繁，有多次吸附卡情况，利用反推靠解卡功能成功解卡，化解了作业风险。

本井作业验证了独立取心作业模式、独立测压取样模式可行可靠，反推靠解卡功能有用有效。

通过室内高温试验、模拟取心实验和实际井作业，验证了取心测压一体化测井仪完全具备取心、测压、取样功能，可以采用取心测压一体化作业模式、独立取心作业模式、独立测压取样作业模式，达到了设计要求。

第六章 "互联网+测井"软件系统

测井软件是数据采集、评价油气的重要工具，是与测井装备依存发展的重要产品，更是测井核心竞争力的重要载体。"十二五"期间，依托国家油气重大专项，中石油重点开展了EILog测井处理解释系统和测井解释数据库系统研发，形成了与EILog成套装备配套的资料处理解释软件系统，实现了成像测井资料的精细处理和解释评价，在测井解释数据库系统的多学科信息基础上，形成了具备空间立体感的测井解释环境，初步建立了油气测井处理解释软件体系，并迅速在国内外油田规模应用，成为我国主流测井处理解释平台，整体技术达到国际先进水平。但随着装备向全域、高精度、深探测、恶劣环境方向发展，测井软件还需同步发展，优化井场数据采集、岩心实验分析、多井解释评价等常规技术服务流程，推动测井数据应用水平提升。依托"十三五"国家油气重大专项，中石油开展了基于物联网的实时智能采集、基于移动互联网的数据传输与协同、基于大数据的地层信息挖掘、基于云计算的综合油气分析，实现了"互联网+"与测井行业结合，覆盖测井数据采集、处理、解释、评价技术服务流程，实现了装备网络化、数据集成化、计算中心化、决策智能化，创新实现了测井工程技术服务从常规形态转型升级为"互联网+测井"新业务形态，提升了中国石油测井行业技术水平。

第一节 测井大数据基础平台

通过"十三五"持续攻关，建立了测井大数据基础平台，涵盖井场采集、传输监控、处理解释、评价应用等各业务流程，在大数据存储管理、多源数据融合、高效应用、系统扩展、安全保障等方面实现创新，支撑网络化协同处理解释、远程测井和随钻地质导向应用，打通与油田公司及第三方系统的数据通道，实现测井业务数据与数字油田体系的全面融合，为测井数字化转型和智能化发展奠定数据基础。

平台在测井多场点、多业务互联互通方面开展了一系列技术攻关，为测井业务协同应用提供"互联网+"数据应用环境。自研了核心加密传输技术，实现复杂网络数据高效稳定传输，打通了井场、解释中心、作业支持中心以及油田等多场点的数据通道。自研了分布式存储技术，创新区块级联映射技术，突破海量数据层级递归检索效率瓶颈，发明了井唯一身份标识技术，实现了多库数据自动状态监测与联动。优化了数据应用流程，建立测井数据云空间，创新了数据接收、预处理、处理、解释、审核在线协同的新应用模式。打造岩石物理分析应用新环境，实现岩心实验、管理、分析、建模的一体化应用。

测井大数据基础平台的规模应用，推动了我国测井数据资源整合和共享，促进新业务模式形成，大幅提高测井应用能力和时效。多专业数据的融合应用，提升了对储层特征的高效、精准刻画和科学决策的能力，持续推动了测井技术服务水平提升，提高中国石油测井技术的服务竞争力。

一、系统架构

测井大数据基础平台系统架构如图 6-1-1 所示，建立了一套高效、高安全的硬件基础设施，形成热备份和离线备份多重保障机制，保障测井数据安全；扩展集群设施，为"互联网＋测井"应用提供基础；实现分布式云存储，解决网络带宽和并发访问问题，实现高效安全的数据访问。在大数据建设上，梳理测井业务全流程，开展多源数据融合技术研究，建立数据统一访问机制，为上层应用和第三方系统提供数据服务。同时引入统一权限认证技术，保证测井大数据的安全访问。形成测井大数据集成平台，支持台式机、笔记本、手机、平板等设备，提供数据检索、数据管理、在线分析、实时统计等功能。

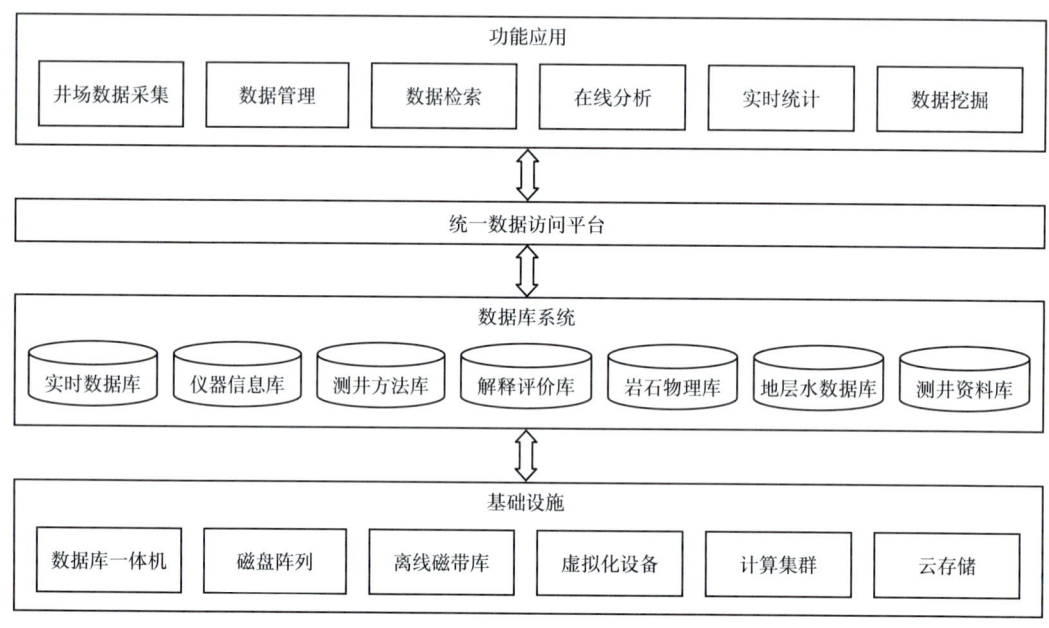

图 6-1-1　大数据基础平台系统架构

二、关键技术

打通井场、解释中心、作业支持中心以及油田等多场点的数据通道，提供"互联网＋"数据应用环境，需要突破实时数据传输、大数据存储及备份、多源数据统一访问等关键技术。

1. 实时数据传输技术

随着测井业务链的飞速发展，井场数据类型越来越复杂，包括测井、录井、钻井和音视频等数据。为了满足实时数据监控及应用的需要，不同类型数据制定不同协议实现数据采集与传输。随钻、录井、钻井等数据，单帧数据量小，采用 WITS 协议实现数据结构化存储与实时传输；电缆测井数据和音视频，单帧数据量大，采用流式数据格式实现数据存储与传输。井场数据通过 4G/ 卫星 / 油田专网实时传输至基地数据服务器，为数据实时监控及后期应用提供支撑。实时数据传输示意图，如图 6-1-2 所示。

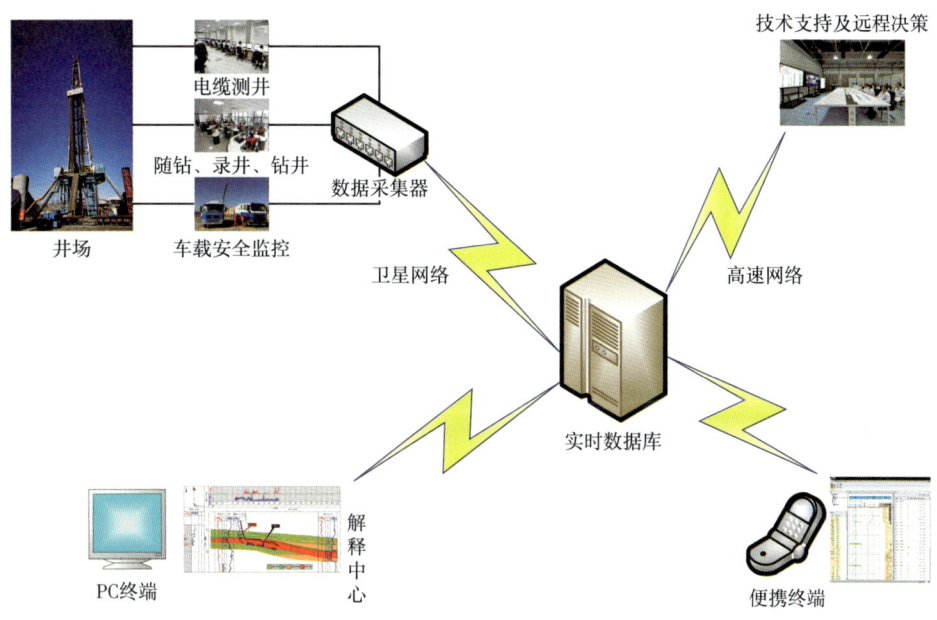

图 6-1-2　实时数据传输示意图

1）WITS 井场实时数据标准

WITS 是一种多级格式实时数据标准，具备很好的灵活性，既可以满足固定格式的数据流，也可以满足需要自定义格式的数据流要求。WITS 数据流由不连续的数据记录组成。每个数据记录的产生都是独立于其他数据类型，并且每个数据记录都有唯一的触发变量和采样间距。

在石油工业的勘探和开发领域中，WITS 作为一种作业现场和服务公司进行实时数据交换的推荐格式。随钻业务过程单位时间内产生的数据少，在局域网环境下，数据一般不会中断而丢失。但是由于随钻作业周期长，累计产生的数据帧数量较多，每一口井每一种数据类型单独存储成一个数据文件或一张数据表，来保证数据访问的高效性。基于 WITS 协议已经实现中石油 FELWD 地面系统、贝克休斯旋转导向地面系统等井场实时数据采集与传输。随钻系统以标准的 WITS0 格式发送数据，数据采集终端接收数据后，根据不同系统的 WITS 元数据对原始数据进行解码并存储。

2）Web Service 井场实时数据传输

系统引入 Web Service 技术完成井场实时数据至基地数据中心的传输。此技术具备良好的扩展性，适用于不同语言的开发使用。Web Service 是一个独立的、低耦合的、自包含的、可编程的 Web 应用程序，可使用开放的 XML（标准通用标记语言下的一个子集）标准来描述、发布、发现、协调和配置这些应用程序，用于开发分布式的交互操作的应用程序。

系统开发了服务端和客户端数据传输接口，服务端采用 Axis 架构和 Java 语言实现数据接口发布；客户端可以采用任何语言实现对服务端数据接口调用。数据传输至基地数据服务器前，客户端需先进行数据接口身份认证，然后根据地面系统及元数据类型，选择对应实时参数；数据传输过程中，采用 Json 格式完成数据交换；另外系统建立良好的断点续传机制，定时数据传输，保证数据安全稳定的传输。

3）电缆实时数据传输技术

相对于随钻测井实时数据传输，电缆测井传输的数据量多达 GB 级。数据传输过程中，数据接收软件先从数据采集终端获取实时数据帧，当接收软件与基地数据服务建立网络通信后，接收软件将数据传输至基地数据中心。针对这种大数据、流格式数据，采用基于 ICE 中间件技术（李国军等，2011）来实现，ICE 传输技术具有扩展性强、支持多语言混编特点，适用于不同硬件平台、不同软件开发系统。在嵌入式车载数据中心的软件采用 Python 语言开发，实现网络传输功能；后台服务器上的软件采用 Java 语言开发，完成数据传输和存储功能。基于 ICE 中间件技术开发完成 EILog 测井系统实时传输软件，并规模应用，实现测井数据、音视频数据的实时采集、传输、存储和监控。

2. 大数据存储及备份技术

数据存储服务的首要问题是无限增长的数据量问题。现阶段测井数据总量已达到了 TB 级，未来将向 PB 级迈进，而且测井成像数据还在飞速增加。微电阻率扫描成像纵向采样精度达到 2mm，阵列声波径向采样点数超过 1000 个。测井采集正在向全息采样数据、先采集后处理方向发展，导致数据增量加速。大数据存储通常采用云存储来实现，由于受到网络、地域的限制，数据云存储除了能够部署在总部以外，也要满足分公司级部署的要求。通过裁剪，能够在分公司、前线指挥部等部署微型存储云，云端里的数据通过定期与总部数据进行同步，保持数据的统一和安全。所以测井数据云存储在设计的时候，需要具备自扩展、自包容的能力，能够任意裁剪和压缩。

为了解决海量测井数据存储效率及容量扩充问题，提升级联关系数据的检索效率，创新了数据结构分级编码表征技术、分布式海量数据存储技术和"一主三备"安全存储策略。

（1）数据结构分级编码表征技术，解决"亿条级记录"大数据层级递归检索效率低下问题，比传统的递归检索效率提升 80% 以上。

测井数据主要以井区块为单元进行存储，区块与盆地、区块与区块之间存在各种层级的关联关系。在测井数据库的存储中，多级关联会直接影响井数据的检索效率。

所谓分级编码表征，即对层级关联的树状字典的每一个节点进行唯一编码。编码采取一定的规律，比如，每个节点的编码为三位，从 001 开始编码，那么它的子节点则在父节点的基础上增加编码位数为 2 倍，并保留父节点的编码，例如 001 的子节点 1 可编码为 001001，子节点 2 可编码为 001002，以此类推。通过这种编码技术，能够在数据库中通过模糊匹配查询快速检索，检索效率极大提升。

（2）分布式海量数据存储技术，解决海量数据集中存储效率及容量扩充问题，支持磁盘的无限扩展。

测井数据具有采集密度高的特点，一口成像测井数据小则几百 MB，大则几 GB。为满足全类型测井数据存储需求，采用了分布式文件存储＋结构化数据库存储相结合的方式管理数据，如图 6-1-3 所示。井曲线的基本信息存储在关系型数据库中，数据文件体存储在磁盘文件系统中，同时在数据库中增加存储路径索引。磁盘文件存储则开发了分布式存储功能，支持多盘自动扩展、分布式存储。数据库中的数据则根据数据容量情况，采用分区、分表、索引等技术，提高查询效率。

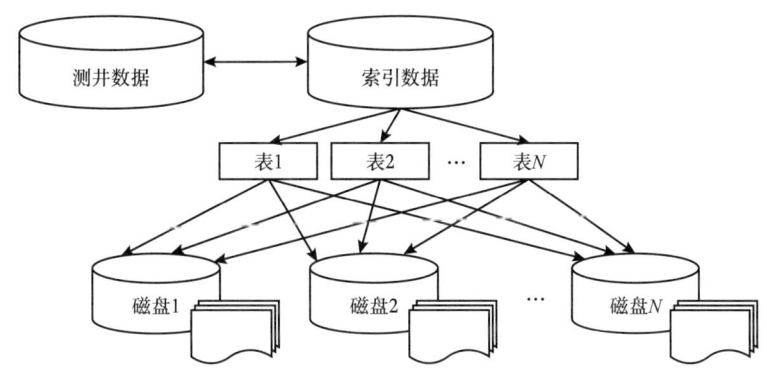

图 6-1-3　分布式存储技术

（3）"一主三备"安全存储策略。针对海量数据管理需求，建立了西安、北京两地数据中心，如图 6-1-4 所示，自主攻克了数据异地同步、安全备份等技术难点，实施了"二地三中心"高级别数据安全策略。

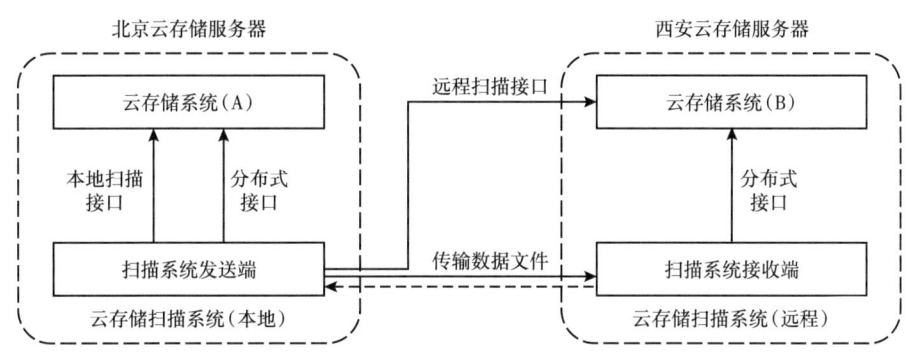

图 6-1-4　同步备份方案

启用两地数据中心实现数据分流，提升访问效率。数据中心提供事务级数据同步服务，保证无论哪个数据中心的数据发生变更，另外一个数据中心会自动更新。当某油田数据在当地数据中心进行变更，立即形成同步任务，以队列方式在网络闲置状态情况以区块或井为基本单位向异地数据中心自动进行数据同步，同步内容包括井信息、井原始数据、井成果数据以及处理与解释过程数据等。数据传输采用断点续传技术，以全目录哈希散列值作为正确标志，保证事务级数据一致性。

数据备份包括增量备份、全备检查、联机备份，以及数据文件恢复、校验数据一致性和数据冲突与处理等关键作业。数据文件增量备份为指定时间范围内的一次备份，包含数据文件增加、删除、修改操作的备份。每天定时扫描生产系统和备份系统指定目录获取当天修改、增加和删除的数据文件以及系统配置文件。

两地数据中心实时同步方案能够有效解决数据带宽和异地容灾问题，但如果出现异常状况，容易引起两地数据中心同时数据异常。因此在异地实时热备份基础上，增加定时冷备份方案。在数据中心部署一套磁盘阵列，对在用测井数据库系统（周军等，2016）磁盘进行冷备份。系统设定自动采用增量备份，定时同步增加和修改的数据。磁盘冷备份与异地实时备份系统一起，共同构成了"两地三中心"高安全级别数据同步与备份系统。

3. 多源数据统一访问技术

测井数据库管理存储了多场点、多专业的各种数据，基于容量、种类、复杂程度等因素，可以把测井数据归为大数据，但是这些数据如何高效使用、价值挖掘，还有巨大的拓展空间。测井数据库面向的场点、业务均不一样，数据类型不一，结构不一，为了支持上层应用高效的获取数据，需要开展多语言混编、数据统一访问服务等工作。

1）多语言混编

测井软件使用的开发语言不尽相同，在这些不同语言开发的系统间进行数据交互已经成为一个非常迫切的难题。基于一种数据源的多种桌面应用和网络应用类型程序开发也是今后测井软件发展的主要方向。要解决这些问题，除了使用 Web Service、利用网络通信解决问题，语言混编也不失为一个好的选择。在测井数据库中，语言混编技术应用体现在两个方面：

（1）基于一种数据源（文件系统或者数据库），不同语言开发不同应用系统，满足不同类型用户的需求。在应用软件中，使用了 JNI 技术，对测井曲线数据的底层访问 C++ 接口进行了封装，形成了一套 Java 应用接口，用户可以基于该套 Java 接口开发 Web 方面的应用程序。

（2）集成多种语言开发的系统。基于测井数据库的应用软件系统使用 Qt 语言开发，为了集成其他已有的 C/C++、Fortran、Java 等应用模块，利用语言混编技术开发了一套 C/C++、Fortran、Java 等数据访问接口。此接口除了可以将已有的其他语言开发的模块集成到平台上，还能作为二次开发的接口，在平台上开发新的应用程序，降低了已有模块重构的成本，提高了系统的集成性和可扩展性。

2）数据统一访问服务

传统的数据访问方式是直接对数据库进行访问，每套数据库系统都有自己独立的数据接口，而往往这些接口可能有相似的地方，这样就会出现重复开发、复用率低等问题。为上层应用或者第三方系统提供统一的数据访问服务，需要对多个子数据库抽象出一套公共的基类接口，子数据库的接口都要基于这套抽象基类接口，各自有自己的实现方式。这样的好处是对外只需要提供一套统一的接口，通过这套接口可以实现对多个子数据库的访问，对于用户来说是透明的，用户无须关心底层是如何实现的。

三、主要功能

测井大数据基础平台涵盖井场采集、传输监控、处理解释、评价应用等业务流程，包括实时数据传输与监控、数据综合管理与应用、一体化的解释模型图版应用和多系统数据流转等功能。

1. 实时数据传输与监控

为解决井场实时数据及音视频监控的问题，建立了实时数据库，存储管理实时测井数据、背景资料以及导向解释成果等数据，为井场实时导向、处理及后期区域解释提供数据支撑。实时数据传输与监控主要包括井场实时数据接入、实时数据推送以及实时数据监测等功能。

1）实时数据接入

将井场采集系统发出的 WITS0 数据接入后，存储到井场数据库中，支持国内外不同公司不同系统 WITS0 数据的接入。实时数据接入模块如图 6-1-5 所示，根据井场实际设置数据接收模式、网络 IP、数据类型等工作参数，软件根据参数自动采集数据，数据格式为 WITS0，实现数据的结构化。

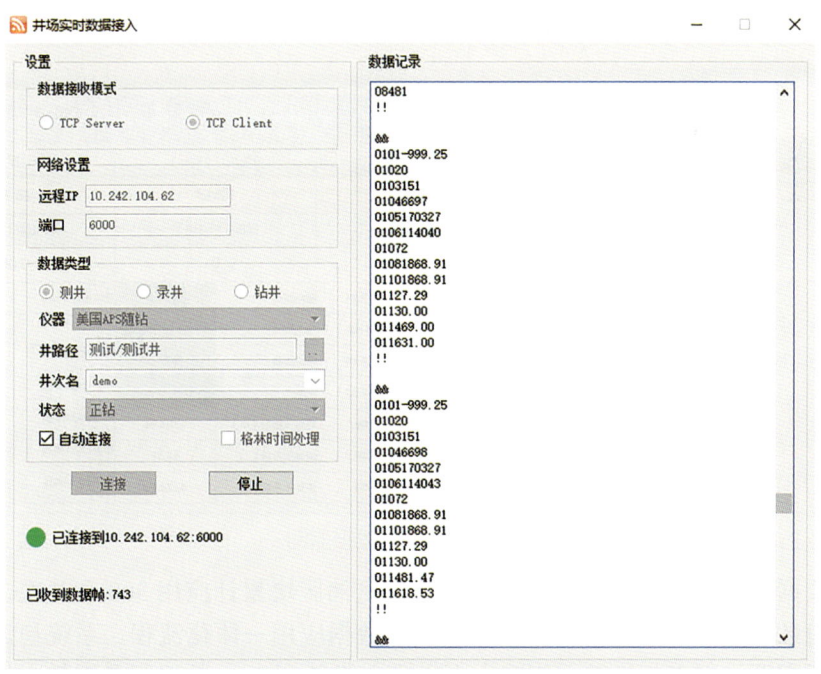

图 6-1-5 实时数据接入模块

2）实时数据推送

采用 Web Service 技术将井场数据库中的数据推送到实时数据库中，模块支持数据断点续传，具备 7×24 小时持续数据传输能力，如图 6-1-6 所示。

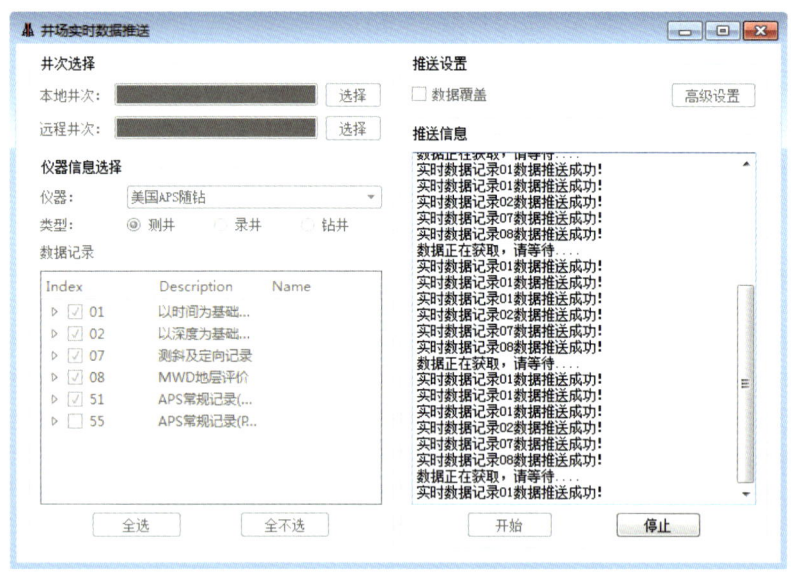

图 6-1-6　数据实时推送模块

3）实时数据监测

井场实时数据入库之后，存储的数据类型分为时间数据和深度数据两种，时间数据为井场原始 WITS0 数据，深度数据为等深数据。实时数据监测界面，如图 6-1-7 所示。

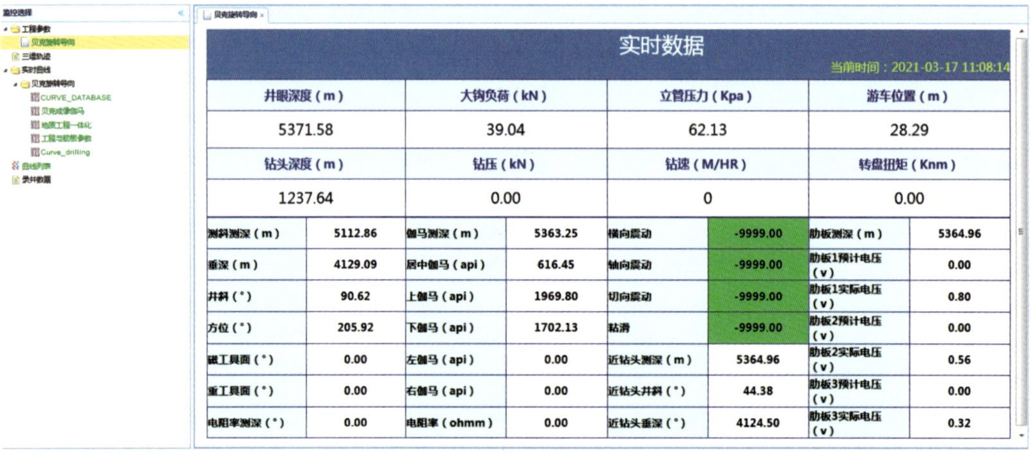

图 6-1-7　实时数据监测

井场数据实时传输在四川页岩气和长庆致密油区块累计应用 300 余井次，实现了井场多源实时数据接入、远程传输、实时监控、数据应用一体化流程。系统稳定可靠，具备网络自适应性，实现井场无人值守，人力成本降低 30%；数据服务引擎支持多系统实时快速获取导向信息，导向决策时效提升 30% 以上。

2. 数据综合管理与应用

测井大数据基础平台为用户提供了便捷的数据应用平台，集中管理测井、钻井、录井、试油、解释知识等资料，可以随时随地开展数据分析、处理解释、储层评价等工作，数据分析过程显性化和标准化，便于对储层进行更加深入和准确的研究，在提高数据和信息处理、分析、共享等能力的基础上，提高测井准确识别油气层的能力。规范入库新的研究成果，比如在新区域的解释标准、典型图例、区域地质参数等，实现知识持续积累和技术高度共享，充分发挥数据的超前价值。

测井大数据基础平台具备国内和海外两个版本。国内版实现对中石油16个油气田超35万井次测井及相关数据的集中统一管理和资源共享，为我国积累了宝贵的数据财富，也为中石油数字化转型奠定了基础。海外版则是根据中石油海外业务需求，定制形成的一套基于互联网的测井数据管理系统，为海外解释评价提供可靠的数据基础。

1）测井数据管理

测井数据在数据横向广度上，按照洲、国家、区域（包括盆地、凹陷、构造等，也可以按实际情况构建多级区域）、区块、井、井次分级组织，如图6-1-8所示。在数据纵向深度上，按照区块、层系、层组、层段、层分级组织。在多学科结合上，覆盖钻井、测井、随钻、录井、岩心、试油、油藏、生产动态、分析化验等九个专业。

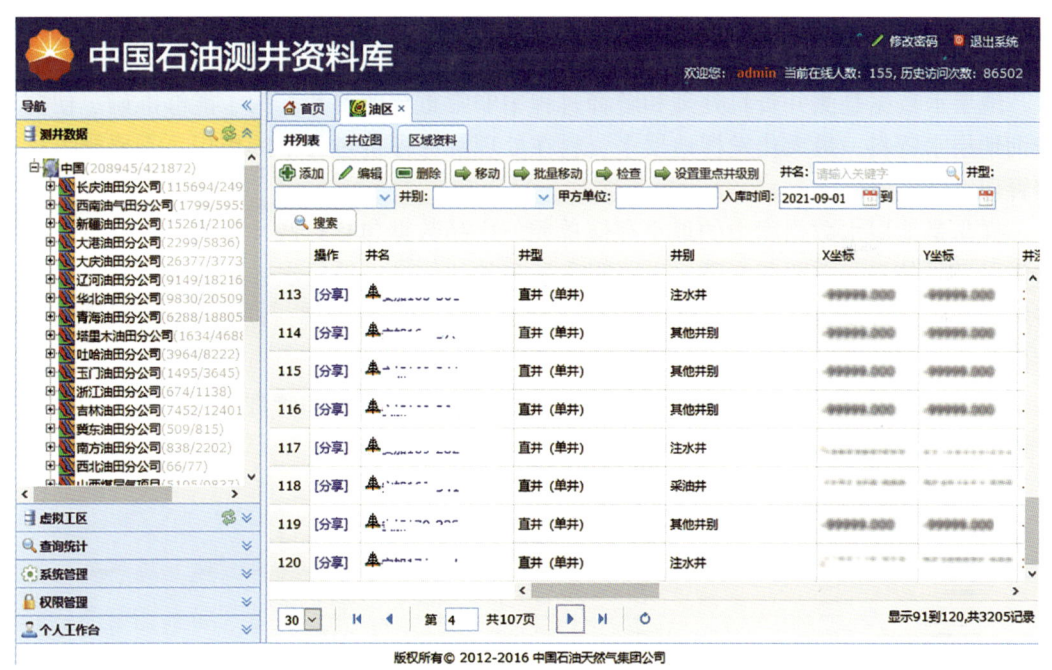

图 6-1-8　测井数据结构化管理

（1）具备一套规范的数据入库管理过程，积累测井数据资源，包括数据标准化、入库审核、质量分析、定期报表等功能。

（2）具备丰富的数据查询功能，方便快速查找数据，提供按井和文件两种方式的批量打包下载。

（3）提供各类测井相关数据的在线浏览查看功能，包括测井曲线数据的在线查看、实时绘图，解释成果表、解释成果图片和相关文件资料的查看等，如图6-1-9所示。

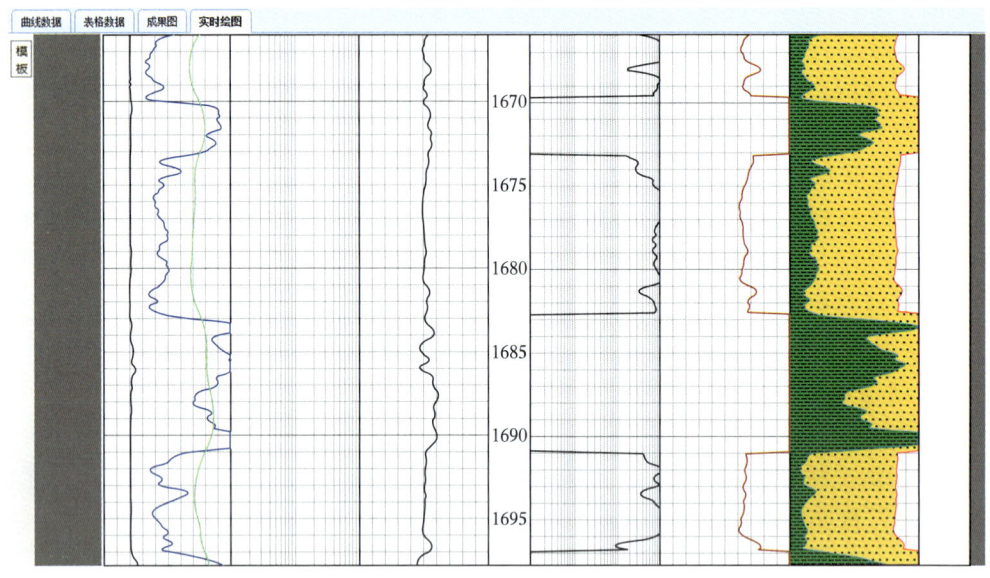

图 6-1-9　曲线实时绘图

2）地层水数据管理

地层水数据是测井资料处理和解释过程中非常重要的参数。为了能够准确、便捷地查询地层水资料，最大化发挥地层水资料在处理解释评价过程中的作用，需要规范化存储管理地层水数据。

样品是地层水数据库中的最小存储单元。样品数据包括行政、地质、井信息，地层水样品基础信息，主要阳离子、主要阴离子和其他信息。地层水数据管理以现有地层水资料为基础，将地层水资料按照油田→区块结构进行组织管理，以地层水样品点为最小存储单元。

每个区块的数据，以层位、井为单位进行结构化的组织和管理，如图 6-1-10 所示。在数据列表页面，支持数据的查询、批量导出和删除。

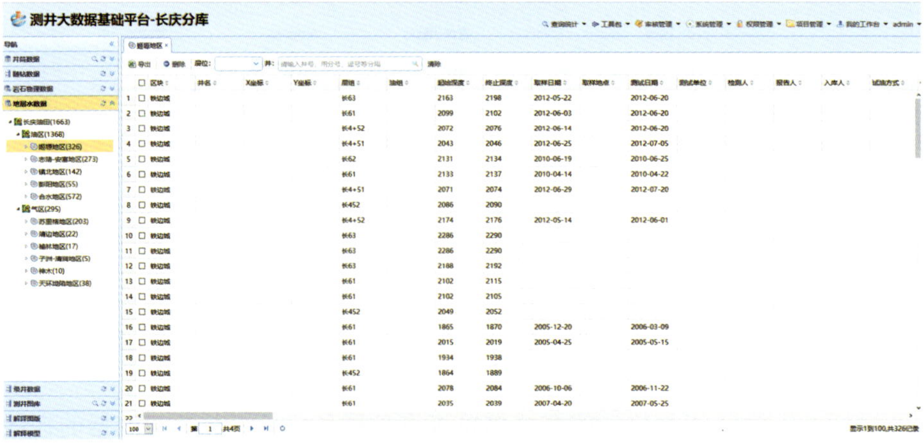

图 6-1-10　地层水数据列表

3）岩心实验数据管理及分析

（1）岩心数据管理。

按区块、井、岩样组织管理近 30 种岩心测量数据类型。对于全直径岩心常规物性、柱塞岩心常规物性及柱塞覆压物性类型数据，以列表方式显示岩石物理数据，如图 6-1-11 所示。对于核磁共振、水驱油、毛管压力、相对渗透率等数据，以列表加图形方式显示数据，如图 6-1-12 所示。

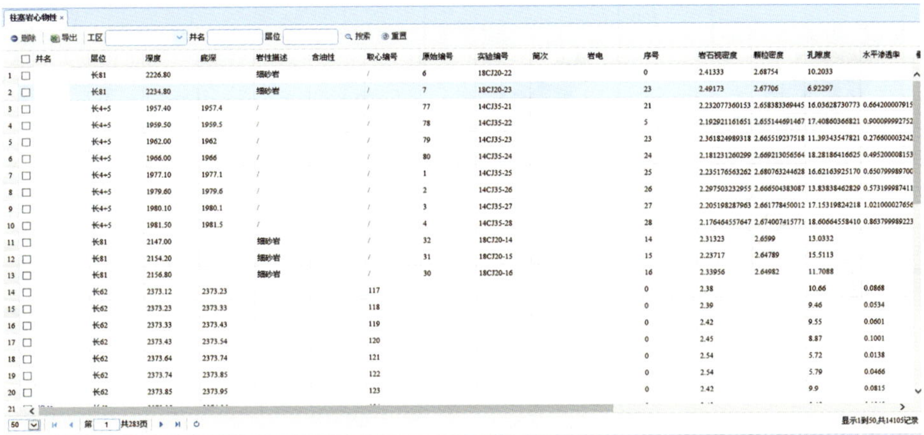

图 6-1-11　岩石物理数据列表显示

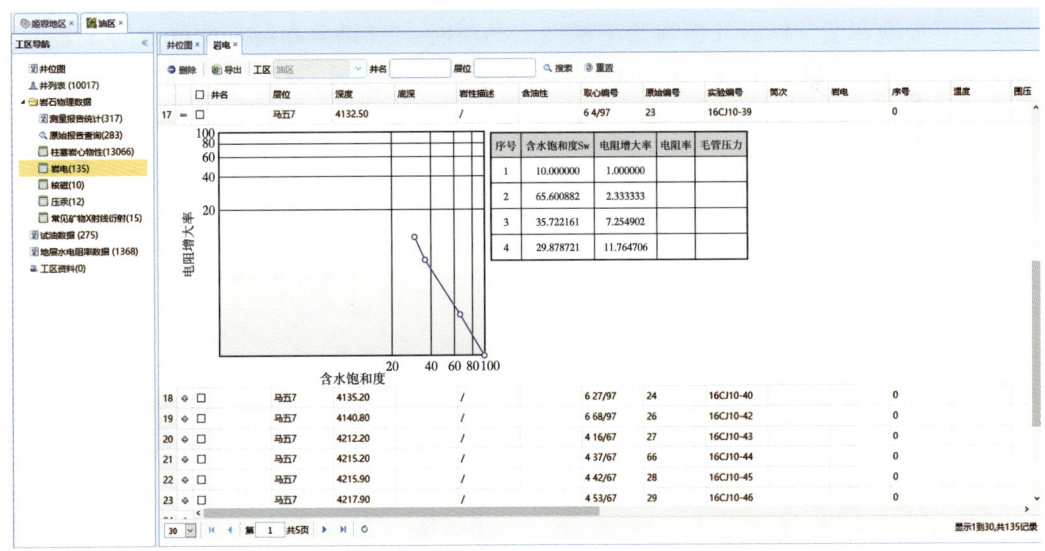

图 6-1-12　岩电数据展示

（2）岩心数据分析。

①岩电分析。该模块主要用来求取阿尔奇公式的饱和度模型中 a、b、m、n 参数，提供了灵活便捷的数据组织形式、直观易用的数据选择筛选方式、完整的数据回归拟合方法，能够建立饱和度解释模型，为测井评价和油气资源解释服务。提供孔隙度、渗透率、储层品质因子三种参数筛选数据，提供指数、对数、线性、多项式、幂五种拟合公式对

交会图数据进行回归分析。软件分为固定 m、n 和变 m、n 分析两种方式。

②压汞数据分析。通过毛管压力数据进行油藏原始含油饱和度模型分析，支持应用实际测井成果资料进行含油饱和度模型检验。压汞曲线分析支持按渗透率和按储层品质因子划分两种类型，如图 6-1-13 所示。

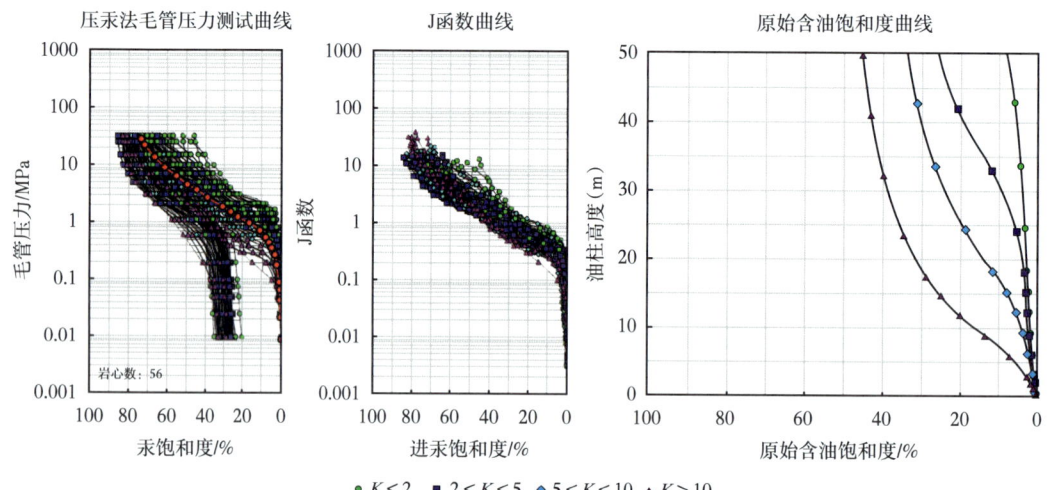

图 6-1-13　曲线分类及原始含油饱和度曲线显示

③核磁共振数据分析。具备 T2 谱分布特征及 T2 衰减曲线的多图显示、参数计算（确定束缚水饱和度、核磁共振渗透率模型）等功能。T2 谱分布特征曲线图的 Y 轴为双坐标，其中 T2 谱（饱和）、T2 谱（离心）对应于 Y 轴左坐标，T2 累计（饱和）、T2 累计（离心）对应于 Y 轴右坐标，如图 6-1-14 所示。

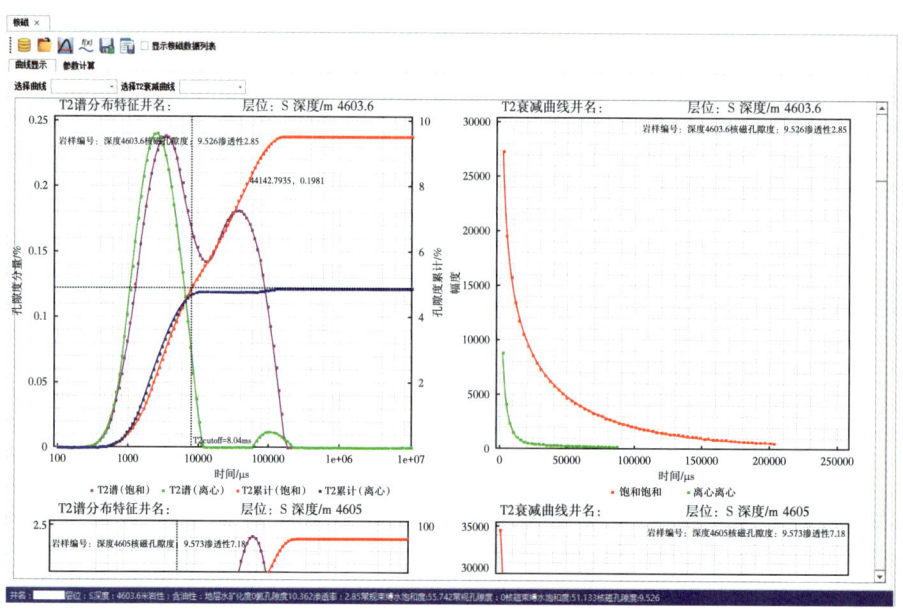

图 6-1-14　T2 谱分布特征图

3. 一体化的解释模型图版应用

1）动态解释图版功能

解释图版技术是一种测井资料的作图解释技术。它以两种测井数据为坐标，将样本点在平面图上绘制，并根据样本点的分布规律，在平面图中增加标准线等辅助识别所需的绘图元素。在当前的测井解释中，解释图版广泛应用于解释井段的岩性识别、流体判别、产能解释及储层判别，是测井解释中必不可少的强有力的工具。

在平台中实现了解释图版的制作与调用的完整流程，建立动态的解释图版。动态解释图版模块能综合利用岩心资料、试油资料、测井资料、地质资料进行储层"四性"关系分析，建立解释图版，定性进行岩性识别、储层判别、流体识别、产能解释等应用，是对油气藏进行准确评价的重要手段。动态解释图版模块是一套高效、灵活、准确、便捷的解释图版管理、分析与应用一体化软件，实现了解释图版规范化、有序化的存储与管理，提供了系列化、流程化、自动化的数据分析方法与工具，与处理解释软件有机集成，形成了集成化的应用环境，可辅助解释人员进行解释图版的管理与应用。

有效解决了解释图版应用存在的三大难题。一是解释图版成果缺乏统一管理。现有解释图版种类繁多，且尚未进行统一的保存和管理，导致解释图版数据格式不统一，图版查找不便，并且图版的安全性也缺少保障。二是解释图版分析工具种类繁多。解释人员大多采用 Excel、Origin 等软件进行解释图版的分析处理，软件操作复杂，效率低下。由于软件针对性不强，形成的成果尚未形成规范格式，对成果和知识的积淀与再应用十分不利。三是解释图版与测井解释的结合亟待加强。在解释过程中缺乏与区块、层位结合的解释图版的综合应用，解释图版未能得到有效利用。

系统建立了包括特征取值、图版制作、图版上传、图版调用等功能的一体化交互式图版应用流程（张娟等，2019），如图 6-1-15 所示。

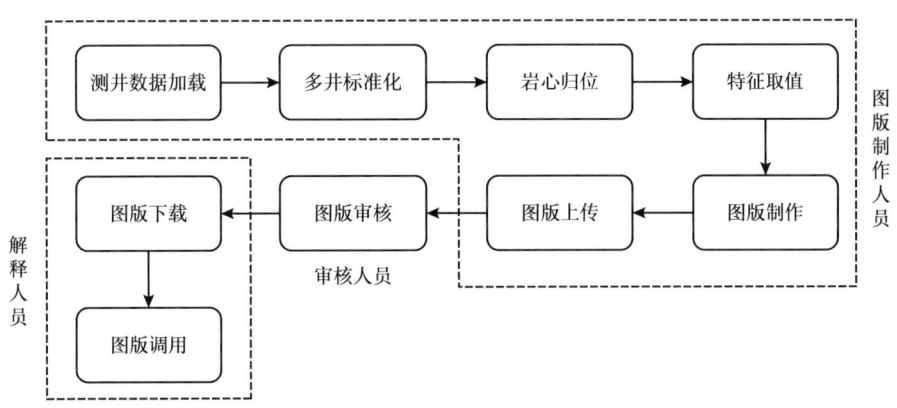

图 6-1-15 交互式解释图版流程

交互式提取储层特征数据值，通过数据筛选、多种辅助元素添加、计算列等方式制作图版。在处理过程中，根据所选层段选择合适图版，可对流体进行即时分析，如图 6-1-16 所示。

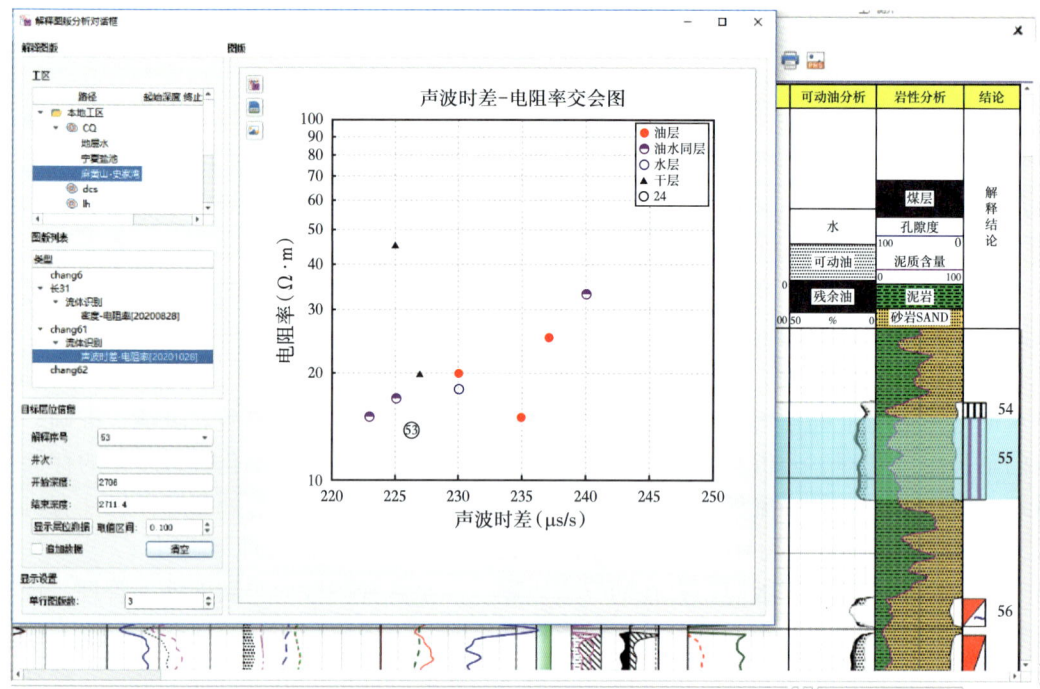

图 6-1-16　图版调用

2）动态解释模型功能

针对"模型有效性存储""在用成熟模型和已有研究成果模型如何收录""新项目的模型研究问题""模型如何在处理解释调用"四个关键问题，设计严谨规范化的模型结构，保证模型有效性存储；开发模型编辑工具，准确收录在用模型；研发交互式数据建模工具，为新项目研究提供重要手段；实现模型身份标识及解析机制，保证解释调用执行。开发了全新的模型制作软件、网络化模型管理审核软件、模型自动调用软件。初步建立了适合动态解释模型应用流程，如图 6-1-17 所示。

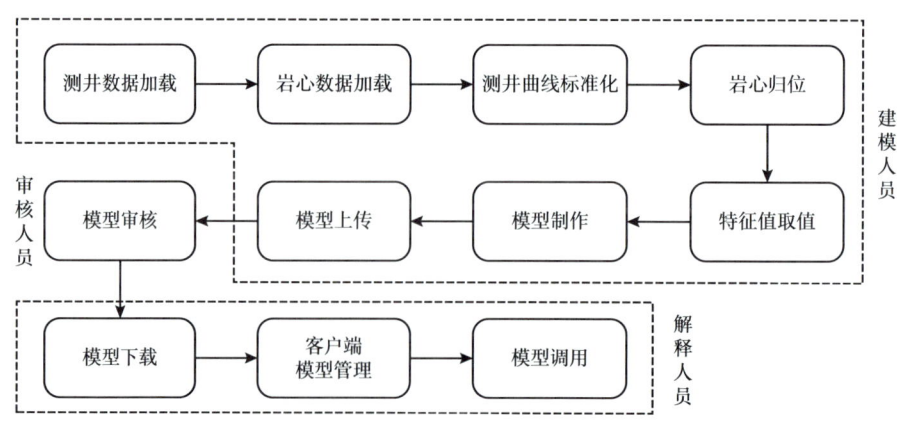

图 6-1-17　动态解释模型应用流程

解释模型模块以数据库为支撑，支持完整解释模型建立流程，主要包括新建项目、测井数据加载、岩心数据加载、测井曲线标准化、岩心归位、特征值取值、模型制作、模型上传、模型审核、模型下载、客户端模型管理、模型调用，为后期储层参数计算提供支持。

解释模型模块实现了解释模型的分区块、分层系、分类型管理，支持解释模型的多条件组合查询和模型浏览；统一管理解释模型成果，有利于成果共享和查找；按照同一种标准格式存储数据，有利于模型复用和调用。

模型数据的归位、标准化、取值等功能与解释图版一致。解释模型建模支持各类储层参数的一元回归、多元回归建模，并支持井区、结论等多种数据项作为条件进行数据筛选建模，如图 6-1-18 所示。

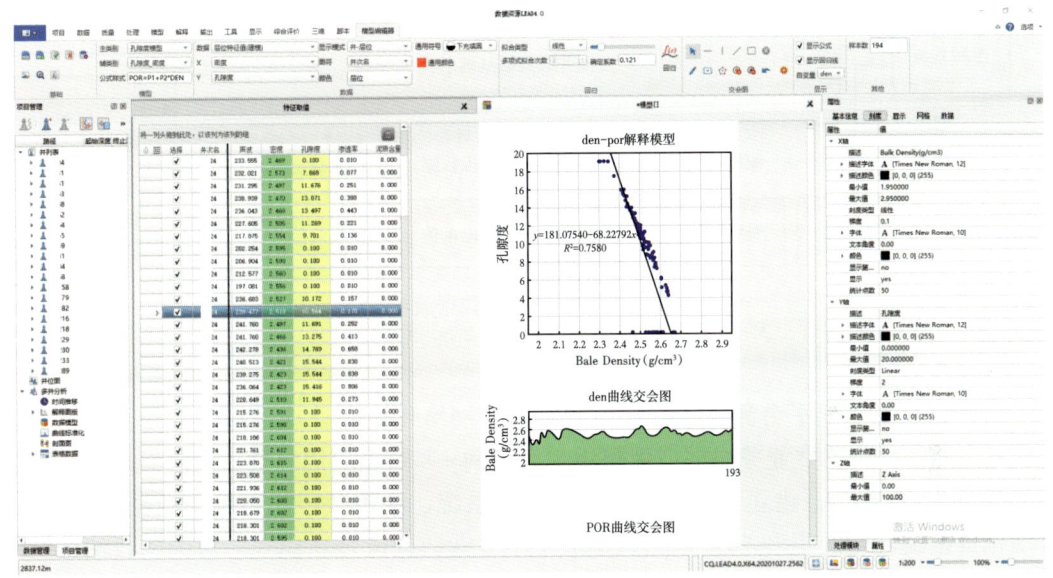

图 6-1-18　解释模型建模

储层参数处理模块中，通过动态模型调用标志，可以动态地选择需要使用的计算模型，满足复杂储层的精细处理。

本功能模块在塔里木油田应用，支持了塔里木油田老井挖潜、分层精细建模，建立了解释模型 30 多个，建模综合效率提升 50%，模型精度提高 7 个百分点。

4. 多系统数据流转

在测井数据资源建设过程中，不断完善测井数据库的管理和内部应用，同时加强系统的开放性建设，打通了多方向数据通道，与中石油统建数据库、油田数据库和第三方软件系统融合，构建了高效的数据应用基础环境，如图 6-1-19 所示。

（1）实现内部系统数据自动流转。建立了多专业数据到测井数据库的自动推送流程，定时自动扫描用户归档的成果数据并推送至测井数据库总库，大幅提升数据入库效率，降低了数据录入工作量。

- 245 -

（2）实现与油田数字化系统数据流转。通过与长庆油田数字化油藏研究系统（RDMS）的数据交换，支持万口井老井复查，长庆油田区块的测井数据自动推送到 RDMS 系统，同时能够从 RDMS 系统获取样本库数据。

（3）实现与中石油统建系统数据流转。与中石油 A6 梦想云平台融合，在冀东油田深化应用，实现了测井数据在云平台协同研究环境下的自由交换。打通了与中石油统建 A7 系统之间的数据通道，快速获取井基础信息和作业任务信息，实现解释流程三个环节数据的自动推送，降低解释人员工作量，提高数据流转效率。

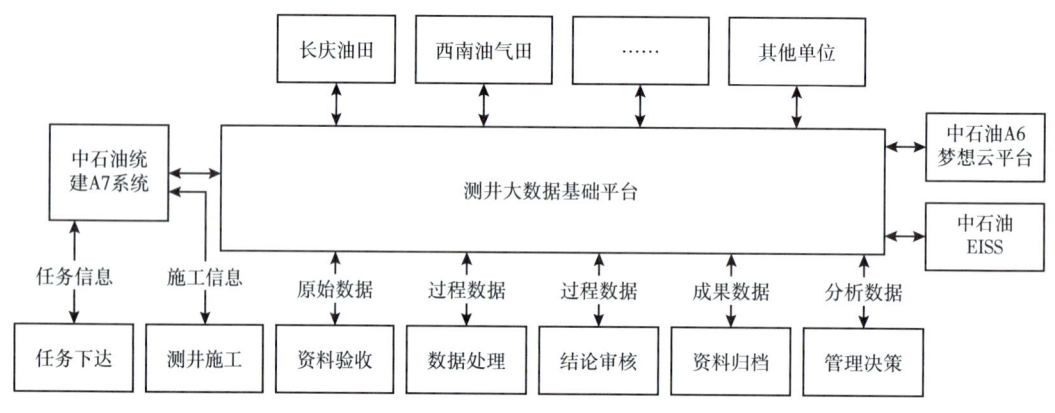

图 6-1-19　多系统数据流转

四、小结

测井大数据基础平台涵盖测井全流程，支撑网络化协同处理解释、远程测井和随钻地质导向业务，为测井业务协同应用提供"互联网+"数据应用环境。国内外总测井数据容量超过 35 万井次，建立了与自建系统、统建系统、油田数字化系统的数据共享通道，自动化数据流转时效提升 50% 以上，形成了多专业数据流转新模式。对中国石油天然气集团有限公司重点（风险）探井实施数据管控和状态追踪，为综合评价提供即时、高效数据支撑。

第二节　"互联网+测井"应用平台

"互联网+测井"应用平台包括网络化采集软件和协同化处理软件两大核心应用，在测井作业现场多源数据综合采集、远程传输控制和协同处理等方面实现创新，构建了基于测井大数据基础平台的测井数据采集、传输、处理、解释一体化应用环境。

网络化采集软件实现井场测井资料、现场音视频、绞车和放射源等多源数据集中采集，并实时推送到大数据基础平台，实现数据快速流转，支持测井作业全过程全方位的实时监控（Cosad 等，2009）。协同化处理软件实现多机数据同步、联合处理、知识共享、成果管理等核心功能，构建网络化协同处理、解释应用平台，实现测井作业工作流程创新提效（何庆兵等，2011）。

"互联网＋测井"应用平台将数据生产、流转、处理、归档等测井环节有效整合，串联起测井工程师、处理解释工程师、实验员等多个岗位的工作，提升"以井筒为中心"的测井生产流程应用效率。

一、系统架构

"互联网＋测井"应用平台基于测井大数据基础平台的统一数据访问接口进行数据交换。如图 6-2-1 所示，"互联网＋采集"网络化采集软件主要包含车载数据中心、测井数据监控、视频监控、放射源监控和远程协同测井等模块，"互联网＋解释"协同化处理软件主要包含数据应用、处理状态跟踪、协同工作、数据转换云服务、动态模板和动态图版等模块。两个软件同时为更高级的网络化智能化应用提供支持。

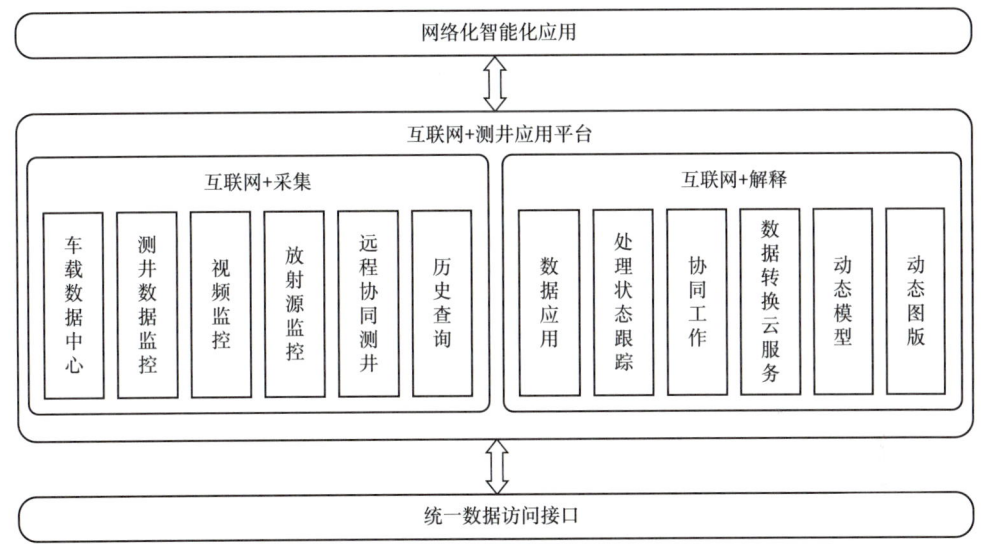

图 6-2-1 "互联网＋测井"应用平台系统架构

二、关键技术

实现网络化采集和协同化处理，关键在于打通从井场到基地数据流转通路和处理解释各环节的工序衔接。"互联网＋测井"应用平台从井场综合实时数据采集传输和协同处理技术着手，突破井场多源异构数据实时采集与传输技术和网络化协同处理技术两项关键技术。

1. 井场多源异构数据实时采集与传输技术

取得合格的测井数据是现场测井作业的核心目标，随着测井生产提质增效、安全环保、装备维保等要求不断提高，针对作业现场和行车途中的视频数据、放射源剂量数据、绞车数据的采集和实时监控需求非常迫切。

不同信息的采集设备不同，软硬件接口不一，难以用统一标准的模块完成这些数据的采集和传输。通过自主研发车载数据中心，实现多源异构数据实时采集、存储与传输，解决井场数据统一采集存储和复杂网络环境下长时间在线数据传输难题。

车载数据中心如图 6-2-2 所示。在硬件上，车载数据中心是测井车上所有数据的集散地，以标准 1U 高度箱体的外形部署在测井地面机柜中。在软件上，车载数据中心提供测井、视频、放射源等多源数据统一采集、存储（韩善锋等，2011）和传输功能，是测井大数据的重要数据输入源之一；与后台数据库进行数据交换，在应用系统实现测井数据、视频和放射源的实时监控以及历史数据回溯查询，通过与测井采集控制软件的配合支持远程协同测井功能。

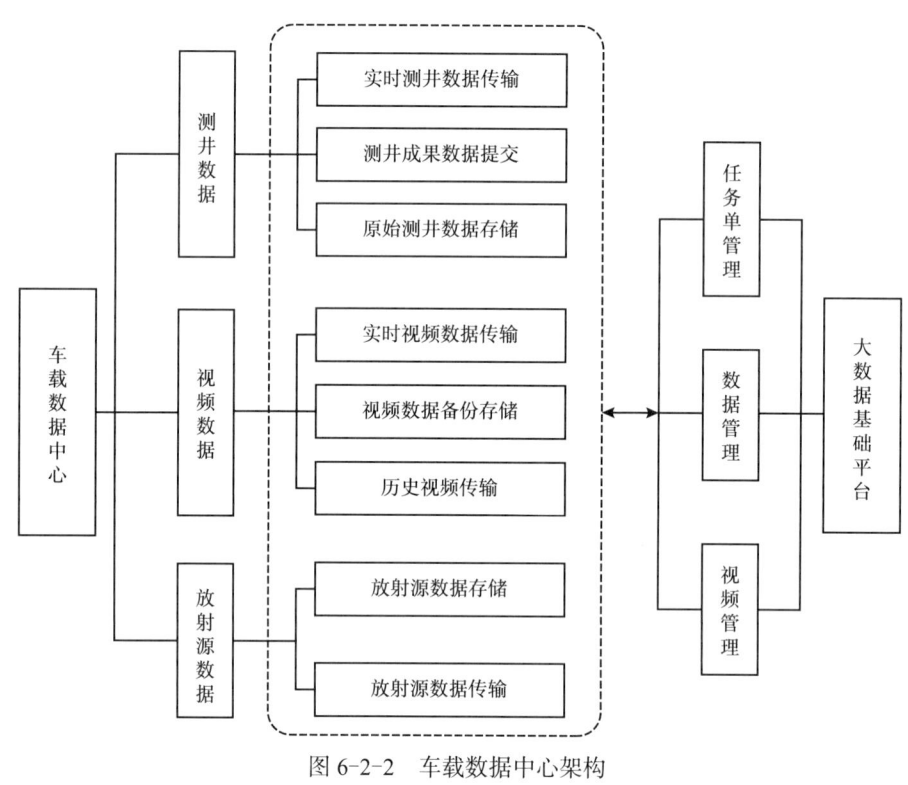

图 6-2-2　车载数据中心架构

为解决异构数据采集存储问题，采用适配器技术，为不同类型数据开发不同的数据采集适配器，同时根据具体情况将数据在井场实时数据库存储。采用互联网通信引擎 ICE 中间件解决数据传输问题，实现了井场复杂网络环境下数据压缩、断点续传、跨平台和高效安全传输。

2. 网络化协同处理技术

采用云空间技术构建了信息高效流转、多场点多业务协同工作环境；实现了质量检查、数据解编、处理解释、审核、成果出图、资料归档等不同环节协同工作，显著提升测井资料处理解释效率。

将解释中心的所有用户进行分工，形成不同工种的用户队列；将测井处理解释流程细分成多个不同的环节，每个环节配置一个用户队列。这样以井为核心，将井的测井处理解释全流程都进行了环节分配和管理（李剑浩等，2017），能够实时跟踪井的状态，实现数据共享和高效流转，实现处理数据自动流转、任务动态调度、成果快速提交，大幅提升测井处理解释环节效率，如图 6-2-3 所示。

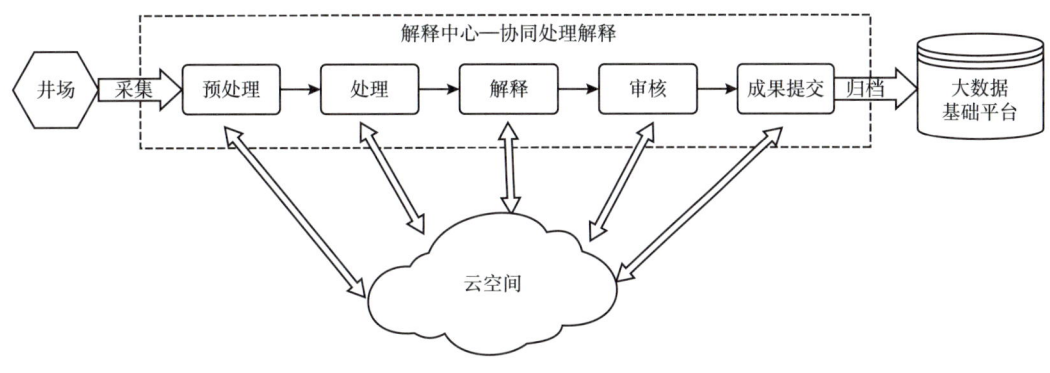

图 6-2-3 全流程自动化改造

三、主要功能

"互联网＋测井"应用平台是基于大数据平台开发的以网络化采集软件和协同化处理软件为核心的应用平台，在井场多源异构数据实时采集与传输、远程采集控制、协同化处理、知识共享等方面实现技术创新，构建了网络化采集、传输、处理、解释一体化应用环境。

1. 网络化采集

以车载数据中心为核心制定"互联网＋采集"标准和规范，开发测井采集软件，形成"互联网＋采集"软件系统，完成井场多源数据统一集中采集、存储和传输，实现远程监控、协同测井和远程技术支持功能。

1）网络化测井采集软件系统

网络化测井采集软件系统由数据采集前端、传输网络、采集主控、仪器组件等构成，可更好适配全面网络化的井下仪器和地面系统。

（1）数据采集前端。数据采集前端主要分为井下仪器数据采集、数据订阅服务和命令下发服务。

①井下仪器数据采集。数据采集前端支持遥测节点、CAN 节点、网络节点等不同节点设备。数据采集前端在局域网内搭建网络服务实现数据上报、命令接收和转发。

②数据订阅服务。数据采集前端基于消息队列（ZMQ）的发布—订阅模型将采集到的井下仪器实时数据实时推送到本地主控和数据转发器。

③命令下发服务。数据采集前端基于 ZMQ 的请求—应答模型提供仪器命令下发服务，本地主控或远程主控（通过数据转发器转发命令）的仪器控制命令下发到数据采集前端，由数据采集前端下发到井下仪器。

（2）数据传输网络。数据传输网络主要由中心服务器、数据转发器和远程主控构成，如图 6-2-4 所示。

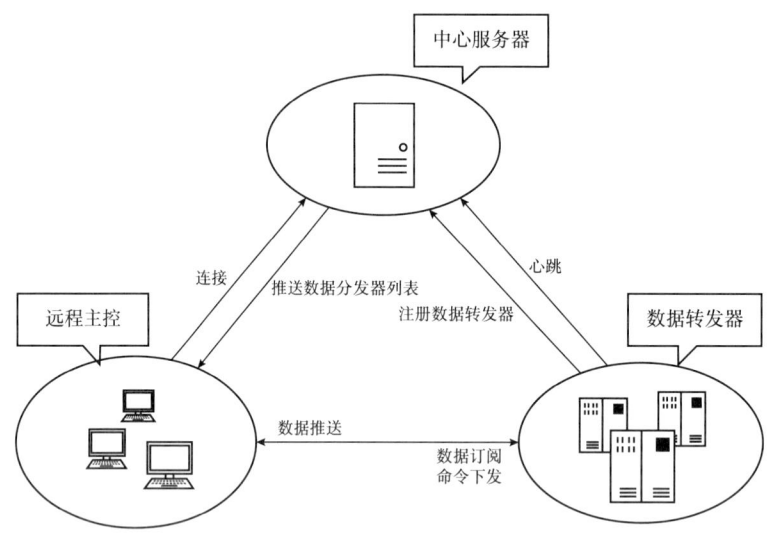

图 6-2-4　数据传输网络结构图

（3）主控。主控是测井数据解析、处理、存储、显示的终端，包括插件化框架、数据流相关业务插件和仪器组件化框架。主控中所有功能均被拆分为独立的插件，由插件框架加载、初始化、装载基础功能插件和业务插件，构成一个完整的测井主控（陈江浩等，2010）。

（4）仪器组件。针对不同仪器开发相应的插件，进行数据处理，数据处理流程一般包含数据解析、数据处理和数据导出三部分，同时仪器插件支持显示仪器的基本信息和控制命令。

2）多源数据采集与传输

（1）井场数据采集与存储。井场测井作业过程中产生测井数据、视频数据、绞车运行状态、放射源剂量、地理位置信息等多种重要数据。除了测井数据来自测井采集控制软件以外，其他数据均来自智能源罐、绞车控制器等对应的设备。

①测井数据，包括原始数据和成果数据。成果数据和原始数据，在测井地面系统工控机上由测井采集软件生成，并以文件形式存储。测井结束后，通过软件自动或操作工程师手动方式，利用测井车局域网传输到车载数据中心进行备份存储。

②视频数据，从视频采集设备（网络摄像头、行车记录仪等）获取视频流并保存在车载数据中心。视频数据采集在设备启动后自动持续工作。

③物联网数据。放射源、绞车运行和地理位置信息等数据采集方式和存储方式比较类似，此处作为一类数据处理。通过测井车局域网从智能源罐获取放射源实时剂量数据，从绞车控制器获取张力、深度、运行时间等相关信息。由于这些信息格式规整，容量小，适合写入车载数据中心数据库，同时方便在车载数据中心上直接查询；在满足回溯时间要求的前提下，可自动删除旧的数据库记录。

（2）数据传输。车载数据中心到后台服务器的数据传输基于标准化数据接口（林德强等，2011），采用 ICE 框架实现。传输的数据主要包括实时测井数据、测井原始数据和成果数据、视频数据,以及放射源、绞车状态等数据。

①实时测井数据。车载数据中心将实时数据缓存在本地,接收到后台的传输命令后将缓存数据按帧读取并上传到实时数据库。

②实时视频传输。实时视频传输在后台主动发起监控动作时执行,该功能由视频采集设备直接将视频流通过车载数据中心网络发送到后台服务器。

③物联网数据传输。此类数据主要包含放射源、绞车状态等离散数据。该类数据的传输软件模块在网络接通后,从车载数据库顺序读取未传输的记录,定时将物联网数据传输到后台数据库。

④成果数据自动传输。针对测井成果数据量大、传输时间长的特点,采用压缩和断点续传方式进行成果数据上传(陈江浩等,2011)。车载数据中心自动根据网络状态及时通过约定的 ICE 数据访问接口将数据传输到实时数据库。

⑤历史数据传输。测井成果数据、原始数据和视频数据等都是以文件形式存放在车载数据中心。在收到后台的查询命令后,车载数据中心管理软件返回这些文件列表给后台展示;再次交互后,将后台选择的数据传输回大数据平台。

3)远程监控

远程监视和远程控制是"互联网+采集"核心应用。远程监控通过测井曲线、音视频等多种方式对现场作业过程进行实时远程监控;远程控制由后台直接接管测井操作,提供实时技术支持,实现协同测井。

(1)车载数据中心管理平台。车载数据中心向大数据平台实时数据库定时发送时间、设备序列号、温度、运行负载等信息,后台实时数据库通过设备序列号识别车载数据中心所安装车辆,在网页上显示车载数据中心在线状态等信息,如图 6-2-5 所示。

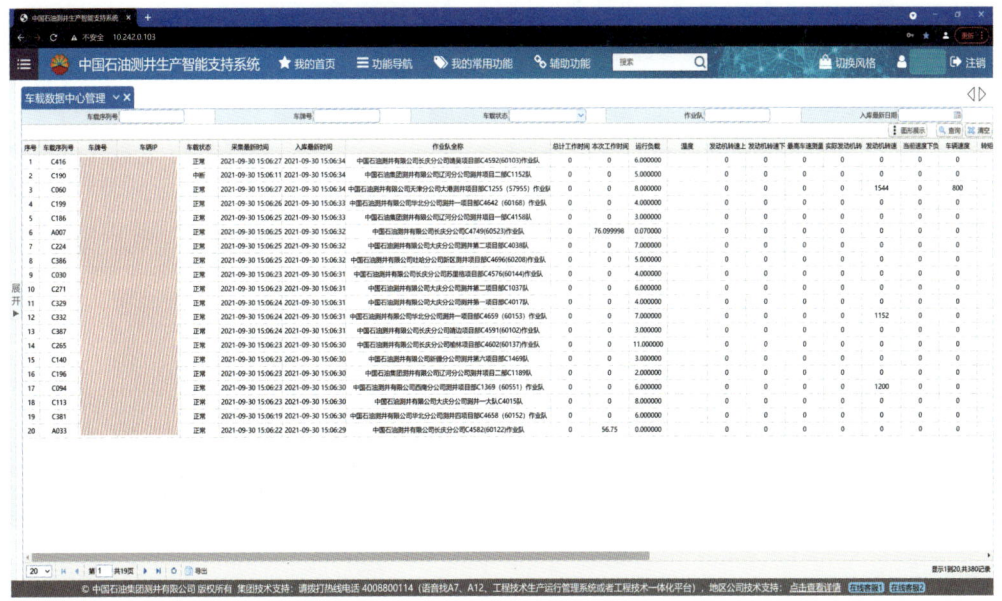

图 6-2-5 车载数据中心显示列表

（2）远程监控。远程监控重要的应用在于实时测井数据和作业视频的监控。实时数据监控通过后台监控平台和工具软件实现，测井数据可视化展示如图6-2-6所示。

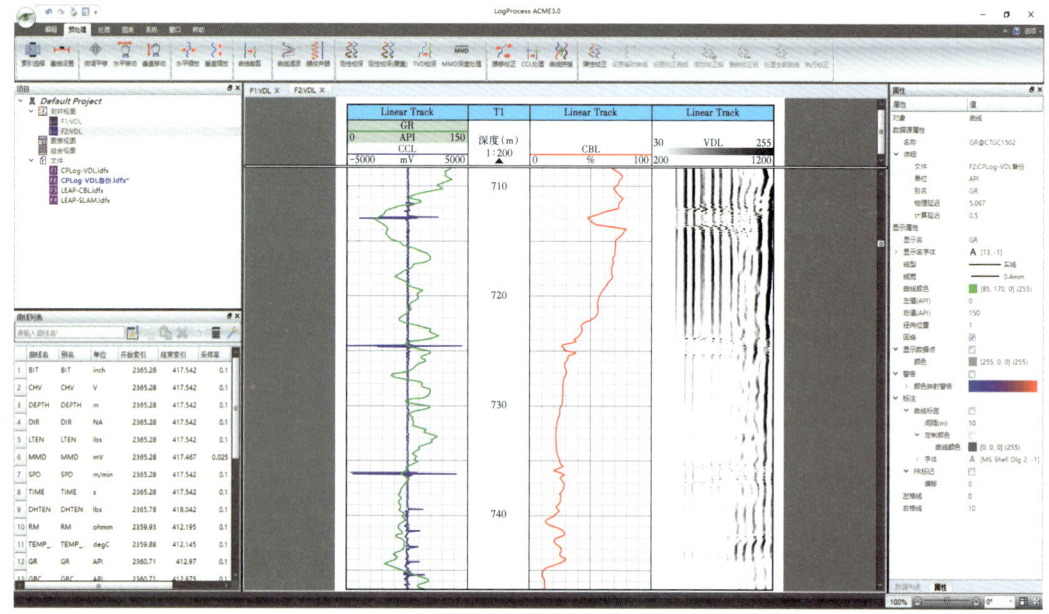

图6-2-6　测井曲线监测效果

实时视频监控根据页面发起的监控需求，系统从车载数据中心配套的视频采集设备取得视频流显示在Web页面，提供测井施工画面或者行车监控画面，如图6-2-7所示。

图6-2-7　实时视频监控

网络化采集软件在中石油已规模应用，通过车载数据中心实现测井多源数据自动进入大数据基础平台，实时掌握作业情况和作业井次数据以及设备工作状态等信息，实现测井数据流转和安全生产监控，在各生产基地可安全访问测井、视频及其他数据。基于"互联网+测井"应用平台，中油测井公司实现测井、音视频、放射源剂量多源数据一体化采集、存储、高效传输，有效提高作业质量、生产效率和安全水平；结合实时在线处理结果，通过专家会议系统连接相关方共同就重点井、疑难井在线探讨，给出最及时的决策建议。

在中油测井公司、分公司、项目部三级实时监控测井、视频、放射源等数据已成常态，如图6-2-8所示。

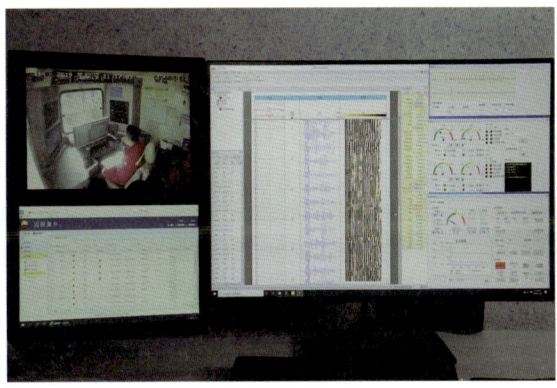

图6-2-8 监控大厅或桌面访问现场实时作业画面及测井数据

放射源数据应用贯穿于放射源业务全过程。物联网设备在长庆、青海、华北等地区部署216套，满足不同地区Ⅴ类以上测井放射源安全监控与管理需求，如图6-2-9所示。

2. 协同化处理

建立以基于数据库的云空间数据共享系统，实现了资料接收、资料预处理、资料处理、成果审核、成果提交、成果自动统计等测井资料评价工作全流程的协同，在多机数据同步、数据共享、数据归档、成果管理等方面取得突破，建立了协同处理流程，实现井次全生命周期管理，实现状态在线监控、数据按需上传和下载、任务分配、任务查询和提醒、数据审核、数据推送、数据归档等功能。

图6-2-9 物联网设备——智能源罐

该系统将解释中心的所有用户进行分工，形成不同工种的用户队列，包括数据解编队列、数据处理队列、解释审核队列等；将测井处理解释流程细分成多个不同的环节，每个环节配置一个用户队列。这样以井为核心，将井的测井处理解释全流程都进行了环节分配和管理，能够实时跟踪井的状态，实现数据共享和高效流转。

（1）全流程覆盖。将测井评价各环节纳入统一管理，优化了处理解释流程，提高了处理解释精度与效率，如图6-2-10所示。

— 253 —

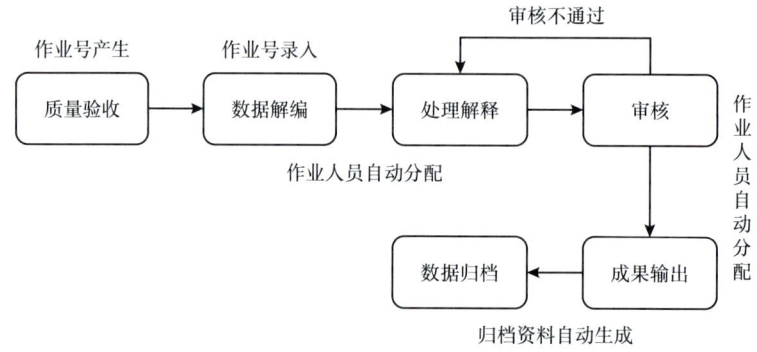

图 6-2-10　测井协同处理全流程

（2）数据自动流转。以井为核心，支持数据接收、数据解编、处理解释、成果审核、成果输出、数据归档等环节的数据自动流转，如图 6-2-11 所示。

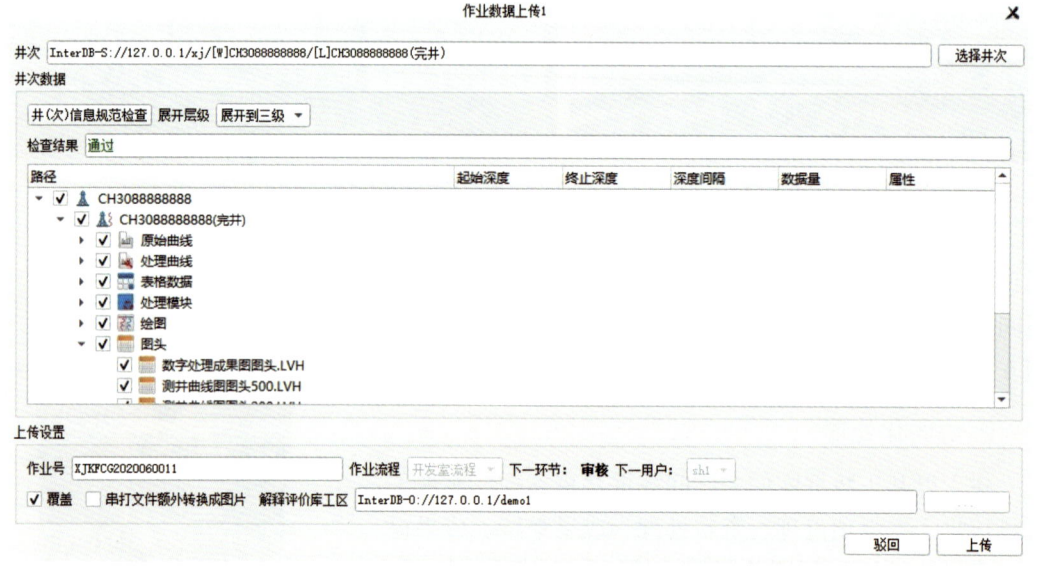

图 6-2-11　以井为核心的数据流转

（3）数据在线监控。支持开发井、探井、评价井、生产井等不同类型井的全生命周期数据管理与协同处理流程，在线监控井的状态，实时掌握和了解测井资料的处理情况。

（4）一键生成归档格式。规范化管理测井数据，与甲方需求充分结合，一键生成油田数据库所需数据，快速提交归档，提升了工作时效。

（5）成果自动统计。定制形成各类报表自动统计功能，如固井质量统计、工作量统计等，减少人工统计，降低工作量。

测井协同化处理解释创新提出"互联网＋解释"的工作新模式，实现处理数据自动流转、任务动态调度、成果快速提交，让各环节人员在线流程化办公，只需专注于自己的业务工作，一键实现作业和数据的自动流转。基于"互联网＋测井"应用平台，构建网络化协同环境，在新疆油田应用超 3000 井次，每井次平均节约时效 2 小时，显著提高了单井处理解释时效。

四、小结

"互联网+测井"应用平台是基于大数据平台开发的以网络化采集软件和协同化处理软件为核心的应用平台，在井场多源异构数据实时采集与传输、远程采集控制、协同化处理、知识共享等方面实现技术创新，构建了网络化采集、传输、处理、解释一体化应用环境。

通过网络化采集，在基地可安全访问测井、视频及其他数据，专家远程进行技术支持与决策，在公司、分公司、项目部实现了三级实时监控测井、视频、放射源等数据，配合专家远程技术支持和决策，有效提高作业质量、生产效率和安全水平。

建立了网络化协同处理流程，实现处理数据自动流转、任务动态调度、成果快速提交，每井次平均节约2小时，显著提升测井处理解释环节效率。

第三节 智能测井软件系统

智能测井软件系统包括自适应采集和在线油气预测两大核心内容。基于"互联网+测井"应用平台，通过复杂井况下的绞车自动化输送、测井仪井下智能化控制、实时测井质量控制技术的研究，实现自适应井况、自适应仪器、自适应地层的智能化测井采集作业，降低作业风险，提升资料采集质量和作业效率；在线油气预测为测井处理解释的自动化、智能化奠定了基础，实现自动预处理、实时处理与智能解释、远程处理与反馈，提高测井时效，提升油气评价精度。

一、系统架构

系统总体采用软件常见的三层架构：数据访问层、业务逻辑层和用户层，如图6-3-1所示。

（1）数据访问层：基于数据基础平台，通过统一数据访问接口，实现对实时数据库、解释评价库、测井资料库、仪器信息库等各类数据库的数据增添、删除、修改、更新、查找等访问操作。

（2）业务逻辑层：自适应采集、在线油气预测需要通过数据访问层调用底层数据，然后进行业务逻辑处理，包括井况自适应控制、实时质量分析、井下风险识别、仪器智能控制、区域数据管理、邻井曲线对比、模型智能选取、参数智能选取和储层智能划分等，为上层提供支持。

（3）应用层：用于显示数据和接收用户输入的数据，为用户提供一种交互式操作的界面。根据用户需要输入，通过业务逻辑层处理为用户提供结果，包括实时质量控制、风险识别处置、人性化交互控制、智能测井作业、自动化处理、实时处理、智能解释和远程处理反馈等。

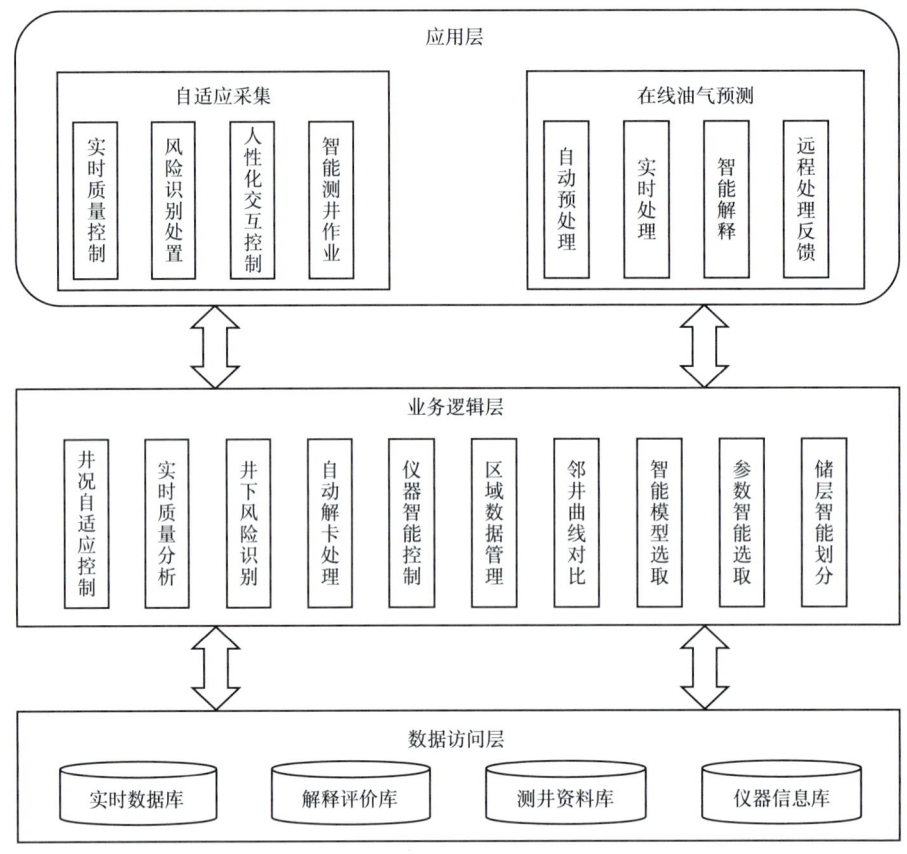

图 6-3-1 智能测井软件系统架构

二、关键技术

自适应采集技术提升了不同仪器、不同井况下的测量效果与效率；在线数据处理技术为在线油气预测提供了技术支撑；智能建模技术构建了样本构建、模型训练、模型调用及模型修正的全业务流程。

1. 自适应采集技术

1）自动化仪器输送

自动化仪器输送的实现分为两个部分，分别由电驱动绞车的内部程序和测井地面系统软件组成。前者程序为电驱动绞车配套，实现绞车接受和执行命令。地面系统软件负责下发命令和接收绞车返回数据。自动化仪器输送的关键点在于如何模拟绞车操作工的思维，下发正确合理的命令来控制绞车的动作行为。系统设计如图 6-3-2 所示，分为控制流程、必要的控制参数、绞车通信命令接口三个模块。

自动化控制的核心是在当前已知参数和条件下，通过设计算法模拟人脑在这些条件下实时给出绞车的动作和速度。这个算法定义为在整个测井过程中动作和速度对深度或时间的函数。在理想的直井测井作业中，绞车动作和速度控制流程受到下面几个因素的影响：

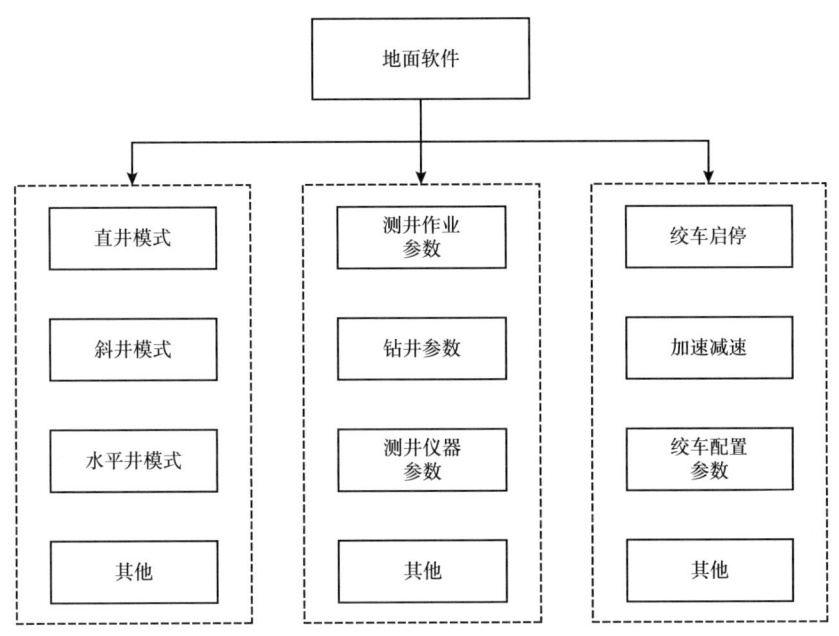

图 6-3-2　自动化仪器输送软件架构图

（1）钻井参数，包括井深、钻头程序、套管程序；
（2）作业参数（测量段和重复段深度）；
（3）仪器串长度、重量、外形（规定测速、方向、扶正器、推靠）；
（4）地质情况（扩径、缩径等特殊井段）；
（5）绞车报警参数；
（6）遇阻遇卡判断。

2）智能化井下仪器控制

智能化井下仪器控制功能主要包括供电的智能控制、采集状态的智能判断、井下推靠的智能控制。利用智能化井下仪器控制技术，减少了测井作业人员的工作强度和人为的操作失误的可能性，降低了作业风险，提高了测井作业时效。

智能化供电利用串口或网络实现了基于软件控制的仪器智能供电功能，并且实时显示电源反馈数据，使得供电的操作更可靠、更安全。模块具备电源状态实时监控、智能语音报警、电源控制命令下发、电源参数设置等功能，支持控制主交流电源供电、辅交流/直流供电、EMEX电源供电，可以满足测井仪器电源供电控制及状态监控需要。针对不同的负载情况设计仪器智能化供电，具体实施流程如下：

（1）建立规则。针对不同负载情况下的仪器串，建立以服务表为单位的供电电压范围和其他电源控制的规则。

（2）智能化控制。作业前，根据规则自动识别对应服务表所需要设置的电压和其他控制规则，经软件提示、用户确认后，软件自动按照记录规则设置电源初始化相关命令参数。在测井作业时，结合测井进度（开收推靠、套管内、刻度时等），在合适时机自动给仪器通电、断电。

（3）智能化井下推靠。借助上文中实现的电源智能化控制，软件通过建立电源和仪器联动反馈控制机制，可以实现测井仪器的一键式推靠控制。

依托 ACME3.0 软件，构建新的测井作业流程，实现测井作业过程中的人性化操作和测井数据的实时监控和统计分析。具体流程设计如图 6-3-3 所示。

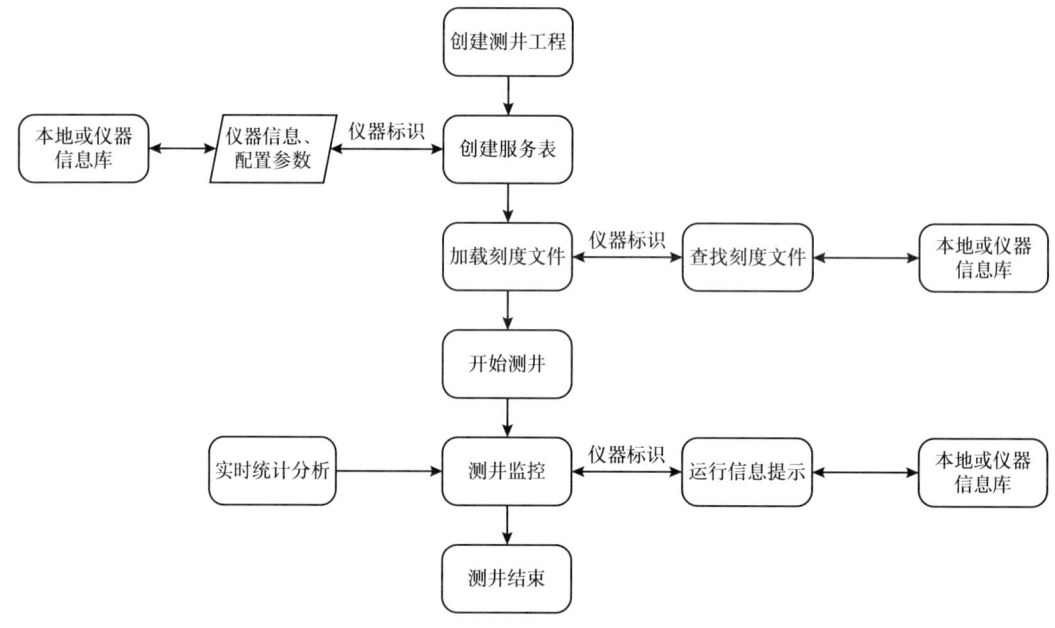

图 6-3-3　智能化测井作业流程

图 6-3-3 中显示的测井作业流程，需要依托于仪器信息库的实现，通过参数、刻度等信息的自动化采集和推送，实现智能提醒和云端数据共享。由于测井作业网络的局限性，设计实现车载子系统和远程系统来实现数据采集和同步。当测井作业结束时，系统自动对工程数据进行打包上传，在车载子系统中数据自动采集模块通过对多种文件进行解析，提取仪器信息化管理中涉及的相关数据，并存储到车载子系统中。系统根据网络状况再与远程数据总库进行数据的同步与更新提交。

2. 在线数据处理技术

基于"互联网+测井"应用平台的在线数据处理，支持实时数据接入、层位自动划分、参数卡自动生成、实时处理、结果反馈等功能，能够指导现场测井作业，提高测井作业的时效和精度，如图 6-3-4 所示。

1）自动预处理技术

建立了自动化的预处理流程，如图 6-3-5 所示，提升了处理时效。其中在深度校正环节引入微相关、磁记号自动识别等技术，实现了基于磁记号、曲线相关性的深度自动校正，与传统的人工交互式深度校正相比，提高了处理时效。

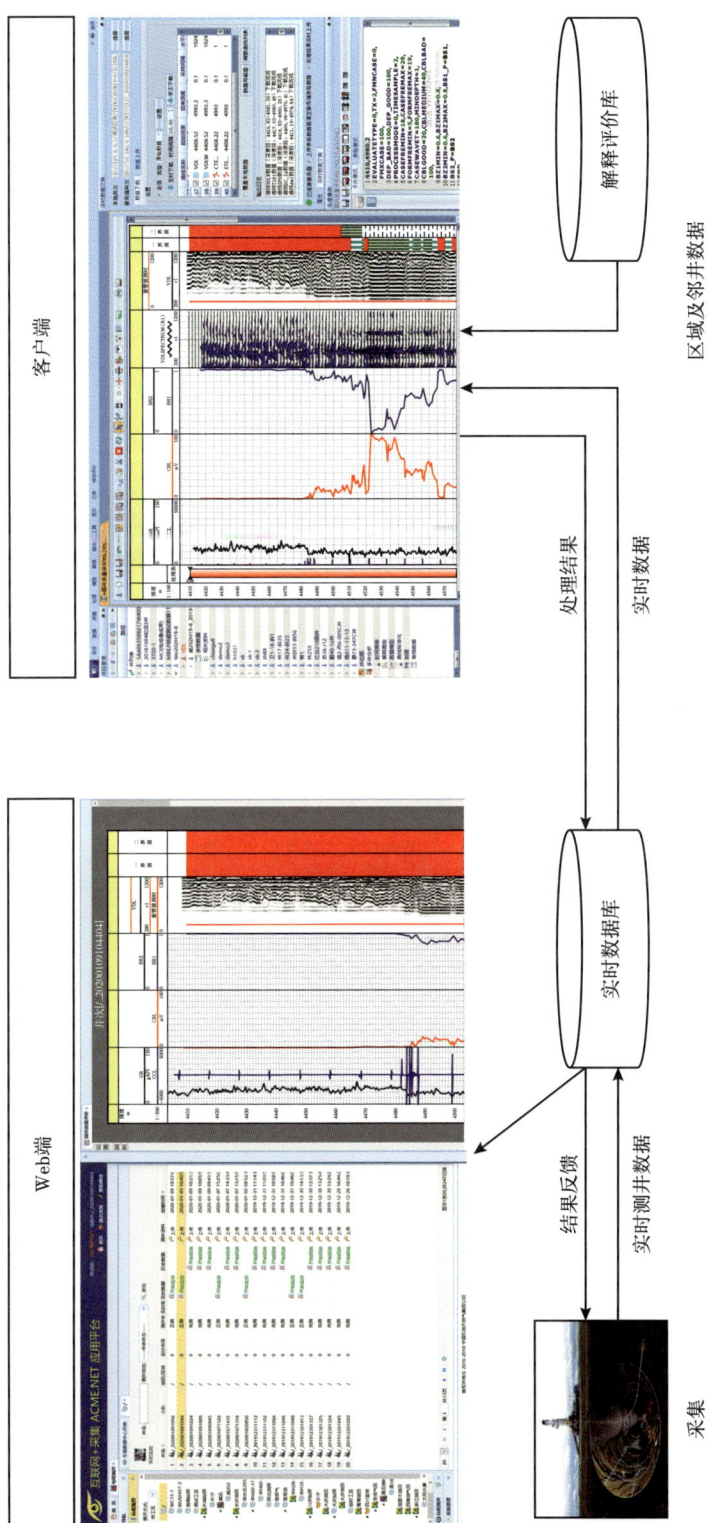

图 6-3-4 在线数据处理过程

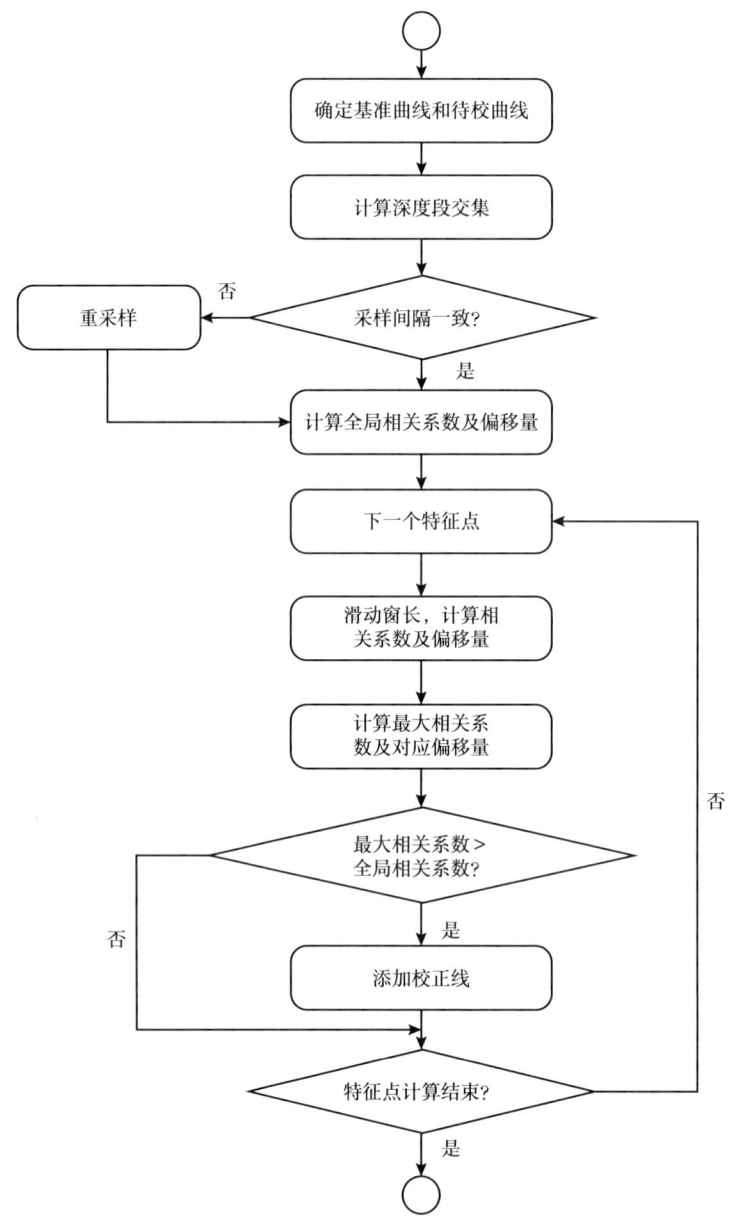

图 6-3-5 自动深度校正处理流程

利用 N 次根堆栈法，通过对两条曲线进行相关性分析，自动拾取校正线位置。N 次根堆栈法是一种适用于多通道信号的非线性滤波方法，堆栈方程为

$$Y_i = R_i |R_i|^{N-1} \quad (1 \leqslant i \leqslant IW)$$

$$R_i = \frac{1}{\sum_{j=1}^{K} w_j} \sum_{j=1}^{K} \frac{x_{i,j}}{|x_{i,j}|} \cdot \frac{Gw_j}{G_j} |x_{i,j}|^{1/N} \quad (1 \leqslant j \leqslant K)$$

式中 $x_{i,j}$——第 j 通道的第 i 个采样点数据；

IW——各通道、信号的长度（窗长）；

K——总通道数；

N——任一正整数（一般取 $N \geq 4$）；

G_j——第 j 通道的增益；

G——对所有通道数据的增益；

w_j——加权因子；

Y_i——一维滤波输出数组。

N 次根堆栈法最早应用于地震信号的滤波处理。多通道信号经 N 次根滤波后能输出多道信号中相似的部分。

类似于几何相似法，也可定义归一化的相似度，如下所示：

$$S_n = \frac{\sum_{i=1}^{IW}|Y_i|}{GD \cdot \sum_{i=1}^{IW}\sum_{j=1}^{K}|x_{i,j}|}$$

式中 GD——归一化因子。

当各通道的信号完全相同时，令 $S_n=1$，此时 $GD=K_{(N-1)}$。S_n 的数值在 0～1 之间，S_n 越接近于 1，表明各通道的信号越接近。

2）实时处理与智能解释

借助大数据、人工智能等技术，通过模型智能选取、参数智能优化、图版智能调用、油气智能识别等智能算法研究，实现从数据采集、推送、接收、实时处理、智能解释、结果反馈等到成果输出全流程功能，如图 6-3-6 所示。

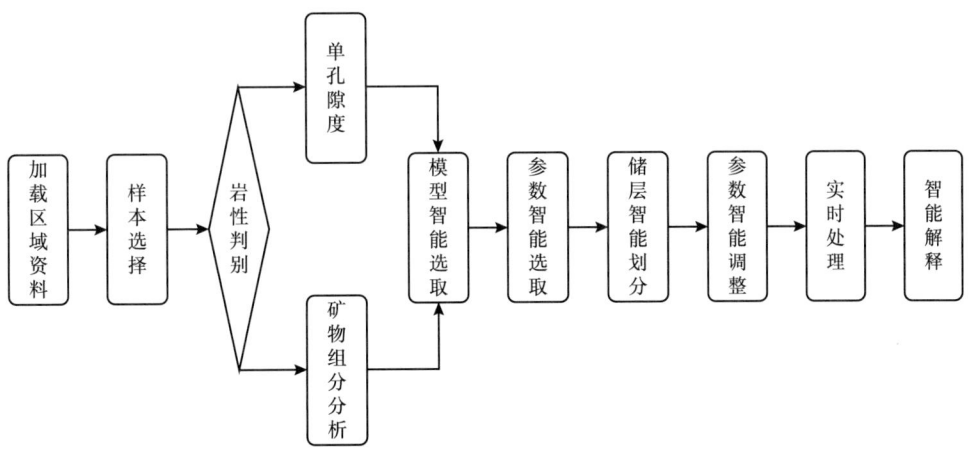

图 6-3-6 智能化实时解释处理流程

3. 智能建模技术

基于人工智能领域的 TFRecord 规范、Tensorflow 框架等建立了样本数据提取、样本特征分析、智能分析建模、智能模型管理系列功能模块，如图 6-3-7、图 6-3-8 所示。

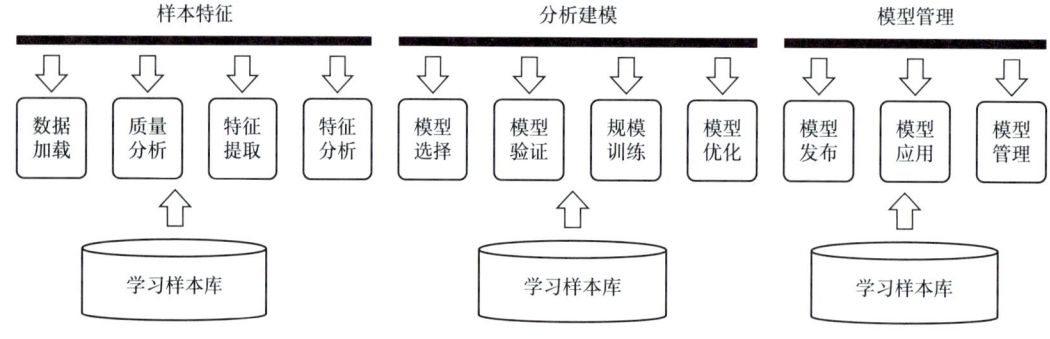

图 6-3-7　人工智能学习全过程

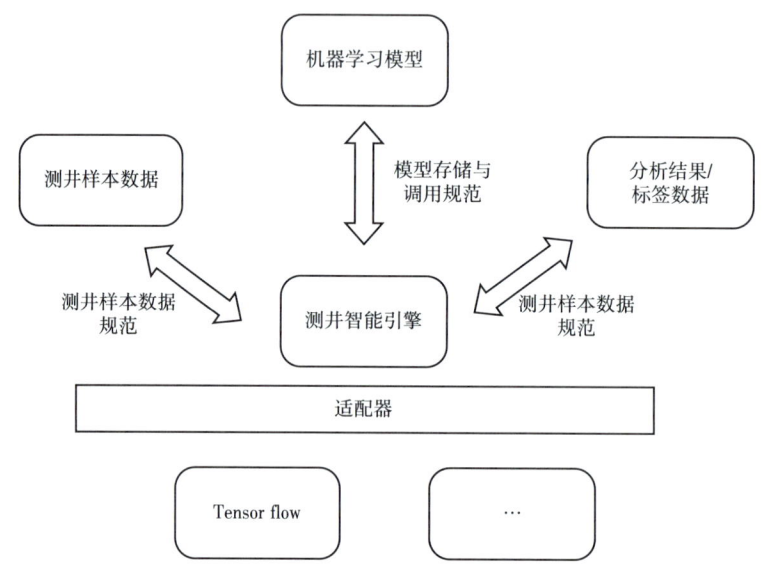

图 6-3-8　测井智能学习引擎

三、主要功能

自适应采集实现了自动化仪器输送、智能化井下仪器控制、智能化测井流程控制等功能；实时处理支持井场采集数据实时接收、参数卡自动生成、处理方法实时运行；基于卷积神经网络的智能模型，实现了快速地质层位划分和储层划分。

1. 自动化仪器输送

在测井过程中，对电驱动绞车速度和挡位进行智能控制，根据仪器测井速度要求和目标层段，实现仪器串测量段匀速上提和下放，最终达到自动化仪器输送的目的。如图 6-3-9 所示，智能化绞车软件的运行状态监控界面上半部显示当前绞车运行图形化和数字的状态参数，右侧中部显示张力变化曲线，其他部分显示必要的控制按钮。

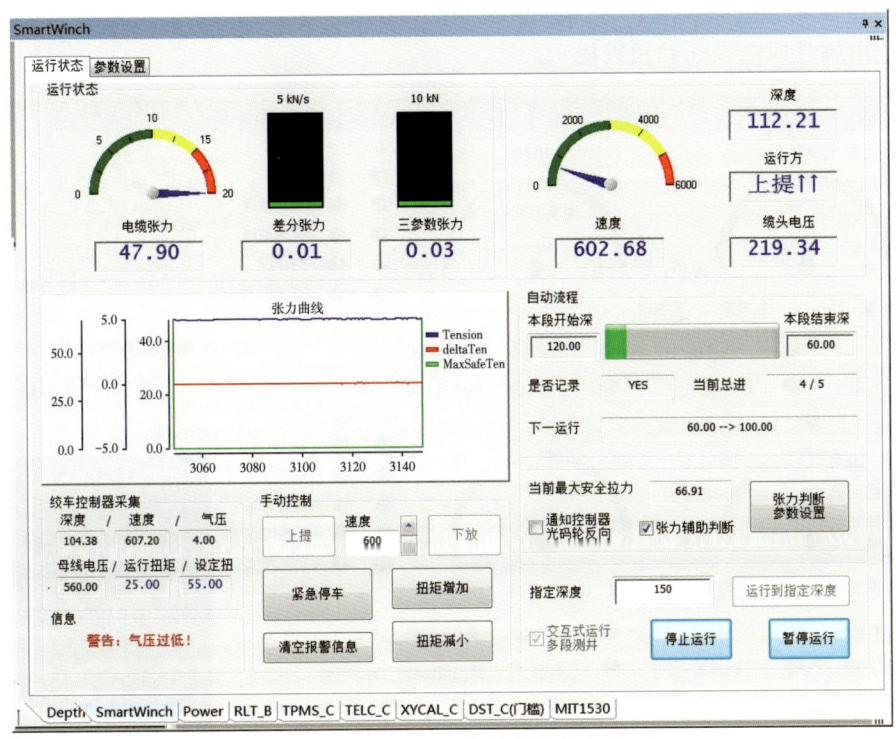

图 6-3-9　智能化绞车软件控制主界面

通过绞车运行控制智能算法提升井下仪输送水平。建立绞车运行知识库，动态提供当前作业的最佳参数。根据井筒环境变化，自适应调整上提下放速度，实现多段测井自动起下、接近井底提醒、到底自动上提的绞车全流程自动化。利用大规模试验数据，进一步提高智能控制算法的适应性，实现了不同井型情况下仪器串自动上提下放的可靠性，提升风险识别和处理的能力，提高测井成功率。通过测井作业全过程的自动化仪器输送，实现将绞车工和操作员岗合二为一。

2. 智能化井下仪器控制

智能化井下仪器控制主要包括智能化供电、智能化井下推靠、实时质量控制和分析。

（1）智能化供电。通过改造电源箱体硬件，使其具备程控基础；开发电源控制软件，实现智能化的电源控制。利用串口或者网络实现了软件控制供电功能，实时显示电源反馈数据，使得供电操作更可靠、更安全。模块具备电源状态实时监控、智能语音报警、电源控制命令下发、电源参数设置等功能，支持控制主交流电源供电、辅交流/直流供电、EMEX 电源供电，满足测井仪器电源供电控制及状态监控需要。智能电源控制模块的界面如图 6-3-10 所示。

（2）智能化井下推靠。通过建立电源和仪器联动反馈控制机制，利用状态和数据自动判识技术，实现测井仪器的一键式推靠控制。

（3）实时质量控制和分析。采用实时交会图和直方图等手段实时分析测井数据质量，将测井质量控制标准数字化，作为质量控制曲线的判断阈值。测井作业时，根据两者分析结果给出测井质量判断和预警提示。

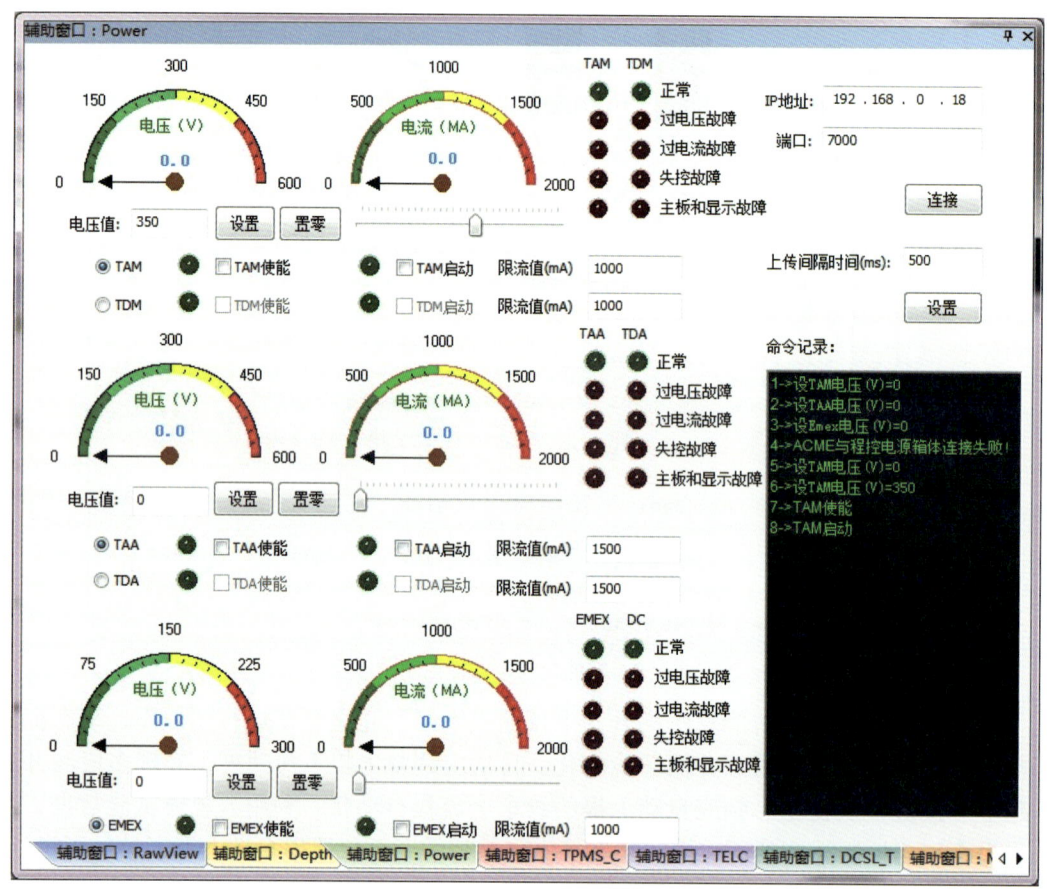

图 6-3-10　智能电源控制界面

3. 自动预处理

利用相似相关算法自动识别校深线，辅助少量人工干预，完成自动深度校正。自动校正参数包括窗长、搜索长度和相关系数。窗长用来控制计算相关系数的深度范围。搜索长度用来设置校正线和待校正线上下偏移的深度范围。通过移动窗长计算搜索范围内的曲线相关系数，选取相关系数最大的偏移作为待校偏移。当相关系数大于设置的阈值时，选取校正线。对于自动添加的校正线，可根据实际地层情况进行调整，然后根据设置的校正线进行深度校正，同时一键式自动拾取校正线并自动完成深度校正功能，如图 6-3-11 所示。

4. 实时处理

基于测井大数据平台，通过研发实时数据硬件采集装置解决了多源现场数据采集问题，支持 APS、OnTrack、FELWD、SK2000/CMS 等主流装备。利用实时数据库，以测井资料为主体，解决了岩心、测井、钻井、录井、试油、地质和地震解释成果等静态资料，以及随钻、录井、钻井、开发等动态实时资料的统一存储和访问难题。采用 WITSML 和传输控制技术，实现实时现场采集数据往数据中心的实时传输以及解释中心实时数据的接入，解决了采集数据实时传输和统一分发难题。突破预处理、常规处理、固井质量分析、成像分析等自动处理技术，解决了采集数据的实时处理问题。通过构建一体化实时处理流程，实现了实时油气分析和预测，指导现场作业，提高测井成功率。

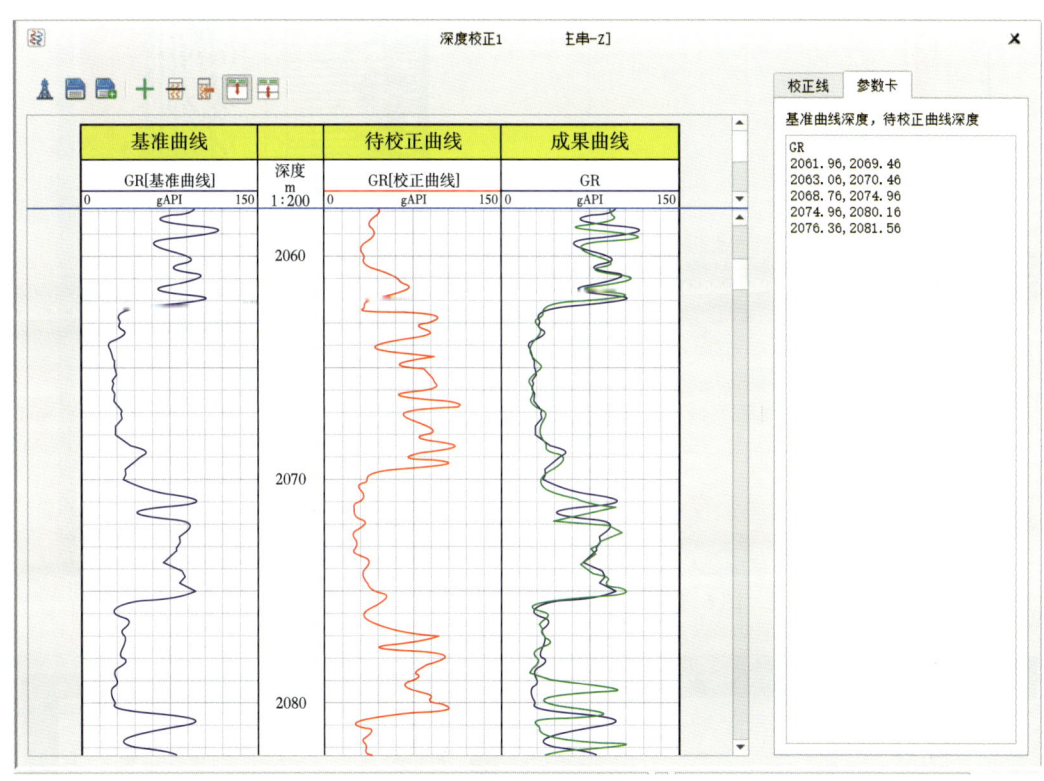

图 6-3-11 自动深度校正

以固井质量为例，在客户端实时接收数据的过程中，可绘图实时刷新显示，可对数据进行实时处理（图 6-3-12），处理结果实时上传到 Web 端显示实时处理结果（图 6-3-13），处理结果可实时上传到采集现场。

5. 智能解释

1）地质层位自动分层

选择一个区块的实际井数据，其中 80% 作为训练集，20% 作为测试集，并优选对层位比较敏感的垂深、自然伽马、自然电位、声波时差、深浅电阻率等测井曲线作为样本曲线。基于测井数据特点及深度学习方法原理，按照一定窗长和步长，对这些曲线进行重采样，构建模型训练所需的样本数据，搭建了适合测井数据的卷积神经网络进行学习，得到智能模型。从新井中读取所需的样本数据，并输入智能模型中进行计算，得到自动划分的地质层位。

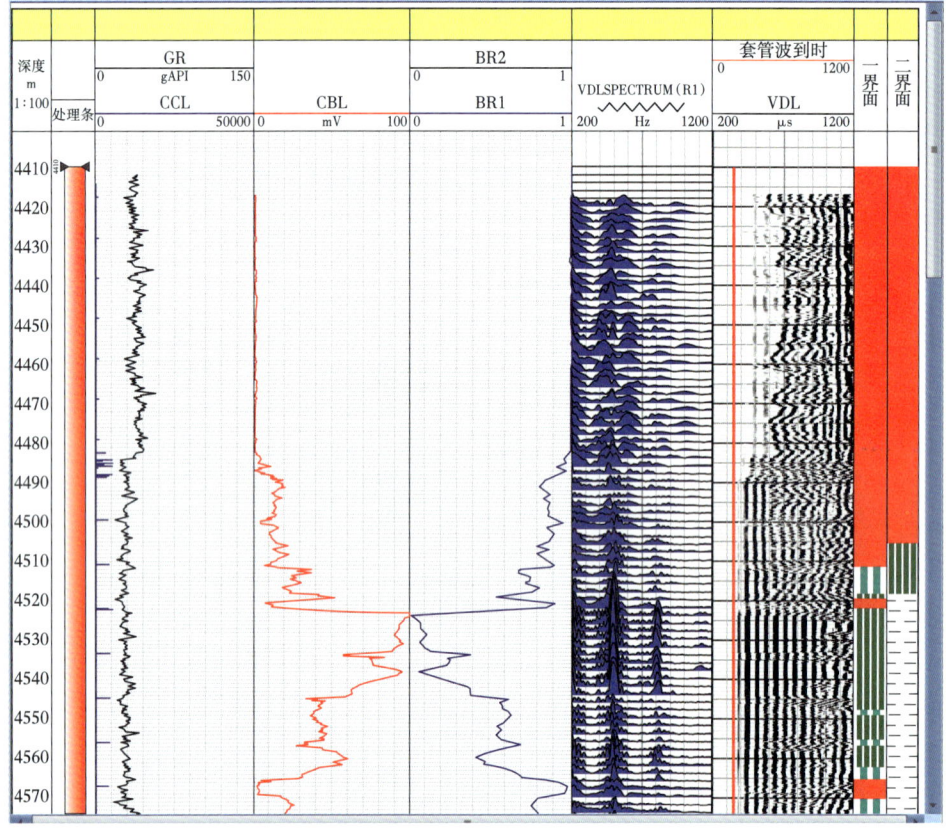

图 6-3-12　固井质量实时处理客户端示例

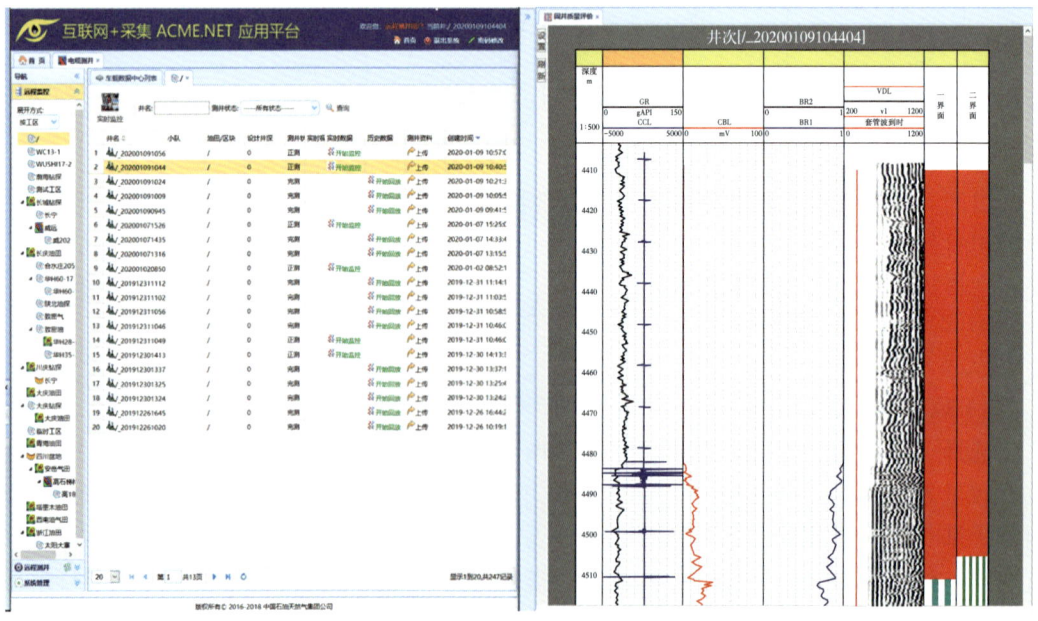

图 6-3-13　固井质量实时处理 Web 端示例

通过在长庆油田万口井复查中的应用，准确率均达到 85% 以上，结合人工校对的方式，提升处理效率 50% 以上。将计算得到的模型用于新井中测试，部分计算结果如图 6-3-14 所示。

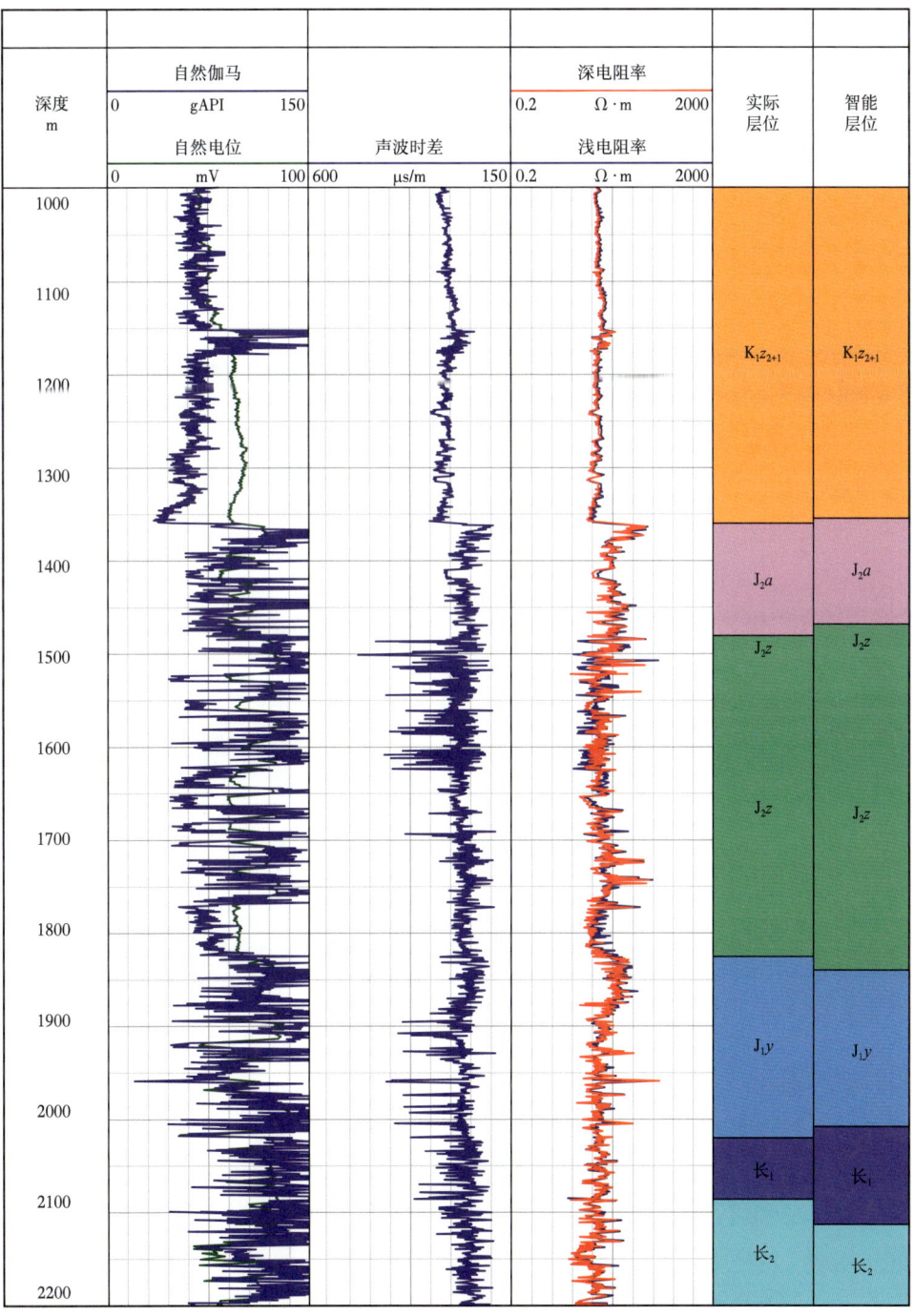

图 6-3-14　CNN+LSTM 算法 A7 井地质分层结果对比

智能层位划分结果与人工划分结果对应较好，除部分层位界面偏差较大以外，大多数层位界面误差均在 15m 以内。

2）储层智能划分

储层划分与地质分层同属于分类问题，在测井中实际应用时采用与地质分层相同的卷积神经网络和计算流程。只是由于储层比较薄，所以在构建样本数据时采用的窗长小于地质分层采用的窗长，一般为 1m 左右（地质分层为 10m 左右）。

通过在长庆油田 200 余口井、辽河油田沈 84 区块 60 余口井的储层和非储层样本数据的学习，准确率均达到 90% 以上。将计算得到的模型用于新井中测试，部分计算结果如图 6-3-15 所示。

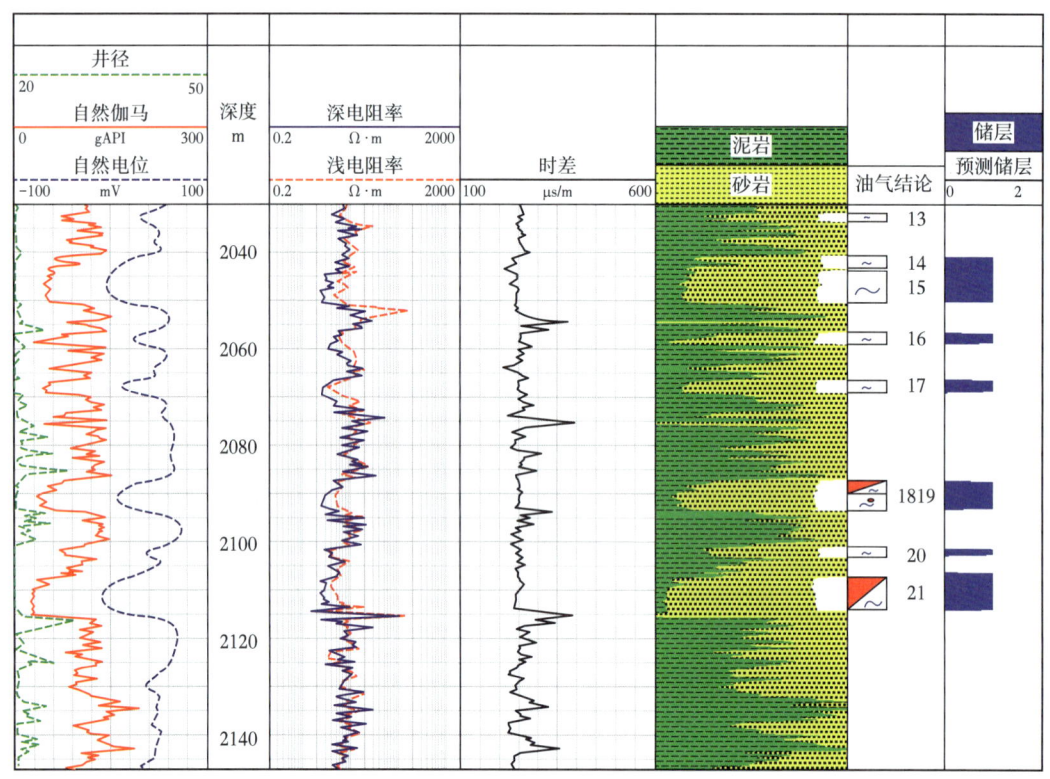

图 6-3-15　MLP 算法 A1 井储层结果对比

四、小结

智能测井软件系统借鉴业界已有的成熟的人工智能框架、工业标准、智能算法，和测井业务深度融合，以提升效率、精度为目标，对现有采集、处理解释流程的痛点、难点进行流程改变和再造，实现智能升级。通过复杂井况下的绞车自动化控制、测井仪井下智能化控制、实时测井质量控制技术的研究，实现自适应井况、自适应仪器、自适应地层的智能化测井采集作业，降低作业风险，提升资料采集质量和作业效率；在线油气预测实现实时数据接入、层位自动划分、参数卡自动生成、实时处理、成果反馈等功能，指导现场测井作业。自适应采集已推广 5 支队伍，在线数据处理支持常规、固井质量、电成像、阵列感应、阵列声波等测井系列。

第四节　多维高精度成像测井应用软件

多维高精度成像测井包括感应成像测井、电场成像测井、全景式声波测井、可控源地层元素与孔隙度测井。感应成像测井利用三分量电磁信号的方向敏感性和深探测能力，通过阵列化单轴发射接收线圈模式，实现井周 2.5～30m 不同探测深度电阻率及构造信息的探测。电场成像测井通过极板电极发射电流，代替阵列侧向和微电阻率成像两种测井仪器，形成一体化综合电阻率成像仪，解决碳酸盐岩地层油气含量计算难题。全景式声波成像测井技术采用中高频、低频单极和低频、超低频偶极的换能器设计，实现声波测量从一维井轴测量扩展到轴向、径向和周向三维空间测量。可控源地层元素与孔隙度测井基于可控中子源，通过测量分析次生伽马能谱和热中子通量获取地层元素含量、中子孔隙度和地层密度。

一、系统架构

基于"互联网＋测井"应用基础平台，大数据采集处理、联合反演等技术，建立了多维高精度成像测井应用软件系统，与感应成像测井、电场成像测井、全景式声波测井和可控源地层元素与孔隙度测井数据采集与处理解释形成配套，如图 6-4-1 所示。

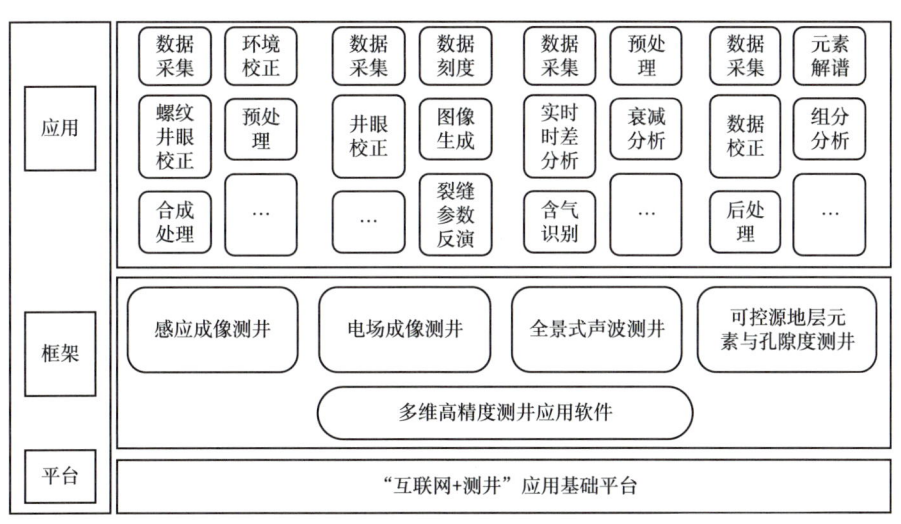

图 6-4-1　多维高精度成像测井应用软件架构图

二、关键技术

1. 基于模型和数据双驱动的感应成像反演处理技术

针对感应成像测井模型的高度非线性、反演计算量大问题，创新一种模型与数据双重驱动的感应成像正反演框架,提出一种基于监督下降的像素级反演(SDM)方法。通过预先设计的先验模型离线学习若干梯度下降方向,并将其用于实时测井处理资料,实时反演井旁35m范围内地层电阻率和边界面,通过多次迭代才能求得反演模型的最优解,减少了基于模型反演的多解性,提升了反演效率(汤天知等,2019),如图6-4-2所示。

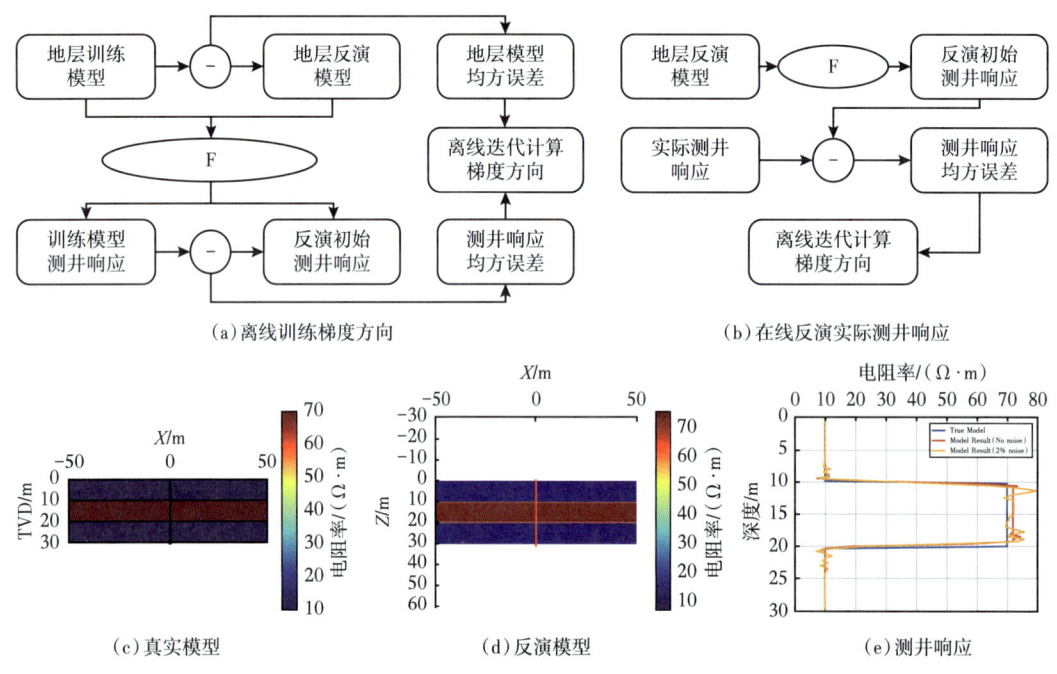

图6-4-2 基于模型和数据双驱动的感应成像反演处理技术

2. 直流电场成像测井电性体分析技术

针对不同分辨率、径向探测深度融合处理难题,创新提出一种针对方位阵列侧向电极系的智能优化方法,能够计算电极系与井周微电阻率扫描电极系响应特征。通过优化居中方位阵列侧向电极系结构,基于连续的方位阵列侧向电极系和双层八极板分动式高分辨率井周微电阻率扫描成像电极系测量信号,联合反演出近井眼地层的三维空间电阻率,实现近井眼地层电阻率的三维空间精细成像,识别裂缝方位、张开度等信息,分辨率较高(姜黎明等,2019),如图6-4-3所示。

随着反演次数的增加,反演的结果逐渐接近实际的裂缝参数数值。

3. 全景式声波GB级数据融合采集技术

针对全景式声波GB级数据井下高效存储及深度准确恢复难题,创新一种时深匹配和波形重组技术,克服原有软件技术方法测井曲线时深匹配工作效率较低的问题,显著提高测井曲线时深匹配的效率;同时,利用波形重构技术,实现井下数据和实时传输数据的融合,获取到全景声波单级高频、单级低频、偶极X高频、偶极Y高频、偶极X低频、偶极Y低频全模式数据,实现井下数据和实时传输数据的融合和重构,获得完整声波数据，如图 6-4-4 所示。

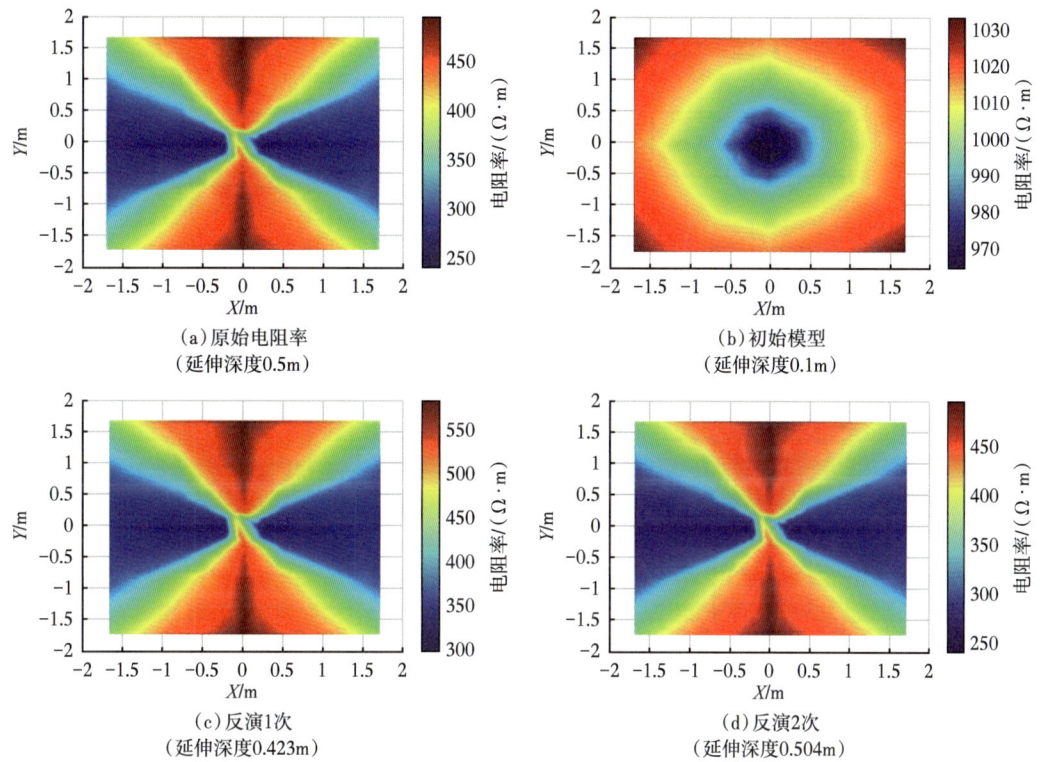

图 6-4-3 电场成像模型数据处理效果

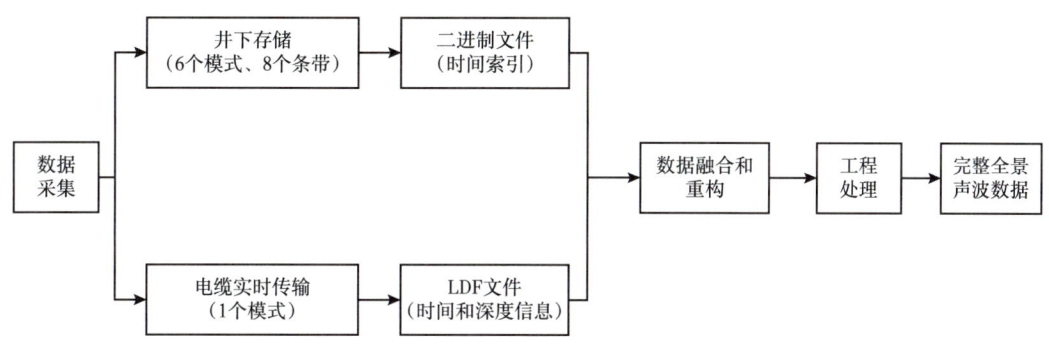

图 6-4-4 全景式声波 GB 级数据融合采集技术

4. 多元数据联合地层矿物组分快速反演技术

针对复杂岩性地层矿物骨架含量准确计算的难题，创新一种基于优化方法的无初值初约束常规测井加元素测井数据联合快速反演方法，建立探测仪器测量值与地层物理参数之间的误差模型。基于可控源元素测井数据，结合区域矿物模型，反演得到 10 种以上矿物骨架组分和流体含量，反演输入量理论数值及误差分析数据，有效提升复杂岩性解释评价精度（章海宁等，2016），如图 6-4-5 所示。

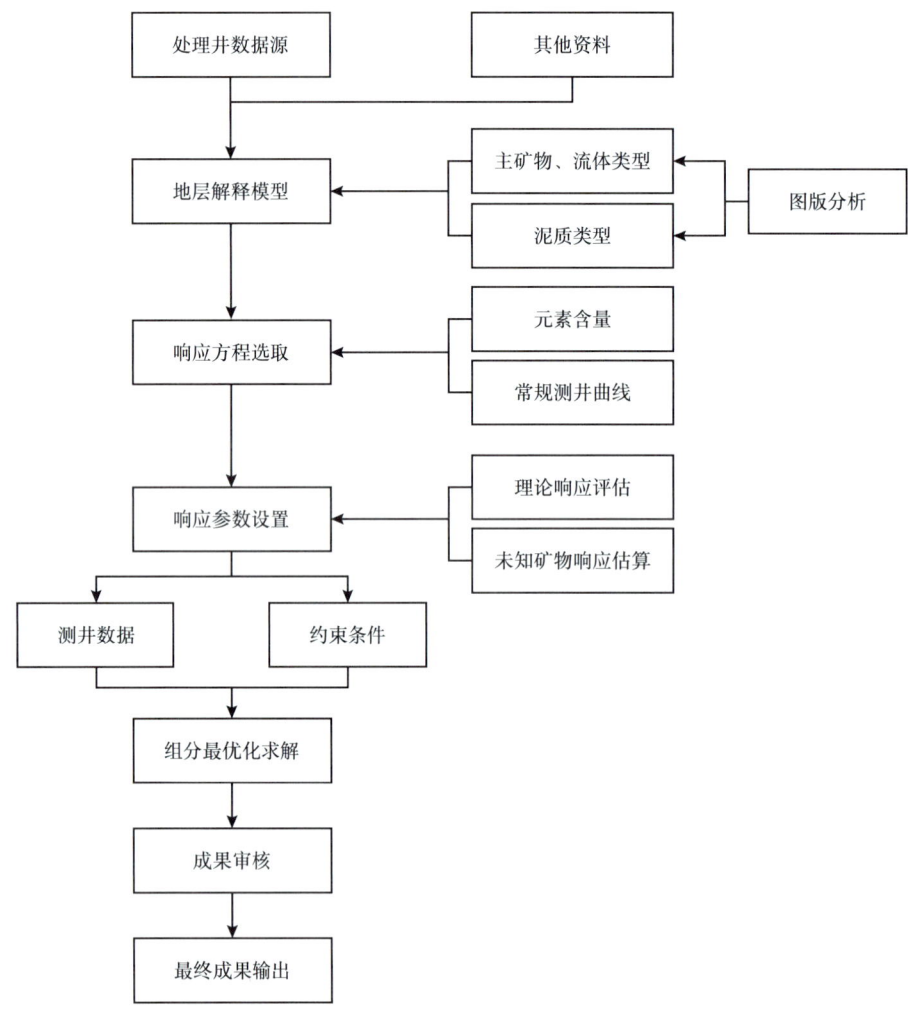

图 6-4-5 最优化矿物组分反演应用流程

三、主要功能

1. 感应成像测井应用软件

1）采集模块

针对感应成像测井仪器工作模式及原理,开发了感应成像测井采集软件,实现了钻井液校正、井径校正处理,支持不同发射模式和频率的选择,能实时监控测井仪器的原始数据和通信状态。感应成像采集软件同时实现了数据解析处理并导出成可视化曲线等功能,操作方便、性能稳定,如图 6-4-6 所示。

2）处理解释模块

感应成像测井准确获取地层水平电阻率、垂直电阻率、倾角、方位角等储层各项参数,具备井周高精度成像和 30m 远探测油藏成像功能。

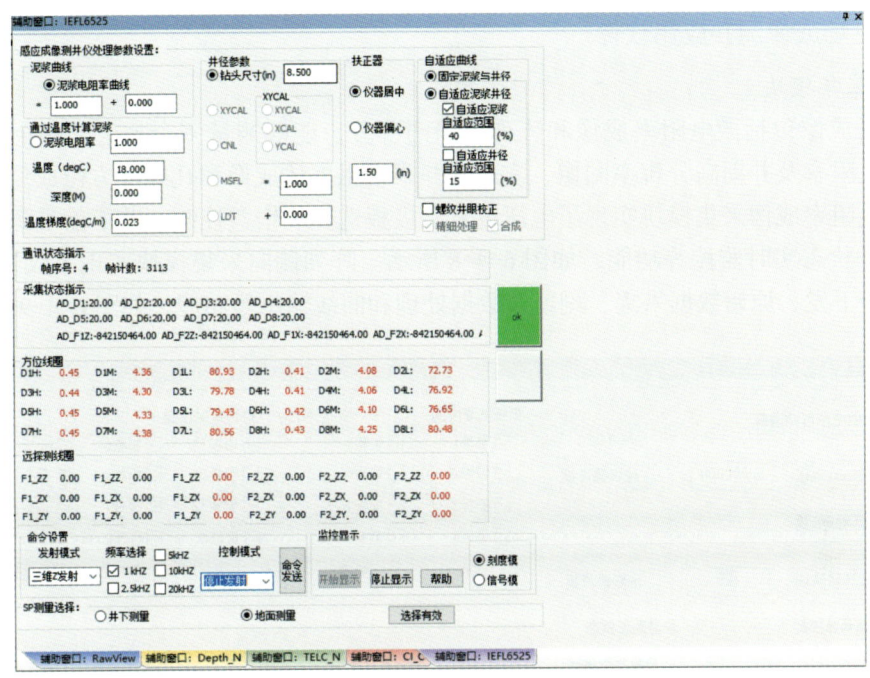

图 6-4-6　感应成像仪器组件库辅助窗口

图 6-4-7 为感应成像生产井测井分析结果，试验段同时进行了感应成像、放射性、MRT 核磁共振和阵列声波测量。综合图中信息可看出：感应成像近探测与 GR、孔隙度及核磁共振孔隙度谱反映一致，测量电阻率能够清晰判断储层，结合核磁共振孔隙度谱实现油气水的识别。MPAL 阵列声波各向异性图表现为井周弱各向异性，与远探测阵列 XX/YY 共面分量反映一致。

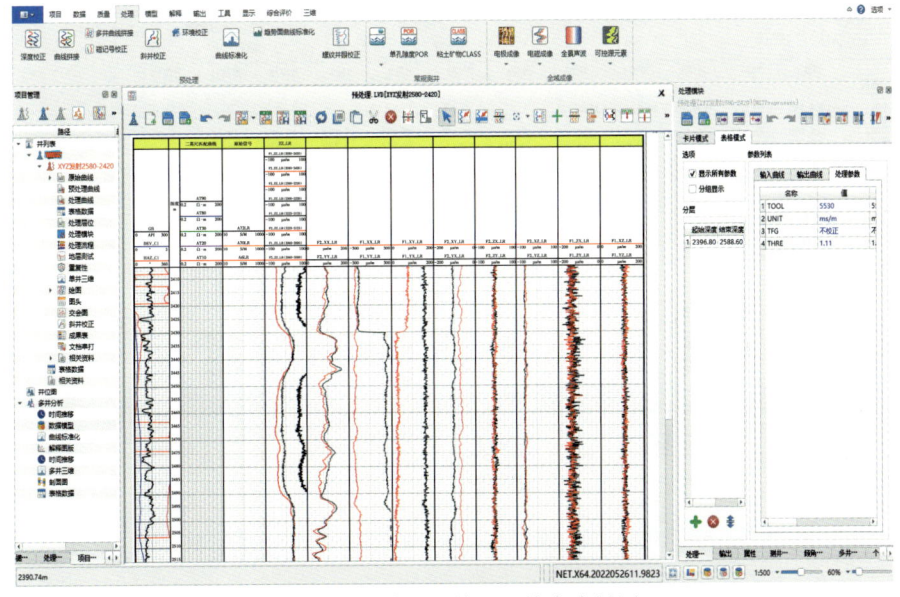

图 6-4-7　感应成像处理综合成果图

2. 电场成像测井应用软件

1）采集模块

电场成像包括微电阻率成像和阵列侧向两部分，能够测量多个方位、多个探测深度的地层电阻率及井周高分辨率图像，实现近井眼电阻率体成像和孔隙度方位成像。

微电阻率成像采集模块实现了电压设置、极板选择、增益控制、井下信号源控制以及仪器工作状态实时监控等功能，如图 6-4-8 所示。阵列侧向采集模块实现了仪器的控制、采集命令下发、原始数据采集、刻度、数据处理和曲线输出等功能，如图 6-4-9 所示。

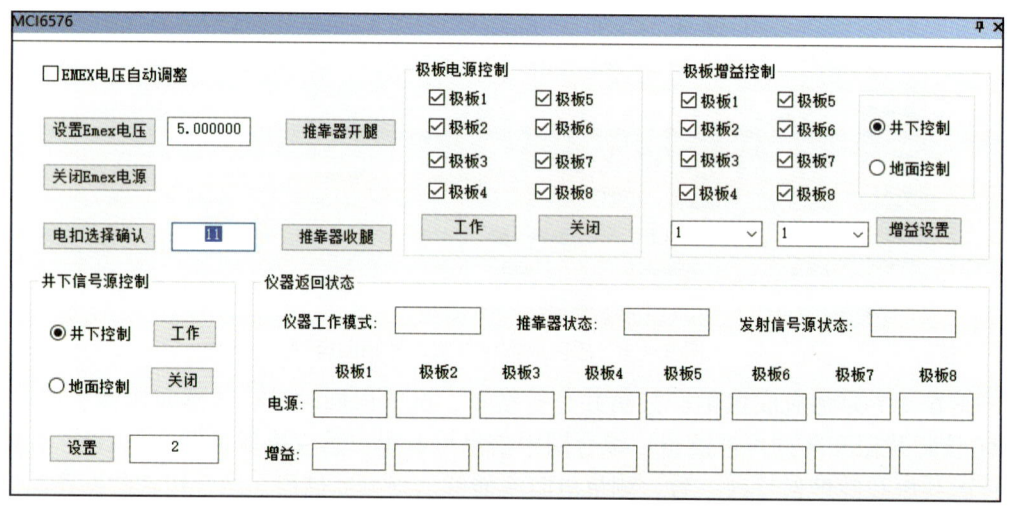

图 6-4-8　微电阻率成像控制界面

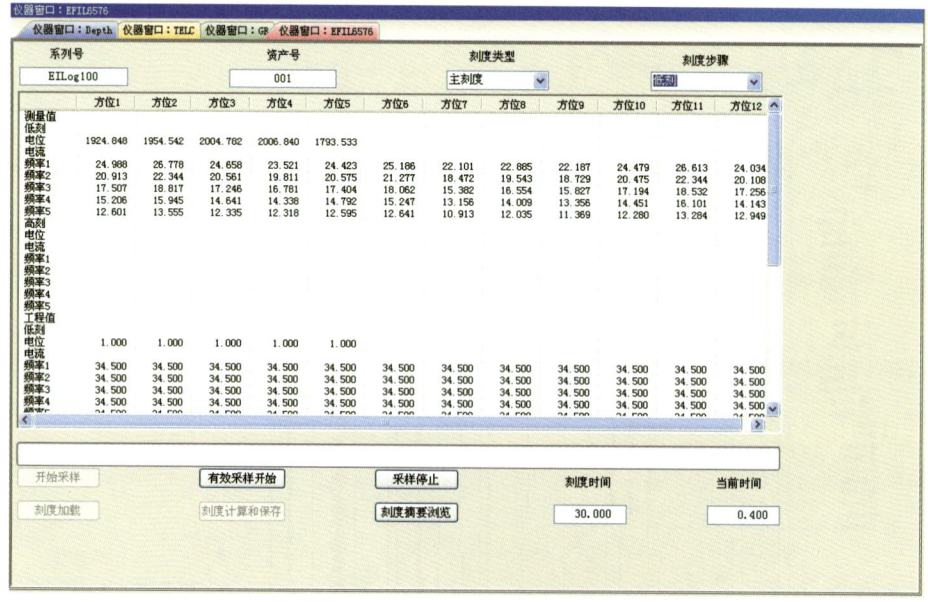

图 6-4-9　阵列侧向界面

2）处理解释模块

直流电极成像测井处理具备质量分析、预处理、图像生成、孔隙度谱计算、特征提取、定量计算、孔隙组分分析等功能。

(1) 预处理，包括加速度校正、纽扣电极（又称电扣）对齐、坏电扣校正、增益校正、图像均衡等步骤。

①加速度校正：利用电缆深度、仪器探头加速度、测井采样时间间隔等信息，计算出测井仪器探头的真实深度，并将测井曲线数值和测井仪器探头的真实深度对应起来。

②图像均衡：采用基于窗长的限制统计技术，使各电扣测量数据具有一致的数学期望值。在求取电扣在窗口范围内的电流平均值和均方差时，为排除地层局部结构非均质的影响，尽可能去掉由于裂缝、溶洞、砾石颗粒存在而引起电扣电流异常增大或减少的情况影响。

③坏电扣校正：首先识别出坏电扣数据的位置，然后再通过相邻电扣的插值完成校正，消除失效电扣导致的白线条现象，剔除方差变化过于平缓和剧烈的电扣数据，使图像更加清晰。

(2) 图像生成。将经过预处理校正后得到的微电导率曲线数据，映射特定成像色谱，一般亮色代表低电导率，暗色代表高电导率，生成视觉直观的电成像测井图像。

(3) 孔隙度谱计算。利用电成像测井资料、深浅侧向电阻率和常规孔隙度资料，计算处理得到储层视孔隙度频率分布图、视孔隙度频率分布谱、视孔隙区间分布曲线、视裂缝平均孔隙度、视孔洞孔隙度、视基质孔隙度、裂缝发育系数、缝洞发育系数等参数，为复杂岩性储层分类、分级和井周各向异性评价提供了重要的参数依据。

3. 全景式声波测井应用软件

1）采集模块

针对全景声波超大数据存储在井下的问题，开发存储板数据读取软件和时深转换软件，快速获取井下存储数据。采用时深匹配和波形重组技术，实现井下数据和实时传输数据的融合与重构，获得完整声波数据。

全景声波采集软件是具有可扩展系统框架、统一数据底层环境、交互式集成界面、网络化测井的新一代测井采集控制管理软件平台，它具有稳定可靠、功能齐全、操作方便的特点，能够极大地提高测井小队的作业效率和作业质量。

全景声波采集软件辅助窗口总共有6个页面，分别为单级高频、单级低频、偶极X高频、偶极Y高频、偶极X低频、偶极Y低频，如图6-4-10所示。

2）处理解释模块

全景式声波处理解释软件具备质量分析、数据准备、速度分析、裂缝分析、各向异性分析等处理功能，可提供地层纵波、横波、斯通利波时差，进行储层孔隙度，各向异性等评价。

对全景式声波试验井资料处理分析，能提取可靠的地层模式波时差，基于时差等基础参数进行后续的储层分析评价。提取的模式波时差与数字声波时差基本一致，如

图 6-4-11 所示。

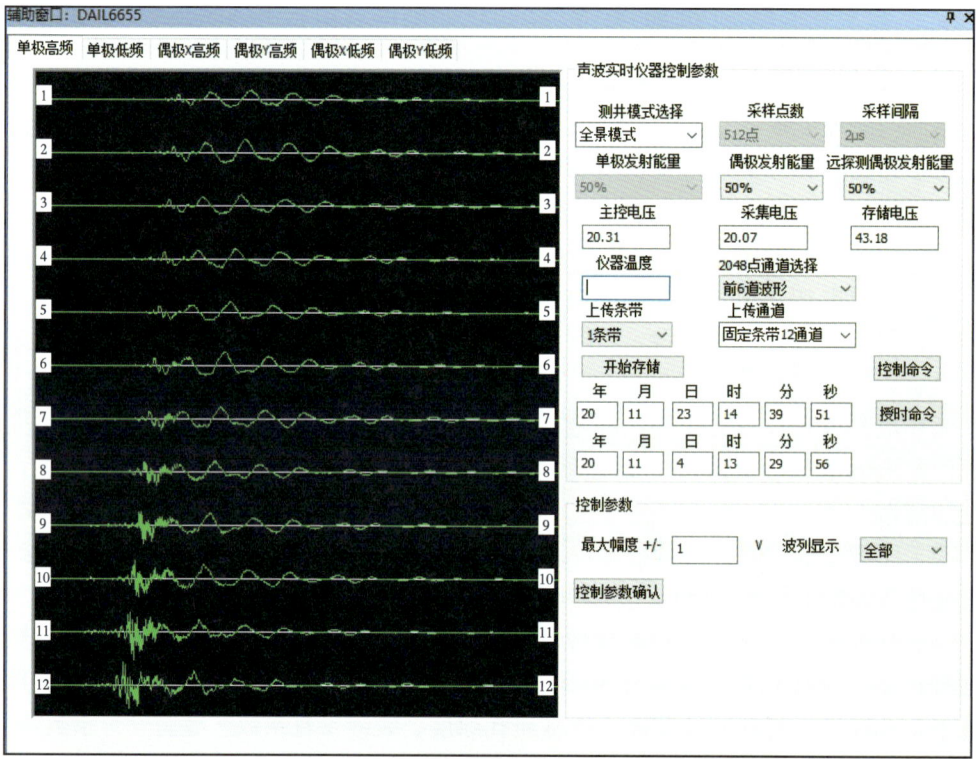

图 6-4-10 全景式声波采集控制界面

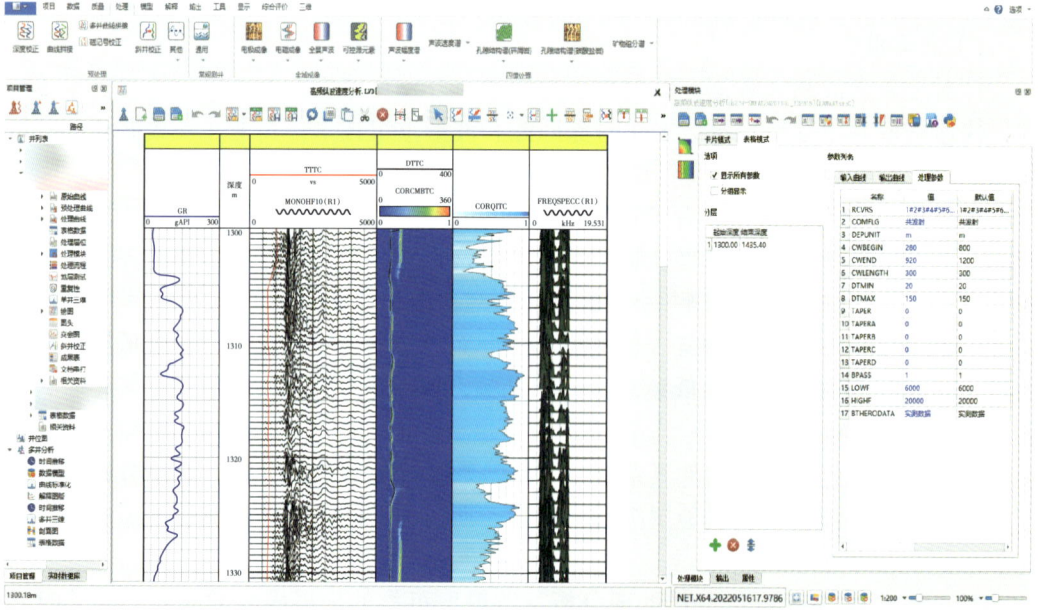

图 6-4-11 全景式声波处理成果图

4. 可控源地层元素与孔隙度测井应用软件

1）采集模块

针对可控源地层元素与孔隙度测井仪的工作模式和原理，开发了采集软件模块，实现了谱数据的可视化，不同模式谱的选择，稳谱参数、高压控制参数的实时调节，同时集成了数据处理算法、仪器刻度、曲线输出等功能，实现了多种测量功能的一体化，具有稳定可靠、功能齐全、操作方便的特点，如图6-4-12所示。

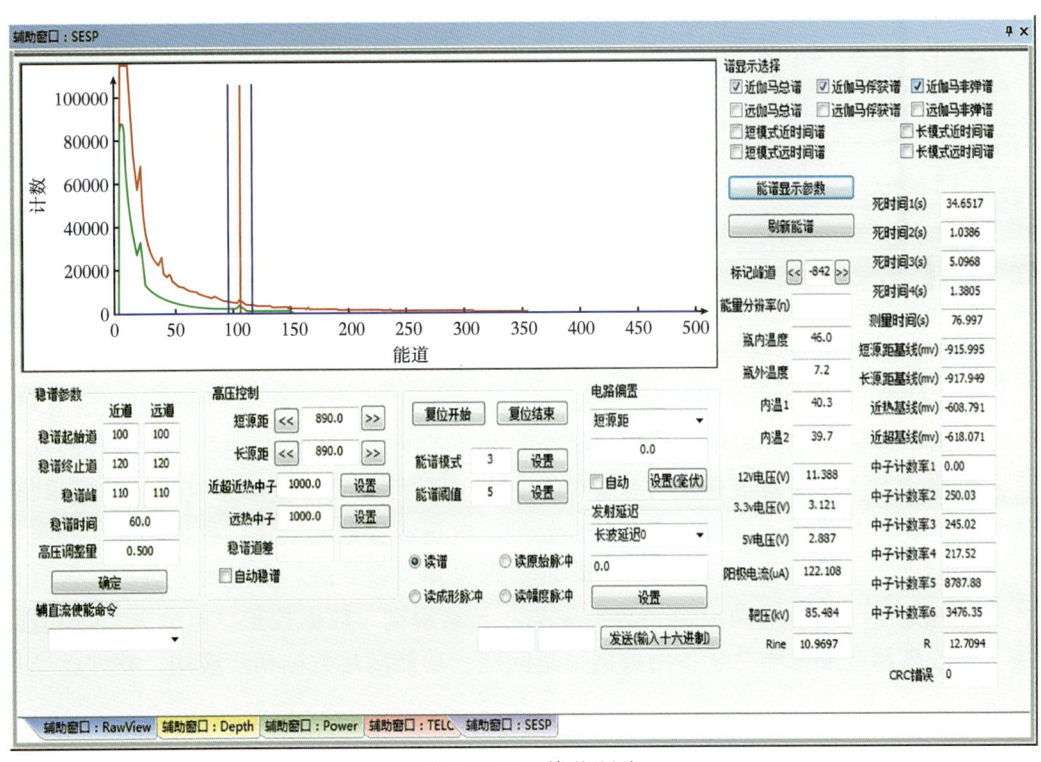

图 6-4-12　谱形监测

2）处理解释模块

可控源地层元素与孔隙度测井资料处理软件具备自适应滤波（减小或消除统计涨落）、能谱的归一化、地层谱的漂移校正（消除测井过程中由于温度及仪器稳定性等因素引起的地层实测谱漂移）、标准谱的谱形校正等预处理功能，以及元素反演、矿物反演、储层综合参数计算等功能。

如图6-4-13所示，通过处理提供同时包括伊利石、蒙脱石、高岭石、绿泥石、海绿石、石英、钾长石、钠长石、钙长石、黑云母、白云母、方解石、白云石、铁白云石、岩盐、硬石膏、石膏、燧石、锆石、黄铁矿、菱铁矿、干酪根、煤等在内的多种矿物和流体组分，应用于非常规、页岩油、页岩气、煤层气等复杂地层组分计算及储层参数评价。

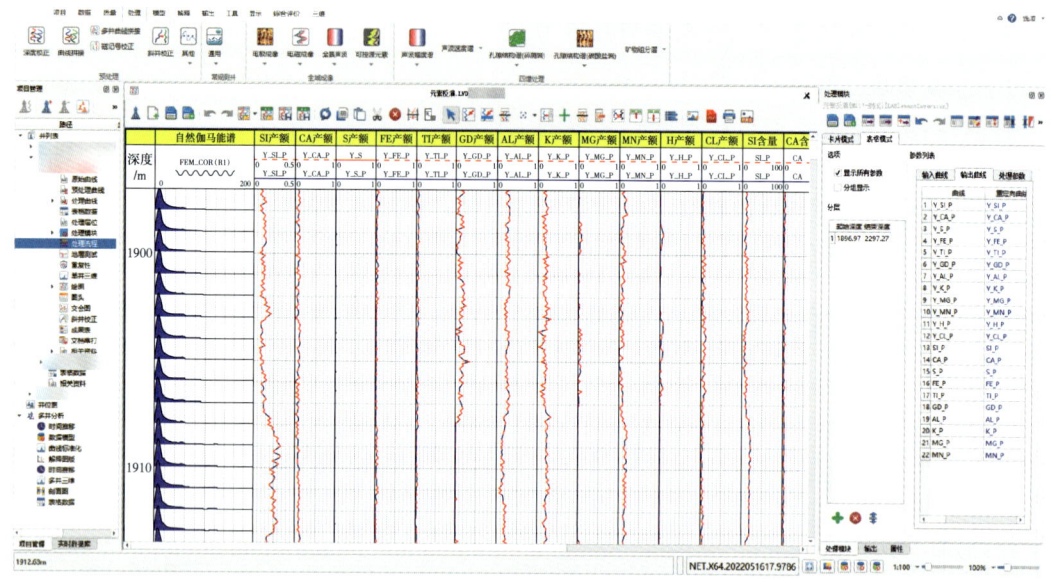

图 6-4-13　矿物组分含量处理效果

四、小结

多维高精度成像测井应用软件完成了全景式声波测井、可控源地层元素与孔隙度测井、感应成像测井、电场成像测井采集和处理应用软件开发，包括感应成像数据采集、环境校正、螺纹井眼校正、预处理与合成处理，电场成像数据采集、数据刻度、井眼校正、图像生成、裂缝参数反演，全景式声波数据采集、预处理、实时时差分析、含气识别，可控源地层元素与孔隙度测井数据采集、元素解谱、数据校正、组分分析等功能，解决了多维高精度成像测井装备的数据采集问题，功能满足数据初步应用，软件已经投入应用。

第七章 测井新方法及探测器

测井新方法及探测器研究包括测井理论、数值模拟、测井传感器、数据处理方法等研究内容，是实现测井技术创新和科技进步的原动力，也是取得原创性成果的关键所在。测井新方法研究可为我国油气测井重大技术装备的研发和复杂地层评价提供支撑和储备技术，增强我国测井技术在国际上的竞争能力。开展测井新方法及新探测器研究，目的是通过响应机理、测量方法、关键器件、作业方式等基础研究和探索，为测井装备软件的优化提升提供方法支持和路径指导，为测井技术升级换代提供方向选择和技术储备。

"十三五"国家油气重大专项部署了井间电磁波探测、可控放射源、动电探测、光纤测井和测井机器人等五个领域的测井新方法及探测器任务，通过理论方法研究、探测器制作、原型仪器研发、数模物模验证等关键技术攻关，形成仪器或探测器样机，验证技术可行性，解决关键瓶颈问题，在拓展井外油气信息探测能力、提升装备测量精度、丰富地层评价参数系列，以及推进绿色安全环保、探索井下原位实验等方面取得了重要超前研究成果。

第一节 井间电磁波成像测井技术

井间电磁波成像测井技术可以用于确定砂体连通性、寻找遗漏油层、监测宏观驱替效果、设计加密井和提高油藏模拟精度。除水驱、聚合物驱外，该技术也可用于稠油蒸汽吞吐、CO_2驱监测，还可用于时间推移测量。加大径向探测能力、解决井眼间信息类型和信息量不平衡问题成为精细描述井眼及井周地层地质特性的关键，井间测井技术能够实现井间地层与油藏特性的直接评价（沈金松等，2014），改善当代测井技术径向探测能力不足的弱点。

一、探测器结构及工作模式

井间电磁波成像测井仪由发射系统和接收系统组成（臧德福等，2013），分别包括地面部分和井下部分。发射系统与接收系统的地面部分采用通用测井地面系统，可以功能互换；井下部分则分别实现井间电磁信号的发射和接收。

1. 探测器结构

发射系统井下部分包含发射电子线路、发射天线，实现所需频率电磁波信号发射；接收系统井下部分包含接收电子线路、接收天线，实现采集和处理接收到的地层电磁波信号。井间电磁波成像测井仪结构如图7-1-1所示。

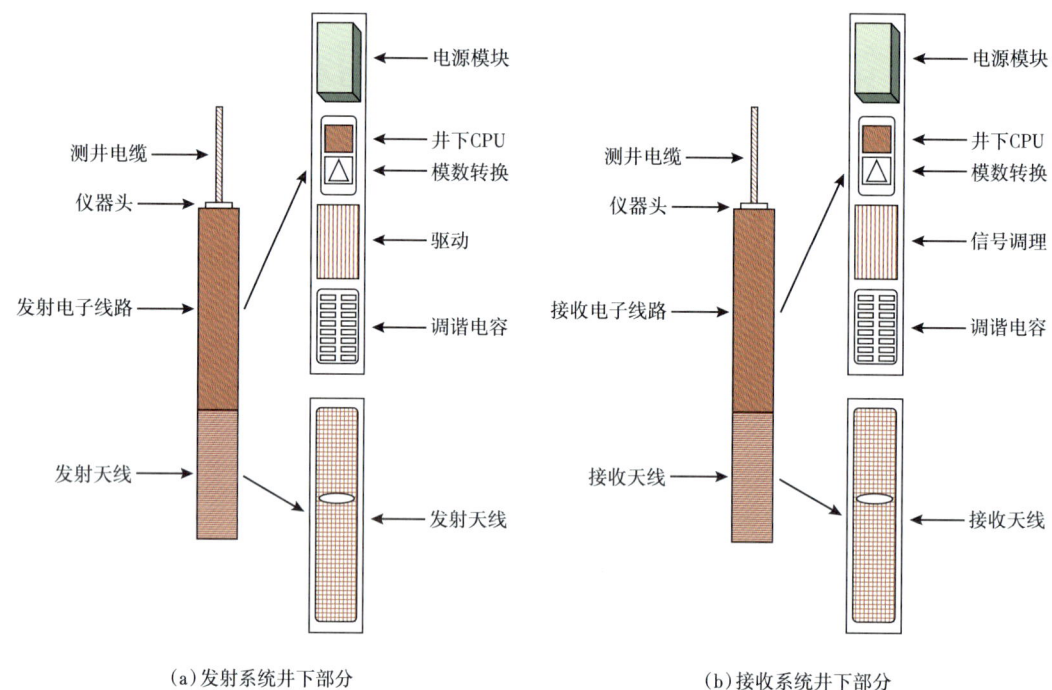

(a)发射系统井下部分　　　　　(b)接收系统井下部分

图 7-1-1　井间电磁波成像测井仪结构图

2. 工作模式

井间电磁波成像测井仪分裸眼井—裸眼井、裸眼井—套管井、套管井—套管井三种工作模式，最大测量井距分别为1000m、500m、300m，套管井中工作频率为1～200Hz，裸眼井中工作频率为1～1000Hz。测量过程中，将发射系统井下部分固定于发射井中目的层位置，接收系统井下部分在目的层区间以100～200m/h速度上提连续测量，或每间隔5m定点测量；调整接收系统井下部分的位置多次测量，直至覆盖整个目的层位井段。

井间电磁波成像仪工作模式为：电源模块为发射天线和接收天线提供电源；井下CPU控制数模转换产生发射信号，经过驱动和谐振电容组成的谐振电路把发射信号放大，输出至发射天线；通过地层把能量发送至接收天线；接收天线感应到地层电磁信号后，经过信号调理和谐振电容组成的调理电路把接收天线接收到的信号调理成适合采集的调理信号，经过模数转换采集到井下CPU，完成井间发射和接收信号控制与采集。

二、测量原理及主要特点

井间电磁波成像测井仪是在两口/多口井中发射和接收电磁波信号进行井间信息的测量。

1. 测量原理

发射井中的发射天线被通以交变低频电流，产生一次场，其强度随着距离和地层电导率的增大而减小；一次场在导电地层产生感应电流，产生二次场，二次场的强度与地层电导率成正比；接收井中接收二次场电磁信号，经采集处理后传输到地面部分进行处理和反演，可得到井间地层电阻率分布情况。井间电磁波成像测井仪测量原理如图 7-1-2 所示。

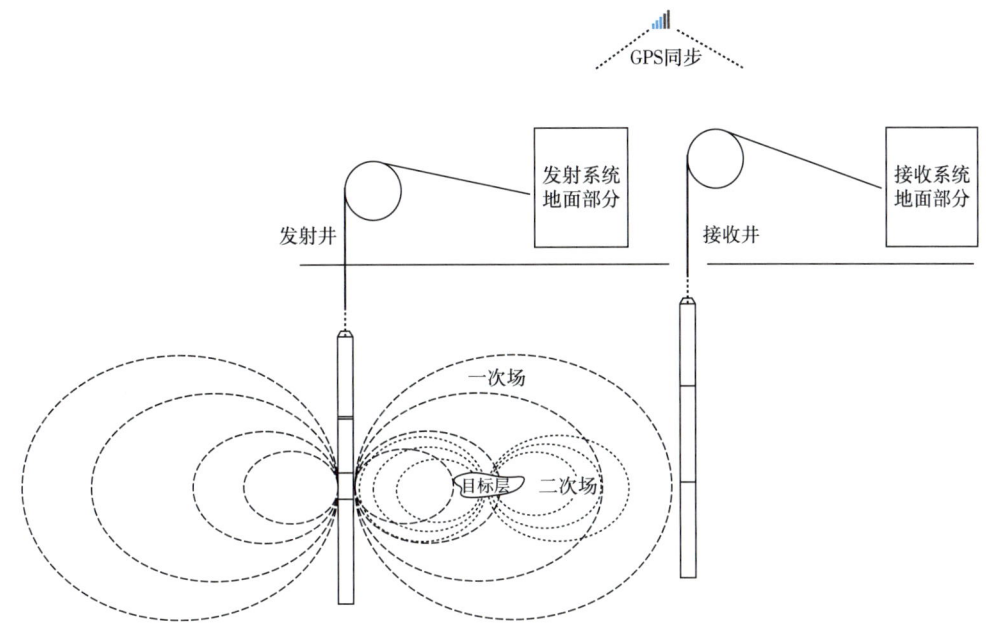

(a) 井间电磁波成像测井仪发射系统　　　　　(b) 井间电磁波成像测井仪接收系统

图 7-1-2　井间电磁波成像测井仪测井原理示意图

2. 主要特点

井间电磁波成像效果的影响因素很多，包含发射磁矩、接收灵敏度、套管影响因素消除、收发系统同步（周凯波等，2013）、工作频率、井间距、地层电阻率、测量井段的选取等。

井间电磁波成像测井仪主要特点包括：

（1）测井施工难度大，需要两套测井车和队伍互相配合才能完成井间电磁波成像测井施工；

（2）选井条件苛刻，满足裸眼井与裸眼井井间作业条件的井少；

（3）定点测井和连续测井结合，受限于发射线圈和接收线圈的功率和灵敏度，接收信号小，需要多次叠加提高信噪比，根据实际地层响应选择定点时长和连续测井测速。

三、关键技术及创新点

井间电磁波成像测井的主要关键技术及创新点包括大磁矩井下发射天线绕制技术、高灵敏度接收天线微弱信号调理技术等，申报形成了 4 项专利。

井间电磁波成像测井仪的测井结果好坏，主要取决于发射功率和发射天线的自适应谐振技术。研制过程中，发射天线设计、选材、绕制、检测、标定、验证是一个完整的闭环，任何一环节出问题，都会影响仪器的成像结果。

针对这些技术难题，采用一种井间电磁波发射器与微弱信号接收装置，用以实现室内井间电磁波成像发射信号和接收信号检测。该装置分为两套系统，一套为井间电磁测井仪发射器以及发射天线，能够实现最大 2000W 恒功率发射；另一套为微弱信号接收系统，可检测接收 10nV 级信号。井下仪器发射电路采用新型发射驱动电路实现井下空间大磁矩信号源产生和发射。发射天线采用稳定性强、发射效能高、发射天线品质因数强的井间电磁测井仪发射天线，外壳采用承压玻璃钢外壳实现（发明专利：一种井间电磁测井仪发射器及其发射天线，专利号 ZL201510069239.9）。井下发射天线谐振系统包括发射天线、电流传感器、数模转换器、采集控制处理器和谐振电容，采集控制处理器控制切换电容，发射天线中传输的电流经电流传感器转化为成比例的磁场电压，磁场电压通过数模转换器转换为模拟电压信号并传输给采集控制处理器；采集控制处理器找到模拟电压最大值，然后采集控制处理器产生继电器控制信号，控制与模拟电压最大值对应的电容导通，实现井下发射天线的自适应谐振调节（图 7-1-3）（发明专利：一种井间电磁发射天线自适应无级变容谐振系统及其工作方法，专利号 ZL201910759987.8）。

上述井间电磁成像仪配套的室内和井下技术，解决了发射天线由于频率增大而导致的发射电流太小，以至于发射磁矩在地层中所产生的二次长信号不容易被井间电磁接收系统所测量的问题，有效提高了井间电磁成像测井系统的测量精度与井间距离。

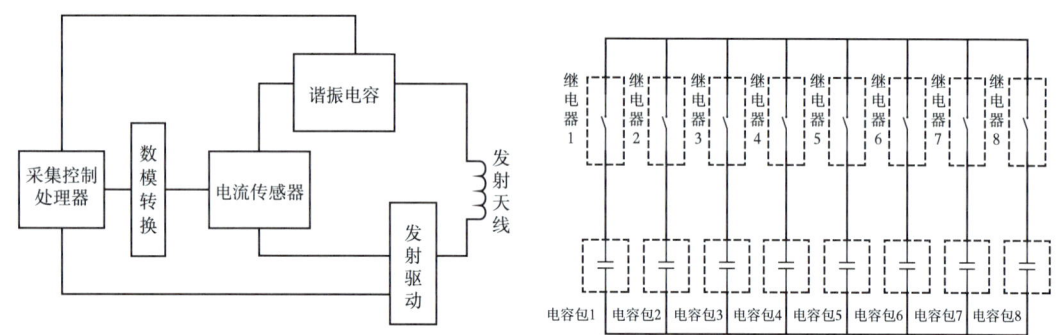

图 7-1-3　井间电磁发射天线自适应谐振图

四、实验测试及验证

1. 实验测试

对井间电磁波成像测井仪样机发射天线和接收天线进行室内测试，测试环境如图 7-1-4 所示，图中黑色实体为调试区域的隔墙，方框为发射仪器平台和接收仪器平台，圆圈为发射天线和接收天线中心位置。

固定发射天线电流，通过移动接收天线的位置改变收发距离，测量每种距离下接收到的电压信号峰峰值。发射天线和接收天线距离 1~60m，步进 60cm 递增取点测试，有 4 种发射频率。测试结果如图 7-1-5 所示，其中纵坐标表示接收天线电压峰峰值大小（对数坐标），横坐标表示发射天线与接收天线中心点之间的距离。

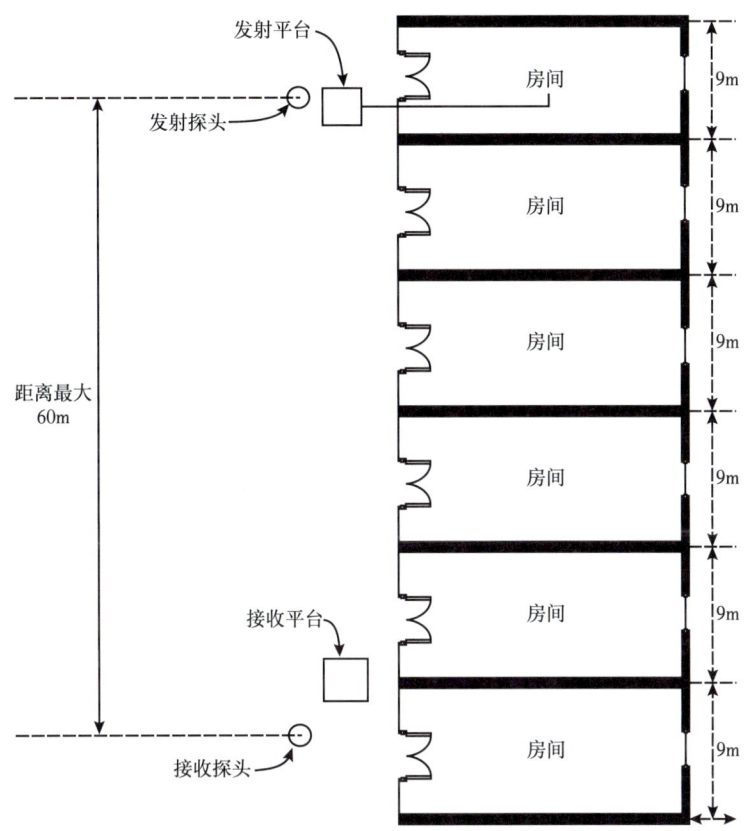

图 7-1-4 井间电磁波成像测井仪测试环境图

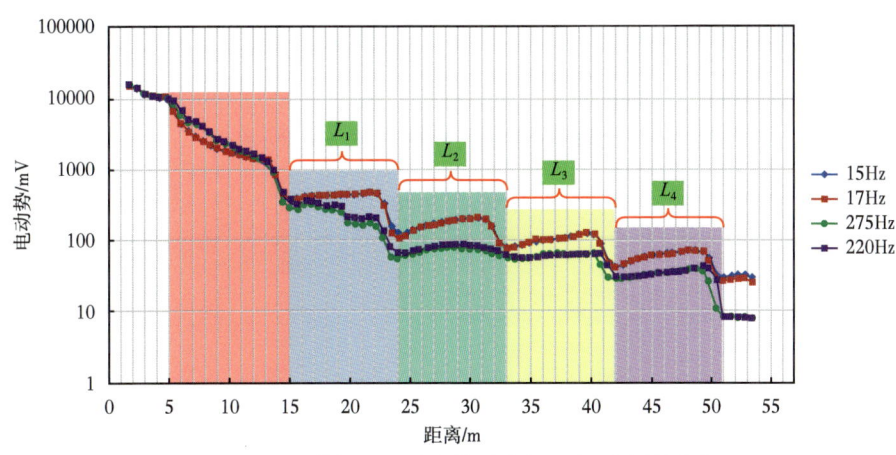

图 7-1-5 井间电磁波成像测井仪室内测试结果图

对比图 7-1-5 测量结果与图 7-1-4 实验环境图，可以发现：

（1）图中 $L_1=L_2=L_3=L_4\approx 9\mathrm{m}$，这个尺寸与实验环境中每个"房间"宽度相等，表明实验数据可简单进行空间电阻率变化的划分。

（2）相近频率的曲线形态相近，验证了该测试环境及测试平台的稳定性与可靠性，表明该测试平台采集的数据是稳定、可重复的。

（3）电磁波经过"房间"的过程中，房间内部是空气衰减状态，衰减速度较慢；当电磁波经过钢铁墙体结构时，墙体电阻率下降，电导率上升，出现磁场强度快速衰减现象。电磁波每穿透一次墙体，电压值降低一次，其变化趋势呈"台阶状"。

2. 测试效果

在标准井场开展井间电磁波成像测井仪现场试验，左侧为发射井，右侧为接收井，采用不同频率发射定点测量方式，固定发射天线位置，接收井中接收天线每次上提 2m，如图 7-1-6 所示。左侧发射井套管从地表到地下 310m，图中红色虚线线圈为施工地面水平放置发射天线示意图，分别沿东西向、南北向、垂向；右侧接收井 20~50m 为玻璃钢套管放置接收天线。地表发射的测量结果如图 7-1-7 所示。

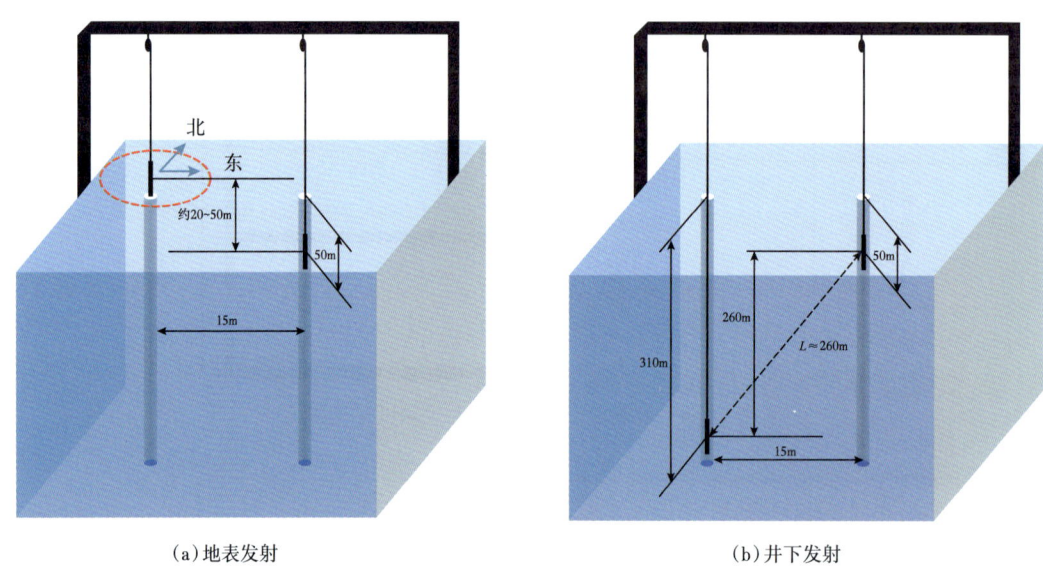

(a) 地表发射　　　　　　　　　　　　　(b) 井下发射

图 7-1-6　井间电磁波成像测井仪现场试验示意图

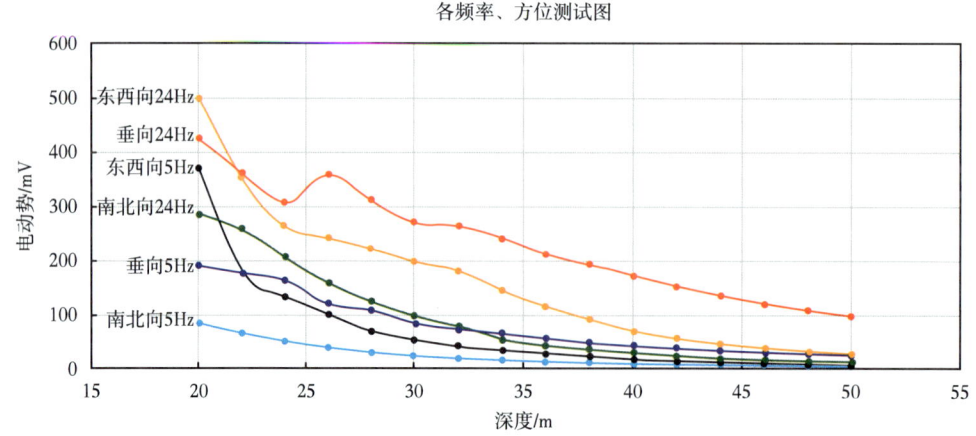

图 7-1-7　井间电磁波成像测井仪现场试验测试曲线

分析测井数据，按照井间测量多层介质地层模型进行简化仿真，排除空气中的直耦信号后，发射源分别沿东西向、南北向、垂直向时接收器的响应随接收器垂向坐标变化关系，仿真结果如图 7-1-8 所示。

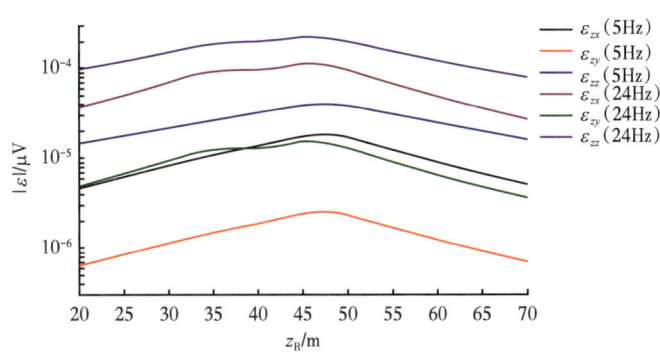

图 7-1-8 接收器的响应随接收器垂向坐标变化关系

由图 7-1-7 实测数据和简化仿真结果图 7-1-8 可以看出，当接收天线与发射天线垂向距离较近时，5Hz、24Hz 实测数据均是东西向分量幅度最大，与仿真结论一致；随着接收天线与发射天线垂向距离增加，实测数据东西向分量幅度衰减速度最快，在经过某一垂向位置后，其数值小于垂向分量，与仿真结论一致。

井间电磁波成像测井仪室内测试结果显示，仪器测试平台测试结果与实际现场环境具有很好的一致性，标准井现场试验地表不同分量发射的测试结果也与理论模拟结果一致，完成了仪器功能验证。

第二节 测井高性能可控中子源

长期以来，核测井采用放射性同位素（^{241}Am-Be）作为中子源，随着国家安全环保要求的不断深入，其使用的条件越来越苛刻。采用可控中子源替代化学源，实现绿色测井，是测井技术的发展方向。中子管就是一种可替代化学源的可控中子源，作为可控源测井仪器的核心部件，提供能量可调的中子源，满足脉冲中子类仪器的不同测井模式需求。

本节主要介绍通过数模仿真的方法，指导设计更加合理的中子管结构，结合中子管制作工艺技术研究，研制出一种性能优异的新型中子管；同时，也对行业前沿技术微波离子源开展了探索性研究，取得了很重要的理论认识。本节提供一种研制中子管的工作思路。

一、探测器结构及工作模式

可控中子源主要由离子源、加速系统、靶组成，其体积小、安全可控，广泛应用于冶金矿山、石油测井、工业探伤、医疗、安检反恐、军工、农业辐照、核技术和核科学研究等领域。

1. 探测器结构

1）潘宁离子源中子管

通过对中子管离子源、加速系统物理场的数模仿真分析,设计了中子管总成结构,主要由陶瓷外壳、离子源、密封可伐、加速极、靶、密封引线、排气管七个部分组成,如图 7-2-1 所示。离子源产生的氘离子通过加速系统的电场加速,获得一定能量后轰击靶,与靶中的氚产生核反应,释放 14MeV 的高能中子。

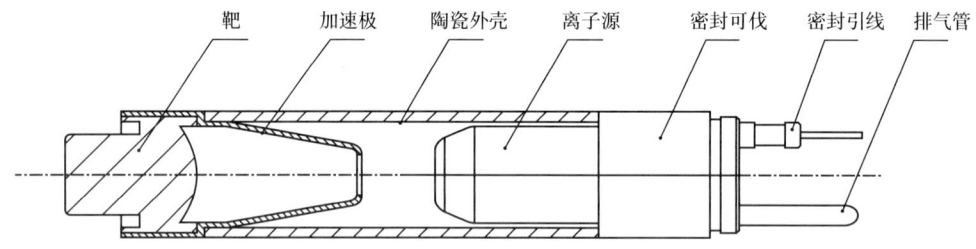

图 7-2-1　潘宁离子源中子管结构

2）微波离子源中子管

微波离子源中子管由微波系统、离子源、加速聚焦系统和氚靶四部分组成。根据微波离子源中子管设计和理论分析,充分考虑微波的导入、等离子体谐振腔空间形状尺寸、外加磁场大小、腔体材料、等离子引出结构等,设计了微波离子源中子管结构,如图 7-2-2 所示。

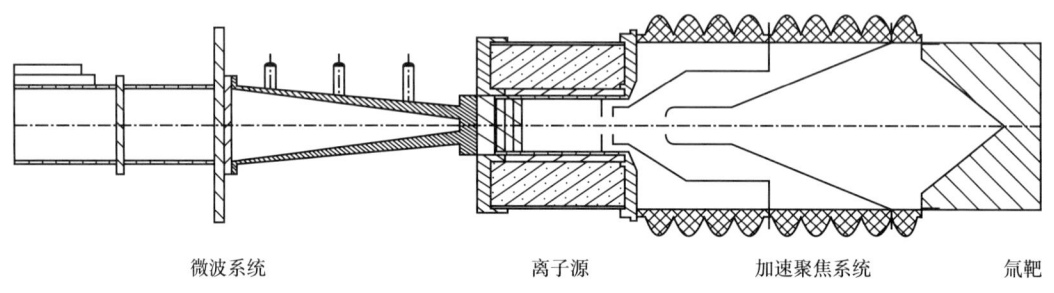

图 7-2-2　微波离子源中子管结构

微波离子源中子管试制及测试表明,实现微波离子源中子管测井应用目前存在的困难有:(1) 微波离子源中子管的直径做到 80mm 以内还存在困难;(2) 微波离子源功耗大于 30W,需解决高功耗问题;(3) 离子源的外形尺寸、材料厚度等对微波的阻抗特性都尚不成熟,结构尺寸改变带来的变化因素还需持续深入研究。

2. 工作模式

中子管分氘氚中子管和氘氘中子管两种类型。两者的区别在氘氚反应产生 14MeV 的中子,而氘氘反应产生 2.5MeV 的中子,并且相同条件下,氘氚反应的中子产额远大于氘氘反应所产生的中子产额。

中子管按工作时中子发射的模式又可分为直流模式和脉冲模式。直流模式连续发射中子，而脉冲模式可以根据离子源以不同频率及占空比间歇性地发射中子，满足不同仪器的工作需要。

二、测量原理及主要特点

1. 潘宁离子源原理

潘宁（Penning）离子源通过放电产生大量氘离子，在加速电场作用下轰击氚靶，产生核聚变反应，释放中子。基于冷阴极潘宁离子源的放电方式，是目前中子管离子源中应用最广泛的一种放电方式。冷阴极潘宁离子源原理如图7-2-3所示，在圆筒形或圆环形阳极的两端安装着两组相对的阴极，在平行于阳极筒的轴线方向施加磁场。当电压超过着火电压以后，在充有低压气体的电极之间就会产生自持放电，产生大量氘离子。在这个系统中，电子受到两方面作用：（1）电子在阳极电场加速作用的同时，还受到另一个阴极的强大排斥力，以致电子不能沿着轴向端面逸出；（2）电子在受到电场作用的同时，还受到磁场的作用，使电子绕磁力线作螺旋运动，限制了电子在径向上的运动，使得它不能直接打到阳极上。在电场与磁场的共同作用下，电子的运动路径增长，增加了电子的电离碰撞次数，形成自持放电。

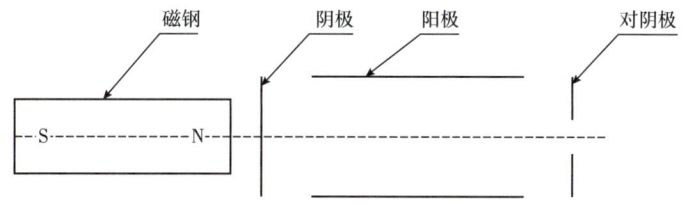

图 7-2-3 冷阴极、潘宁离子源原理图

2. 微波离子源原理

微波离子源通过天线产生微波，微波使源内电子受到激励，并在特定的磁场内产生回旋共振，获得能量的电子使源中的工作气体放电电离，所形成的离子被加速电场引出而获得离子束，如图7-2-4所示。

3. 主要特点

（1）通过通电控制，提供可控的中子源；

（2）中子能量强度可调，可根据测井需求改变中子的输出强度；

（3）中子能量高，可发生非弹性散射、俘获、活化等反应，可选择性地记录反应特征伽马，获取相应地质参数；

（4）替代传统的化学源同位素，实现绿色安全环保测井。

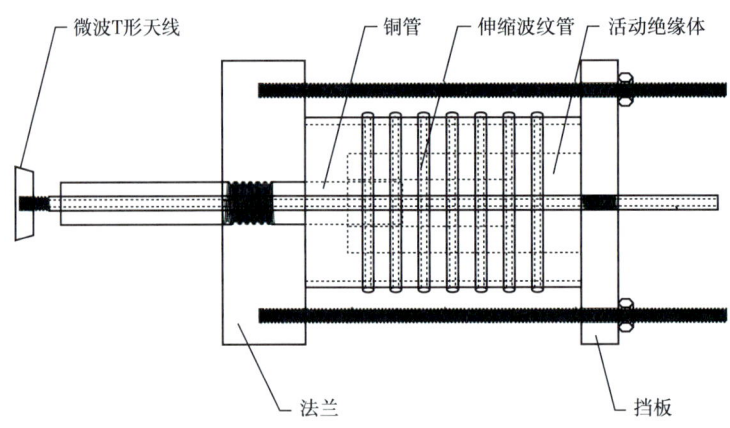

图 7-2-4　微波离子源原理图

三、关键技术及创新点

决定中子管性能的因素主要包括材料、结构、制作工艺等几个方面，任何一个方面的缺陷都将直接影响中子管的整体性能。新型中子管采用数模仿真与物理实验相结合的方式，获取了最佳的加速系统结构参数，同时在制作工艺、材料选取方面也做了大量的工作，最后研制的中子管综合性能达到了设计的要求。

1. 高效离子束流数值模拟仿真技术

为使中子管结构设计更加合理，对中子管进行模拟仿真，优化设计各部件空间结构及尺寸。中子管模拟仿真主要研究对象包括：离子源电磁场分布、加速系统电场分布、离子轨迹分析、靶磁场分布、中子通量空间分布以及热量分布等。通过对电场强度 E 的分布（图 7-2-5）分析，尤其是离子源结构参数的变化引起的电磁场分布的改变，优化各电极结构尺寸、磁材料选择，创新性地设计了外凸球面靶（发明专利：一种凸面靶中子管，专利号 202111584764.6）及靶面二次电子磁抑制结构（图 7-2-6），使得靶面氚的有效利用率明显提升，达到提高中子产额的目的。二次电子磁抑制结构，使得靶面形成径向弯曲磁场，起到二次电子抑制作用。同时，优化了加速系统结构，优化了管内空间电场分布，降低了中子管打火放电风险。

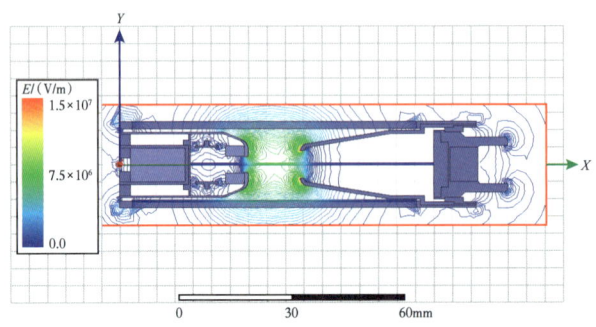

图 7-2-5　加速系统电场场强 E 分布图

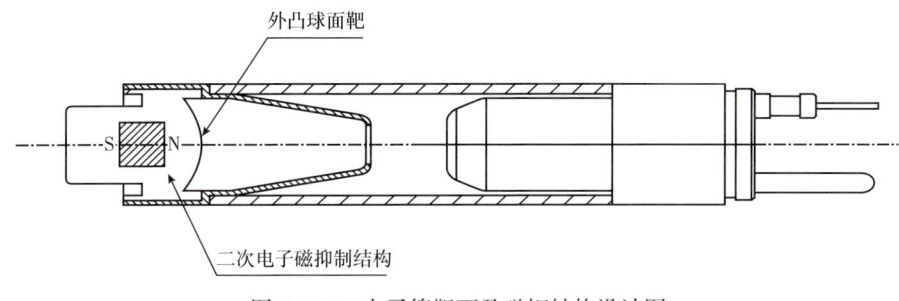

图 7-2-6　中子管靶面及磁钢结构设计图

2. 可重复实验的中子管物理模拟实验技术

为了验证中子管数模仿真设计结构的合理性，创新设计了一种可拆卸中子管物理模拟实验装置（发明专利：一种可拆卸中子管、中子管设计验证试验装置及方法，专利号202210751344.0），主要包括中子管外管壳工装、内部工装、引线法兰、密封垫圈和密封环瓷柱（图 7-2-7）。其中内部工装包括离子源部件和靶极筒部件。离子源部件和靶极筒部件分别从外管壳工装的两端装入外管壳工装中，并通过引线法兰与密封垫圈将离子源部件和靶极筒部件与外管壳工装密封固定。密封环瓷柱一端与外管壳工装设置靶极筒部件的一端密封连接。利用该可拆卸中子管物理模拟实验装置，实现中子管密封环瓷柱与可升降钟罩式炉体的台面密封连接，并通过真空系统、充气系统、加热系统、电源系统为可拆卸中子管提供无油、清洁的真空环境，以检测中子管的性能，从而验证设计的合理性。根据物理模拟实验结果，可以快速优化设计参数，开展反复物模验证，得到最优的中子管结构。

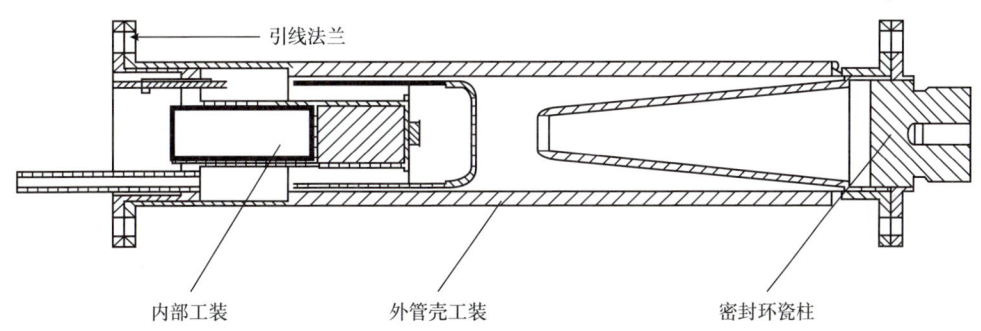

图 7-2-7　可拆卸中子管结构示意图

四、实验测试与验证

为了验证新型中子管性能提升的效果，在室内测试了中子管性能，在现场测井应用检测了环境适用性。

1. 室内测试

（1）中子管室内耐温性能测试：将中子管测试油槽温度提高到 175℃，以检测该温度下中子管产额指标,验证中子管在高温环境下的工作状态。测试结果记录如表 7-2-1 所示。测试结果表明:中子管在 175℃ 高温环境下,产额不低于 $1.2×10^8$n/s,产额变化率为 2.35%,靶压为 85kV,靶流为 67μA,中子管性能稳定。

表 7-2-1 中子管 175℃温度下性能测试表

参数	标准	记录时间						
		10:30	11:00	11:30	12:00	12:30	13:00	13:30
靶压	≤95kV	85	85	85	85	85	85	85
靶流	≤100μA	67	67	67	68	67	67	67
阳极高压	≤4.0kV	2	2	2	2	2	2	2
阳极电流	≤200μA	167	166	168	170	168	168	167
灯丝电流	≤0.45A	0.336	0.335	0.334	0.334	0.334	0.334	0.334
中子计数/(n/s)		2201	2251	2222	2380	2311	2331	2247
		2250	2247	2230	2273	2246	2246	2320
		2286	2205	2250	2179	2235	2350	2191
平均中子产额/(n/s)		$1.44×10^8$			中子产额变化率/%			2.35

(2)中子管室内寿命测试:将中子管产额保持在 $1.2×10^8$n/s 以上,持续打靶测试,以获取中子管的寿命参数。测试数据如图 7-2-8 所示。测试结果表明:该型中子管在产额大于 $1.2×10^8$n/s 条件下,寿命达到 205h。

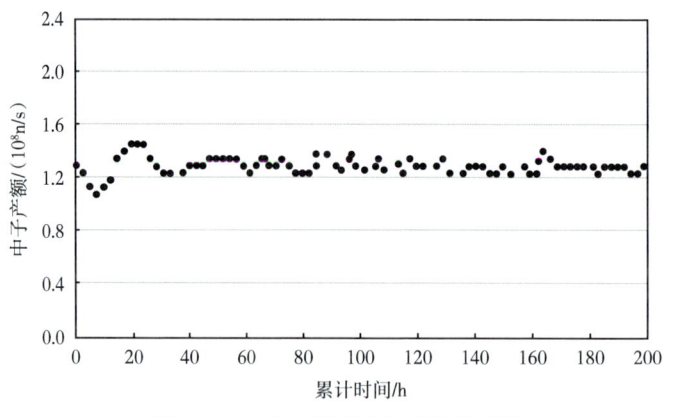

图 7-2-8 中子管寿命与产额关系图

2. 现场测试

在开展室内测试的基础上,使用搭载新型中子管的脉冲全谱中子测井仪开展了现场测井试验。中子发生器及中子管如图 7-2-9 所示。

图 7-2-9 中子管及中子发生器实物照片

在华北油田某井采用 PNC 模式测井，对比两次测量的近、远探测器的 sigma 曲线及其测量的相对偏差，评价仪器测量重复性。

图 7-2-10 中可以看到重复测量井段内，测量曲线重复性高。近探测器 sigma 相对差值均值为 1.19%，远探测器 sigma 相对差值为 0.96%；sigma 两次测量相对误差在 4% 以内。验证了中子管现场测井环境适应性符合测井要求。

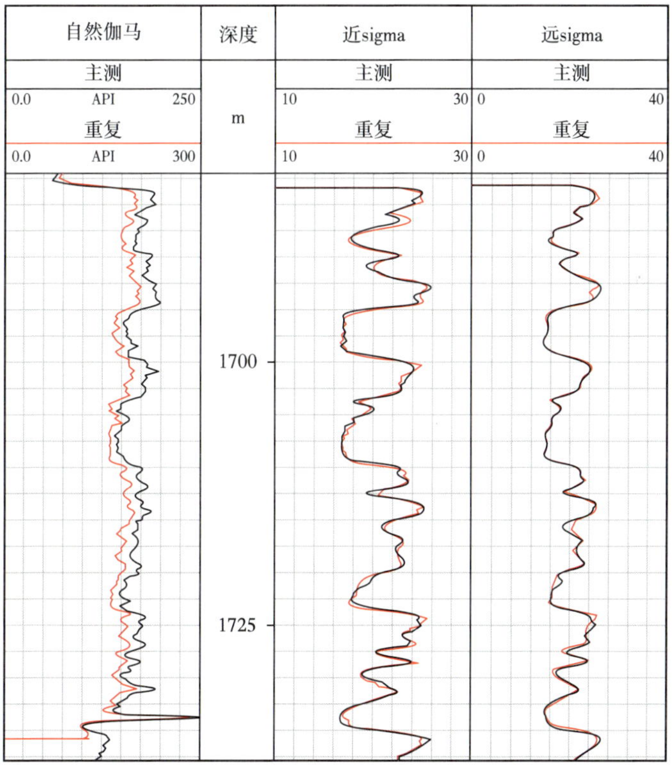

图 7-2-10 两次测量的 sigma 曲线示意图

室内对中子管的产额、寿命、耐温性均进行了测试验证，测试结果表明，该型中子管产额 $\geq 1.2 \times 10^8$ n/s 时，寿命达到 205h，最高耐温 175℃。现场测井试验采集结果表明，该型中子管满足在复杂环境下的测井作业。

该型中子管虽然解决了大部分套管测井需求，但对于复杂的裸眼测井环境，与国际先进水平的差距依然存在。将研究目标聚焦到射频离子源、碳纳米管离子源等新型离子源研究上，力求实现在中子管技术上的弯道超车，为保障国家能源安全、绿色可持续发展战略贡献测井力量。

第三节　动电测井仪

地层渗透性测量是储层评价的重要参数，也是勘探开发的难点问题。动电效应是机械能与电磁能的相互转换，含流体多孔介质中的动电效应与地层渗透率直接相关。动电测井以含流体多孔介质中双电层动电效应机制为基础，利用声信号和电信号在孔隙地层中相互耦合、相互转换的特性，以期获得能反映孔隙地层渗流特性等地质参数信息的动电测井信号，从而实现对渗透率等储层地质参数的测量。在数值模拟的基础上，优化动电探测器设计，研制全功能动电测井仪（acousto electric logging tool，AELT）样机，获取不同地层条件下的动电测井数据，为地层渗透率评价提供新的手段。

一、探测器结构及工作模式

探测器的设计要满足基本的声测量、电测量以及声电转换测量的功能，并要求测量信道带宽为0～20kHz，同时，要求仪器具有很高的转换波弱信号探测灵敏度，因此采用了直接承压有源探测器系统架构，提高信噪比。仪器适应井下高温高压作业环境，并能够与当今主流成像测井系统地面平台相挂接（鞠晓东等，2015；Junqiang等，2017）。

1. 探测器结构

动电测井探测器包括声、电两个功能部分，图7-3-1为探测器结构示意图。

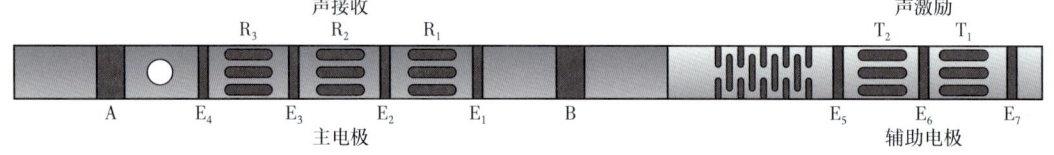

图 7-3-1　动电测井探测器结构示意图

声波部分采用单发三收结构，T（包括T_1和T_2）和R_1～R_3等形成一个最小的长源距阵列声系，基本源距2.6m，间距0.2m，能够探测单极全波信号。为提高发射功率和效率，采用6个高性能拼镶式单极发射换能器并分成两组（T_1和T_2），实现相控线阵激励；三个高灵敏度单极接收探头组成能够实现STC算法的声波接收阵列。

电测部分包括主电极和辅助电极两部分。主电极设计为六电极结构，可称为阵列式电位电极系。A、B为供电电极，E_1～E_4为测量电极，四个测量电极可以进行电位测量和差分测量，所形成的三个差分对E_{12}、E_{23}、E_{34}与R_1、R_2、R_3有相同的深度记录点，这对于分析伴随转换波信号的到时和相关特性有利。辅助电极设计为3电极结构，E_5～E_7均为测量电极，同样可以进行电位测量和差分测量，主要测量发射换能器附近的界面转换波信号。

2. 工作模式

弹性波对直流电场影响（即 E 效应）的工作过程是：发射换能器 T_1 和 T_2 发射声波信号，测量电极 $E_1 \sim E_7$ 接收由弹性波场激发而产生的电磁波场信号，$E_5 \sim E_7$ 主要探测界面转换波信号，$E_1 \sim E_4$ 主要探测伴随转换波信号。测量电极接收到的信号可进行两种接收处理方法，一种是对每个电极接收到的信号分别进行放大、滤波和采集处理等流程，这种处理方法与传统的电测井信号处理基本相同；另一种处理方法是将相邻测量电极（如电极 E_1 和 E_2）输出的信号进行差分放大处理，这种处理方法的特点是两道差分信号对应的测量点分别与接收换能器的中点重合，而且对模拟信号的差分处理方法可以消除共模信号的影响，减小干扰，提高信噪比。

直流电场对弹性波的影响（即 I 效应）的工作流程是：由供电电极 A、B 提供低频脉动电场，接收换能器阵列 $R_1, \cdots, R_n$ 接收由该电场诱导在井壁地层中产生的声波信号，用以分析直流电场对孔隙流体饱和岩石对声波传播的影响。

以上工作过程在采集转换波的同时采集了本征波（发射与接收同类型的信号），即声换能器发射时接收换能器同时接收声波信号，电发射时接收电极同时接收电场信号，能够实现本征信号与转换波信号的对比分析。

根据动电测井探测器的结构和工作模式研制的电子系统如图 7-3-2 所示。该电子系统主要由主控电路、高速仪器控制总线、电激励电路、声激励电路和声波信号、电极信号处理及采集电路组成。其中，电激励电路和主控电路安装在上电子短节内。为提高声波信号和电极信号的信噪比，声激励电路、声波信号、电极信号处理及采集电路安装在承压密封电子仓内，承压电子仓就近安装在动电效应探测器内部。各功能模块通过内部高速总线互联。

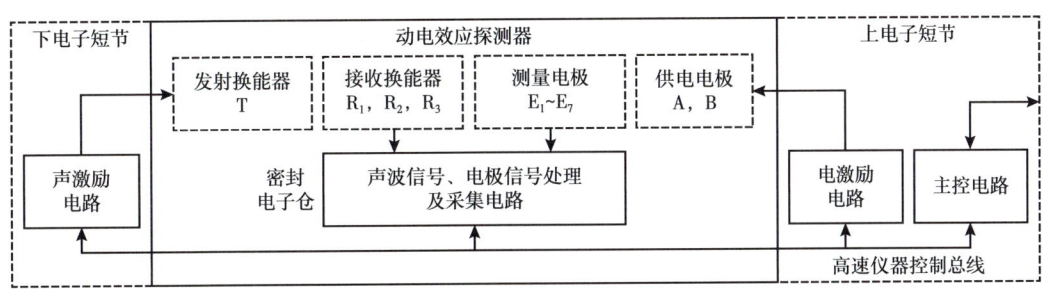

图 7-3-2 动电测井探测器电子系统构成示意图

二、测量原理及主要特点

1. 测量原理

在含流体多孔介质地层中，孔隙中的流体一般含有带电离子，所以在固体与液体交界面上容易形成双电层（electrical double layer，EDL）。当弹性波（或地震波）在流体饱和孔隙介质中传播时，会引起流体相对于骨架的流动，这种携带净剩电荷运移的渗流运动可引起电流和电磁场。反之,当电磁波在流体饱和孔隙介质中传播时,双电层中的净剩电荷会在电场力的作用下发生定向运动,并拖曳孔隙流体,产生相对于骨架的流动,并由于固液两相的耦合作用形成弹性波。这种与孔隙介质双电层和孔隙流体渗流有关的弹性波—电磁场耦合现象称为声电效应或震电效应,也称为动电效应。因此,动电效应是机械能与电磁能的相互转换,是弹性波场与电磁波场的相互耦合。

Pride等(1996)针对多孔介质理论和固液两相界面的双电层模型,用体积平均法导出了震电耦合方程组,弹性波与电磁场的耦合表现为

$$\begin{cases} J = \sigma E + L\left(-\nabla p + \omega^2 \rho_\mathrm{f} u\right) \\ w = LE + \left(-\nabla p + \omega^2 \rho_\mathrm{f} u\right) K / \eta \end{cases} \quad (7\text{-}3\text{-}1)$$

式中　J——电流密度,A/m^2;

　　　σ——电导率,S/m;

　　　E——电场强度,V/m;

　　　L——动电耦合系数;

　　　p——孔隙流体压强,Pa;

　　　ρ_f——孔隙流体密度,kg/m^3;

　　　u——固相位移;

　　　w——渗流位移;

　　　K——动态渗透率,mD;

　　　ω——角频率,rad/s;

　　　η——孔隙流体黏度,Pa·s。

地层中的动电效应与孔隙度、渗透率、孔隙尺寸以及流体性质等储层参数相关,可以利用这种效应探测和评价储层,因此提出了声电测井(或动电测井)方法。动电测井探测器采用声波换能器在井中激发声波,并引起地层中的弹性波(测井行业也称为声波),同时记录经地层中传播并返回井内的声信号以及声波在地层中诱导产生的电磁信号,利用这两种不同的信号探测地层信息。

动电测井探测器测量原理分为如下3个方面:

(1)声激励模式:发射换能器向井外地层发射大功率声波,声波信号传播过程中在含流体多孔介质地层的分界面和地质体中引发声电效应,产生诱导电磁场(转换波)。声波信号在被接收换能器阵列接收的同时,界面转换波信号被辅助电极阵列接收,而伴随转换波信号被主测量电极阵列检测。

(2)电激励模式:主供电电极A向地层发射交变电流并通过电极B形成回路,其频率与声波接收换能器阵列的主频相同,测量电极阵列还可得到地层视电阻率;对于在含流体多孔介质地层这一人工电场,可引起电渗现象和固相骨架运动,从而形成弹性波(声电效应的逆效应),并通过声波接收器阵列进行检测。电激励为仪器的辅助工作模式,这是由于电声耦合系数低,转换波信号极其微弱,而且不能采用大的电脉冲功率,否则可能直接激发出机械波(极端的例子是电火花震源)。

(3)激发极化模式:主供电电极 A 向地层发射稳定电流并通过电极 B 形成回路,电流场中的地层产生激发极化效应,通过主电极阵列接收到的信号研究电场随时间变化的过程。

动电测井声电复合探测器具有完善的激励和信号的探测能力,通过对本征波和转换波信号的分析处理,不但能够得到声波和电测方法各自的基本数据(声波时差、视电阻率、差分自然电位、极化率等),还能用于求取动电耦合系数,进而评价地层渗透率。

2. 主要特点

该研究提出了一种具有声电复合探测器的声电测井仪,采用一种独创的混合式声电探测器结构,可用于实现石油测井环境下的动电测量方法,其特点是:

(1)分别在声或电激励的情况下,同时进行声、电信号本征波(与激励源同类型的波)和转换波的探测,所采集的阵列化本征波和转换波具有相同的深度记录点;
(2)具有辅助电极阵列,能够针对垂直界面转换波进行测量;
(3)能够开展激发极化的激励和测量,为渗透率反演提供约束参数。

三、关键技术及创新点

仪器主要关键技术及创新点包括复合动电测井探测器有源集成技术以及基于大功率相控声波发射的转换波弱信号增强技术。基于这些技术,首次提出并通过井下测量验证了动电转换波包括界面转换波和伴随转换波两种形式。

1. 复合动电测井探测器有源集成技术

动电测井探测器要同时实现对声波信号、电信号以及转换波信号的探测。如何有效实现此类复合探测是动电测井仪研究中必须首要解决的关键技术问题。为此,提出了集成声波探测和电法探测并有利于探测动电转换波信号的有源复合探测器。

仪器外壳的结构和材料选择要同时满足声测井和电测井的特点。声测井要求在换能器处有好的透声效果,而电测井要求在地层中形成电场,这就决定了不能直接使用金属材料进行外壳的设计和制作。研究中采取的解决方案是声系外壳采用玻璃钢材料,以达到透声和镶嵌电极双重功能。由于常规声波测井的工作主频在 20kHz 以下,而线圈式电磁波感应测井的优势频率在几十千赫兹或更高,且线圈式探测器内部对导电和导磁物质敏感,使得与声波探测器相容设计更加困难。因此,本研究采用了电极式电磁波探测方式,这也为进一步扩展时间域电测功能提供了可能;另外,采用阵列主电极及辅助电极,能够同时探测伴随转换波及界面转换波信号。

动电效应测量模式中电极和换能器接收到的转换波信号幅度都很小(可低至纳伏数量级)。为了解决小信号探测的问题,将换能器和电极输出的信号在探测器中进行放大,形成有源探测器结构,这就要求必须将多通道声波测井信号处理电路和电测井信号处理电路设计为相对独立的承压电子单元模块(密封电子单元),将该电子单元模块安装到探测器内部,电子单元模块与接收换能器和测量电极之间进行承压电气连接。图 7-3-3 为密封电子单元模块示意图。这种集成化的探测方式使得接收到的声波信号和电信号尽可能避免受到噪声的影响，在对其进行适当放大后送入测控电路短节进一步处理。

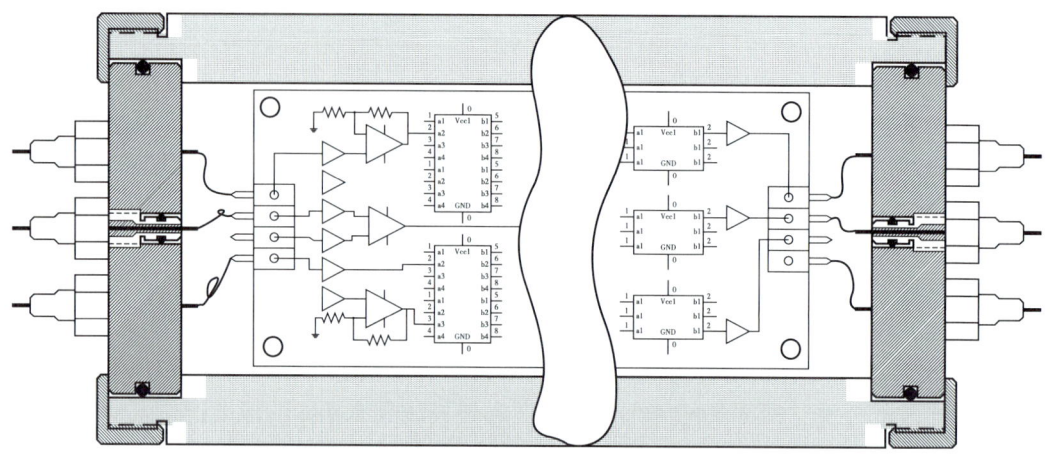

图 7-3-3　位于探测器内部的密封电子单元模块示意图

2. 基于大功率相控声波发射的转换波弱信号增强技术

声电转换波信号属于弱信号，如何提高转换波信号的幅度是动电测井仪研究需要解决的重点问题之一。提高激励源的功率可以增强转换波信号，有利于对信号的监测。为了增强声波激励源的能量，声波发射探头以相控线阵方式工作，能够控制探测器辐射声束的垂直指向性和主瓣角角宽及偏转。图 7-3-4 为探测器的相控线阵声波辐射器，两个相邻子阵 T_1、T_2 在轴向上组成一个相控线阵声波辐射器，阵元间距 d 为 166.4mm，T_1 先开始激励，标记此时为 0 时刻，到一定时刻再激励 T_2，实现对辐射声束的控制。对探测器辐射声场测试表明，相控大功率声波辐射器既可以控制辐射声束向接收器方向偏转，又可以提高辐射信号的强度，从而增强有用信号的能量，提高声电转换效率及转换波信号的幅度。

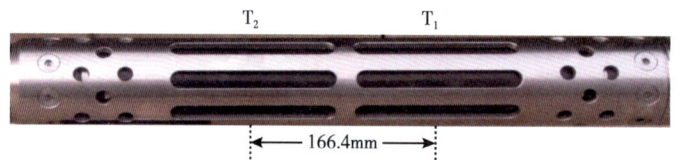

图 7-3-4　动电测井探测器相控大功率激励声波辐射器

四、实验测试及验证

1. 实验测试

动电测井探测器测试包括实验室测试以及现场测试。实验室测试主要用于分析探测器各个部件的功能，以及关键功能模块的参数。现场测试主要用于获取现场井下动电测井数据，并用于进一步开展理论和实验研究。

在实验室开展了相控发射声系、阵列接收声系、阵列电极系常数等关键参数的实验测试,主要测试设备包括 5m×5m×4m 的声学测量水池、定位控制系统、多通道数据采集系统以及多通道相控声波激励系统等,得到了相控发射声系的辐射声场特性、阵列接收声系的接收声场响应以及阵列电极系的常数,为动电测量信号的处理提供必要参数,并指导探测器的进一步优化改进。

动电测井探测器完成组装和联机调试后在不同地区进行了多次现场试验,均取得成功,测量井段最大井深 6700m,验证了仪器的耐温耐压性能。以华北地区某井的一典型砂泥岩井段对声电测井数据进行初步分析,所有数据均基于声激励—声电接收模式(探测器的主模式)并以最短源距(信号前缀为 AF.S)为例。

2. 测试效果

井下实测的动电转换波信号如图 7-3-5 所示,可以看出,相对于本征波(声波),转换波(电磁波)以两种模式出现。

(1)发射探头附近由于声压最强,在井液与地层界面(井壁)激发出较强的电磁波,并以光速传播到接收电极阵列,可称为界面转换波,图 7-3-5(a)中标记为 $AF.S.WF.E_{dif}.W$(意为声发射模式短源距电差分波形,AELT 仪器信号的命名由五个域组成,分别是发射域、源距域、处理域、接收域和模式域,具体参数略)。虚线波形的起始部分,表现为大大超前于声波,幅度在毫伏至亚毫伏量级。

(2)在时间和形态上与本征声波具有高度相关性的后续电磁波,可称为伴随转换波,如图 7-3-5(b)所示;由于传播扩散和声电能量交换中的不断衰减,伴随转换波的幅度要远小于界面转换波〔幅度在微伏量级,图 7-3-5(b)将图 7-3-5(a)的 $AF.S.WF.E_{dif}.W$ 信号刻度放大了两个量级〕。

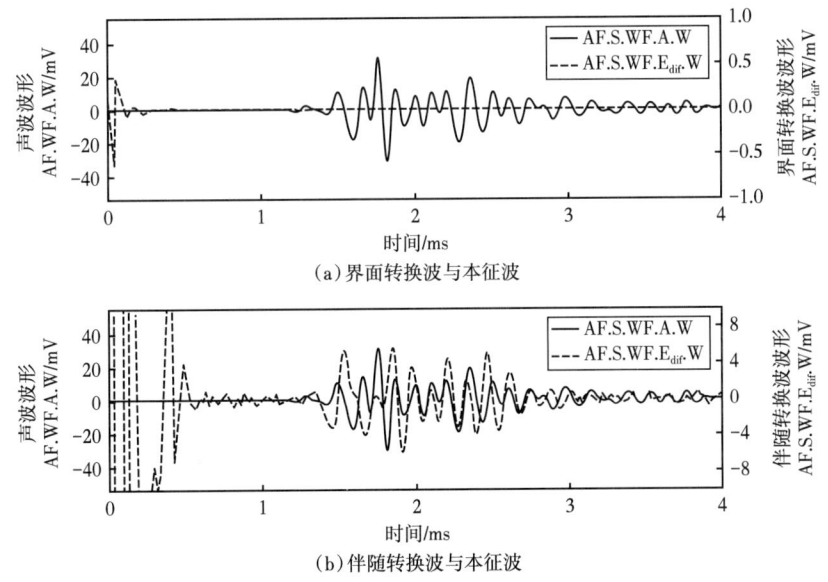

(a)界面转换波与本征波

(b)伴随转换波与本征波

图 7-3-5　AELT 声发射模式时典型信号波形对比

采用求取转换波能量或能量比的方法对某井 1740~1880m 井段进行了处理，得到的结果如图 7-3-6 所示。图中的界面转换波能量 AF.S.W.E$_{dif}$.S 和伴随转换波能量比 AF.S.R.E$_{dif}$A.C 曲线间具有很好的相关性（由于 AF.S.W.E$_{dif}$.S 实际是在第一个接收探头 2.5m 下方产生，故该曲线上移 2.5m，即深度对齐后，能与 AF.S.R.E$_{dif}$A.C 在形态上重合）。图中 AF.S.WF.A.W 为本征波变密度图，两条红线之间是与转换波高相关度并被作为能量比计算的区域。通过两条归一化的转换波能量比曲线与自然伽马、声波时差（AC）和视电阻率（R04）等曲线对比可以看出，在自然伽马低、声波时差低（孔隙度高）、视电阻率高的砂岩储集层段（图中标出的几处阴影条带），其转换波能量或能量比呈现明显的高值，而在各泥质围岩井段呈现明显的低值，各曲线间具有很好的相关性，这是非常有意义的结果。

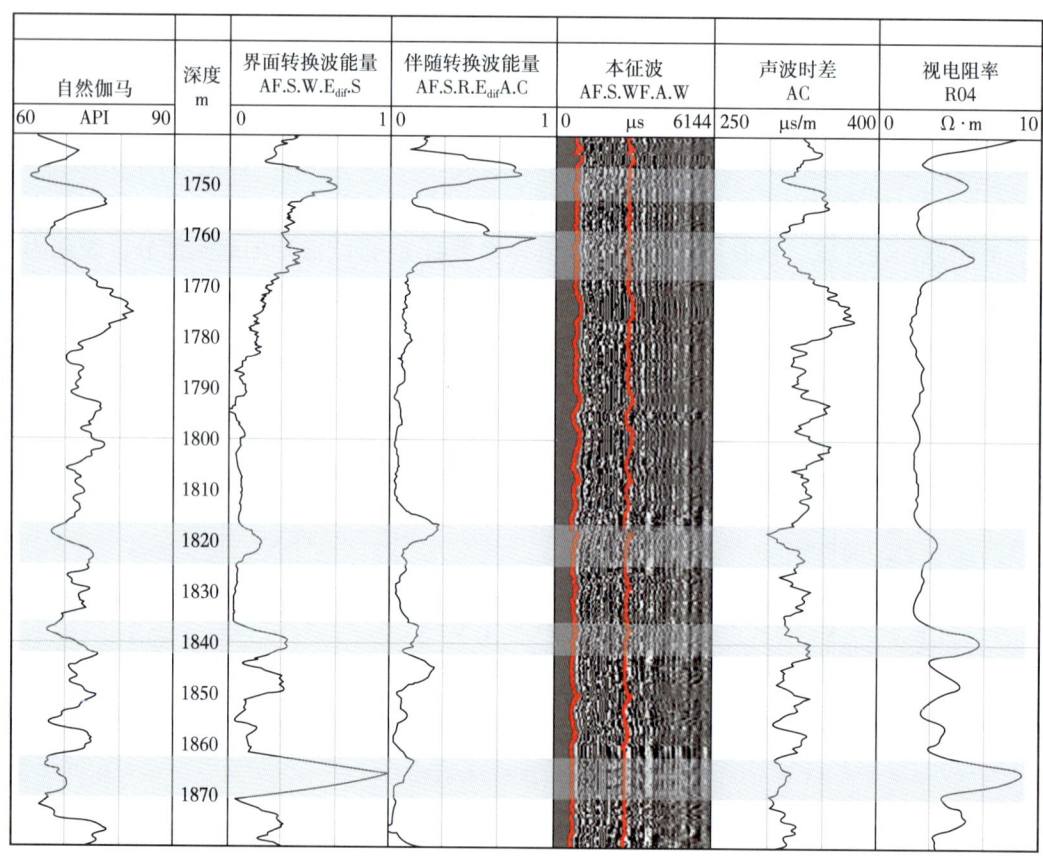

图 7-3-6　界面转换波能量及伴随转换波能量比与常规曲线对比图

本研究提出并初步实现的动电测井仪 AELT 实际上是一个具有多参数探测能力的复合探测器。AELT 作为全球第一台真正实用意义上的声电测井仪，是声电测井研究进展中的里程碑。

理论研究成果表明，声电转换信号的幅度会随着渗透率的增大而减小，并且变化的趋势非常明显，变化的程度要远大于声波信号的变化程度。这就说明与斯通利波声波信号相比，声电转换信号对渗透率的变化更加敏感。同时也可以看到，声电转换信号的衰减系数随着渗透率的增加而减小。仪器在高温高压环境下（实验井深达到6700m）的实际储层中证明了伴随转换波和界面转换波两种模式的动电转换波的存在，具有重要意义。

本研究探索了一种地层渗透率测井技术新的发展方向，利用动电原理进行地层渗透率反演是一个综合复杂的问题，动电测井转换波信号信噪比低，有效的转换波测量方法和影响因素、实测转换波信号的特征分析和提取方法，以及利用动电测井对实测信号的渗透率反演应用仍面临一些理论、实验、有效探测等有待进一步研究的问题。

第四节　光纤测井探测器

在油田开发过程中，需要获取产液或注水井中流体的特性和状态等详细资料，传统电子传感器如电子压力计、电子温度计等无法在恶劣环境及强地磁地电干扰下正常工作。光纤传感器不仅对电磁干扰不敏感，而且能承受高温高压以及强烈的冲击与振动，高精度地测量井筒和井场环境参数。同时，光纤传感器具有分布式测量能力，可以测量被测量的空间分布，给出剖面信息。而且，光纤传感器横截面积小，外形短，在井筒中占据空间极小。

本节主要通过光纤光栅对温度和应变高灵敏响应的特性，制作了新型高性能光纤流量及声波传感器，为获得更全面、更丰富的测井参数提供了新方法和新途径。

一、探测器结构及工作模式

1. 探测器结构

热线式光纤光栅流量传感器结构如图7-4-1所示。传感器主要由外壳和内部组件构成。其中外壳体起到承压作用，光纤传感器通过螺纹和耐高温胶固定在内部组件上；内部组件主要包括电热丝热源、传感光栅、温度补偿光栅。将传感光栅和温度补偿光栅组成的光栅串通过玻璃焊的方式固定在传感器上，并预留足够的位置，保证热膨胀不会导致光栅附加应力。

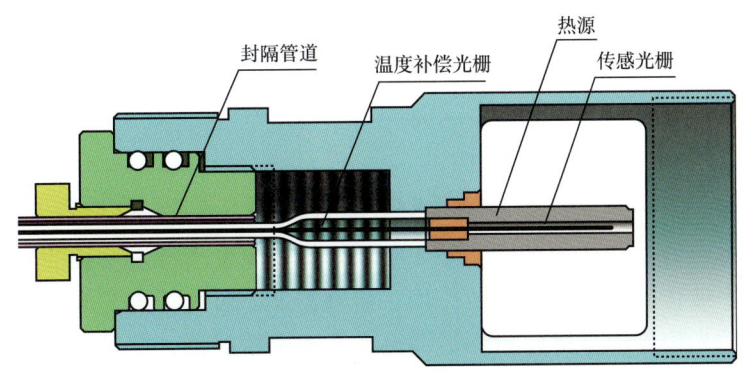

图7-4-1　热线式光纤光栅流量传感器结构图

光纤声波传感器结构如图 7-4-2 所示。传感器主要由外壳体和内部组件构成。其中外壳体起到承压作用，光纤传感器通过螺钉固定在内部组件上；内部机械结构可进行多种替换，包括合金毛细管结构、六边形放大结构、双孔梁结构、悬臂梁结构等。将单分量传感器按照两两正交的方式进行三分量装配，预留足够的位置，保证光纤弯曲损耗较小，按照合适的方式进行布线以减小传感器体积。

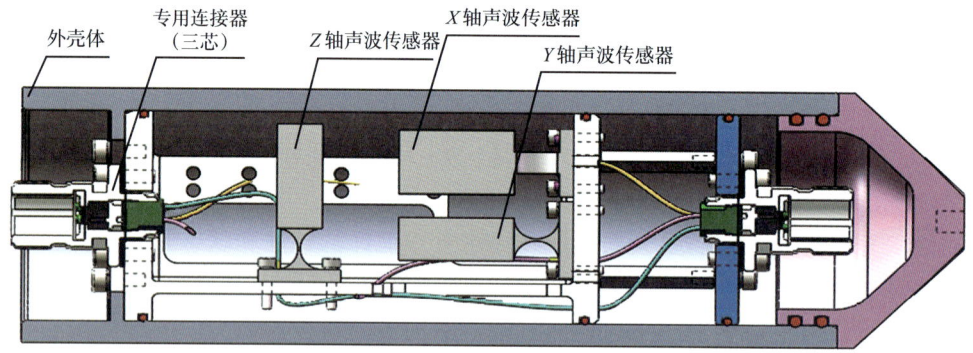

图 7-4-2　光纤声波传感器结构图

2. 工作模式

热线式光纤光栅流量传感器工作模式如图 7-4-3 所示。光源发出宽度光，经过光纤到达传感器，外界流量速度影响热源的热扩散速率，热扩散速率影响传感器实际温度，温度作用在光纤光栅上对波导中的光信号波长信息进行调制，调制后的光信号反射进入光纤光栅解调仪，通过特定的信号处理算法对环境温度进行补偿，计算得到流体流速信息。

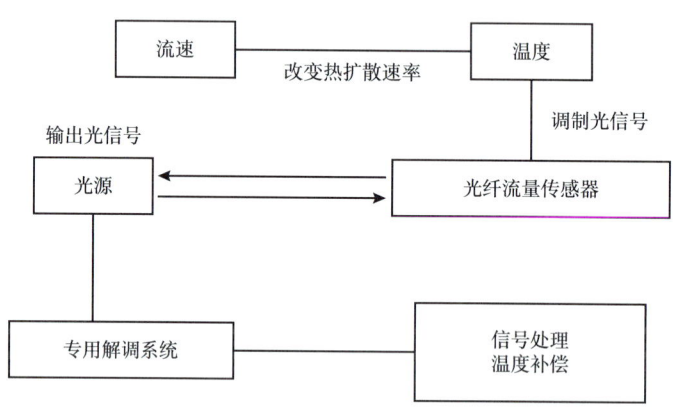

图 7-4-3　热线式光纤光栅流量传感器工作模式示意图

光纤声波传感器工作模式如图 7-4-4 所示。有光源发出特定波长的光信号，经过环形器到达光纤声波传感器。外界声波作用在传感器上，对光纤内的光信号波长信息进行调制。调制后的光信号经过反射由环形器输入至光电探测器，经过光电转换变为电信号进入专用解调系统，通过特定的算法恢复信号，还原声波信息。

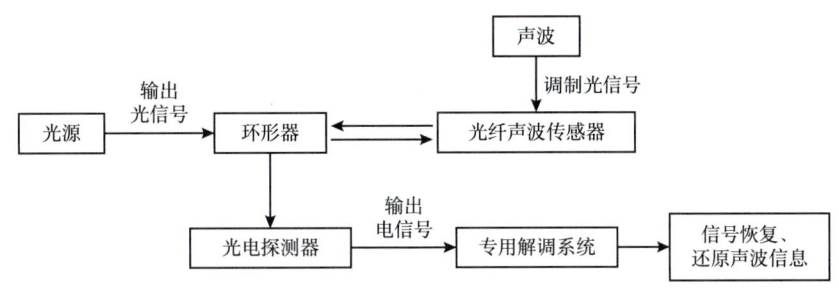

图 7-4-4　光纤声波传感器工作模式示意图

二、测量原理及主要特点

1. 测量原理

热线式光纤光栅流量传感器作为一种新型传感器,为井下流量检测提供了一种新思路、新方法、新方向,即用光学传感器代替传统电学传感器。光纤传感器具有高耐温、抗电磁干扰、高灵敏度、高传输带宽等特性,是未来传感器发展的重要方向(Balch 等,1982)。

热线式光纤光栅流量传感器基于热扩散原理,通过光纤光栅测量流体流动速度变化导致的温度变化,将流体的流速信息转化为光纤光栅的波长漂移信息,并通过光纤光栅解调仪精准测量。

流速与温度关系为

$$P = \left[0.42\pi l \lambda_\mathrm{f} Pr^{0.2} + 0.57\pi l \lambda_\mathrm{f} Pr^{0.33} \left(\frac{\rho d}{\eta} \right)^{0.5} v^{0.5} \right] \Delta T \quad (7\text{-}4\text{-}1)$$

$$Pr = \frac{\eta c_p}{\lambda_\mathrm{f}} \quad (7\text{-}4\text{-}2)$$

式中　P——加热器功率;

l——加热器长度;

λ_f——热导率;

Pr——普朗特数;

ρ——流体密度,g/cm³;

d——加热器直径,m;

η——动力黏度;

v——平均流速,m/s;

ΔT——温度差;

c_p——比定压热容。

热线式光纤流量计采用电阻丝作为加热源,将流速测量转化为光纤光栅热膨胀的测

量，一阶布拉格条件为

$$\lambda_B = 2n_{eff}\Lambda \quad (7\text{-}4\text{-}3)$$

式中　λ_B ——光栅中心波长，nm；
　　　n_{eff} ——有效折射率；
　　　Λ ——光栅周期。

温度敏感头里封装有施加一定预应力的光纤光栅。温度变化时，光栅的周期和有效折射率会发生变化，继而转化为中心波长的漂移量测量：

$$d\lambda_B = \frac{\lambda_B}{\Lambda}\frac{\partial \Lambda}{\partial T}dT + \frac{\lambda_B}{n_{eff}}\frac{\partial n_{eff}}{\partial T}dT = \lambda_B\left(\frac{1}{\Lambda}\frac{\partial \Lambda}{\partial T} + \frac{1}{n_{eff}}\frac{\partial n_{eff}}{\partial T}\right)dT = \lambda_B(\alpha + \xi)dT \quad (7\text{-}4\text{-}4)$$

式中　α ——热膨胀系数；
　　　ξ ——光热系数。

从而可以计算出流体流速信息：

$$v = \left[\frac{\dfrac{P\lambda_B(\alpha+\xi)}{\Delta\lambda} - 0.42\pi l \lambda_f Pr^{0.2}}{0.57\pi l \lambda_f Pr^{0.33}\left(\dfrac{\rho d}{\eta}\right)^{0.5}}\right]^2 \quad (7\text{-}4\text{-}5)$$

式中　$\Delta\lambda$ ——光栅波长漂移量，nm。

光纤声波传感器作为一种新型传感器，在灵敏度、耐温耐压以及集成化方面都相较电类传感器有着巨大优势，在生产测井过程中具有较强的应用潜力。光纤声波传感器基于弹簧振子原理，通过光纤光栅感测外界声波传播过程中加速度的变化，将声波的加速度转化为光纤光栅的波长漂移信息，并通过光纤光栅解调仪精准测量（Guo 等，2020）。

在声波作用下，弹簧振子基于牛顿第二定律的力学模型为

$$m\frac{d^2z}{dt^2} + c\frac{dz}{dt} + kz = \frac{P}{m}\sin\omega t \quad (7\text{-}4\text{-}6)$$

式中　m ——惯性体质量；
　　　c ——系统阻尼系数；
　　　k ——弹性系统刚度；
　　　ω ——声波的角频率；
　　　P ——砂量。

由于系统存在阻尼，所以随着时间的推移，自由振动都是衰减振动，最终只剩下稳态强迫振动：

$$z = A\sin(\omega t - \alpha) \quad (7\text{-}4\text{-}7)$$

$$A = \frac{\alpha}{\omega_0^2 \sqrt{(1-\gamma^2)^2 + (2\xi\gamma)^2}} \quad (7\text{-}4\text{-}8)$$

式中 α ——声波的加速度；
　　　γ ——频率比；
　　　ξ ——阻尼比。

声波振动造成光纤光栅的动态轴向应变，结合光纤自身的弹光效应可得

$$\frac{\Delta\lambda_B}{\lambda_B} = \frac{1-P_e}{(2\pi f_0)^2 L \sqrt{(1-\gamma^2)^2 + (2\xi\gamma)^2}} \alpha \quad (7\text{-}4\text{-}9)$$

$$S = \frac{d\lambda_B}{d\alpha} = \frac{\lambda_B(1-P_e)}{(2\pi f_0)^2 L \sqrt{(1-\gamma^2)^2 + (2\xi\gamma)^2}} \quad (7\text{-}4\text{-}10)$$

式中 P_e ——光纤的弹光系数。

2. 主要特点

热线式光纤光栅流量传感器主要有以下特点：
（1）实现对于低启动流量的高精度测量；
（2）通过温度补偿光栅减小井下温度变化对传感器测量精度的影响；
（3）采用光纤作为传感元件，灵敏度高、耐高温高压，在测井的恶劣环境中稳定性高。

光纤声波传感器主要有以下特点：
（1）实现测井过程中声波的精准测量；
（2）采用光纤作为传感元件，灵敏度高、耐高温高压，在测井的恶劣环境中稳定性高。

三、关键技术及创新点

1. 热式光纤光栅流量传感器结构及制作技术

热线式光纤光栅流量传感器在面对井下的复杂地层环境时，具有耐温高、抗电磁干扰、抗交叉串扰、耐腐蚀等优点。传统的压差式流量计和涡轮式流量计迎水面积大，导致流场受到影响。

为了克服上述现有技术的不足，提出一种热式光纤光栅流量传感器及制作方法（发明专利：一种用于生产测井的热式光纤光栅流量传感器及制作方法，专利号 CN111964740A）。该传感器由加热部分、传感部分、温度自校准部分组成。其中，加热部分由掺钴光纤和泵浦光源组成，利用掺钴光纤中钴离子吸收 976nm 发生非辐射效应产生热；感测部分由布拉格光栅阵列和光纤光栅解调仪组成，一根光栅用于感测流体经过恒温热源之后的温

度，另一根光栅实时监测流体环境温度，通过比较环境温度变化实现了传感器温度自校准。图 7-4-5 为传感器结构示意图。

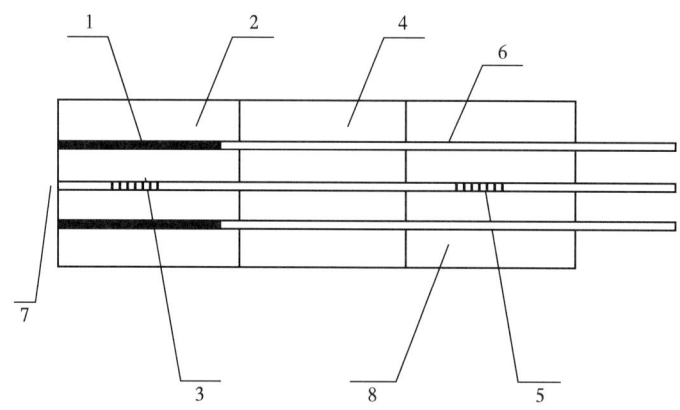

图 7-4-5　传感器结构示意图
1—掺钴光纤；2、8—蜂窝状不锈钢；3—传感光栅；4—隔热材料；5—温度补偿光；6—普通光纤；
7—耐温胶；光栅 3 与光栅 5 中心波长为 10nm 以上差值

将四根掺钴光纤分别与四根普通光纤熔接插入蜂窝状不锈钢 2 与 8 四周小孔中，用耐温胶固定、防水密封，作为加热部分。光纤光栅均采用两端粘贴，可以很好地消除光栅的啁啾现象，在传感光纤周围填充导热硅胶，加快热传导。通过度补偿光栅测量环境温度，将传感光栅得到的布拉格峰漂移数值减去环境温度导致的漂移数值，得到实际由掺钴光纤加热导致的温度变化，从而消除不同环境温度对于流速测量的影响，实现温度自校准。热线式光纤光栅流量传感器采用热线式传感与光纤光栅相结合的设计，可实现低启动流量测量。除此之外，传感器体积小、重量轻，能够解决传统传感器笨重的问题；具有全光传感潜力，仅使用光缆进行传感和传输，解决电缆传输速度慢等问题。

2. 三轴光纤声波传感器制作及封装技术

流量测井主要有涡轮流量计、示踪流量计、电磁流量计、超声流量计及涡街流量计。现场使用最多的是涡轮流量计，其次是示踪流量计、电磁流量计。光纤流量传感器具有抗电磁干扰、抗环境噪声、电气绝缘性及自身安全性等特点，其独特的性能和灵活性将推动光纤流量传感器的应用。

国内外光纤声波传感器大多采用单轴测量的测量方式，灵敏度较低。为解决上述问题，提出一种三轴光纤声波传感器。光纤光栅（fiber bragg grating，FBG）三维正交装置于弹性波纹管结构内，在 x、y、z 三个方向同时感知地震波三维信息，结合矢量合成解调技术，研制了三维矢量地震波振动/声波检波器。为了减小传感器的结构体积与三维交叉灵敏度，设计制作了高性能光纤光栅（小尺寸、窄带宽、高反射率）。光纤光栅三维正交装于单一质量块，可感知任意方向的振动信息。此外，正交包层光纤光栅强度信息与波长信息可区分响应三维振动，通过矢量分析技术，实现了单一传感单元的三维矢量振动振动测量。图 7-4-6 为三轴声波传感器原理图。

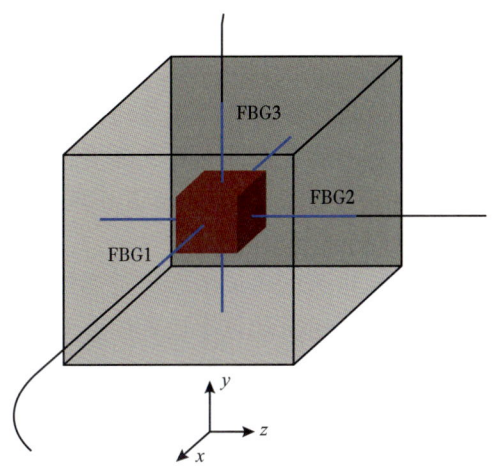

图 7-4-6 三轴声波传感器原理图

井下高温高压环境中的稳定性是光纤测井仪器的关键技术。针对这个问题，改进了传感器的封装技术，提出了飞秒激光光栅驻点刻写技术，用于恶劣环境的光纤声波传感器研制。飞秒激光光栅逐点刻写技术透过光纤涂敷层直接刻写光栅，保证了传感器中光纤光栅结构的机械强度。刻写光栅的耐温性能好，可制备任意波长光栅，满足传感器耐高温和多级复用要求。高频加热玻璃焊接方法可快速实现对光纤光栅和金属结构的封装。测试结果表明，通过该技术封装的光纤传感器在高温下有良好的稳定性，且热冲击下响应迅速，重复性好。测试结果如图 7-4-7 所示。

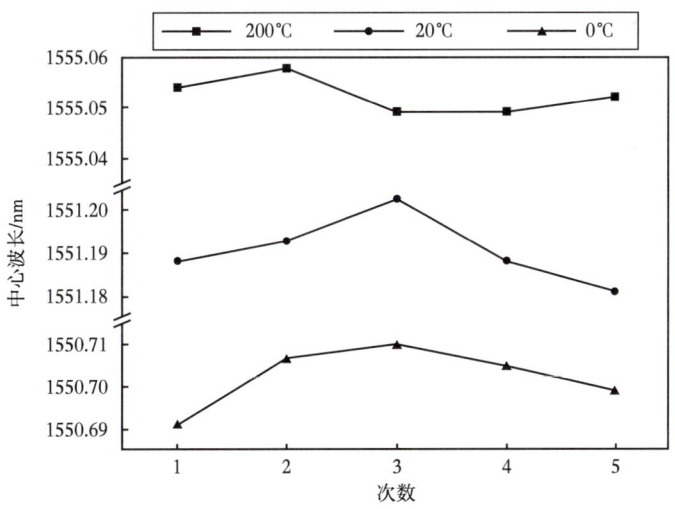

图 7-4-7 多次热冲击稳定性测试结果

四、实验测试及验证

1. 实验测试

为验证热线式光纤光栅流量传感器低启动、高灵敏的指标要求，利用管道内水流对靶体的作用所产生的微应变，通过模型结构将靶体的微应变传递给光栅。光栅在受到外界应变等影响时，会使栅区折射率分布发生变化。通过解调背向传输的光谱，可以计算靶体受到的微应变，进而通过流体力学将微应变与流体流速建立关系，获得管道的流体流速。在实验室搭建的流量传感系统上使用光纤光栅流量计进行测试，实验室流量测试装置提供 70～4600L/h 的稳定流量测试范围，管道长度为 1500mm，直径为 5.5in 和 7.5in。水箱中包含加热装置，用于传感器温度测试。

光纤声波传感器分别进行了幅频测试与灵敏度标定测试，测试方法为：将光纤声波传感器固定在标准振动台上，通过改变振动频率或者加速度，实现对传感器各项指标的标定。建立多种光纤光栅三维振动/声波检波器，主要包括：(1) 基于毛细钢管结构的三维 FBG 振动/声波检波器。将三根 FBG 分别嵌入粘贴在沿 x、y、z 方向放置的三根毛细钢管内部。(2) 基于波纹管的三维 FBG 振动/声波检波器。三根 FBG 一端共同固定在波纹管自由端的质量块上，另外一端则与检波器外壳固定。三个方向 FBG 对振动/声波的响应灵敏度得到三个方向振动/声波的大小，实现三维振动/声波测量。(3) 正交包层 FBG 嵌入封装于毛细钢管内，质量块随振动/声波可引起 FBG 二维弯曲及一维纵向拉伸，实现三维振动/声波区分感测。(4) 三轴正交光纤 FP 声波传感器主要将三个单一分量的光纤 FP 干涉仪正交装配，分别感测正交方向的声波幅频特性。

2. 测试效果

图 7-4-8 为热式光纤流量传感器系统 200℃ 耐温测试曲线，结果表明，传感器在 200℃ 环境中性能稳定，满足 200℃ 耐温指标。图 7-4-9 为热式光纤流量传感器系统测试曲线，结果表明，传感器流量测量范围 2.4～104m^3/d 测量，灵敏度为 3.36pm/（m^3/d），传感器的分辨率为 0.29m^3/d，满足低启动流量的工程需求。

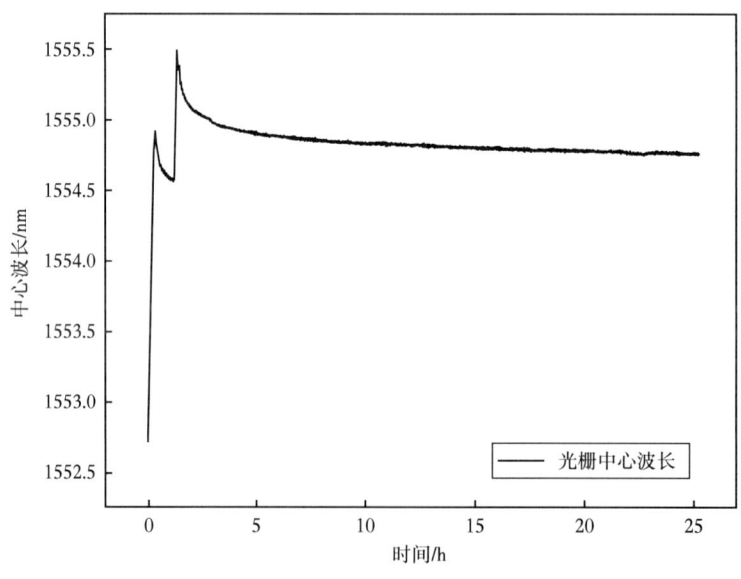

图 7-4-8　200℃ 耐温测试曲线

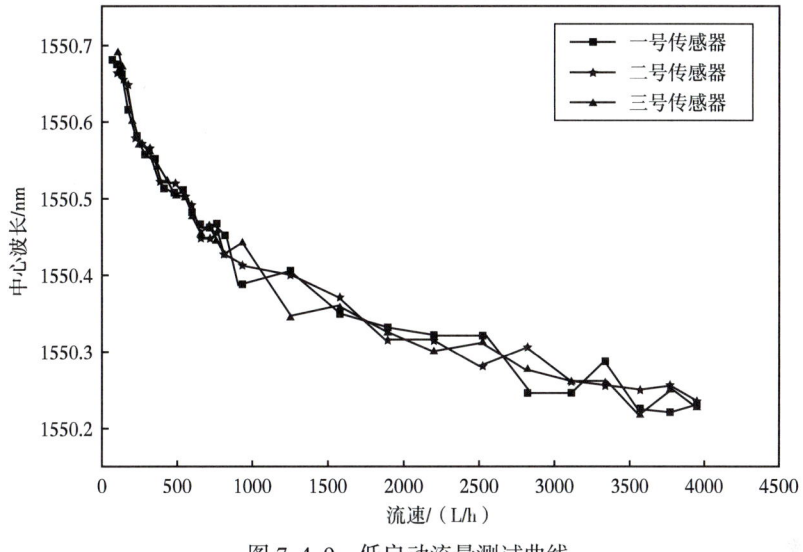

图 7-4-9 低启动流量测试曲线

在热线式光栅传感模拟井中进行低启动流量测试,结果表明,体积流量变化引起布拉格光栅波长漂移,根据流体力学理论计算得出:灵敏度为 8.47782pm/(m^3/d),量程范围为 5～100m^3/d。

表 7-4-1 为以热式光纤流量传感器为核心的光纤热式流量计与国内外同类型产品对比结果。通过与国内外现有流量传感器对比,该热式光纤流量传感器重量轻、体积小、耐高温,同时满足低启动流量检测。

表 7-4-1 国内外流量传感器对比

传感器	ZDL Ⅲ-C35/125W 电磁式流量计	SWM-2000 分离式流量计	井下涡街流量计	光纤热式流量计
尺寸	ϕ35mm×860mm,质量为 2.8kg	/	ϕ46mm×116mm	ϕ6mm×70mm
供电电压	6V	24V 或 220VAC	3.3V	24V
工作温度	0～90℃	-40～80℃	/	0～200℃
流量范围	1～200m^3/d	0～20m^3/d	5～80m^3/d	2.4～110m^3/d
启动流量	1m^3/d	0m^3/d	5m^3/d	2.4m^3/d
分辨率	0.1m^3/d	/	/	0.34m^3/d

光纤声波传感器灵敏度响应曲线如图 7-4-10 所示,由图可以看出光纤声波传感器通过多种机械结构实现平坦区测量频段 5～800Hz,大于 50～700Hz 的指标;其中通过测试得出光纤声波传感器最大灵敏度为 600pm/g,大于 20pm/g。

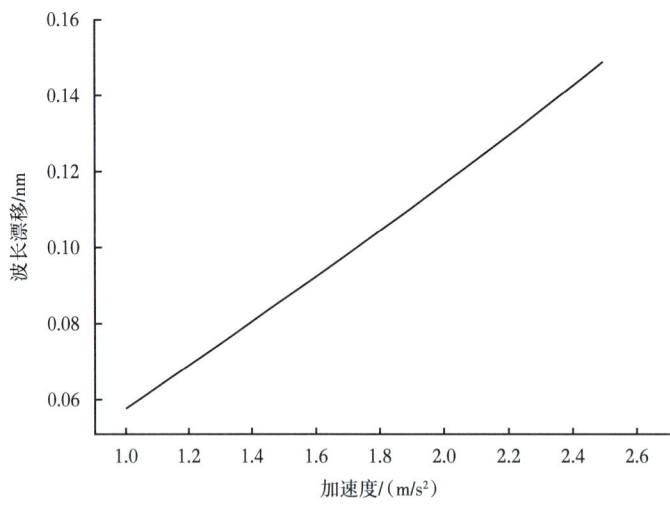

图 7-4-10　光纤声波传感器灵敏度响应

表 7-4-2 为光纤声波传感器与国内外同类型产品对比结果。通过与国内外现有光纤声波传感器对比，该光纤声波传感器在灵敏度与测量方式优于同类产品，灵敏度高、耐高温、可实现三轴测量。

表 7-4-2　国内外公司光纤声波传感器对比

传感器	HBM（德国）	OPSENSING（中国）	Luna（美国）	本项目传感器
测量方式	单轴	单轴	单轴	三轴
灵敏度	59 pm/g	30 pm/g	65 pm/g	300pm/g
工作频段	0～50Hz	1000Hz	0～100Hz	5～800Hz
耐温	−20～80℃	−40～250℃	−40～80℃	0～200℃

本节探索了低启动流量传感、高灵敏声波接收、光纤保护性封装等技术，形成低启动光纤流量传感器样机和高灵敏光纤声波传感器样机，为高精度的光纤传感器研制提供了技术支撑。

第五节　井下原位测量测井机器人

随着油气勘探开发程度的深入，低孔、低渗、低丰度的致密油气、页岩油气，以及难取心的煤层气、天然气水合物等非常规能源逐渐成为勘探开发的重要战场。但是，传统的地球物理响应规律在这类储层中的适用性较差，需要更为直接的井下地层岩石和流体信息的获取手段。

井下原位测量测井机器人是基于原位测量方式，以地层岩石为研究目标的一种全新的可扩展的井下实验系统。通过井壁取心的方式获取目标地层岩石样本，然后依次将不同种类的探测器送入井壁取心所形成的孔洞中，从而获取多种原位地层参数。这些参数可以通过与岩心实验的数据进行相互对比验证，是一种理想的井下实验室原位测量解决方案。

要实现井下原位测量，主要问题是要解决井下地层岩石原位测量的问题。这就涉及两项关键技术：一是负责测量的各种小孔微型探测器，二是负责定位和轮换的自动化执行机构。

一、探测器结构及工作模式

1. 探测器结构

测井机器人井下探测机构主要包括：外壳组件、推靠组件、探头位移组件、地层测试探头、电阻率探头、超声探头、取心探头等。

外壳组件和推靠组件用于承载整个探头位移组件的安装和约束，探头位移组件安装在其内部。推靠组件具有锚定功能，锚定后可防止仪器外壳与井壁的相对移动。钻头和各探头均安装于探头位移组件上，探头位移组件可在仪器外壳内滑动，如图7-5-1所示。

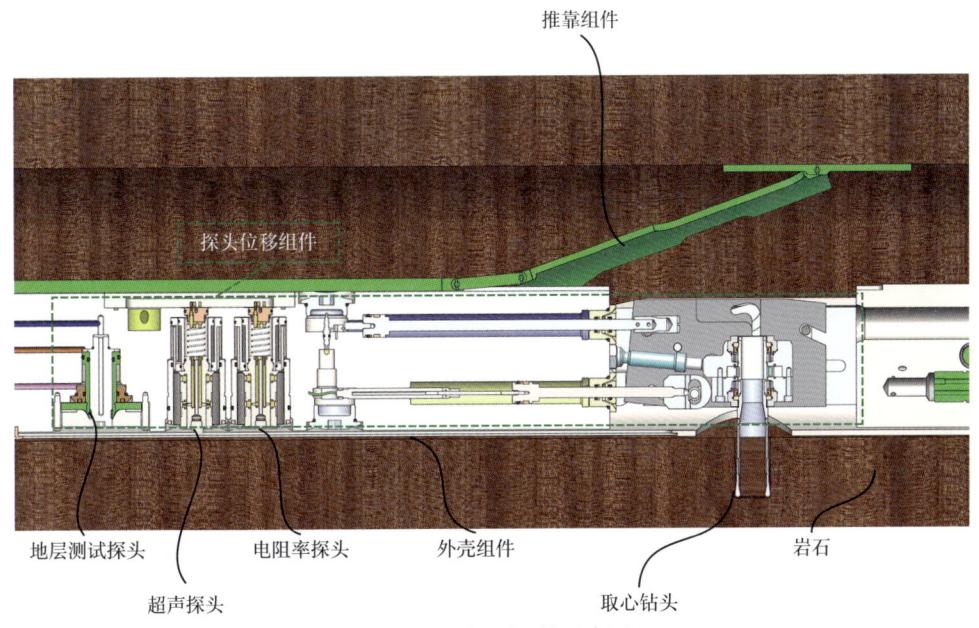

图 7-5-1　探测机构示意图

通过液压传动系统驱动探头位移组件与外壳体组件进行相对运动，位移传感器实时监控其位移距离，由此实现探头组件的轴向工位轮换和定位反馈。

2. 工作模式

通过位移传感器测量滑动组件移动的距离，可以将探测器定位到孔洞所在位置，并探入孔洞进行测量。钻头和探头可对井壁进行轮流作业，如图7-5-2所示。

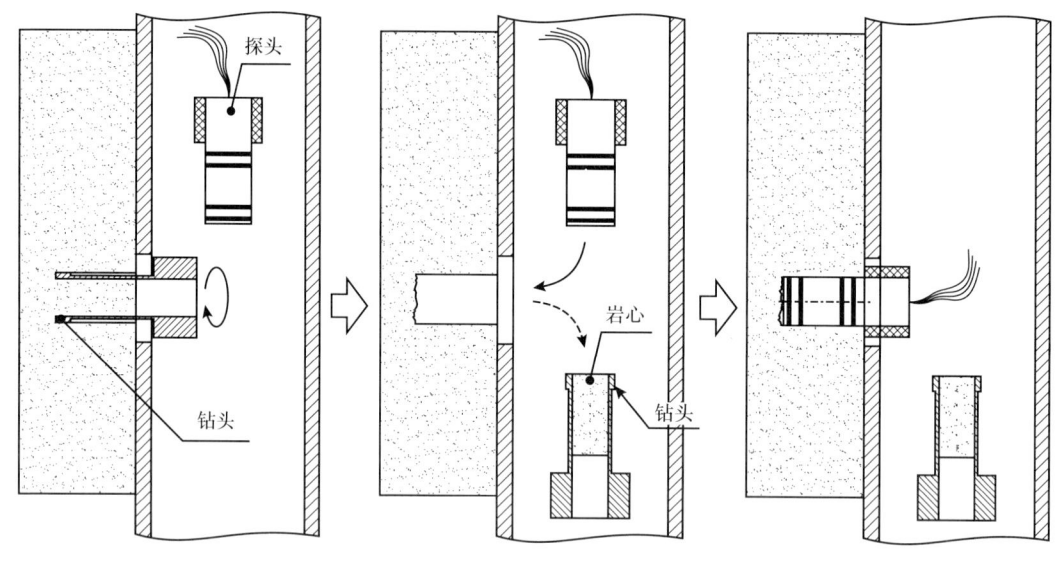

图 7-5-2 测量工作模式示意图

测井机器人系统需要对推靠、钻头、探头按需要进行控制，同时根据各模块状态以及任务进程进行下一步动作的判定或提供判定参考。在这种作业模式下，需要得到传动系统、执行机构、数据采集与处理模块、控制系统的支持。井下原位测量测井机器人功能总体包括了 7 个模块，如图 7-5-3 所示。

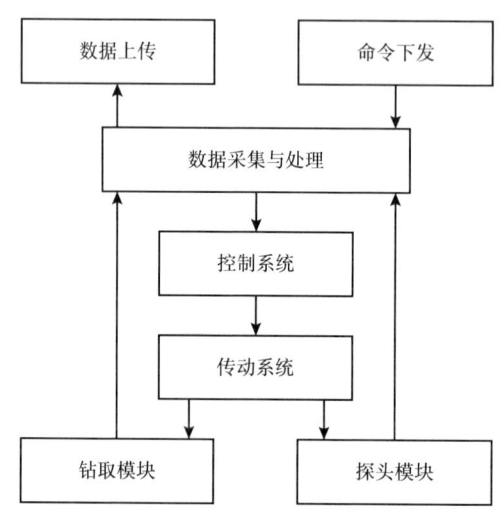

图 7-5-3 模块示意框图

首先，推靠臂执行推靠动作，使仪器外壳牢固锚定在井壁上，为下一步取心做准备。在推靠锚定后，仪器可根据需要选择不同的循环方式工作，如图 7-5-4 所示。

井壁孔洞钻取过程与井壁取心类似，是由定位系统工作让钻头总成与壳体定位锚定，作为下一步探头测量起始定位。下一步将依次进行钻孔取心和储心动作，然后取心钻头复位并记录岩心长度。孔洞形成后，需要进行钻头/探头的切换。钻头工作位置定位销解除锚定及复位后，动力系统驱动探头开始移动，同时对其位移状态进行监测，用于判断探头是否移动到位。

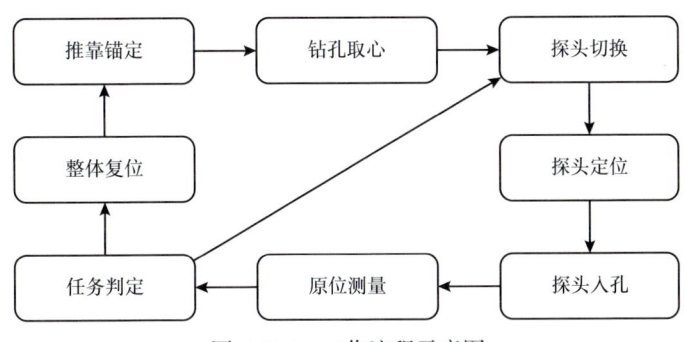

图 7-5-4　工作流程示意图

探头移动到位后，将探入孔洞中并依据岩心长度作为探入深度的参考。探入成功后进行测试，探头回收复位，继续下一个探头的测试动作。在所有探头测试完毕后，测井机器人各组件回复初始位置，然后推靠臂回收，仪器可移动至下个深度的测试点进行测试。

二、测量原理及主要特点

1. 测量原理

1）井下原位钻孔电阻率探头原理

根据探测器、井眼和侵入资料建立地层模型。设定井壁取心形成的孔洞直径为 3.1cm，采用 1.22kHz 的频率进行电信号的发射和接收，在设定地层电阻率、钻井液电阻率的情况下，可计算测量电极之间的电压差。再设定侵入电阻率，扩大侵入半径，计算视地层电阻率，进而求得探测器的探测深度。电阻率测量方法由一组发射/回路电极和一组信号测量电极组成，如图 7-5-5 所示。

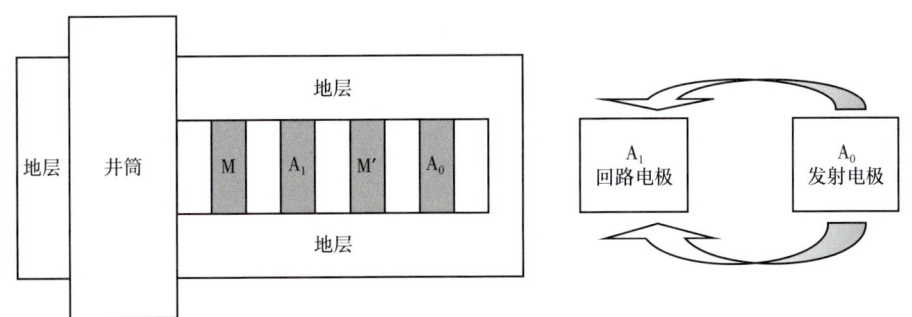

图 7-5-5　孔内电阻率测量原理示意图

图中 A_0 为发射电极，A_1 为接收电极，M、M′ 为测量电极，测量电极之间的电位差为 U，流过的电流为 I=5mA，地层的电阻率为

$$R = K\frac{U}{I} \quad (7\text{-}5\text{-}1)$$

式中 R——电阻率；
K——仪器系数；
U——电位差；
I——电流。

探测深度可以用伪几何因子来衡量，设钻井液电阻率 $R_m=1\Omega\cdot m$，原状地层电阻率 $R_t=30\Omega\cdot m$，当伪几何因子 J 为 0.5 时所对应的径向探测半径定义为探测器的探测深度。

原状地层的电阻率、伪几何因子和径向探测半径的关系为

$$R_a = R_{xo}J\left(\frac{D_i}{2}\right) + R_t\left[1 - J\left(\frac{D_i}{2}\right)\right] \quad (7\text{-}5\text{-}2)$$

式中 R_a——视电阻率；
R_{xo}——冲洗带电阻率；
J——伪几何因子；
D_i——径向探测半径；
R_t——原状地层电阻率。

2）井下原位钻孔声波探头原理

实验室通过透射法测量岩心声波速度，依据行业标准 SY/T 6351—2012《岩样声波特性的实验室测量规范》，将岩心加工成圆柱形或方形，再将声波换能器夹持在岩心两端，可根据下式计算出岩心的声波传播速度：

$$v = \frac{L}{t - t_0} \quad (7\text{-}5\text{-}3)$$

式中 v——声波传播速度；
L——测量长度；
t——首波到达时间；
t_0——换能器对接时的传播时间。

但是，该方法需要两个孔洞才能完成测量，所以需要进行改进。由透射法演化而成的单边透射法可实现在单孔中的测量，该方法发射探头和接收探头都在同一侧，相比在双边透射法能量较弱，而且系统固有时间不能直接测量，所以将探头升级为单发双收结构来解决以上问题。

2. 主要特点

井下原位测量测井机器人定位于井下实验和原位测量，具备以下特点：
（1）拥有井壁取心功能，完成取心后能在井壁形成规则孔洞；
（2）拥有移动和定位功能，让其搭载的探测器可以准确定位并探入井壁孔洞；
（3）搭载单个或多个不同种类的微型探测器，可对孔洞内岩石或流体进行测量；

(4) 可对作业进行自动控制和人工介入调整。

三、关键技术及创新点

1. 孔内电阻率探测技术

与实验室电阻率测量和侧向类测井仪器不同，孔内电阻率测量技术是用单探头对小孔洞的岩石壁进行测量，所以不具备规则的柱状岩石测量条件，且测量对象的精细程度也领先侧向类仪器1~2个数量级。由于测量深度极小，而探测器和孔洞间无法避免地会存在缝隙，所以需要十分精确的探头设计参数和探头微型化机械结构设计。

通过对侵入、矿化度和水层等影响因素的数值模拟和物理实验，对探头的设计参数进行多次的迭代和优化，从最初的两电极探头单发单收结构升级为端面发射环面接收的四电极探头聚焦发射接收结构，如图7-5-6所示。这种结构的探头能够有效降低探头与孔壁间隙带来的影响，并能提升2倍信噪比。另一方面，考虑到井下取心钻孔精度的不确定性，探头用一根较粗金属芯轴和几根较细金属柱体替代导线组成了一套金属骨架，再用注塑或粘接的方法将绝缘材料包裹在金属骨架上，用螺钉紧固并焊接的方法将金属电极与对应的金属柱体导通。这样的电阻率探头既能承受井下压力，同时还具有一定的韧性，可以保证每次探入和回收的成功。

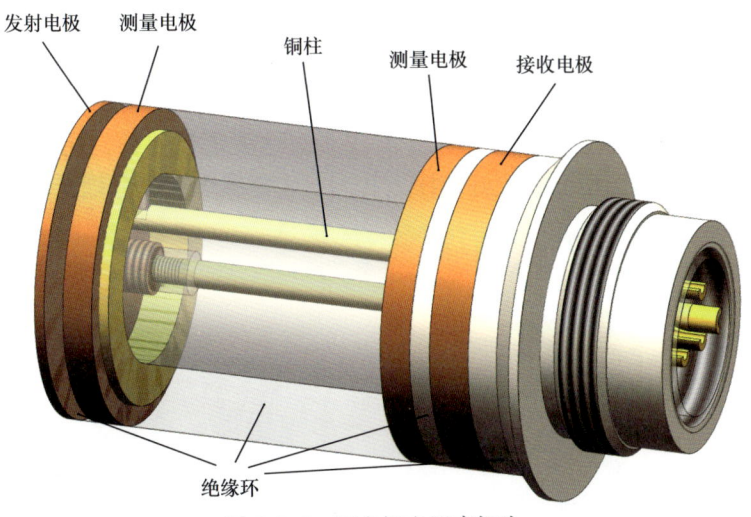

图7-5-6 四电极电阻率探头

该探头的探测深度可达2.2cm，其直接测量结果与实验室测量结果最大偏差不超过±3%。该技术为电法类原位测量提供了一个很好的参考，其他的电法类探测方式也可以应用该技术进行开发和试验。孔内电阻率探测技术为原位测量模式提供了一种可靠的探测器开发结构，同时，它也是与实验室测量结果差异最小的探测技术。

2. 孔内超声探测技术

井下原位超声测量的难点有四：（1）孔内测量不符合传统实验室测量条件，所以无法应用透射法作为方法指导依据,需要将单边透射法与透射法建立对应关系;(2)探测器与孔洞间不可避免地存在间隙,因钻孔精度和粗糙度等因素,该间隙并不是均匀的,所以会对声波测量带来耦合误差问题;(3)因探头体积较小带来的信噪比问题。受孔洞体积限制,超声换能器的体积和功率也受到限制,导致信号较弱,难以提取;(4)探头长度较短,直达波会对测量造成影响。

根据实验室测试结果,砂岩和花岗岩不同探头间距的平面单边透射法测量得到的首波时间线性度非常高,说明该方法稳定可靠(吴金平等,2014)。表 7-5-1 为 3 块岩样滑行波法测量纵波速度与透射法结果的对比表,从表中可见,两者在声波速度实验测量中的误差范围在 ±5% 内,说明该方法可达到实验室测量精度。

表 7-5-1 单边透射法测量纵波速度与透射法结果对比

序号	岩性	孔隙度 /%	渗透率 / $10^{-3}\mu m^2$	饱和体积密度 / g/cm^3	透射法纵波速度 / m/s	滑行波法纵波速度 / m/s	误差 /%
1	红色砂岩	10.2	0.095	2.52	4433	4266	4
2	花岗岩	1.8	0.070	2.63	5342	5255	2
3	白云岩	0.6	0.013	2.73	6436	6352	1

根据单边透射法原理,设计制作了一种单发双收超声探头,如图 7-5-7 所示。单发双收结构既解决零延时的求取,又解决了耦合及孔壁不规则带来误差的问题;采用大面积环形换能器晶片取代传统的正方体结构换能器晶片,增强发射信号以增大信噪比;采用弹性金属材料设计隔声体和隔声芯轴,解决了直达波干扰问题,同时让探头有一定的柔性,可以在缩小间隙的情况下更好地探入孔洞,也能减少一部分耦合不良的问题。

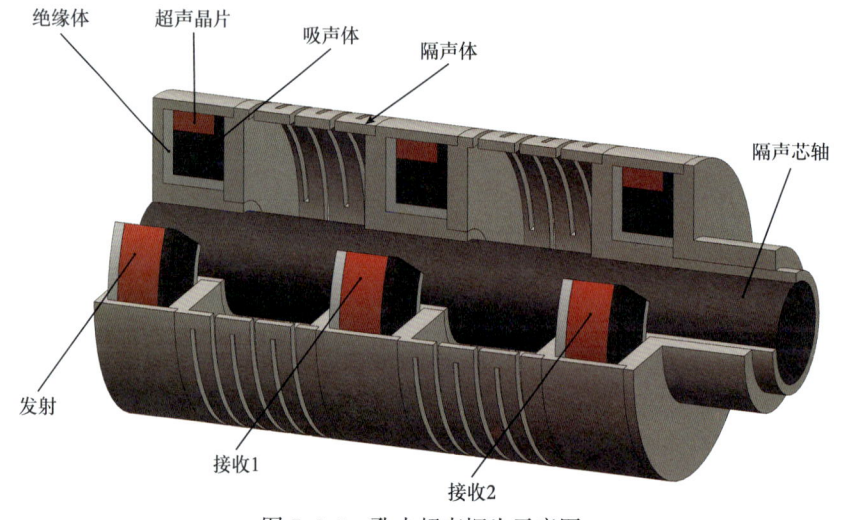

图 7-5-7 孔内超声探头示意图

孔内超声探测技术解决了原位测量只能依靠电法原理的方法单一性问题,使得实验室中常规测量方法下井成为可能。同时,该技术中应用的柔性探头概念和结构原理,为其他"探入"型探头或仪器提供了一种重要参考。

3. 井下原位钻孔及轮换探测技术

井下原位探测需要两个必备条件：一是要在井壁上形成较规则的孔洞，二是要将探测器准确地探入孔洞中。应用成熟的井壁取心技术可以在井壁上钻取岩心并形成较规则的孔洞，但是，由于需要尽量减小探测器与孔洞之间的间隙以保证测量效果，所以探测器尺寸会尽量与孔洞尺寸接近。这就需要极高的定位精度，所以，如何将探测器准确地移动到孔洞位置并探入孔洞是关键难点。其次，系统需要搭载多种探头进行多次工作，所以需要这种定位技术具有可扩展性和可重复性。

为了实现复杂的动作和控制，需要一套液压系统、一套主动力系统、3个辅助动力系统以及液压伺服和电伺服系统进行联合控制。动力及执行部分示意框图如图7-5-8所示。

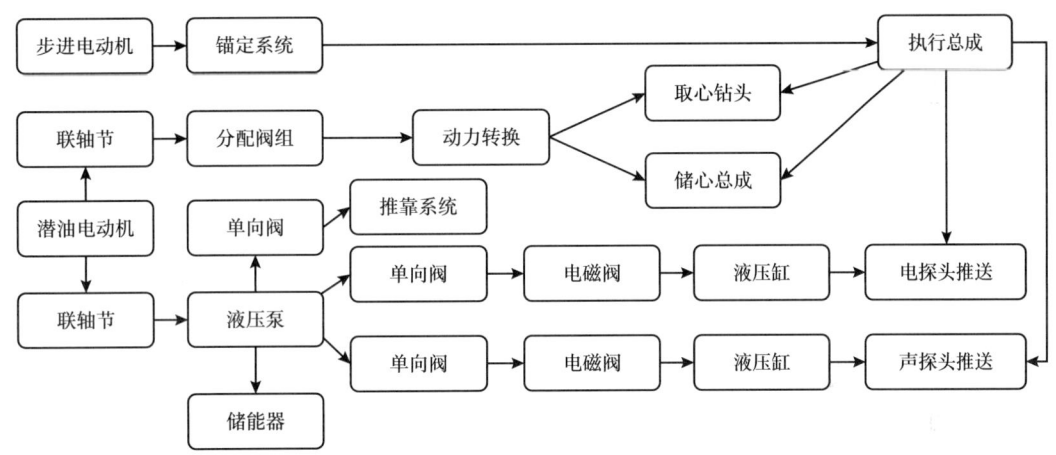

图7-5-8 动力及执行部分示意框图

为推靠系统增加了一个辅助锚定锁，其作用是在执行钻孔取心动作中，使得仪器主体不会因为岩心钻取或探头移动而导致仪器外壳与井壁间的相对位移。推靠锚定使得原位测量机器人能够在一次推靠井壁的条件下，完成该目标层的所有钻取和测量动作（王新杰，2006）。

将取心钻头和所有的探头都集成在一个探头组件上，各探头在探头组件上的相互位置通过高装配精度设计保证与钻头的距离。探头组件可在动力控制作用下沿仪器外壳轴心方向进行滑动。根据各探头与钻头的距离，在滑动轨道上为探头组件设计机械锚定锁，这样每个锚定锁的位置就代表了这个探头与井壁孔洞的定位位置。这种结构通过取心钻头为媒介，将探头与探测孔洞能以0.1mm级别的精度实现定位；同时，由于探头组件可以通过改变长度来实现搭载探头的可扩展性，还能通过往复运动和固定的机械锚定锁实现同个探头的二次测量。

井下原位钻孔及轮换探测技术为井下原位测量提供了一个可实施平台，各种不同的探测探头均可搭载在这个平台上进行原位测量、测试。由于该技术具备机械通用性，对于非孔洞探入类原位测量同样具备可实施性，该技术也可用于过套管地层测试、射孔等领域的研发或参考。

四、实验测试与验证

1. 实验测试

1）电阻率探头测试

将电阻率探头置于多种不同矿化度溶液中进行电阻率测量，信号源频率设置为1220Hz，电极 A_0、A_1 分别连接信号源的信号端和地，电压表测量电极 M、N 之间的电位差 ΔU，电流表测量电极 A_0、A_1 之间的电流（Zhu Z 等，1994）。调节信号源输出电压观察电流表的数值，当电流表读数稳定在 50mA 时，将测量电极 M、N 之间的 ΔU 在电压表上读出来，并把测量结果与数值模拟结果进行对比验证（魏宝君等，2016b）。

实验与数值模拟对比结果如图 7-5-9 和图 7-5-10 所示。

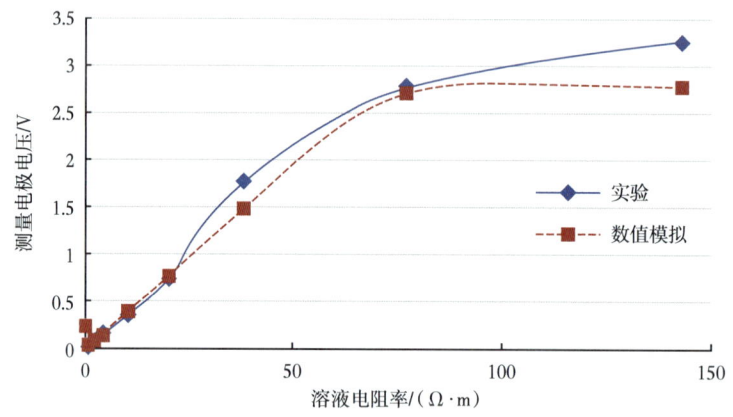

图 7-5-9　实验与数值模拟电压对比图

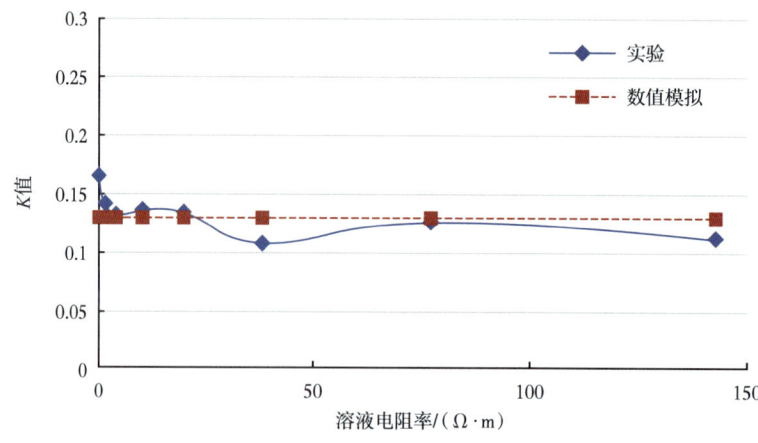

图 7-5-10　实验与数值模拟 K 值对比图

由测试结果可得出结论：数模与实验数据吻合良好，既证明了本实验方案的正确性，也验证了数模平台的有效性。

用同样的方法将电阻率探头置于已钻孔的不同岩石中进行电阻率测量,并将测量结果与数值模拟结果进行对比验证,结果如表 7-5-2 所示。

表 7-5-2　岩石中测量结果对比分析

岩样	电流 I/A	地层电阻率 R_t/$\Omega\cdot m$	频率 f/Hz	模拟电压值 /V	实验电压值 /V
模型井岩样 M_1	0.01	19.5	1220	0.94859	0.98
模型井岩样 M_2	0.01	19	1220	0.91063	0.86
红色砂岩	0.01	49	1220	2.0346	1.97
花岗岩	0.01	178	1220	6.888109781	4.24
白云岩	0.005	505	1220	11.02776877	3.65
人工岩样	0.04	6.3	1220	0.882960306	1.5

由表 7-5-3 可得出结论:对于模型井岩样 M_1、M_2、红色砂岩,实验电压值和模拟电压值接近;但对于过于致密的岩样,实验电压值和模拟电压值相差较大。

2)超声探头测试

单发双收孔内超声探头在上述砂岩管内测量波形,处理后两个接收探头采集到的波形清晰可辨,如图 7-5-11 所示。

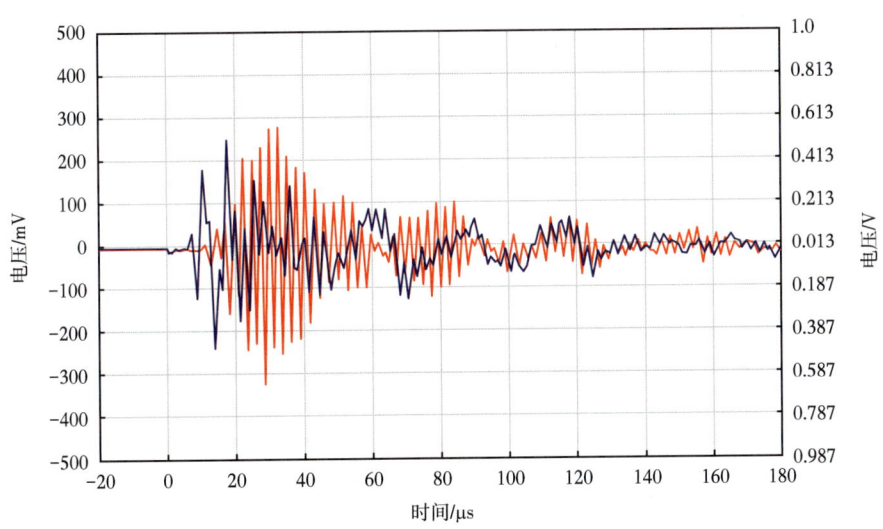

图 7-5-11　单发双收孔内超声探头砂岩管内测量波形

表 7-5-3 为单发双收孔内超声探头在 4 种不同材料中的测量结果。从表中可见,4 种介质中测量结果和标准透射法测试结果对比误差小于 3%,达到实验室测量精度要求。这表明单发双收孔内超声测量可以实现岩石孔内声波速度的准确测量(Haartsen 等,1995)。

表 7-5-3　单发双收孔内超声探头测量结果

式样	接收探头间距 / mm	T_1/μs	T_2/μs	时差 / μs	测试速度 / m/s	透射法速度 / m/s	误差 / %
304 不锈钢 1	25.10	7.2	11.44	4.24	5920	6021	-1.68
304 不锈钢 2	25.10	7.44	11.6	4.16	6034	6021	0.21
铝 1	25.10	7.12	11.08	3.96	6338	6385	-0.73
铝 2	25.10	7.36	11.28	3.92	6403	6385	0.28
有机玻璃 1	25.10	10.2	18.92	8.72	2878	2870	0.29
有机玻璃 2	25.10	10.3	19.02	8.72	2878	2870	0.29
砂岩	25.10	26.4	36.4	10	2510	2543	-1.30

3）模型井测试

测前将模型井中充满 5000mg/L 的 NaCl 溶液静置 7 天，液面不再下降，模拟地层岩石充分饱和流体；孔内电阻率探头装入功能样机，连接引线。准备好后，将组装好的功能样机置入模型井中。当功能样机的测量点到达指定深度后，转动仪器，使钻头正对模拟地层岩石，然后打开推靠板，将功能样机固定在模型井中。仪器到位后再将功能样机与液压工作站管线接口连接，探头信号线与测量装置连接。

仪器成功完成了 2 轮动作和测试，每轮动作均获取了一枚长度超过 40mm 的岩心，并且均完成了取心孔内的电阻率测试和超声测试，成功获取了测试数据。

2. 测试效果

井壁钻孔模拟试验钻取的岩样长度 5.3cm，且形成的孔洞形状规则。探头进入模拟井壁钻孔中后，进行了孔内电阻率和超声测量。再用获取的岩心进行实验室测量，两种测量数据对比结果如表 7-5-4 所示。

表 7-5-4　模型井数值模拟和实验对比值

岩石编号	柱状岩心电阻率 / Ω·m	孔洞岩石电阻率 / Ω·m	柱状岩心声波速度 / m/s	孔洞岩石声波速度 / m/s
1	19.5	19.95	2500	2525
2	19.0	18.06	2736	2873

由表 7-5-5 可得出结论：模型井试验中，数值模拟值和实验值有差异，但也有明确的对应关系。差距存在的主要原因有如下几个方面：（1）由于岩石及容器体积较大，配置电阻率溶液时的精度引起误差；（2）实验系统误差，其中包括测量仪表的误差、线路电阻引起的电压降导致的误差；（3）尺寸误差，实验器皿不规则形状与模拟尺寸不吻合导致的误差，即实验测量环境域的大小与数值模拟求解域不同导致的误差。

井下原位测量测井机器人通过在井壁单孔内测量，可以得到地层原始温度、压力、应力及含流体状态下的岩石参数，可提供比标准层经验参数更准确可靠的地层真实电阻率、声波速度等，为测井资料的刻度及标准化提供依据，使测井解释评价基础数据更可靠。另外，随着井壁钻孔内流体的抽排，地层流体反侵入冲洗带，可以记录下这一过程中孔内岩石特性随时间的变化，通过物理及数值模拟研究，利用该组数据可反演出地层孔隙度、渗透率、饱和度及岩石孔隙结构等信息。

另一方面，和传统的地面实验相比，在井下直接进行测量具有如下优势：（1）可全井段选样，并在井下选样测量一次完成，分析地层特性更具代表性；（2）井下测量是在地层真实温度、压力、应力和含流体状态下测量，反映储层信息的真实性；（3）将分析结果应用于生产的时间从传统取心后地面分析的数个月缩短到数小时，提高实验分析到应用的时效；（4）对难取样和加工的煤、页岩、天然气水合物等，在井下直接测量是获取其实验参数的有效解决方案。

井下原位测量测井机器人技术研究，探索了一种在井下原位开展岩石物理测量的新方式，还需进行适用于井下工况的复杂传动可靠性设计、传感器研制、数据处理解释、配套软硬件开发等研究，整体仪器的商业化应用还有一段路要走。

参 考 文 献

艾宪芸，魏义祥，肖无云，2006.直接解调法在碲锌镉探测器γ谱分析中的应用[J].清华大学学报（自然科学版），46（6）：821-824.

安旅行，陈辉，朱军，等，2022.一种中子发生器中子产额控制系统及方法：CN111722664B[P].2022-08-02.

陈国栋，王祥，王建红，等，2016.磁阻传感器在六臂井径测井仪中的应用[J].传感器与微系统，35（7）：4.

陈江浩，陈文辉，余卫东，等，2010.ACME测井采集控制管理平台开发与应用[J].石油仪器（5）：77-79.

陈江浩，张斌，余卫东，等，2011.数据压缩在实时测井网络传输中的应用[J].测井技术，35（B12）：672-673.

陈磊，师奕兵，张伟，等，2010.交叉偶极阵列声波测井仪控制和处理电路的设计与实现[J].测控技术，29（1）：47-50.

陈鹏，王珺，卫一多，等，2020.一种方位电磁波电阻率成像测井仪方位探测性能标定装置：CN111878057A[P].2020-11-03.

陈鹏，王珺，卫一多，等，2021.一种方位电磁波电阻率成像随钻测井仪：CN108756864B[P].2021-08-27.

陈思嘉，陈刚，阳质量，等，2020.一种用于随钻电阻率成像测井仪器的纽扣电极结构：CN111810122A[P].2020-10-23.

陈思嘉，陈刚，尤嘉祺，等，2023.随钻电阻率测井视电阻率测量方法、设备及可读存储介质：CN111810116B[P].2023-07-25.

崔志文，2004.多孔介质声学模型与多极源声电效应测井和多极随钻声测井的理论与数值研究[D].长春：吉林大学.

范丹，何永强，方晋贤，2010.高速LVDS接口电路设计[J].仪表技术（4）：7-8，12.

冯永仁，左有祥，王健，等，2019.地层测试技术及其应用的进展和挑战[J].测井技术，43（3）：217-227.

冯永仁，左有祥，周明高，等，2020.地层测试仪中段塞流的形成原理及其应用[J].测井技术，44（6）：557-564.

冯周，李心童，武宏亮，等，2014.基于元素俘获能谱测井的多矿物最优化处理方法[J].应用地球物理：英文版（1）.

George Coates，等，2007.核磁共振测井原理与应用[M].孟繁莹，译.北京：石油工业出版社.

郭海敏，2003.生产测井导论[M].北京：石油工业出版社.

韩善锋，曹凤海，易昌华，2011.SQLite数据库在嵌入式程序开发中的应用[J].物探装备（3）：170-173.

何庆兵，石玉江，马昌旭，等，2011.测井数据实时传输与协同工作平台的实现与应用[J].电子世界（10）：38-40.

和丽真，杨国华，王珺，等，2020a.基于随钻电磁波仪器的欠采样DPSD设计与实现[J].电子测量技术，43（12）：1-5.

和丽真，杨国华，王珺，等，2020b.一种随钻方位电磁波测井仪发射电路设计[J].电子测量技术，43（17）：12-16.

华斌，黄杰文，周章伦，等，2010. 基于 FPGA 的高速大容量固态存储设备数据 ECC 的设计与实现 [J]. 科学技术与工程，10（18）：4410-4414，4429.

黄隆基，2000. 核测井原理 [M]. 东营：石油大学出版社.

姜黎明，贺飞，卢春利，等，2019. 基于电阻率渐变侵入地层模型的阵列侧向测井反演研究 [J]. 测井技术，43（3）：247-251.

鞠晓东，乔文孝，李玉霞，等，2008. 多极子阵列声波测井仪电子系统设计 [J]. 测井技术，（1）：61-64.

鞠晓东，赵宏林，卢俊强，等，2015. 声电测井仪研究 [J]. 测井技术，39（3）：323-329.

李安宗，李启明，朱军，等，2014. 方位侧向电阻率成像随钻测井仪探测特性数值模拟分析 [J]. 测井技术，38（4）：407-410.

李国军，余春昊，周军，等，2011. 网格技术在统一软件测井油气评价数据库的应用 [J]. 测井技术，35（S0）：674-676.

李剑，王灿云，黄飞，等，2022. 一种随钻多极子声波成像测井仪多极发射换能器及其工作方法：CN111257944B [P].2022-08-30.

李剑浩，2015. 均质化地层电磁场论 [M]. 北京：石油工业出版社.

李剑浩，汤天知，余春昊，等，2017. 数据资源 LEAD4.0[M]. 北京：石油工业出版社.

李杰，孙志峰，仇傲，等，2019. 一种随钻声波换能器及随钻仪器钻铤：CN109707374A [P].2019-05-03.

李惕碚，吴枚，1993. 高能天文中成像和解谱的直接方法 [J]. 天体物理学报，13（3）：215-224.

林德强，陈浩军，徐秋贞，等，2011. 测井数据链与一体化网络测井 [J]. 测井技术，35（B12）：619-621.

刘世伟，韩东春，张璋，2015. 过钻杆存储式测井在碳酸盐岩地层中的应用及解释评价 [J]. 国外测井技术（3）：12-15，3.

刘宪伟，1997. 碳氧比能谱测井数据处理与解释方法研究 [D]. 北京：中国石油勘探开发科学研究院：36-49.

龙良曲，2020.TensorFlow 深度学习：深入理解人工智能算法设计 [M]. 北京：清华大学出版社.

卢俊强，鞠晓东，乔文孝，等，2014. 多极子阵列声波测井仪系统设计及现场测试 [J]. 科学技术与工程，14（26）：183-186，196.

罗盛，2016. 三维声波测井仪井下主控电路模块设计 [D]. 成都：电子科技大学.

马欢波，2014. 水平井中阵列侧向测井偏心影响分析 [J]. 工程地球物理学报，11（6）：749-756.

穆全德，2008. 分动推靠器的设计及应用 [J]. 石油仪器，22（1）：15-16，101.

庞巨丰，等，1998. 现代核测井技术与仪器 [M]. 北京：石油工业出版社.

乔文孝，鞠晓东，车小花，等，2006. 基于圆弧阵的多极子声波测井辐射器 [J]. 中国石油大学学报（自然科学版）（5）：33-36，41.

邱锡鹏，2020. 神经网络与深度学习 [M]. 北京：机械工业出版社.

沈金松，王志刚，马超，等，2014. 井间电磁油气储层监测技术的发展和应用 [J]. 石油地球物理勘探，49（1）：213-224.

沈宗俊，2007. 直接解调方法的研究与应用 [D]. 北京：清华大学：3-10.

孙志峰，刘西恩，仇傲，等，2020，隔声结构的设计方法及钻铤：CN111794689A [P].2020-10-20.

汤天知，陈涛，白彦，等，2019. 三维感应成像测井仪设计与实现 [J]. 应用声学，39（1）：71-80.

万勇，张晓彬，倪卫宁，等，2017. 随钻方位电磁波电阻率测井仪线圈系设计方法 [J]. 电子测量与仪器学报，31（1）：99-105.

汪定国，王怡苹，2012. 一种高精度铂电阻温度测量方法 [J]. 电子测量技术，35（11）：104-107.

王新杰，2006. 旋转式井壁取心器的设计与机构运动仿真研究 [D]. 哈尔滨：哈尔滨工业大学.

王志刚，师奕兵，2003. 基于DSP+FPGA结构的高速数据采集模块 [J]. 仪器仪表报（S2）：80-81.

魏宝洁, 钟海明, 1997.中子管及其应用技术 [M].长春：东北师范大学出版社.
魏宝君, 王成园, 常欣莉, 等, 2016.柱状成层地层中仪器偏心对阵列感应测井响应的影响 [J].地球物理学报, 59（8）：3121-3132.
魏宝君, 王成园, 党峰, 等, 2016.用柱状成层各向异性介质的并矢 Green 函数模拟多分量感应测井仪器的响应 [J].中国石油大学学报（自然科学版）, 40（2）：59-69.
魏丽丽, 2007.LVDS 技术及其在高速 PCB 设计中的应用 [J].电子质量（3）：78-81.
吴金平, 乔文孝, 车小花, 2014.声波测井高灵敏度宽带接收器研究 [J].中国石油大学学报（自然科学版）, 38（6）：54-60.
吴晓光, 季凤玲, 李德才, 2016.偶极声波测井技术应用现状及研究进展 [J].地球物理学进展, 31（1）：380-389.
仵杰, 郭晨彤, 杨林, 等, 2018.高分辨率阵列感应测井倾角影响校正研究 [J].西安石油大学学报（自然科学版）, 33（2）：44-57.
夏济根, 2015.微柱形电阻率与三探测器岩性密度组合测井仪器的设计和应用 [J].石油管材与仪器, 1（4）：11-14.
肖立志, 谢然红, 廖广志, 等, 2012.中国复杂油气藏核磁共振测井理论与方法 [M].北京：科学出版社.
谢然红, 肖立志, 邓克俊, 等, 2005.三维核磁共振测井 [J].测井技术（5）：43-47, 89.
辛大奇, 2020.深度学习实战：基于 TensorFlow 2.0 的人工智能开发应用 [M].北京：中国水利水电出版社.
邢开宇, 曹晓曼, 方火能, 2012.基于 FPGA 和 NAND Flash 的存储器 ECC 设计与实现 [J].电子科技, 25（10）：70-73.
徐俊博, 信毅, 吴兴能, 等, 2013.SL6000 LWF 钻杆输送无电缆测井在塔里木油田的应用 [J].国外测井技术, 34（2）：14-17, 3.
徐科军, 张瀚, 陈智渊, 2011.TMS320X281x DSP 原理与应用 [M].2 版.北京：北京航空航天大学出版社.
徐孟祥, 张尔扬, 2005.LVDS 与高速 PCB 设计 [J].电子工程师（5）：38-40.
许松, 苏远大, 陈雪莲, 等, 2014.含孔隙裂隙地层随钻多极子声波测井理论 [J].地球物理学报, 57（6）：1999-2012.
严慧娟, 岳爱忠, 赵均, 等, 2012.地层元素测井仪器结构参数的蒙特卡罗数值模拟 [J].测井技术, 36（3）：281-285.
杨兴琴, 王书南, 周子皓, 2012.地层测试与井下流体取样分析技术进展 [J].测井技术, 36（6）：551-558.
于华伟, 2011.随钻环境下脉冲中子测量地层密度的理论基础研究 [D].青岛：中国石油大学（华东）：1-7.
于增辉, 刘耀伟, 张志刚, 2012.国产微电阻率扫描成像测井仪 ERMI 开发与应用效果 [J].海洋石油, 32（2）：75-81.
余俊, 周济, 1986.优化方法程序库 OPB-1：原理及使用说明 [M].北京：机械工业出版社：49-69.
袁琨翔, 2015.热式流量计的误差分析及精度提升方法研究 [D].杭州：浙江大学.
臧德福, 郭红旗, 晁永胜, 等, 2013.井间电磁成像测井系统分析与研究 [J].测井技术, 37（2）：177-182.
张庚骥, 1984.电法测井 [M].北京：石油工业出版社.
张庚骥, 1996.电法测井 [M].东营：石油大学出版社：180.
张庚骥, 2003.电法测井 [M].东营：石油大学出版社.
张庚骥, 2009.电测井算法 [M].北京：石油工业出版社.

张家宇，王焕玉，张承模，等，2008. 直接解调方法在嫦娥一号卫星X射线谱仪地面验证实验数据分析中的应用[J]. 光谱学与光谱分析，28（10）：2450-2454.

张娟，周军，李国军，等，2019. 测井解释图版一体化应用软件开发及应用[J]. 测井技术，43（4）：400-404.

张世荣，2007. 热式气体质量流量测量及补偿算法研究[D]. 武汉：华中科技大学.

张守谦，顾纯学，曹广华，等，1997. 成像测井技术及应用[M]. 北京：石油工业出版社.

张伟，2010. 阵列声波测井仪研制及测井数据处理方法研究[D]. 成都：电子科技大学.

张中庆，唐伟，2014. 油基钻井液环境下电成像仪器对裂缝响应的数值模拟[J]. 中国石油大学学报，38（5）：82-88.

章海宁，张金功，岳爱忠，等，2016. 利用地层元素识别沉积岩岩性和矿物含量计算方法[J]. 测井技术，40（6）：683-688.

郑华，孙亮，梁庆宝，2015. PNST-E脉冲中子地层元素测井技术研究[J]. 测井技术，39（4）：395-404.

周军，张娟，段先斐，等，2016. 测井数据库系统的研发与应用[C]. 2016年中国石油石化企业信息技术论文集：313-320.

周凯波，莫德欠，陈寰，等，2013. 井间电磁成像测井仪收发同步技术研究[J]. 测井技术，38（5）：601-604.

周明高，郝桂青，陈永超，等，2019. 低速泵抽系统研制与应用[J]. 中国海上油气，31（2）：76-82.

周太柱，2003. 微柱形聚焦测井仪器研究[J]. 江汉石油学院学报，25（z1）：36-37.

朱军，安旅行，骆庆锋，等，2019. 一种随钻密度成像测井仪环境校正方法：CN110145301B[P]. 2023-02-10.

朱军，陈鹏，周强，等，2018. 一种随钻多分量多探测深度电磁波天线系统及测量方法：CN109057781A[P]. 2018-12-21.

邹丽丽，章世华，董湘麟，2008. 高速串行差分信号的PCB设计与仿真[J]. 中国新技术新产品（16）：23-24.

邹骁，2014. 超声随钻测井径仪方案设计和处理与存储部分的实现[D]. 武汉：长江大学.

邹骁，余厚全，魏勇，等，2014. 一种基于Flash的随钻测井井下数据存储方案与实现[J]. 石油仪器，28（1）：87-89，92.

左有祥，冯永仁，沈阳，等，2021. 新型井下流体光谱组成分析技术[J]. 测井技术，45（2）：128-133.

Balch A H, Lee M W, Miller J J, et al., 1982. The use of vertical seismic profiles in seismic investigations of the earth[J]. Geophysics, 47（6）：906-918.

Barber D T, ORBAN, HAZEN, et al., 1995. A multiarray induction tool optimized for efficient well sitte operation[C]. The SPE Annual Technical Conference and Exhibition, Dallas, Texas, SPE 30583.

Clavaud J, Nelson R, Guru U K, et al., 2005. Field example of enhanced hydrocarbon estimation in thinly laminated formation with a tri-axial array induction tool, a laminated sand-shale analysis with anisotropic shale[C]. Trans. SPWLA 46 Annu. Logging Symp.

Collis D C, Williams M J, 1959.Two-dimensional convection from heated wires at low Reynolds numbers[J]. Fluid Mech（6）：357-384.

Cosad C, Dufrene K, Heidenreich K et al., 2009. Wellsite support from a far[J]. Oilfield Review, 21（2）：48-58.

Darling T, 2005. Introduction: Well Logging and Formation Evaluation[J]. Well Logging& Formation Evaluation（9）.

Davydycheva S, 2011.Two triaxial induction tools: sensitivity to radial invasion profile[J].Geophysical

Prospecting, 59: 323-340.
Doll H G, 1949.Introduction to induction logging and application to logging of wells drilled with oilbase mud [J]. Journal of Petroleum Technology, 1 (6): 148-162.
Ellis D V, Singer J M, 2007. Well logging for earth scientists [M]. 2nd Ed.Dordrecht: Springer: 325-332.
Galford J, Truax J, Hrametz A, et al., 2009. A new neutron-induced gamma-ray spectroscopy tool for geochemical logging[C]. SPWLA 50th Annual Logging Symposium, Woodlands, Texas, United States.
Guo T, Zhang T, Li Y, et al., 2020. Highly Sensitive FBG Seismometer With a 3D-Printed Hexagonal Configuration[J]. Journal of Lightwave Technology (99): 1.
Haartsen M W, 1995. Coupled electromagnetic and acoustic wavefield modeling in poro-elastic media and its application in geophysical exploration[D]. Cambridge: Massachusetts Institute of TechnologyMassachusetts Institute of Technology.
Huang, 2003. Effects of Tool Position on Borehole Acoustic Measurements: a Stretched Grid Finite Difference Approach [D]. Cambridge: Massachusetts Institute of Technology.
Jennifer Market, 2007. New broad frequency LWD multipole tool provides high quality compressional and shear data in a wide variety of formations[C].SPWLA 48th Ann, paper A.
Junqiang Lu, Xiaodong Ju, Baiyong Men, et al., 2017. An acousto-electric effect logging detector in boreholes[J]. Journal of Geophysics and Engineering, 14 (2): 397-407.
Kramers H, 1946.Heat transfer from spheres to flowing media [J].Physica, 12 (2-3): 61-80.
Pemper R, Sommer A, Guo P, et al., 2006. A new pulsed neutron sonde for derivation of formation lithology and mineralogy[C]. SPE Annual Technical Conference and Exhibition, San Antonio, Texas, USA.
Pride S R, Haartsen M W, 1996. Electroseismic wave properties[J]. The Journal of the Acoustical Society of America, 100 (3): 1301-1315.
Radtke R J, Lorente M, Adolph B, et al., 2012. A new capture and inelastic spectroscopy tool takes geochemical logging to the next level[C]. SPWLA 53rd Annual Logging Symposium, Cartagena, Colombia.
Rosthal R, Barber T, Bonner S, et al., 2003. Field test results of an experimental fully-triaxial induction tool[C]. SPWLA 44th Annual Logging Symposium, SPWLA-2003-QQ.
Runia J, Boyes J, Elkington P, 2004.Through Bit Logging: A New Method to Acquire LogData, and a First Step on the Road to Through Bore Drilling[C]. SPWLA 45th Annual Logging Symposium.
Runia J, Boyes J, Lodder R J, 2005.Through Bit Logging: Applications in Difficult Wells, Offshore North Sea[C].SPE/IADC Drilling Conference. Society of Petroleum Engineers.
Runia J, Boyes J, Elkington P, 2005.Through Bit Logging: A New Method to Acquire LogData[J]. Petrophysics, 46 (4): 289-294.
Stephen Prensky, 2010. Recent advances in well logging and formation evaluation[J].World Oil, 231(6): 8-9.
Tang X M, Dubinsky V, Harrison C W, et al., 2003. Logging-While-Drilling shear and compressional measurement: case histories.[C].SPWLA 44th Ann, paper II.
van Oudheusden B W, 1992.Silicon thermal flow sensors [J].Sensors and Actuators A: Physical, 30 (1-2): 5-26.
Wang G, Torres-verdin C, Gianzero S, 2009. Fast simulation of triaxial borehole induction measurements acquired in axially symmetrical and transversely isotropic media[J].Geophysics, 74 (6): E233-E249.
Wang H, Tao H, Yao J, et al., 2008.Fast Multiparameter Reconstruction of Multicomponent Induction Well-Logging Datum in a Deviated Well in a Horizontally Stratified Anisotropic Formation[J]. IEEE Transactions on Geoscience and Remote Sensing, 46 (5): 1525-1534.

Wang Tsili, Tang Xiaoming, 2003. Finite-difference modeling of elastic wave propagation: A no splitting perfectly matched layer approach [J]. Geophysics, 68 (5): 1749-1755.

Wisler, Meador, Rodney F P, et al., 1989.The electromagnetic wave resistivity MWD tool[C]. SPE Annual Technical Conference and Exhibition Proceedings, SPE12167.

Xiao J, Rabinovich M, 2000. Deviated-well software focusing of multiarray induction measurements[C]. SPWLA 41th Annual Logging Symposium, SPWLA-2000-DDD.

Zhu Z, Cheng C H, Tokso M N, 1994. Electrokinetic conversion in a fluid-saturated porous rock sample. SEG Technical Program Expanded Abstracts, 13 (1): 1057-1060.